创新型职业教育精品教材
互联网+职教改革新理念教材

计算机应用基础

主 编 袁 琼 龙 军 龚 略

江苏大学出版社
JIANGSU UNIVERSITY PRESS
镇 江

内 容 提 要

本书共分 8 个模块，内容涵盖：计算机基础知识、Windows 10 操作系统、Word 2016 的应用、Excel 2016 的应用、PowerPoint 2016 的应用、计算机网络基础知识、计算机维护与安全，以及常用工具软件。

本书可作为各类职业技术院校，以及各类计算机教育培训机构的专用教材，也可供广大初、中级电脑爱好者自学使用。

图书在版编目（CIP）数据

计算机应用基础 / 袁琼，龙军，龚略主编. -- 镇江：江苏大学出版社，2020.2（2022.8 重印）
ISBN 978-7-5684-1326-8

Ⅰ. ①计… Ⅱ. ①袁… ②龙… ③龚… Ⅲ. ①电子计算机 Ⅳ. ①TP3

中国版本图书馆 CIP 数据核字(2020)第 001497 号

计算机应用基础
Jisuanji Yingyong Jichu

主　　编 / 袁　琼　龙　军　龚　略
责任编辑 / 张小琴
出版发行 / 江苏大学出版社
地　　址 / 江苏省镇江市京口区学府路 301 号（邮编：212013）
电　　话 / 0511-84446464（传真）
网　　址 / http://press.ujs.edu.cn
排　　版 / 三河市祥达印刷包装有限公司
印　　刷 / 三河市祥达印刷包装有限公司
开　　本 / 787 mm×1 092 mm　1/16
印　　张 / 20.25
字　　数 / 468 千字
版　　次 / 2020 年 2 月第 1 版
印　　次 / 2022 年 8 月第 4 次印刷
书　　号 / ISBN 978-7-5684-1326-8
定　　价 / 49.90 元

如有印装质量问题请与本社营销部联系（电话：0511-84440882）

前　言

随着计算机技术和网络通信技术的飞速发展，计算机已成为人们工作和生活中不可或缺的工具。熟练地操作计算机已成为当代学生的必备技能，也是其就业的重要前提。

“计算机应用基础”课程是各类院校学生必修的一门公共基础课。本书依据教育部对职业院校计算机公共基础课程的教学要求，结合职业教育的教学规律及当前的教学形势，由在教学一线工作多年，具有丰富教学和实践经验的教师编写。

本书着重培养学生的计算机应用能力，让学生在掌握操作系统、办公软件和网络等基础知识的前提下，为未来的实践应用打下坚实的基础。

本书有以下几个特点：

（1）立德树人，同向同行。本书秉承能力教育与思想教育同向同行的理念，在正文中安排了“科技之光”“匠心筑梦”“知行合一”“辉煌中国”等栏目，在每个模块最后安排了“拓展阅读”栏目，将能够体现创新精神、工匠精神、职业素养、大国风范等的内容恰当地融入教材，力求培养有担当、高素质、高技能的专业型人才。

（2）校企合作，知行合一。本书邀请相关企业专家参与和指导编写，结合企业对计算机应用型人才的实际要求，选取既与相关知识点紧密结合，又符合实际应用的案例，通过项目实施将重心落在职业技能训练上，充分发挥学校和企业在人才培养方面各自的优势，实现学生职业能力与企业职位要求之间的无缝对接。

（3）全新形态，全新理念。本书采用模块、项目引领，任务驱动的教学模式。将每个模块分解为多个项目，每个项目再分解为多个任务。每个项目均包含“情景描述”“项目要求”“相关知识”和“项目实施”。其中，在“情景描述”中通过一个与实际应用和任务案例相关的模拟情景引出该项目要介绍的内容，从而提高项目的实用性、目的性和趣味性；在“项目要求”中概述学完该项目需要了解和掌握的内容；在“相关知识”中简单讲述完成本项目需要掌握的相关知识；在“项目实施”中安排一个或多个精心设计的案例任务，让学生通过学习案例掌握相关知识在实践中的应用。

（4）数字资源，丰富多彩。本书将“互联网+”思想融入教材，配有优质课件、素材与实例和综合教育平台等配套教学资源，读者可以登录文旌综合教育平台“文旌课堂”（www.wenjingketang.com）查看并下载。如果读者在学习过程中有什么疑问，也可以登录该网站寻求帮助。

（5）辅助教材，受益匪浅。本书配有精心编写的辅助教材《计算机应用基础实训指导》，其中包含大量的实际操作案例和计算机使用技巧，可作为主教材的有益补充。

本书由袁琼、龙军、龚略担任主编，王一锋、刘晓娟、何娇楠、吴昆、何元琴、郑秀辉担任副主编。

尽管我们在编写本书时已竭尽全力，但书中仍可能存在疏漏及错误之处，敬请广大读者朋友批评指正。

本书编委会

主　编　袁　琼　龙　军　龚　略

副主编　王一锋　刘晓娟　何娇楠

吴　昆　何元琴　郑秀辉

目录

模块一　计算机基础知识

【模块导读】

目前，计算机已成为人们不可缺少的工具，它极大地改变了人们的工作、学习和生活方式，成为信息时代的重要标志。同时，掌握计算机的基本使用、能使用计算机处理日常事务已成为现代人必须具备的技能。在具体学习计算机的使用前，需要先简单了解计算机的一些基础知识。

【素质目标】

了解我国在计算机领域的科技成就，开阔视野，加强紧跟时代发展的意识；了解中国传统文化，增强民族自豪感。

项目一　计算机的发展及应用

【情景描述】

小谭从学校毕业后，应聘到一家商场担任行政助理。他的同事李姐由于不懂计算机，经常问他一些关于计算机的问题。例如，计算机是哪年诞生的？计算机经历了哪些发展历程？计算机有哪些特点和分类？计算机主要用在什么地方？平常大家说的多媒体技术是指什么？为了回答李姐的问题及应对工作的需要，小谭决定“恶补”一下相关知识。

【项目要求】

➢ 了解计算机的发展历程。
➢ 了解计算机的分类和特点。
➢ 了解计算机的应用领域。
➢ 了解未来计算机的发展趋势。

【相关知识】

一、计算机的概念

计算机（Computer）俗称电脑，是一种用于高速计算的电子计算机器，它可以进行数值计算和逻辑计算，具有存储记忆功能，能够按照程序自动、高速处理海量数据，是现代化智能电子设备。

二、计算机的诞生和发展

1946 年 2 月，世界上第一台电子计算机 ENIAC（见图 1-1）在美国宾夕法尼亚大学诞生。ENIAC 的主要元件是电子管，重达 30 多吨，功率 150 千瓦，占地约 170 平方米，用十进制计算，每秒运算 5 000 次加法。它没有今天的键盘、鼠标等设备，人们只能通过扳动其庞大面板上的无数开关向计算机输入信息。

图 1-1　第一台计算机（ENIAC）

ENIAC 的诞生奠定了电子计算机的发展基础，开辟了信息时代。自 ENIAC 诞生以来，计算机技术获得了迅猛的发展。根据计算机所用电子器件的不同，计算机已历经电子管、晶体管、集成电路、大规模及超大规模集成电路 4 个阶段，如表 1-1 所示。

表 1-1　计算机的发展阶段及其特点

发展阶段	起止年代	主要元器件	主存储器	特　　点	主要应用
第一代	1946—1957	电子管	汞延迟线或磁鼓	体积庞大、功耗大、运算速度低、可靠性差、价格昂贵	科学计算
第二代	1958—1964	晶体管	磁芯	体积、功耗减小，运算速度提高，价格下降，出现了高级语言	科学计算、工程设计
第三代	1965—1970	中小规模集成电路	半导体	体积、功耗进一步减小，可靠性及运算速度进一步提高，操作系统逐渐成熟，出现了多种应用软件	科学计算、工业控制等
第四代	1971 年至今	大规模、超大规模集成电路	集成度更高的半导体	性能大幅度提高，价格大幅度下降，编程语言和软件丰富多彩	渗入社会各个领域的应用

在第四代计算机的发展过程中，最重要的成就之一表现在微处理器的体积不断减小，集成度不断提高，运算速度越来越快，计算机逐渐向微型机方向发展，从而使计算机逐渐走进办公室、学校和普通家庭。

三、计算机的特点和分类

1. 计算机的特点

计算机的特点概括起来有如下几点：

- 运算速度快：计算机的运算速度通常用计算机每秒执行加法的次数或平均每秒执行指令的条数来衡量。运算速度快是计算机的一个突出特点，目前世界上已有超过每秒亿亿次运算速度的计算机。
- 计算精度高：计算机的运算精度取决于其采用的机器码的字长。计算机的字长越长，所能表达的数字的有效位就越多，其运算精度就越高。目前，常见的计算机字长有 16 位、32 位、64 位等，其计算机精度远远高于一般的计算器。
- 存储功能强：计算机能存储大量的数字、文字、图像、视频和声音等各种信息。计算机强大的存储力不仅表现在容量大，还表现在“持久”。对于需要长期保存的数据，无论是以哪种文件形式，它都能长期保存。
- 具有逻辑判断能力：除了计算功能外，计算机还具备分析、比较等逻辑判断能力。高级计算机还具有推理、诊断和联想等模拟人类思维的能力。
- 自动化工作能力强：计算机内部的操作运算是根据人们预先编制的程序自动控制执行的，工作过程完全自动化，不需要人的干预，而且可以反复进行。

2. 计算机的分类

计算机发展到今天，已是琳琅满目、种类繁多，划分种类的标准也很多。

如果按照计算机的用途，可将其分为专用计算机和通用计算机。其中，专用计算机是指为某种特殊需要而设计的计算机，如计算导弹弹道的计算机；通用计算机是指各行业、各种工作环境都能使用的计算机，目前市场上销售的计算机大多数都是通用计算机。

如果按照计算机的性能、规模和处理能力，可将其分为巨型机、大型机、小型机和微型机等。

- 巨型机：又称超级计算机（见图 1-2），是功能最强、速度最快、处理能力最强的计算机，主要用于解决诸如气象、太空、能源、医药等尖端科学研究和战略武器研制中的复杂计算。巨型机的研制水平已成为衡量一个国家经济水平与科技水平的重要标志。在 2019 年公布的全球超级计算机运算速度排名列表中，中国的“神威·太湖之光”排名第三。
- 大型机：大型机（见图 1-3）虽然在量级上不及巨型计算机，但也有很高的运算速度和很大的存储量，适用于政府部门或大型企业（如银行），主要用于进行复杂事务处理、海量信息管理、大型数据库管理和数据通信等。目前，生产大型机的厂商主要有美国的 IBM 公司和 DEC 公司，以及日本的富士通公司等。

- **小型机**：指性能和价格介于微型机服务器和大型机之间的一种高性能计算机。其特点是结构简单、可靠性高和维护费用低。目前，小型机已被微型机取代。

图 1-2　巨型机

图 1-3　大型机

科技之光

据全球超级计算机评比组织 TOP500.ORG 公布的数据显示，截至 2020 年 11 月，中国超算的数量占全球总量的 42.8%。毫无疑问，在超算数量上我国已经走在了世界的最前列，这推动了我国科学研究的进一步发展，具有十分重要的意义。

不只是在超算数量与算力上，我国表现亮眼。在超算的应用上，我国同样取得了令人瞩目的成绩。例如，在 2021 年度戈登贝尔新冠特别奖的评选中，我国在天河新一代超级计算机上完成的“基于自由能微扰——绝对结合自由能方法的大规模新冠药物虚拟筛选”工作成功入围，这是我国首次入围该特别奖奖项。

- **微型机**：微型计算机简称微机，是当今使用最普及的一类计算机，其特点是体积小、功耗低、功能多、性价比高。微型机按结构和性能的不同，又可分为单片机、单板机、个人计算机（PC）、工作站和服务器等几种类型。其中，个人计算机包括台式计算机（见图 1-4）、笔记本电脑（见图 1-5）、一体机和平板电脑等类型。

图 1-4　台式计算机

图 1-5　笔记本电脑

四、计算机的应用领域

计算机问世之初，主要用于数值计算，“计算机”也因此得名。随着计算机技术的发展，它的应用范围不断扩大，不再局限于数值计算，而被广泛地应用于数据处理、自动控制、计算机辅助、人工智能、多媒体技术、计算机网络等领域。

- **科学计算：**又称数值计算，它是计算机最早的应用领域，是指使用计算机完成科学研究和工程技术中所提出的数学问题的计算。这类计算往往公式复杂、难度很大，用一般的计算工具或人力难以完成。例如，气象预报需要求解描述大气运动规律的微分方程，发射导弹需要计算导弹弹道曲线方程，这些都需要利用计算机的高速而精确的计算才能完成。
- **数据处理：**指利用计算机管理、加工各种数据资料，从而使人们获得有用信息的过程。例如，企业管理、物资管理、报表统计、账目计算和信息检索等都属于数据处理。图 1-6 所示为某市区 PM2.5 浓度定量分布估算分析图。

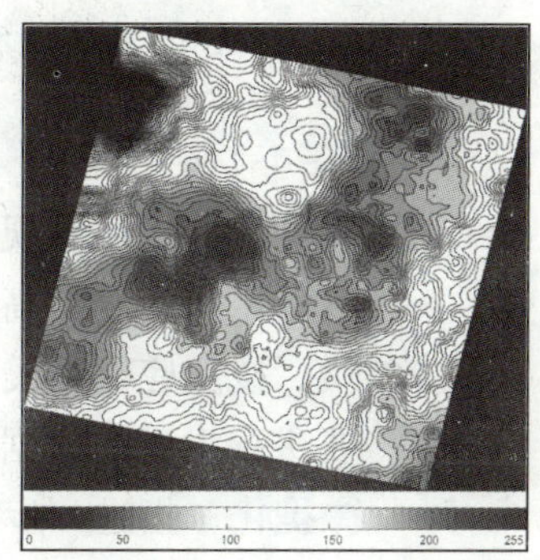

图 1-6 卫星图片分析

- **过程控制：**指利用计算机检测生产过程或其他过程，并自动控制设备的运行状态。利用计算机进行过程控制，可以提高生产的自动化水平，从而改善劳动条件、提高产品质量及合格率。例如，在汽车工业方面，利用计算机控制机床，进而控制整个装配流水线，可以实现精度高、形状复杂的零件自动化加工。
- **计算机辅助：**包括计算机辅助设计（CAD）、计算机辅助制造（CAM）和计算机辅助教学（CAI）等。其中，计算机辅助设计是指利用计算机帮助设计人员进行工程设计；计算机辅助制造是指利用计算机进行生产设备的管理、控制和操作，它对提高产品质量、降低生产成本和缩短生产周期等起到了积极的作用；计算机辅助教学是指利用计算机来辅助完成教学计划或模拟某个实验过程，它不仅能减轻教师的负担，还能激发学生的学习兴趣，提高教学质量。
- **多媒体应用：**多媒体（Multimedia）是文本、图形、图片、音频、动画和影片等各种媒体的组合物。近年来，多媒体技术被广泛应用于医疗、教育、商业、军事和出版等领域。图 1-7 所示为某款香水的多媒体视频截图。
- **人工智能：**人工智能（Artificial Intelligence，AI）是指让计算机模拟人类的某些智力能力，使其具有人的感知能力，能够看、听，并自动学习知识；具有人的思维能力，能够判断、分析、推理和决策，能够自动根据外界情况来执行某些任务。图 1-8 所示为利用人工智能技术研制的机器人。
- **计算机网络：**它是现代计算机技术与通信技术高度发展和密切结合的产物。它利用通信设备和线路将地理位置不同、功能独立的多个计算机系统互连起来，实现网络中的资源共享和信息传递。例如，全世界最大的计算机网络 Internet（因特网）把整个地球变成一个小小的村落，人们可以方便地在网上查询信息、下载资源、通信、学习、娱乐和买卖东西等。

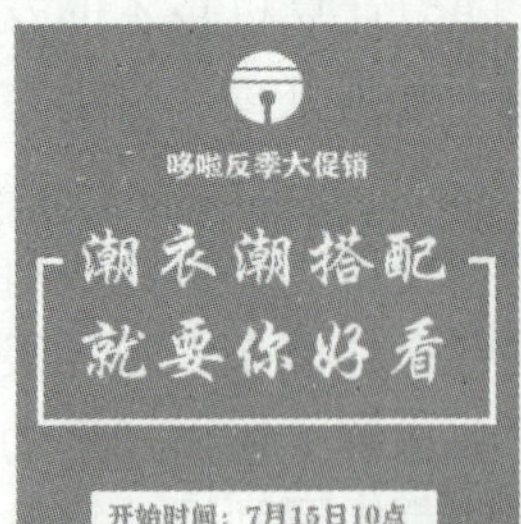

图 1-7　利用多媒体技术制作的广告

图 1-8　利用人工智能制作的机器人

五、未来计算机的发展趋势

计算机的发展主要呈现如下 4 种趋向：巨型化、微型化、网络化和智能化。

- 巨型化：指发展高速度、大存储量和强功能的巨型计算机。这是天文、气象、地质、核反应、航天飞机和卫星轨道计算等尖端科学技术的需要。这些领域往往需要进行大量的数据处理和运算，需要高性能的计算机才能完成。
- 微型化：指进一步提高集成度，利用高性能的超大规模集成电路研制性能更加优良、运行更加稳定、价格更加低廉、整机更加小巧的微型计算机。
- 网络化：指把各自独立的计算机用通信线路连结起来，形成各计算机之间可以相互通信并能共享彼此资源的网络系统。网络化能够使计算机的软、硬件资源得到充分利用并扩大计算机的使用范围，为用户提供方便、及时、可靠的信息服务。
- 智能化：指让计算机具有模拟人的感觉能力和思维能力。智能化使计算机突破了“计算”这一初级的含意，从本质上扩充了计算机的能力。

【项目实施】

将学生分成两组，一组搜集计算机应用领域的相关资料，另一组搜集计算机发展趋势的相关资料，对其进行简单的总结后交给老师。

项目二　了解计算机的系统组成

【情景描述】

小谭所在的单位由于业务扩展，需要购买几台新电脑，上级将此任务交给了小谭。小谭知道，要选购一台合适的电脑，首先需要对计算机系统的组成、计算机的硬件和软件、

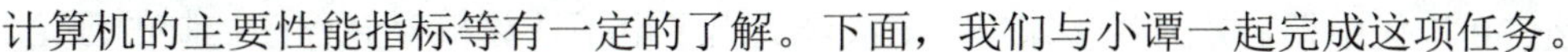

计算机的主要性能指标等有一定的了解。下面，我们与小谭一起完成这项任务。

【项目要求】

- 了解计算机系统的基本结构。
- 了解计算机的硬件系统和软件系统。
- 了解计算机的主要性能指标。
- 掌握安装硬件并连接相应数据线的方法。
- 掌握安装 Windows 10 的方法。

【相关知识】

一、计算机的基本结构

现代计算机系统由硬件和软件两大部分组成。硬件是指直观的机器部分，以台式计算机为例，它包括主机、显示器、键盘和鼠标等设备（见图 1-4）；软件是相对于硬件而言的，是指为计算机运行工作服务的各种程序、数据及相关资料。

计算机硬件和软件相辅相成，缺一不可。没有软件的计算机就像是一具僵硬的躯壳，无法为我们做任何事情；同样，如果没有硬件的支持，软件将无处安身。计算机系统的组成如图 1-9 所示。

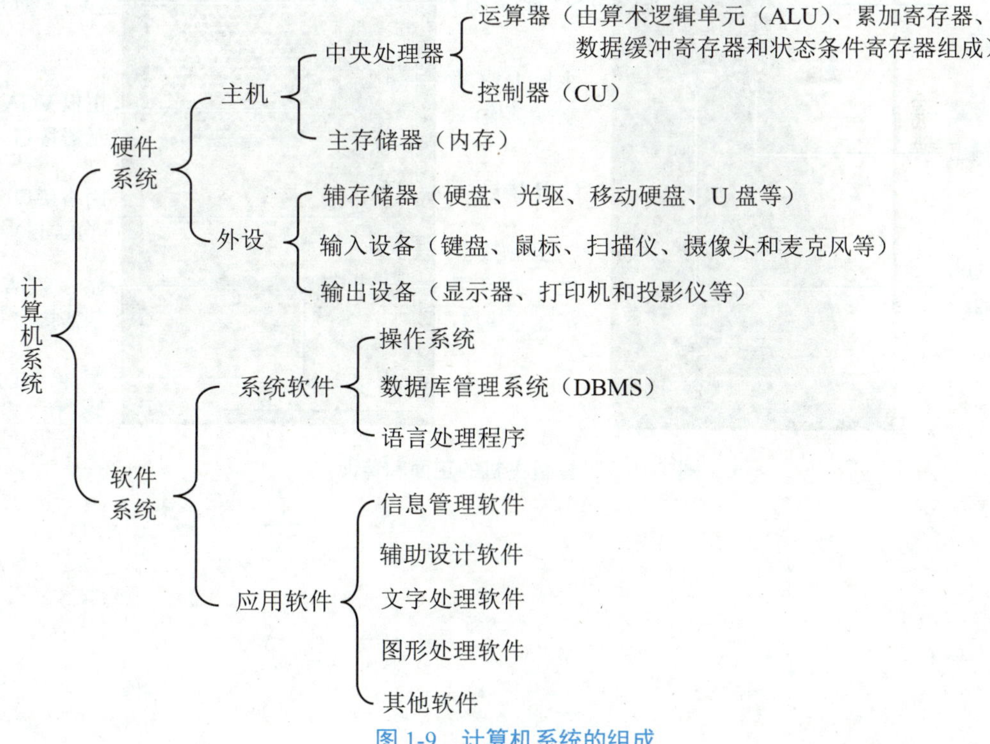

图 1-9　计算机系统的组成

20 世纪 30 年代中期，美国科学家冯·诺依曼提出了电子计算机存储程序控制的理论。直到今天，计算机内部依然采用这种机制。根据冯·诺依曼理论，计算机主要由控制器、运算器、存储器、输入设备和输出设备 5 大部分组成。各组成部分的作用如下。

- **输入设备：**输入原始数据和指令。
- **控制器：**按用户给出的指令对计算机的其他部件发出各种控制信号。
- **运算器：**对数据进行算术运算和逻辑运算。
- **存储器：**用于存储程序和数据。
- **输出设备：**将计算结果输出。

二、计算机的硬件系统

计算机的硬件由主机和外部设备组成。其中，主机是对机箱和机箱内所有计算机配件的总称，这些配件包括主板、CPU、存储器（内存和硬盘）、光驱和显卡等。图 1-10 和图 1-11 所示分别是主机外部和主机内部的结构。外部设备由输入设备、输出设备和其他设备组成。

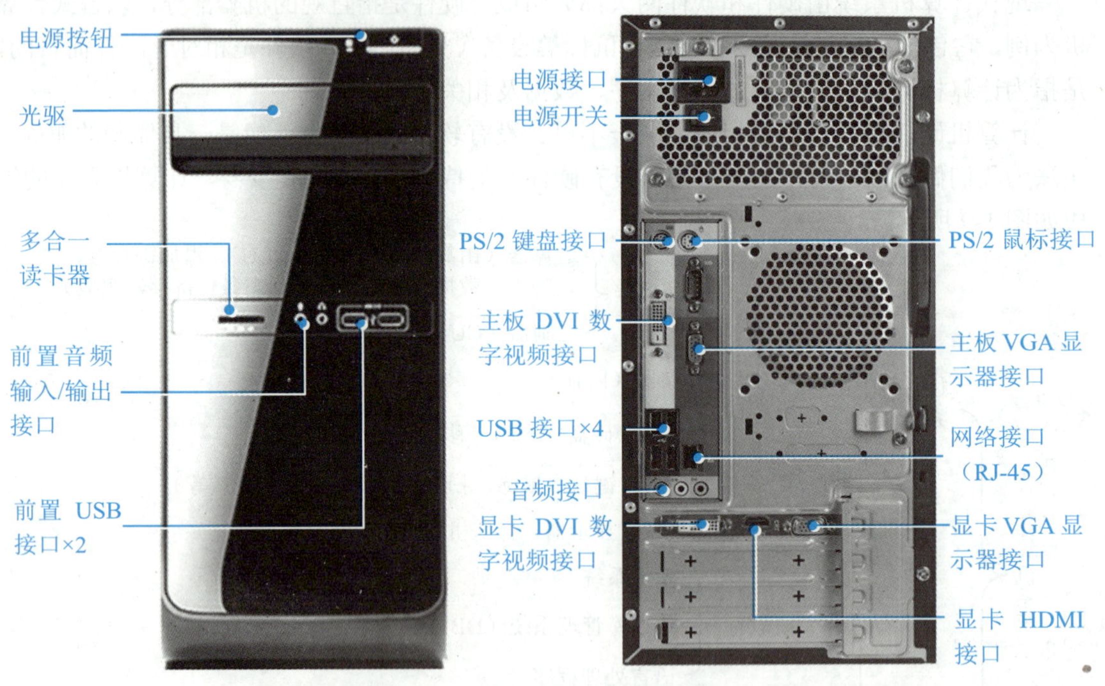

图 1-10　计算机主机的正面和背面

图 1-11　计算机主机箱的内部结构

1．主板

主板又称母板，它是一块印刷电路板，是计算机其他组件的载体，在各组件中起着协调工作的作用，如图 1-12 所示。主板主要由 CPU 插槽、总线及总线扩展槽（如内存插槽、显卡插槽和 PCI 扩展槽）、输入输出（I/O）接口、缓存、电池及各种集成电路等组成。

图 1-12　主板

- **总线和总线扩展插槽：** 总线用于在计算机的各个部件之间传输信息；总线扩展槽用来连接计算机的内存、显卡等部件。总线按传输信息的不同分为数据总线、地址总线和控制总线，分别用来在设备之间传输数据、地址和控制信息。
- **输入输出（I/O）接口：** 主要用来连接计算机的各种外设，包括 PS/2 接口（用来连接鼠标和键盘）和 USB 接口等。其中，USB 接口是计算机中最常用的接口，可以用来连接键盘、鼠标、打印机、扫描仪、摄像机、数码相机、U 盘等设备，具有传输数据速度快，可在开机状态下插拔（即热插拔）设备等优点。

2. CPU

CPU 是 Center Processing Unit 的缩写，中文名称为“中央处理器”，其外观如图 1-13 所示。它包括运算器和控制器两部分，是计算机最核心的组成部分。其中，运算器的作用是执行指令进行算术运算和逻辑运算；控制器的作用是控制计算机各部件协调地工作。CPU 的速度主要取决于其主频、核心数和高速缓存容量。主频一般以 GHz 为单位，表示每秒运算的次数。主频越高，计算机的运算速度越快。目前，主流 CPU 的核心数都为双核或以上，主频都为 2 GHz 以上。

3. 内存储器

存储器是计算机中用来存储指令和数据的部件。按照存储器和 CPU 的关系，可以将其分为内存储器（也称为主存储器）和外存储器（也称为辅存储器）。

内存储器根据其作用的不同又分为随机存储器（RAM）和只读存储器（ROM）。

通常说的内存（见图 1-14）是随机存储器（RAM），它的特点是可读可写，主要用于临时存储程序和数据，关机后在其中存储的信息会自动消失。

图 1-13　CPU

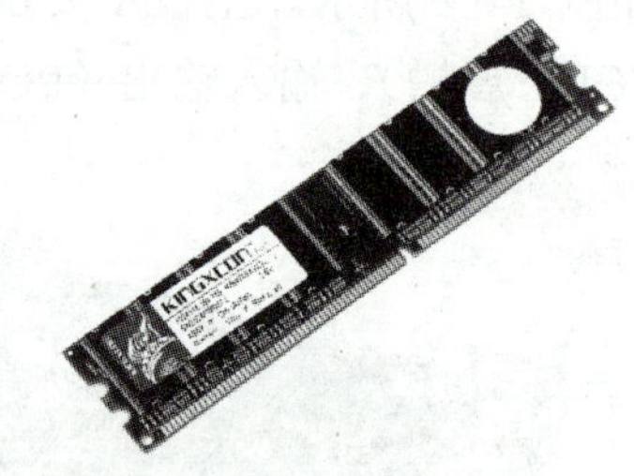

图 1-14　内存条

只读存储器（ROM）的特点是只能读出信息，不能写入信息，它通常是主板厂家固化在主板上的一块芯片，其中存储的是计算机的自检程序及输入输出程序等系统服务程序，这些信息可以永久保存而不受断电影响。

在计算机中，除 CPU、主板外，内存的优劣与容量是决定计算机性能的另一个重要因素。目前，主流内存的容量有 4 GB、8 GB 和 16 GB 等。

4. 外存储器

外存储器包括硬盘、光盘、U 盘和移动硬盘等，它们是计算机的辅助存储设备。

- **硬盘**

硬盘固定在主机箱内，并通过主板的 SATA 接口与主板连接，是计算机最主要的外存储器，计算机中的大多数文件都存储在硬盘中。例如，为计算机安装操作系统及应用软件，实际上就是将相关文件“复制”到硬盘。此外，对于一些有价值的图像、文档等，也通常将其保存在硬盘中。

硬盘主要有机械硬盘（HDD，见图 1-15）和固态硬盘（SSD）两种类型。机械硬盘采用磁性碟片来存储数据，其特点是存储容量大但读写速度慢；固态硬盘采用闪存颗粒来存储数据，其特点是存储容量小但读写速度快。目前，主流机械硬盘的存储容量有 1 TB、2 TB、4 TB 和 6 TB 等；主流固态硬盘的存储容量有 240 GB、480 GB 和 720 GB 等。

➢　光盘和光驱

光盘用来存储需要备份或移动的数据。常见的光盘分为 CD、DVD 和 BD 几种类型：CD 光盘的容量一般为 650 MB；DVD 光盘的容量一般为 4.7 GB 或更大；BD 光盘即蓝光光盘，是目前最先进的大容量光盘，存储容量为 25 GB 或更大。

根据其使用特点，光盘又分为只读光盘和刻录光盘两种类型。只读光盘（CD-ROM 和 DVD-ROM）只能从中读取信息而不能写入信息，通常这些信息是由厂家预先写入的；刻录光盘分为一次性写入光盘（CD-R 和 DVD-R）和可擦写光盘（CD-RW 和 DVD-RW），用户可将信息刻录（写入）到此类光盘中，其中可擦写光盘可多次擦除和写入信息。

光驱用来读取或写入光盘数据，如图 1-16 所示。目前的光驱都为 DVD 光驱，可以读取 CD 和 DVD 光盘数据。有一类光驱被称为刻录机，它具有读取和写入光盘数据的功能。

图 1-15　硬盘

图 1-16　光驱

➢　可移动存储设备

可移动存储设备包括 U 盘和移动硬盘等。其中，U 盘是一种小巧玲珑、易于携带的移动存储设备，其通过 USB 接口与计算机连接，如图 1-17 所示；移动硬盘由普通硬盘和硬盘盒组成。硬盘盒除了起到保护硬盘的作用外，更重要的作用是将硬盘的 SATA 接口转换成可以热插拔的 USB 或其他标准接口与计算机连接，从而实现移动存储，如图 1-18 所示。

5．显卡

早期显卡的作用是将 CPU 处理过的信息转换成字符、图形和颜色等传送到显示器上显示。后来，显卡拥有了独立的图形处理功能，所以也可以称其为图形加速卡。

显卡分为独立显卡和集成显卡两种类型。独立显卡如图 1-19 所示，它插在主板的显卡插槽上，比集成显卡具有更好的性能；集成显卡是指集成在 CPU 中的一块显示芯片，由主板提供与显示器连接的接口。衡量显卡性能的参数主要有显示芯片类型和显存大小等。

图 1-17 U 盘

图 1-18 移动硬盘

图 1-19 独立显卡

6. 输入设备

输入设备是用户向计算机输入各种信息（如文字、数字和指令等）的设备。计算机最基本的输入设备是键盘和鼠标，如图 1-20 所示。其他常见的计算机输入设备还有扫描仪、手写板和麦克风等。

- **键盘：**是计算机最基本的输入设备，用于向计算机输入字符和命令。键盘与主机的连接方式有通过 PS/2 接口连接、通过 USB 接口连接和无线连接 3 种方式。
- **鼠标：**也是计算机最基本的输入设备，用于向计算机输入各种命令。它一般由左键、滚轮和右键组成。鼠标与主机的连接方式也有通过 PS/2 接口连接、通过 USB 接口连接和无线连接 3 种方式。

7. 输出设备

输出设备用于将计算机的各种计算结果转换成用户能够识别的数字、字符、图像和声音等形式并输出。计算机最基本的输出设备是显示器，如图 1-21 所示。其他常见的输出设备还有音箱、打印机、投影仪和绘图仪等。

- **显示器：**目前主流显示器都为液晶显示器（LCD），根据屏幕对角线长度可分为 21 英寸、23 英寸和 27 英寸等规格。显示器主要通过主机箱背后显卡的 DVI 或 VGA 接口与显卡连接。
- **打印机：**打印机是一种将计算机中的信息输出到纸张等介质上的输出设备，如图 1-22 所示。常见的打印机按工作原理分为针式打印机（主要用来打印票据）、喷墨打印机和激光打印机 3 种；按输出色彩可分为黑白打印机和彩色打印机两种。

图 1-20 键盘和鼠标

图 1-21 显示器

图 1-22 打印机

三、计算机的软件系统

软件是指为计算机运行工作服务的各种程序、数据及相关资料。软件是计算机的灵魂，是计算机具体功能的体现，要让计算机为用户工作，必须在计算机中安装相应的软件。一台没有安装软件的计算机无法完成任何有实际意义的工作。

计算机软件主要分为系统软件和应用软件两大类，下面分别介绍。

1. 系统软件

系统软件是管理和控制计算机软、硬件资源的软件。它的功能是使计算机能够正常工作或具备解决某些问题的能力。系统软件包括操作系统、数据库管理系统和语言处理程序。

➢ 操作系统

操作系统是控制和管理计算机软、硬件资源的平台。它在计算机系统中占有特殊的地位，计算机需要安装操作系统才能正常工作。这是因为，一方面，用户需要通过操作系统去操作计算机，合理、有效地利用各种资源，而不必去直接操作计算机的硬件；另一方面，计算机中所有其他软件都建立在操作系统的基础上，并得到它的支持与服务。常见的操作系统有 Windows、Linux 等。其中，在个人计算机领域，Windows 是最常用的操作系统，包括 Windows XP/7/8/10 等版本。

➢ 数据库管理系统

数据库管理系统是用户建立、使用和维护数据库的软件，简称 DBMS。目前，常用的数据库管理系统有 Visual FoxPro、Sybase、Oracle、MySQL 和 SQL Server 等。

➢ 语言处理程序

人们利用计算机来解决具体的问题，是通过一连串的指令来实现的，一串指令的有序集合就是程序。程序设计语言是用来编制各种程序所使用的计算机语言，包括机器语言、汇编语言及高级语言等。例如，Visual Basic（简称 VB）、C++、C#和 Java 等都是高级语言。

机器语言是可以直接在计算机上执行的程序，而汇编语言和高级语言需要翻译成机器语言后才能在计算机上执行。语言处理程序的作用就是将高级语言或汇编语言编写的程序翻译成计算机能执行的程序。它包括编译程序和解释程序等。

2. 应用软件

应用软件运行在操作系统之上，是为了解决用户的各种实际问题而编制的程序及相关资源的集合，如办公软件 Office，图像处理软件 Photoshop，动画制作软件 Flash，工程绘图软件 AutoCAD，杀毒软件 360，压缩/解压缩软件 WinRAR 等。

四、计算机的主要性能指标

一般情况下，可参照以下几项指标来评价计算机的性能。

- ➢ **主频：**即 CPU 的时钟频率，是指计算机的 CPU 在单位时间内发出的脉冲数目。它在很大程度上决定了计算机的运行速度。主频的单位是兆赫兹（MHz）。
- ➢ **字长：**指 CPU 一次能处理的二进制数据的位数。字长都是字节的 1，2，4，8 倍，如 8 位、16 位、32 位等，目前 64 位计算机已基本普及。
- ➢ **运算速度：**通常所说的计算机运算速度（平均运算速度）是指计算机每秒钟所能执行的指令条数，一般用“百万条指令/秒”（MIPS）来描述。
- ➢ **存储容量：**它分为内存容量和外存容量。内存容量的大小反映了计算机即时存储信息的能力；外存容量越大，可存储的信息就越多，可安装的应用软件就越丰富。

【项目实施】

任务一　安装硬件并连接相应的信号线

安装计算机硬件并连接相应信号线的正确操作流程和步骤如下：

步骤 1▶ 安装 CPU 和散热器。把 CPU 安装到主板上，再将 CPU 散热器进行安装并连接散热器电源，如图 1-23 所示。

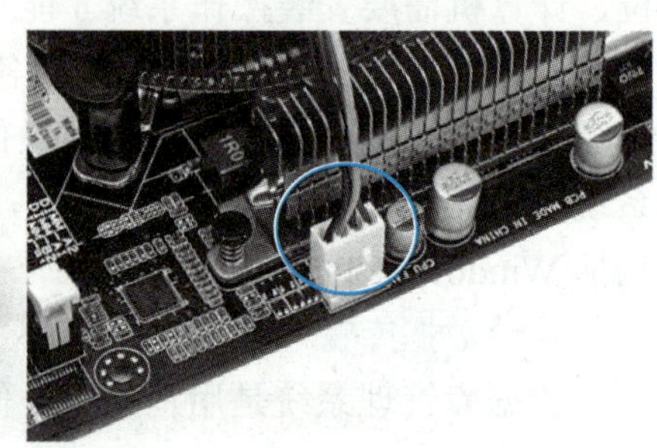

图 1-23　安装 CPU 和散热器

步骤 2▶ 安装内存。把内存安装在主板上（也可先将主板安装在机箱，以及安装好硬盘、光驱后再安装内存），如图 1-24 所示。

步骤 3▶ 拆下机箱两侧的挡板，将主板安装到机箱中，如图 1-25 所示。

步骤 4▶ 安装电源。将电源安装到机箱中，如图 1-26 所示。

图 1-24　安装内存

图 1-25　安装主板

图 1-26　安装电源

步骤 5▶ 安装硬盘和光驱。把硬盘和光驱安装到机箱的相应位置上，如图 1-27 所示。

步骤 6▶ 安装板卡。将显卡、声卡和网卡等扩展板卡安装在主板的相应扩展插槽上。图 1-28 所示为安装显卡。

步骤 7▶ 连接硬盘和光驱数据线。现在的硬盘和光驱都使用 SATA 数据线与主板的 SATA 接口连接。为此，在配件中找出 SATA 数据线，然后在主板和硬盘上分别找到 SATA 接口，将 SATA 数据线的一端插入主板上的 SATA 接口，另一端插入硬盘的数据线接口，如图 1-29 所示。

图 1-27　安装硬盘和光驱

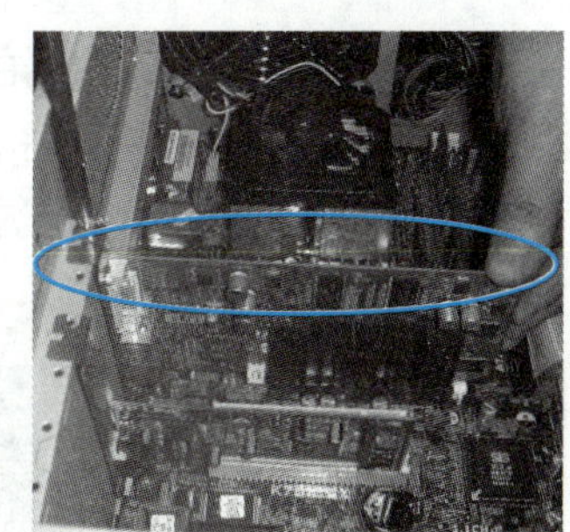

图 1-28　安装显卡

图 1-29　将 SATA 数据线插入主板和硬盘接口

步骤 8▶　连接基本信号控制线。在机箱内找到最基本的几个信号控制线，包括 POWER SW、RESET SW、POWER LED 和 HDD LED，再在主板中找到带有“F_PANEL”字样的插座，通过主板使用手册或插座附近的符号，了解其与控制线的关系，如 PWR 表示电源按钮，RST 表示复位。按照主板中的提示符和主板使用手册，将信号线插头依次插入主板上其对应的针脚中，如图 1-30 所示。

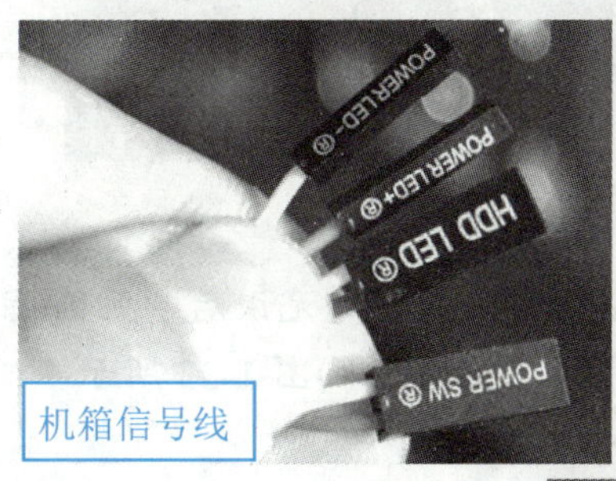

图 1-30　将信号控制线依次插入其对应的针脚中

步骤 9▶ 连接前置 USB 和音频信号线。在主板中找到任意一个带有“F_USB1”和“F_USB2”字样的插座，将机箱 USB 信号线的接头按照正确方向插入；在主板中找到连接前置音频线的 AUDIO 插座，将 HD AUDIO 信号线的接头按照正确的方向插入，如图 1-31 所示。

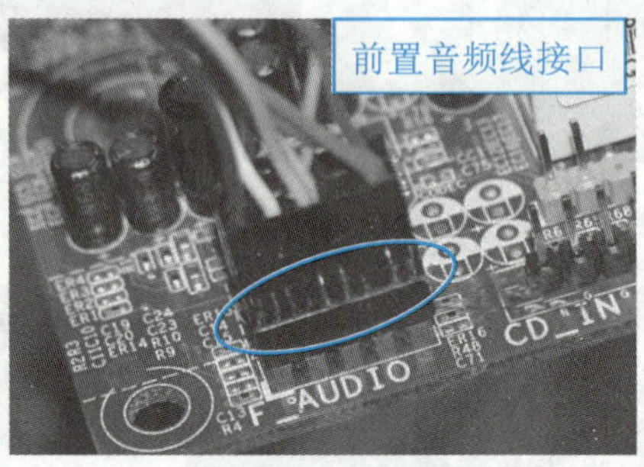

图 1-31　连接前置 USB 和音频信号线

步骤 10▶ 连接电源线。连接主板、CPU、显卡和硬盘等的电源线，如图 1-32 所示。

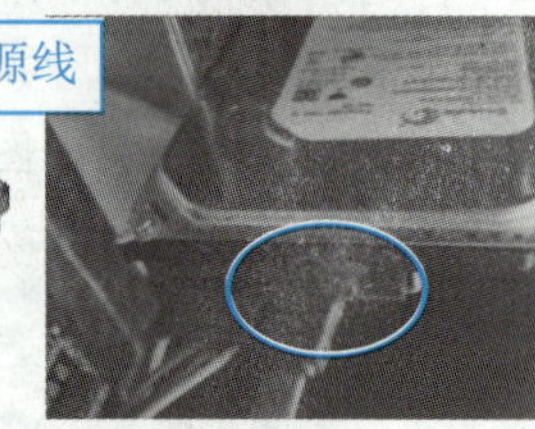

图 1-32　连接各电源线

步骤 11▶ 连接外部设备。计算机主机内的部件都安装到位并检查无误后，把机箱封上并上紧螺钉，然后再连接好鼠标、键盘、音箱和网线等外部设备，如图 1-33 所示。

步骤 12▶ 将显示器电源线插入电源插座中。

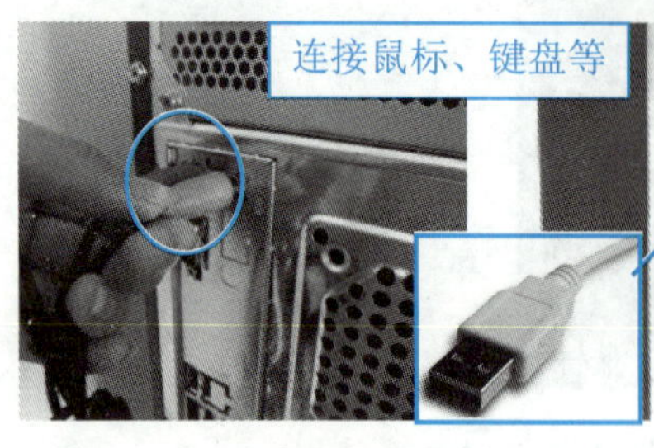

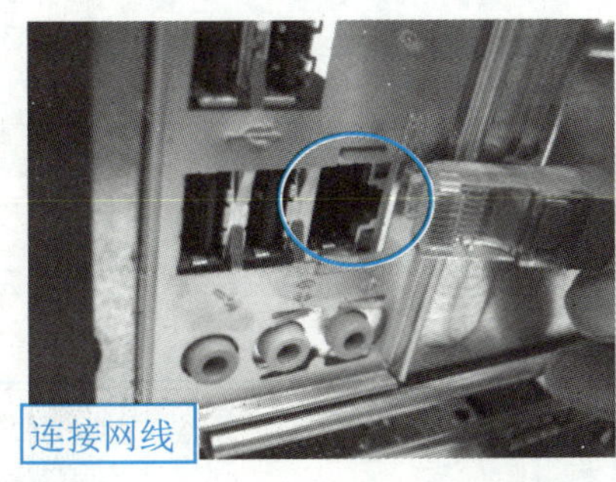

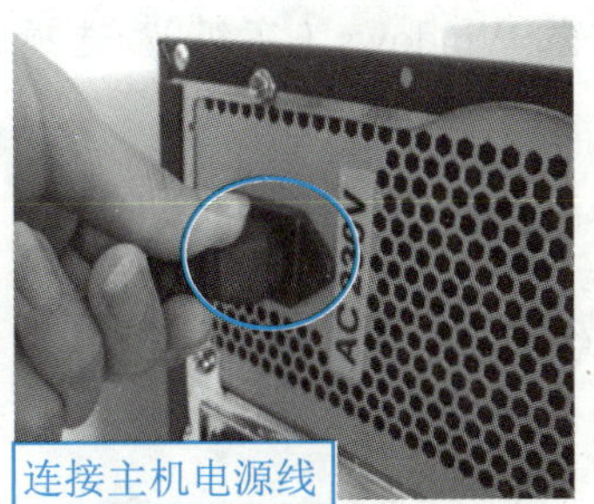

图 1-33　连接外部设备

任务二　使用光盘安装 Windows 10

下面使用 Windows 10 的原版安装光盘安装 Windows 10，操作步骤如下：

步骤 1▶　在光驱中放入安装光盘（此前需将计算机设置为从光驱启动）。

步骤 2▶　重新启动机器，当显示器屏幕上出现“Press any key to boot from CD or DVD.....”字样时按任意键，如图 1-34 所示。

```
Press any key to boot from CD or DVD....._
```

图 1-34　开始安装 Windows 10

步骤 3▶　稍微等待一会，在出现的如图 1-35 所示的语言设置界面中单击“下一步”按钮；在出现的如图 1-36 所示的界面中单击“现在安装”按钮，打开 Windows 10 安装向导。

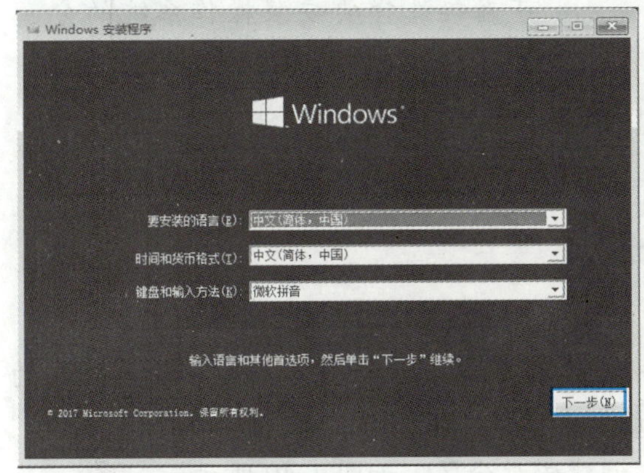

图 1-35　语言设置界面

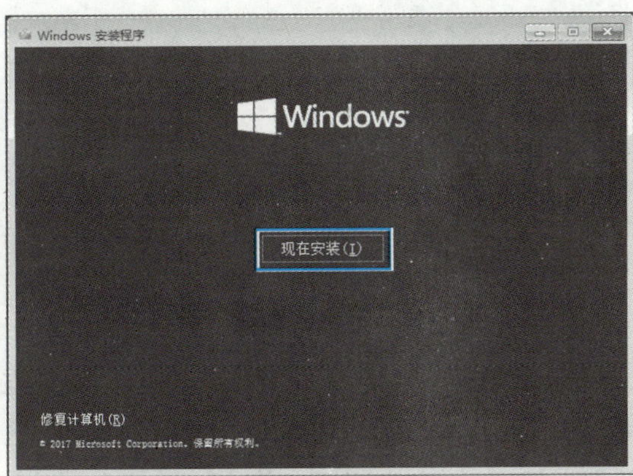

图 1-36　单击“现在安装”按钮

步骤 4▶　在出现的界面中输入产品密钥，然后单击“下一步”按钮。也可暂时不输入产品密钥，选择“我没有产品密钥”选项，在打开的界面中选择操作系统版本后单击“下一步”按钮，以试用版方式安装，然后再激活。

步骤 5▶　在出现的如图 1-37 所示的界面中选中“我接受许可条款”复选框，然后单击“下一步”按钮。

步骤 6▶　在出现的如图 1-38 所示的界面中选择 Windows 10 的安装类型，本例选择

“自定义仅安装 Windows（高级）”选项进行一次全新的安装。

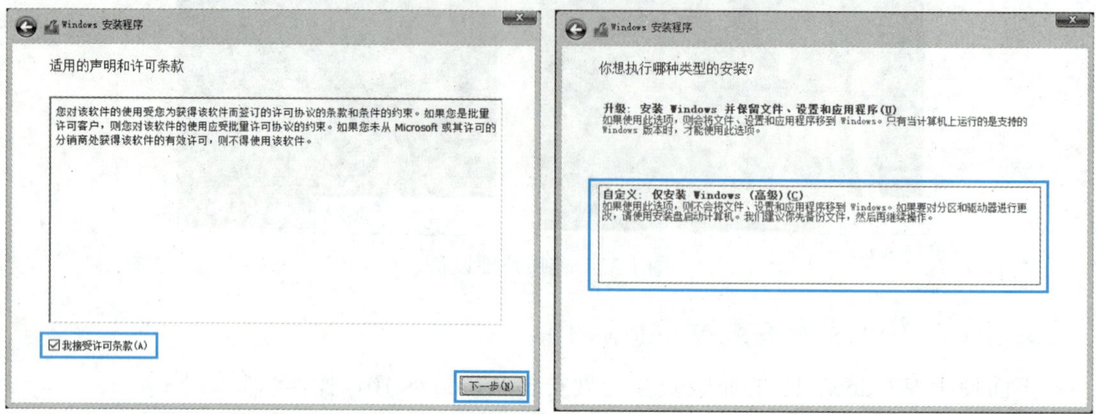

图 1-37　选择“我接受许可条款”复选框　　　　图 1-38　选择 Windows 10 的安装类型

步骤 7▶　对于新组装的计算机，如果还没有为硬盘创建磁盘分区，则需要在如图 1-39 所示的界面中选择“新建”选项，新建磁盘分区。

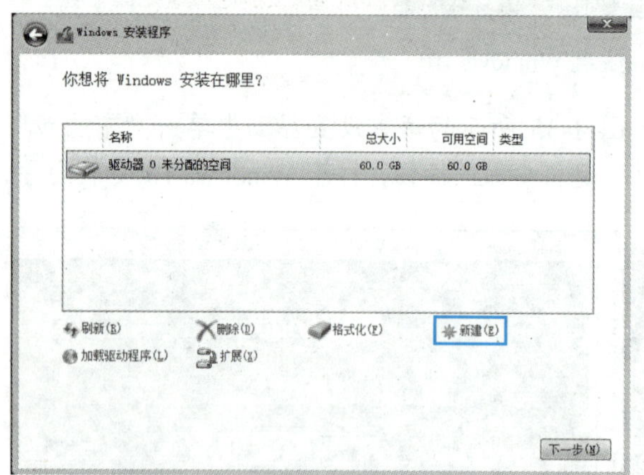

图 1-39　选择“新建”选项

提　示

如果已为新硬盘创建好分区，可直接选择要安装操作系统的分区，再选择“格式化”选项将其格式化，然后单击“下一步”按钮，在该分区上安装操作系统。

步骤 8▶　在“你想将 Windows 安装在哪里”界面的“大小”编辑框中输入所需的磁盘分区大小（安装 Windows 10 的磁盘分区最好大于 20 000 MB），设置好后单击“应用”按钮，在弹出的对话框中单击“确定”按钮，创建磁盘分区，如图 1-40 所示。

用户可用上述方法将硬盘划分为多个磁盘分区，也可在安装好系统后再创建其他磁盘分区。

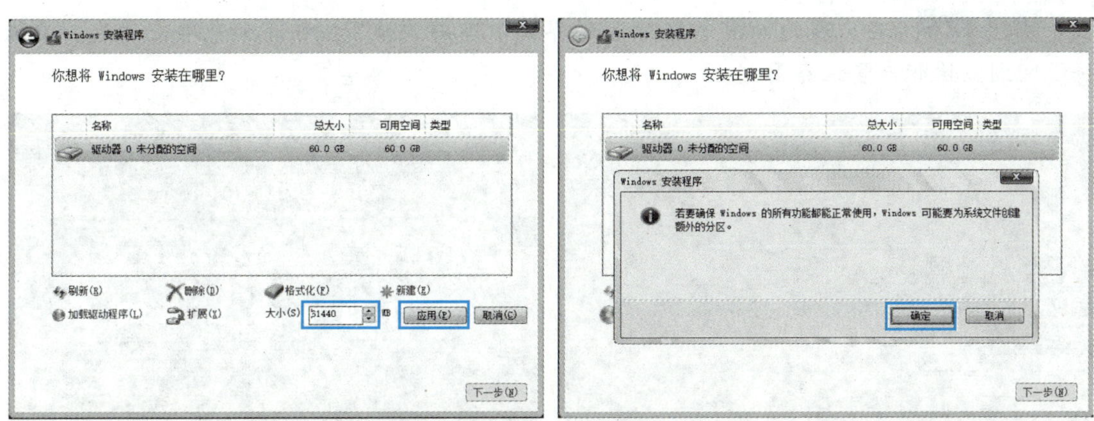

图 1-40　完成磁盘分区的创建

步骤 9▶ 创建磁盘分区后，在出现的界面中选择用来安装 Windows 10 的磁盘分区，然后单击“下一步”按钮开始安装 Windows 10，并出现复制文件界面，如图 1-41 所示。

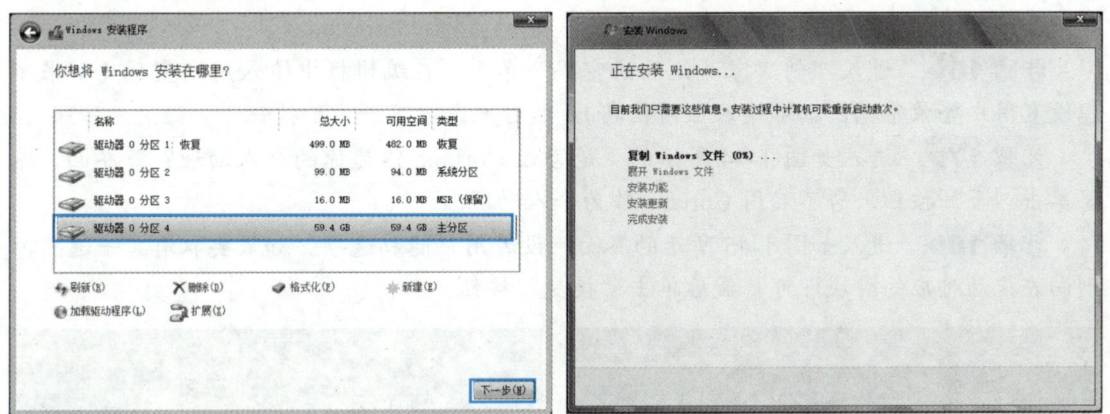

图 1-41　开始安装 Windows 10

步骤 10▶ 等待 5～20 分钟后（具体时间取决于计算机的运行速度），便可以完成 Windows 10 的前期安装工作，这时计算机会自动重启。重启后在出现的界面中选择区域设置选项，如“中国”，然后单击“是”按钮。

步骤 11▶ 在出现的界面中选择键盘布局：微软五笔或微软拼音，然后单击“是”按钮。在出现的询问是否要添加第二种键盘布局界面中进行键盘布局，或单击“跳过”按钮，不再添加键盘布局。

步骤 12▶ 在出现的如图 1-42 所示的界面中选择系统设置方式，如选择“针对个人使用进行设置”选项，然后单击“下一步”按钮。

步骤 13▶ 在出现的“通过 Microsoft 登录”界面中输入微软账户信息，如果没有微软账户，可以选择“创建账户”选项，再在打开的界面中进行注册；这里选择“脱机账户”选项，暂时不登录微软账户。

步骤 14▶ 在出现的如图 1-43 所示的界面中单击“否”按钮（如果单击“是”按钮将返回到微软账户登录界面）。

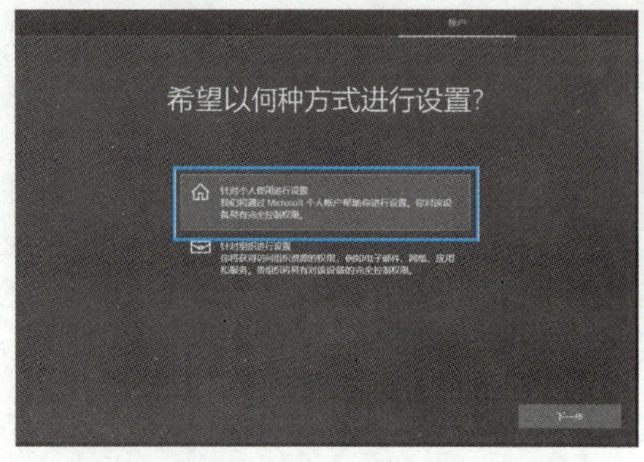

图 1-42 选择系统设置方式

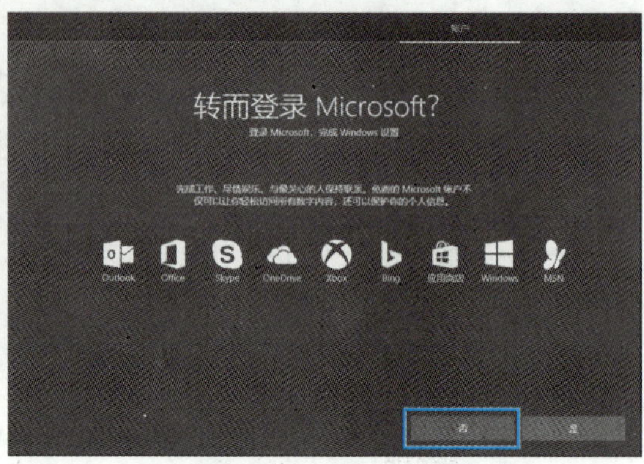

图 1-43 单击“否”按钮

步骤 15▶ 进入“谁将会使用这台电脑”界面，在编辑框中输入用户名，然后单击“下一步”按钮。

步骤 16▶ 进入“创建容易记住的密码”界面，在编辑框中输入用户密码（如果不想设置用户登录密码，则不输入任何信息），然后单击“下一步”按钮。

步骤 17▶ 进入如图 1-44 所示的“是否让 Cortana 作为你的个人助理？”界面，这里单击“否”按钮，暂不启用 Cortana 作为个人助理。

步骤 18▶ 进入如图 1-45 所示的界面，设置用户隐私选项。如果要取消某一选项，则向左拖动对应的滑块即可，最后单击“接受”按钮。

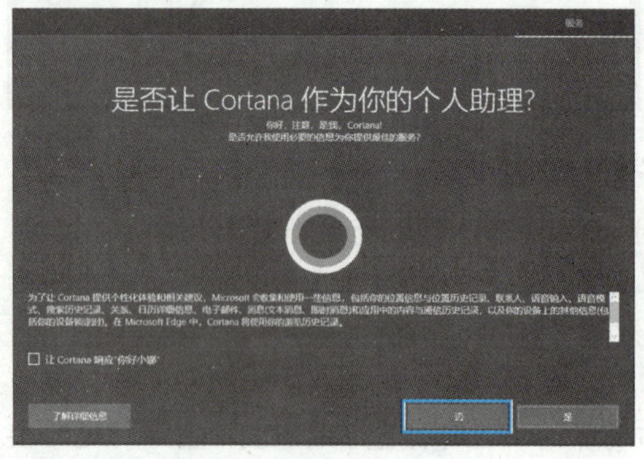

图 1-44 单击“否”按钮

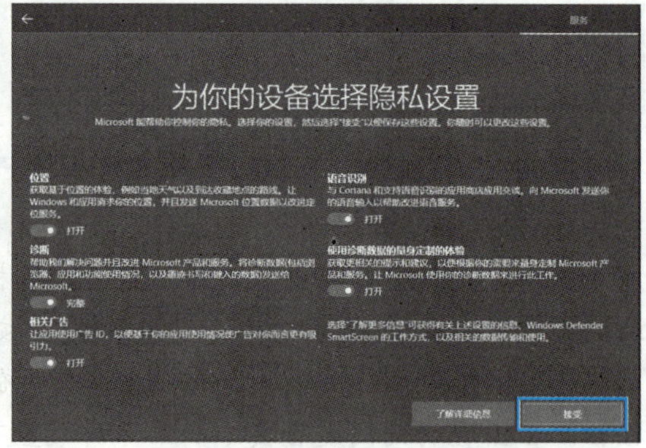

图 1-45 单击“接受”按钮

步骤 19▶ 开始配置用户参数。稍等几分钟后，即可进入 Windows 10 系统桌面，如图 1-46 所示。

图 1-46　Windows 10 的桌面

项目三　掌握计算机中数据的表示与存储

【情景描述】

小谭知道，利用计算机可以采集、存储和处理各种信息，也可将这些信息转换成用户可以识别的文字、图像、声音或视频等进行输出。但他想知道，这些信息在计算机内部是如何表示和存储的。下面，我们和小谭一起学习这方面的知识。

【项目要求】

- 了解计算机中数据的表示与存储。
- 了解计算机中各种数制间相互转换的方法。
- 了解计算机中的信息编码类型。

【相关知识】

一、计算机中数据的表示及单位

数制也称计数制，是用一组固定的符号和统一的规则来表示数值的方法。计算机能极快地进行运算，其内部并不像人们在实际生活中使用的十进制，而是使用只包含 0 和 1 两个数值的二进制，文字、数字、图形、声音、视频及动画等均是以二进制形式存储在计算机中。有时为了书写和表示方便，还会用到八进制数和十六进制数。

源远流长

1705 年，德国著名数学家莱布尼兹在一篇名为《论单纯使用 0 和 1 的二进制算术——兼论二进制用途及伏羲氏所用的古代中国符号的意义》的论文上论述了二进制算术的原理及用途，标志着二进制的诞生。

莱布尼茨对中华文化十分钦佩和着迷，他在 1697 年出版的《中国最新消息》一书的序言中写道，中国文化与欧洲文化是相辅相成的，应当相互学习。他发明二进制也受到了我国古代阴阳八卦思想的启发。相传，人文始祖伏羲观察天地间变化之理创造了阴阳，并使用阴爻“--”和阳爻“—”排列组合成八卦。在莱布尼兹看来，“--”就是二进制中的 0，而“—”则是二进制中的 1。此外，《周易》中“易有两极，是生两仪。两仪生四象，四象生八卦”的记载也给了他很大启发，最终帮助他发明了二进制。

不同进制数可以表示为$(数值)_{计数制}$，也可以在数值的后面用特定的字母表示该数值的进制，具体表示方法为：

二进制可用字母 B 表示，如 1101.01B 或$(1101.01)_2$。

十进制可用字母 D 表示（D 可省略）。

八进制可用字母 O 表示，如 263.21O 或$(263.21)_8$。

十六进制可用字母 H 表示，如 F4.C1H 或$(F4.C1)_{16}$。

数据在计算机中都是用二进制形式表示和存储的，其最基本的存储单位是“位”和“字节”。

- 位（bit）：一个二进制位称为比特，用“b”表示。它是计算机中存储数据的最小单位。一位可以表示“0”或“1”。
- 字节（byte）：八个二进制位称为字节，用“B”表示。它是数据处理和数据存储的基本单位，如一个英文字母占一个字节，一个汉字占两个字节。

此外，计算机中通常用 KB、MB、GB 或 TB 表示存储设备的容量或文件的大小，它们之间的换算关系如下：

1 B=8 bit　　1 KB=1 024 B　　1 MB=1 024 KB　　1 GB=1 024 MB　　1 TB=1 024 GB

二、数制转换

无论使用哪一种进位计数制，数值的表示都包含两个基本要素：基数和各位的“位权”。

基数是一个进位计数制允许选用的基本数字符号的个数。一般而言，r 进制数的基数为 r，可供选用的计数符号有 r 个，分别为 0～$(r-1)$，每个数位计满 r 就向其高位进 1，即“逢 r 进一”。

例如，十进制数的基数为 10，可供选用的计数符号有 10 个，分别为 0～9，每个数位计满 10 就向其高位进 1，即逢十进一；二进制的基数为 2，只有 0 和 1 两个符号，计数规则是逢二进一；十六进制中，数用 0，1，…，9 和 A，B，…，F（或 a，b，…，f）16 个符号来描述，计数规则是逢十六进一。

"位权"简称"权"，是指一个进位计数制中，各位数字符号所表示的数值等于该数字符号值乘以一个与该数字符号所处位置有关的常数。位权的大小是以基数为底，数字符号所处位置的序号为指数的整数次幂。各数字符号所处位置的序号计法为：以小数点为基准，整数部分自右向左依次为0，1，…递增，小数部分自左向右依次为−1，−2，…递减。

例如，将十进制数 385.26 按权展开，为 $3\times10^2+8\times10^1+5\times10^0+2\times10^{-1}+6\times10^{-2}$，即 3 的位权是 10^2，8 的位权是 10^1，5 的位权是 10^0，2 的位权是 10^{-1}，6 的位权是 10^{-2}。

虽然不同进制数之间的转换过程是计算机自动完成的，但用户仍有必要了解不同进制数之间的转换方法。

1．其他进制转换为十进制

方法是：将其他进制按权位展开，然后各项相加，就得到相应的十进制数。

【例 1-1】$N=(10110.101)_B=(22.625)_D$

按权展开 $N=1\times2^4+0\times2^3+1\times2^2+1\times2^1+0\times2^0+1\times2^{-1}+0\times2^{-2}+1\times2^{-3}$

$=16+0+4+2+0+0.5+0+0.125=(22.625)_D$

【例 1-2】$N=(654.23)_O=(428.296875)_D$

按权展开 $N=6\times8^2+5\times8^1+4\times8^0+2\times8^{-1}+3\times8^{-2}$

$=384+40+4+0.25+0.046875=(428.296875)_D$

【例 1-3】$N=(3A6E.5)_H=(14958.3125)_D$

按权展开 $N=3\times16^3+10\times16^2+6\times16^1+14\times16^0+5\times16^{-1}$

$=12288+2560+96+14+0.3125=(14958.3125)_D$

2．十进制转二进制

整数部分的转换采用"除 r 取余法"。例如，为了把十进制数转换成相应的二进制数，只要把十进制数不断除以 2，并记下每次所得余数，所有余数按与所得到的相反次序排列即为相应的二进制数。小数部分的转换则采用"乘 r 取整法"，并将所得数按顺序排列。

【例 1-4】$N=(43.625)_D=(101011.101)_B$

将 43.625 的整数部分和小数部分分开处理：

整数部分

除数	被除数	取余数
2	43	1
2	21	1
2	10	0
2	5	1
2	2	0
2	1	1
	0	

（余数自下而上排列 ↑）

小数部分

计算	取整数
0.625×2=1.25	1
0.25×2=0.5	0
0.5×2=1.0	1

（整数自上而下排列 ↓）

结果：$(43.625)_D=(101011.101)_B$

3．二进制、八进制、十六进制之间的转换

由于二进制、八进制、十六进制之间存在特殊的关系：$8^1=2^3$，$16^1=2^4$，即 1 位八进制数相当于 3 位二进制数，1 位十六进制数相当于 4 位二进制数，因此转换比较容易，对照表 1-2 进行转换即可。

表 1-2　各种进制数码对照

十进制	二进制	八进制	十六进制	十进制	二进制	八进制	十六进制
0	0000	0	0	9	1001	11	9
1	0001	1	1	10	1010	12	A
2	0010	2	2	11	1011	13	B
3	0011	3	3	12	1100	14	C
4	0100	4	4	13	1101	15	D
5	0101	5	5	14	1110	16	E
6	0110	6	6	15	1111	17	F
7	0111	7	7	16	10000	20	10
8	1000	10	8	17	10001	21	11

其中，

① 将二进制数转换成八进制数的方法是：将二进制数以小数点为界，分别向左、向右进行 3 位分组(不足 3 位补无效 0)，再将每组二进制数换算为十进制数并依次排列即可。

【例 1-5】二进制转换成八进制　$N=(10101011.110101)_B=(253.65)_O$

$(\underline{010}\ \underline{101}\ \underline{011}.\underline{110}\ \underline{101})_B=(253.65)_O$（整数高位补 0）

2　5　3　6　5

② 将八进制数转换成二进制数的方法是：以小数点为界，分别向左、向右将每一位八进制数转换成相应的 3 位二进制数（不足 3 位补无效 0），再将每组二进制数依次排列即可。

③ 将二进制数转换成十六进制数的方法是：将二进制数以小数点为界，分别向左、向右进行 4 位分组（不足 4 位补无效 0），再将每组二进制数换算为十进制数并依次排列即可。

【例 1-6】二进制转换成十六进制　$N=(10101011.110101)_B=(AB.D4)_H$

$(\underline{1010}\ \underline{1011}.\underline{1101}\ \underline{0100})_B=(AB.D4)_H$（小数低位补 0）

A　B　D　4

④ 将十六进制数转换成二进制数的方法是：以小数点为界，分别向左、向右将每一位十六进制数转换成相应的 4 位二进制数（不足 4 位补无效 0），再将每组二进制数依次排列即可。

三、计算机中的信息编码

无论是数值数据还是非数值数据，计算机内部都会采用一定的编码标准先将这些数据转换成二进制数，再进行下一步运算。例如，当用户输入一个字符时，系统先将用户输入的字符按其编码标准自动转换为相应的二进制形式存入计算机存储单元中，再由系统自动将二进制数值转换成可视的信息显示出来。字符编码标准主要有以下几种。

1. ASCII 码

目前，计算机使用最广泛的字符编码是 ASCII 码（美国标准信息交换码）。ASCII 码包括 32 个通用控制字符、10 个十进制数码、52 个英文大小写字母和 34 个专用符号，共 128（即 2^7）个元素，故需要用七位二进制数 $b_7b_6b_5b_4b_3b_2b_1$ 进行编码，以区分每个字符，如表 1-3 所示。七位 ASCII 码被称为标准 ASCII 码。

表 1-3　ASCII 字符编码表

b_4-b_1 \ b_7-b_5	000	001	010	011	100	101	110	111
0000	NUL	DLE	SP	0	@	P	`	p
0001	SOH	DC1	!	1	A	Q	a	q
0010	STX	DC2	“	2	B	R	b	r
0011	ETX	DC3	#	3	C	S	c	s
0100	EOT	DC4	$	4	D	T	d	t
0101	ENQ	NAK	%	5	E	U	e	u
0110	ACK	SYN	&	6	F	V	f	v
0111	BEL	ETB	‘	7	G	W	g	w
1000	BS	CAN	(	8	H	X	h	x
1001	HT	EM	)	9	I	Y	i	y
1010	LF	SUB	*	:	J	Z	j	z
1011	VT	ESC	+	;	K	[	k	{
1100	FF	FS	,	<	L	\	l	|
1101	CR	GS	-	=	M	]	m	}
1110	SO	RS	.	>	N	^	n	~
1111	SI	US	/	?	O	_	o	Del

表 1-3 中每个字符都对应一个数值，称为该字符的 ASCII 码值。通常使用一个字节（即 8 个二进制位）表示一个 ASCII 码字符，并规定其最高位总是 0。例如，数字“0”的 ASCII 码值为 00110000B，字母“A”的 ASCII 码值为 01000001B。

2. 汉字编码

从汉字编码的角度看，计算机对汉字信息的处理过程实际上是各种汉字编码间的转换过程。这些编码主要包括汉字外码、汉字交换码、汉字机内码和汉字字形码等。

（1）汉字外码。

汉字外码也叫汉字输入码，是用键盘将汉字输入到计算机中的编码方式。目前常用的输入码有拼音码、五笔字型码、自然码、表形码、认知码、区位码和电报码等。一种好的输入码应具有编码规则简单、易学好记、操作方便、重码率低、输入速度快等优点。

（2）汉字交换码。

汉字交换码是汉字信息处理系统之间或通信系统之间进行信息交换的汉字代码，简称交换码。我国制定颁布了《国家标准信息交换用汉字编码字符集（基本集）》（GB 2312－80），所以汉字交换码也称为国标码。

国标码中收集了 682 个常用图形符号（如序号、数字、罗马数字、英文字母、日文假名、俄文字母和汉语注音等）和 6 763 个汉字。这些汉字分为两级：第一级包括常用汉字 3 755 个，按拼音排序；第二级包括一般汉字 3 008 个，按部首排序。

（3）汉字机内码。

汉字机内码是在计算机内部存储、处理汉字的代码。每一个汉字输入计算机后就转换为机内码，然后才能在计算机中存储和处理。

（4）汉字字形码。

汉字字形码是汉字的输出码。输出汉字时都采用图形方式，无论汉字的笔画多少，每个汉字都可写在同样大小的方块中，通常用 16×16 点阵来显示汉字。

【项目实施】

任务一　将其他进制数转换为十进制数

分别将二进制数 11010111、八进制数 254 和十六进制数 100H 转换为十进制数。

任务二　将二进制数转换为八进制数和十六进制数

将二进制数 10111011.111101 分别转换成八进制数和十六进制数。

项目四　了解多媒体技术及其应用

【情景描述】

多媒体在我们的日常生活中随处可见，无论是使用计算机观看影片，听音乐，制作文档，处理图像、音频和视频，还是通过 Internet 与他人进行视频聊天、召开视频会议……它们都属于多媒体技术的范畴。

小谭在以后的工作中经常要为公司制作一些多媒体作品，如商品照片和视频等，因此，他需要简单了解多媒体及多媒体技术的相关知识，以便制作出更好的多媒体作品。下面，

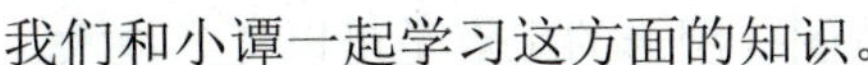

我们和小谭一起学习这方面的知识。

【项目要求】

- 了解多媒体技术的概念和特点。
- 了解多媒体信息的分类及其常见文件格式。
- 了解多媒体计算机系统的组成。
- 掌握简单处理图像、音频和视频的方法。

【相关知识】

一、多媒体技术的概念及特点

多媒体（Multimedia）是指多种媒体的综合集成与交互。多媒体技术是指利用计算机对文字、图形、图像、音频、视频和动画等多种媒体信息进行数字化采集、编码、存储、加工等处理，整合在一定的交互式界面上并传播的技术。它具有集成性、多样性、实时性和交互性等特点。

- 集成性：一方面把不同媒体设备集成在一起，形成多媒体系统；另一方面，利用多媒体技术将文本、图形、图像、声音和视频等多种媒体信息集成在一起，综合体现它们的应用。
- 多样性：利用多媒体，人们不但可以看到文字说明、静止图像，还能观看视频和动画，以及听到声音等。多媒体技术的应用使信息的表现方式更加丰富。
- 实时性：由于多媒体技术是研究多种媒体集成的技术，其中声音和视频（或其他活动的图像）都与时间有着密切的关系。这就决定了多媒体技术应支持实时处理，如播放时，声音和视频都必须是连续的，不能有停顿现象。
- 交互性：参与的各方都可以对多媒体信息进行编辑、控制和传递。多媒体系统一般具有捕捉、编辑、存储、显现和通信功能，用户能够随意控制声音、影像等媒体信息，实现用户和用户之间、用户和计算机之间的双向交流。

二、多媒体信息的种类

多媒体信息被分为多种类型，常见的多媒体类型有文本、图像、图形、音频、视频和动画等。

- 文本（text）：指中文、英文、符号等各种字符，是计算机文字处理的基础，也是多媒体应用的基础。
- 图像（image）：本质上是一组像素点阵的记录信息，记载着构成图案的各个像素的颜色和亮度等，也叫位图（Bitmap）图像。图像的分辨率越高，组成图像的点阵就越密，图像文件的尺寸就越大。
- 图形（graphic）：是由诸如直线、曲线、圆或曲面等几何图形形成的从点、线、面到三维空间的黑白或彩色几何图，也叫矢量图。图形的优点是可以任意放大、缩小而不失真，占用存储空间小，缺点是仅能表现对象结构，无法表现对象质感。

- 音频（audio）：也泛称声音，除语音、音乐外，还包括动物鸣叫声等自然界的各种声音。无论哪种声音，其本质都是相同的，都是具有振幅和频率的声波。
- 视频（video）：若干幅内容相互联系的图像连续播放就形成视频（Video）。视频主要源于摄像机拍摄的连续自然场景画面。
- 动画（animation）：与视频类似，动画也是由多幅连续的、上下关联的画面序列构成，序列中的每幅图画称为一“帧（frame）”。

三、常见的多媒体文件格式

多媒体信息有多种类型，下面主要介绍常见的图形图像、音频和视频文件格式。

1. 常见的图形图像文件格式

图形图像在多媒体作品中的应用非常广泛，为了适应不同方面的应用，图形图像可以以多种格式进行存储，常见的图形图像格式如下：

- BMP 格式：是 Windows 操作系统中“画图”程序的标准文件格式，此格式与大多数 Windows 和 OS/2 平台的应用程序兼容。由于该格式采用的是无损压缩，因此图像完全不失真，但是图像文件的尺寸较大。
- JPEG 格式：JPEG 能以很高的压缩比例来保存图像（可选择压缩比例）。虽然它采用的是具有破坏性的压缩算法，但图像质量损失不多，通常用于存储自然风景照、人和动物的各种彩照、大型图像等。
- GIF 格式：该格式图像最多可包含 256 种颜色，颜色模式为索引颜色模式，文件占用的存储空间较小，支持透明背景和多帧，特别适合作为网页图像或网页动画。
- PNG 格式：是一种新兴的网络图像格式，兼有 GIF 和 JPEG 的特点，采用无损压缩方式来缩小文件的体积，提高图像的显示速度，并能保存图像的透明信息。
- TIFF 格式：是一种应用非常广泛的图像文件格式，几乎所有的扫描仪和图像处理软件都支持它。TIFF 格式分压缩和非压缩两大类。
- PSD 格式：是 Photoshop 专用的图像文件格式，可保存图层、通道等信息。其优点是保存的信息量多，便于修改图像；缺点是文件占用的存储空间较大。
- WMF 格式：是一种矢量图形文件格式，文件尺寸很小，可以在 CorelDRAW，Illustrator 等软件中使用。
- CDR 格式：是 CorelDRAW 软件专用的文件格式，其他图形、图像编辑软件无法编辑此类文件。该文件格式可以同时保存矢量图形和位图对象，因而它是一种混合文件格式。
- AI 格式：是 Illustrator 软件专用的矢量图形文件格式。

2. 常见的音频文件格式

音频文件格式是指在计算机中存储音频文件的方式，采用不同编码的音频文件，其在计算机中的存储格式、文件大小和音质也不相同。下面是一些常见的音频编码和格式：

- PCM 编码：即脉冲编码调制，指模拟音频信号经过采样、量化后直接形成数字音频信号，未经过任何压缩处理。PCM 编码音质好，但体积大。在计算机应用中，能够达到音频最高保真水平的就是 PCM 编码。例如，常见的 WAV 格式音频文件，及 Audio CD 就采用了 PCM 编码。
- WAV 格式（*.wav）：基于 PCM 编码的 WAV 格式是音质最好的音频文件格式。在 Windows 平台中，几乎所有的音频软件都提供对它的支持。由于 WAV 格式音质很高，因此它是音乐编辑创作的首选格式，适合保存音频素材，缺点是对存储空间需求太大，不便于保存和传播。
- MP3 格式（*.mp3）：使用 MP3（全称是 MPEG-1 Audio Layer 3）或 mp3PRO 编码技术。MP3 编码是目前最为普及的音频压缩编码，可以在 12∶1 的压缩比下保持较高品质的音质；mp3PRO 编码是对传统 MP3 编码技术的一种改良，它最大的特点是在低码率下保持非常高的音质。MP3 格式的音频文件还支持流技术（边下载边播放），可以在线播放。
- WMA 格式（*.wma）：是使用 Windows Media Audio 编码后的文件格式，由微软开发，其压缩率一般可以达到 18∶1。WMA 格式支持防复制功能，可以限制播放时间和播放次数等，从而防止盗版；WMA 格式还支持流技术，可以在线播放。
- RealAudio 格式（*.ra）：RealAudio 是由 Real Networks 公司推出的一种音频文件格式，它支持多种音频编码，最大的特点就是可以实时传输音频信息，尤其是在网速较慢的情况下仍然可以较为流畅地传送数据，提供足够好的音质让用户能在线聆听，因此 RealAudio 主要适用于网络上的在线播放。
- APE 格式（.ape）：使用 APE 编码。APE 编码是一种新兴的无损音频编码，可以提供 50%～70%的压缩比。

3．常见的视频文件格式

视频格式是指对编码后的视频流进行封装的方式。目前常见的视频文件格式如下：

- AVI：微软推出的视频格式，可用来封装多种编码的视频流。
- MKV：与 AVI 格式一样，可用来封装多种编码的视频流，被誉为万能封装器。
- MPG：是 MPEG 编码的默认文件格式。
- MOV：是苹果公司开发的音视频文件格式，常用来封装 QuickTime 编码的视频流，可以提供体积小、质量高的视频。
- WAV：是微软公司主推的一种网络视频格式，常用来封装采用 WMV、VC-1 编码的视频流，具有很高的压缩比。
- RM/RMVB：用来封装采用 Real Video 编码的音视频流，具有很高的压缩比，但多数视频编辑软件不支持 Real Video 编码，需要转码才能使用。
- TS：是高清视频专用的封装容器，多见于原版的蓝光、HD DVD 转换的视频影片。
- MP4：目前被广泛应用于封装 H.264 视频和 ACC 音频。
- 3GP：相当于 MP4 格式的简化版，但文件体积更小，是手机上经常使用的视频格式。

四、多媒体计算机系统的组成

完整的多媒体计算机系统是由硬件系统和软件系统两部分组成的。硬件系统主要由计算机主机和用来接收、输出多媒体信息的各种输入/输出设备组成；软件系统主要由操作系统及各种多媒体应用软件组成。

1．多媒体硬件系统

一个完整的多媒体计算机硬件系统主要由主机、音频部分、视频部分、基本输入/输出设备、大容量存储设备等组成。目前，计算机都具有多媒体功能，能够完成常规多媒体信息的处理。

（1）主机。

主机是整个多媒体系统的核心。计算机的基本硬件如主板、CPU、显卡、内存、硬盘和光驱等都包含在主机中。对于多媒体计算机来说，它需要具备：一个或多个高性能的CPU，一个高性能的显卡，较大的内存空间，较大的硬盘容量，主板上配有较为齐全的外设接口。

（2）音频部分。

音频部分的设备主要包括声卡、音箱、话筒、耳麦、MIDI 设备等。声卡是多媒体计算机的必备硬件之一，它的主要作用是完成音频信号的 A/D（模拟音频转数字音频）和D/A（数字音频转模拟音频）转换，以及数字音频的压缩、解压缩和播放等功能。所有音频设备都需要插在声卡的接口上。

现在，几乎所有计算机的主板都集成有声音处理芯片，用以代替声卡。因此，如果用户只是进行一般的多媒体信息处理，无须再为计算机单独配置声卡；如果用户对声音处理的要求较高，则需要购买一块高性能的声卡。

（3）视频部分。

图 1-47 视频采集卡

视频部分负责多媒体计算机图像和视频信息的数字化获取和回放，主要包括视频采集卡（见图 1-47）和电视卡等。视频采集卡主要完成视频信号的 A/D 和 D/A 转换及数字视频的压缩和解压缩功能，其信号源可以是摄像机、影碟机等。

电视卡（盒）主要完成普通电视信号的接收、解调、A/D 转换，以及与主机之间的通信，从而可在计算机上观看电视节目，同时还可以 MPEG 压缩格式录制电视节目。

（4）输入/输出部分。

在开发和发布多媒体产品时，要使用到各种输入/输出设备。多媒体硬件系统中的输入/输出部分应具有常用外部设备的 I/O 接口。

- **图像/视频/音频输入设备：** 包括摄像机、录像机、影碟机、电视机、数码相机、扫描仪、话筒、录音机、激光唱盘和 MIDI 合成器等。
- **图像/视频/音频输出设备：** 包括显示器、电视机、投影仪、音箱、立体声耳机和打印机等。

➢ 人机交互设备：包括键盘、鼠标、触摸屏和光笔等。

（5）大容量存储设备。

制作多媒体时，需要将图像、文本、声音、视频及其他多媒体信息结合在一起，因此需要大量的存取空间。用户可以使用大容量的硬盘、光盘等来存储这些数据。

2. 多媒体软件系统

多媒体软件分为以下几大类。

（1）多媒体操作系统。

操作系统是控制和管理多媒体计算机软、硬件资源的平台，它在多媒体计算机系统中占有特殊的地位。计算机需要安装操作系统才能正常工作。常见的多媒体操作系统有Windows、Linux 等。其中，Windows 是最常用的操作系统，它包括 Windows 7/8/10 等版本。

（2）多媒体开发工具。

多媒体开发工具用于编辑、处理和组织多媒体数据。多媒体开发工具有很多，适用于处理不同类型的元素。按照处理对象的不同，多媒体开发工具可分为文字编辑软件、图形图像处理软件、音频采集与编辑软件、动画制作软件、视频处理软件和多媒体创作软件等。

➢ 文字编辑软件：常用的文字编辑软件有 Word、WPS 等，它们都是功能强大的文档编辑软件，可以在文档中输入文本，以及插入图像、图形等多媒体元素。

➢ 图形图像处理软件：其中用于编辑和处理图像的最常用软件是 Photoshop；用于绘制和处理图形软件有 Illustrator 和 CorelDRAW 等。

➢ 音频采集与编辑软件：常用的音频采集和编辑软件有 GoldWave、WaveStudio 和 CoolEdit 等。

➢ 动画制作软件：动画由一系列快速播放的位图或矢量图构成。常用的动画制作软件有 Flash、3ds max、Animator Pro、Maya、Cool 3D、Poser，它们都拥有图形绘制和动画生成功能；Animator Studio 和 GIF Construction Set 是动画的处理软件，用于对动画素材进行后期的合成加工。

➢ 视频处理软件：常用的视频编辑软件有 Adobe Premiere 和 After Effects。

➢ 多媒体创作软件：利用多媒体创作软件可以对文本、声音、图像、视频等多种媒体信息进行控制和管理，并按要求连接成完整的多媒体应用软件。常用的多媒体创作软件有 Authorware 和 PowerPoint 等。

（3）多媒体播放工具。

多媒体播放工具用于播放多媒体作品，如播放音频的 Winamp，播放视频的迅雷看看、暴风影音和百度影音等。

【项目实施】

任务一 使用光影魔术手处理图片

下面使用光影魔术手对素材图片进行裁剪、调整其亮度和对比度，以及为其添加文字和边框等。

步骤 1▶ 从网上下载并安装光影魔术手到计算机中。运行后单击“打开”按钮，在打开的对话框选择要进行处理的图片文件“素材与实例”/“模块一”/“项目四”/“光影处理.jpg”。

步骤 2▶ 调整图片的亮度和对比度。在窗口右侧“基本调整”面板的“基本”设置区拖动滑块调整图片的亮度和对比度，如图 1-48 所示。

步骤 3▶ 裁剪图片。单击窗口上方的“裁剪”按钮，然后将鼠标指针移至图像窗口中，在图片的左上角按住鼠标左键并向右下角拖动，将要保留的图像区域选中，如图 1-49 所示。

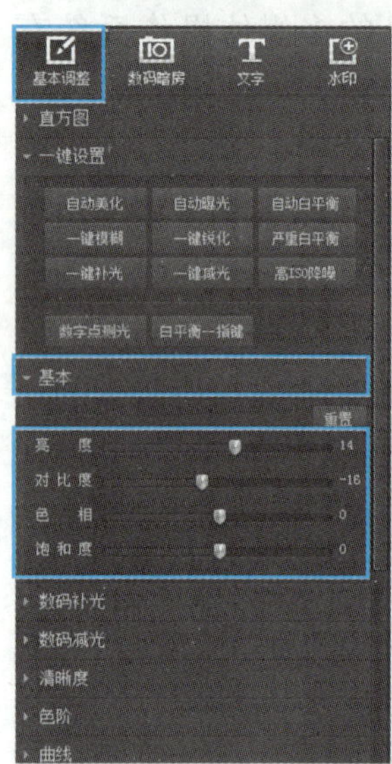

图 1-48 调整亮度和对比度

图 1-49 裁剪图片

技 巧

绘制好裁剪框后，将鼠标指针移至裁剪框内并拖动，可移动裁剪框；将鼠标指针移动到裁剪框四条边中间或四个角的控制点上，当其变为双向箭头形状时拖动鼠标，可调整裁剪框的大小。此外，还可在右侧的“裁剪”面板中设置裁剪框的旋转角度（对于一些倾斜的相片，可将裁剪框旋转为与倾斜角度一致，从而裁剪并矫正相片）。

步骤 4▶ 单击“确定”按钮，完成裁剪操作，可看到裁剪后的效果，如图 1-50 所示。

步骤 5▶ 单击窗口右上角的“数码暗房”按钮，在展开的列表中选择“负片效果”选项后单击“确定”按钮，对图片应用负片效果，如图 1-51 所示。

步骤 6▶ 单击“文字”按钮，在显示的文字面板中单击“添加新的文字”按钮，然后在上方的文字编辑框中输入要添加到图片中的文字，如“北京摄影”，再在“字体”列表中选择一种字体，如“华文彩云”，设置文字大小为 50，单击“加粗”按钮，最后设置文字的排列方向为竖向，并将文字移到图片的左下位置，如图 1-52 所示。

图 1-50　裁剪后的效果

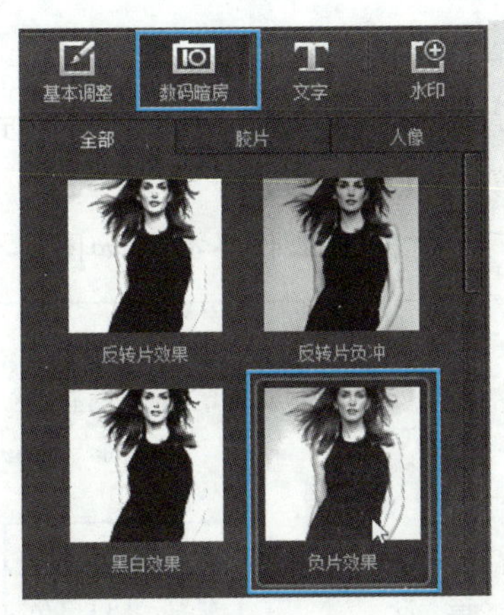

图 1-51　设置图片的“负片效果”

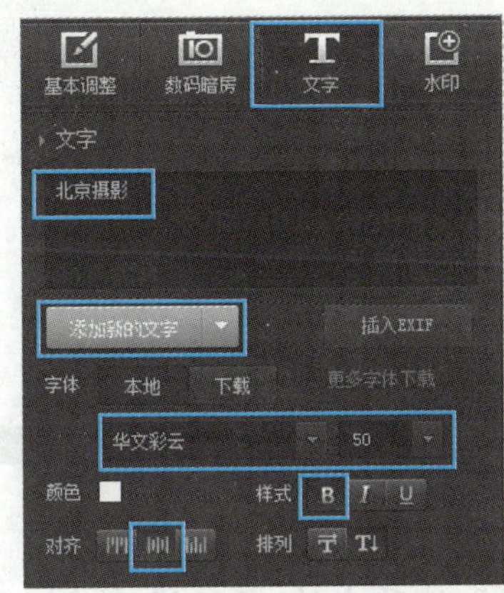

图 1-52　为图片添加文字

步骤 7▶　单击“边框”按钮，在展开的面板中选择“轻松边框”选项，在右侧显示的边框列表中选择一种边框类型，即可为图片添加选择的边框，如图 1-53 所示。最后将图片另存即可。

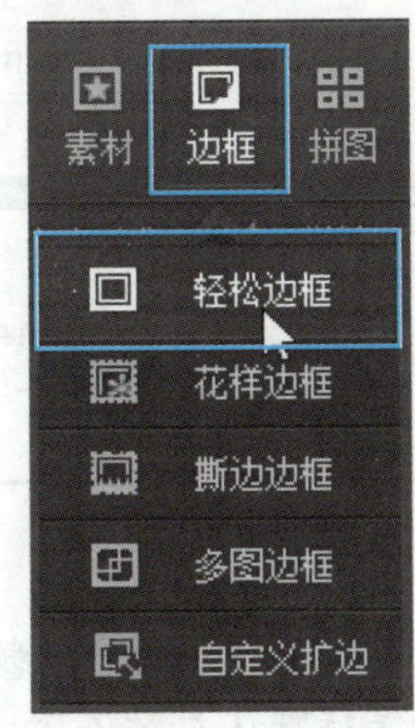

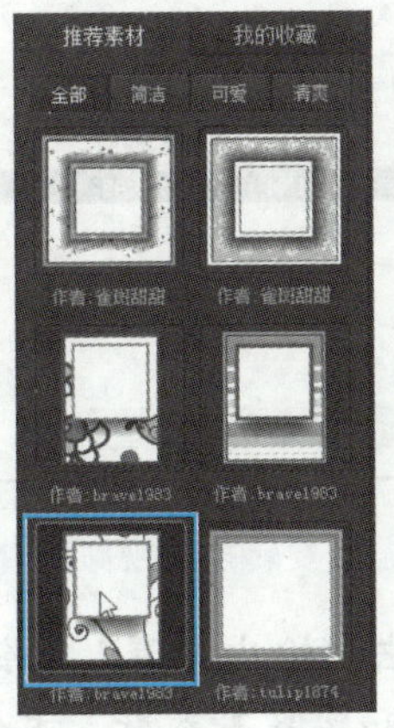

图 1-53　为图片添加边框

任务二 使用格式工厂转换视频格式

下面利用格式工厂将 AVI 格式的视频转换为 MP4 格式，并截取其中的视频片段为例，来学习转换视频文件格式和剪辑视频的方法。

步骤 1▶ 安装格式工厂，打开其工作界面，如图 1-54 所示。

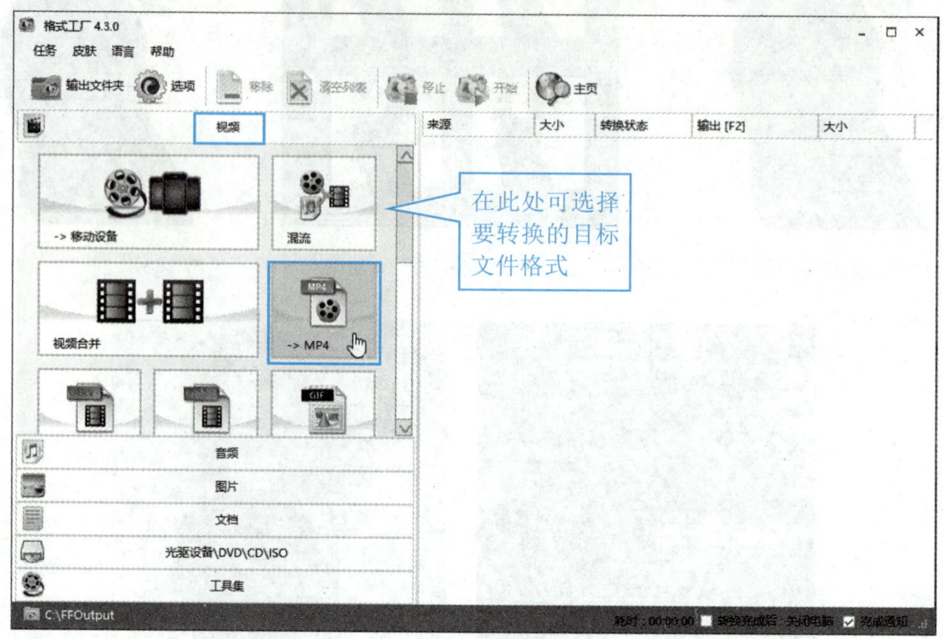

图 1-54 格式工厂工作界面

步骤 2▶ 在工作界面的左侧单击“视频”选项中的“MP4”按钮，打开“MP4”对话框，单击“添加文件”按钮，在打开的对话框中选择本书配套素材“模块一”/“项目四”/“转换素材.avi”视频文件，单击“打开”按钮将其添加，效果如图 1-55 所示。

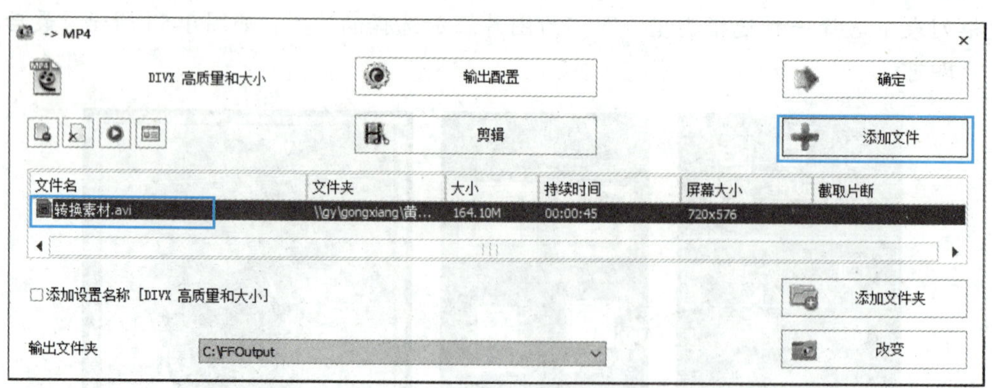

图 1-55 添加要转换的视频文件

步骤 3▶ 在“MP4”对话框中单击“输出配置”按钮，可在打开的“视频设置”对话框中设置输出视频的视频流、音频流和字幕等参数。本例保持默认参数不变。

步骤 4▶　单击“MP4”对话框中的“剪辑”按钮，在打开的对话框中截取要转换的视频片段，本例将视频的开始时间设置为“2 秒”，结束时间设置为“40 秒”，如图 1-56 所示，单击“确定”按钮。

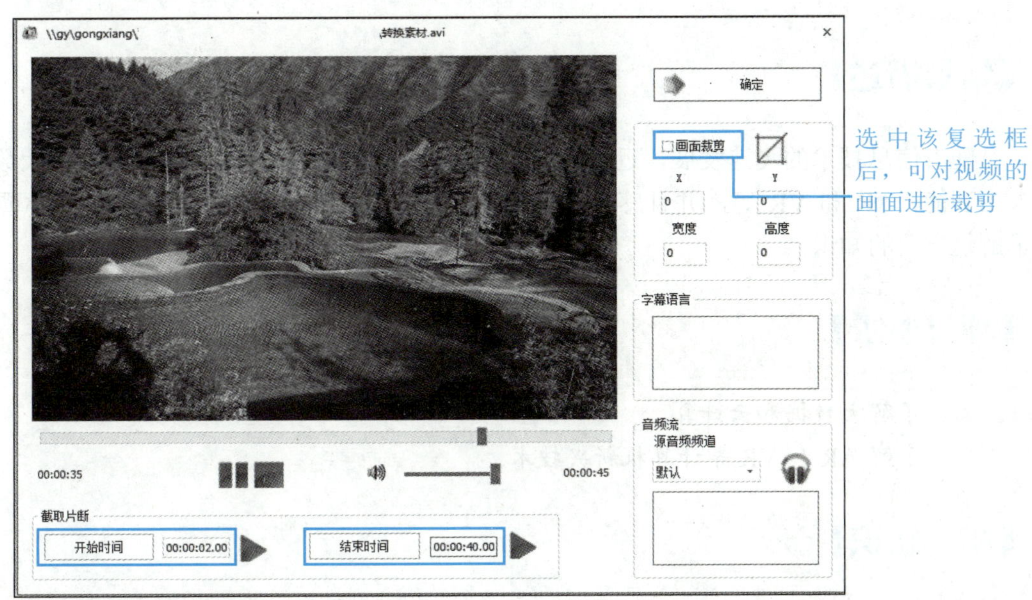

图 1-56　截取视频片断

步骤 5▶　单击“MP4”对话框中的“确定”按钮，然后单击格式工厂工作界面上方的“选项”按钮，在打开的“选项”对话框中选中“输出至源文件目录”复选框，然后单击“改变”按钮，设置视频的输出文件夹，如图 1-57 所示。单击“确定”按钮，完成设置。

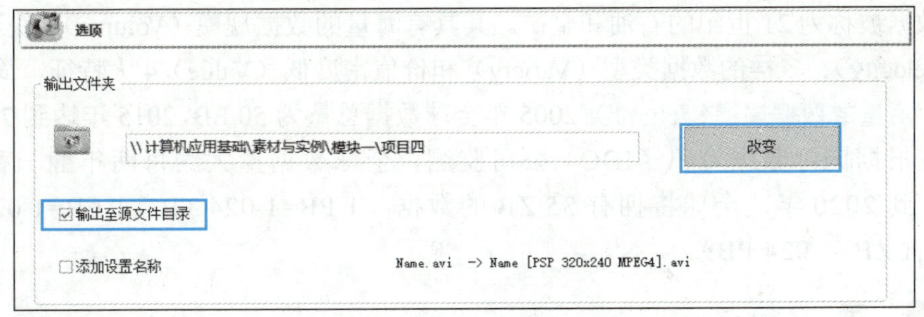

图 1-57　设置视频输出路径

步骤 6▶　单击“格式工厂”工作界面上方的“开始”按钮，开始转换视频的格式。等待一段时间，即可在选定的文件夹中生成转换格式后的视频文件，如图 1-58 所示。

图 1-58　转换视频格式

项目五　了解计算机新技术

【情景描述】

随着信息技术的飞速发展，近两年来，小谭经常听到一些热词，如云计算、大数据、人工智能、AR 和 VR 等，并且感觉它们正逐渐走进我们的生活。下面，我们和小谭一起了解这方面的知识。

【项目要求】

- 了解大数据和云计算。
- 了解 AR 和 VR 等计算机新兴技术。

【相关知识】

一、大数据

大数据（Big Data）也称海量数据或巨量数据，是指数据量大到无法利用传统数据处理技术在合理的时间内获取、存储、管理和分析的数据集合。“大数据”一词除用来描述信息时代产生的海量数据外，也被用来命名与之相关的技术、创新与应用。

大数据被称为 21 世纪的石油和金矿。其具有海量的数据规模（Volume）、快速的数据流转（Velocity）、多样的数据类型（Variety）和价值密度低（Value）4 大特征，简称 4V。

- 海量的数据规模（Volume）：2005 年全球数据总量为 50 EB，2015 年达到 7 900 EB。根据国际数据资讯（IDC）公司监测，全球数据量大约每两年翻一番，预计到 2020 年，全球将拥有 35 ZB 的数据（1 PB=1 024 TB；1 EB=1 024 PB；1 ZB=1 024 PB）。

提　示

大数据是随着互联网（尤其是移动互联网）的普及和物联网的广泛应用而产生的。在互联网中，人人都成为数据制造者。例如，在社交网络媒体上发表文章、上传照片和视频，在购物网站购物，利用搜索引擎搜索信息，利用支付宝或微信付费，都会产生大量的数据。据统计，一天内，互联网产生的全部数据至少刻满 1.68 亿张 DVD 光盘。此外，在物联网中，各类传感设备、监控设备等每天也会产生大量的数据。

- 快速的数据流转（Velocity）：指数据产生、流转速度快，而且越新的数据价值越大。这就要求对数据的处理速度也要快，以便能够及时从数据中发现、提取有价值的信息。

- **多样的数据类型（Variety）：**指数据的来源及类型多样。大数据的数据类型除传统的结构化数据外，还包括大量非结构化数据。其中，10%是结构化数据；90%是非结构化数据。

提　示

结构化数据是指可以使用二维表结构来表示的数据，一般使用传统的关系数据库进行存储和管理；非结构化数据是指数据结构不规则，不方便用二维表来表示的数据，包括各类文档、网页、图像、音频和视频等。

- **数据价值密度低（Value）：**指数据量大但价值密度相对较低，挖掘数据中蕴藏的价值犹如沙里淘金。

大数据的核心在于挖掘数据中蕴藏的价值。例如，通过对大量数据的分析和挖掘来预测行业发展趋势、做精准营销、优化生产流程等。

根据大数据的处理流程，可将其关键技术分为数据采集、数据预处理、数据存储与管理、数据分析与挖掘、数据可视化展现等技术。

二、云计算

云计算（Cloud Computing）既是一种计算机创新技术，也是一种IT服务模式。它将计算任务分布在互联网上大量计算机（通常是一些大型服务器集群）构成的资源池中，并将资源池中的资源（计算力、存储空间、带宽、软件等）虚拟成一个个可任意组合、可大可小的资源集合，然后以服务的形式提供给用户使用。

传统模式下，企业建立一套IT系统（如网站、信息管理系统）不仅需要购买各种软硬件（如服务器），还需要专门的人员进行部署和维护。当企业规模扩大时还要继续升级软硬件以满足需要。而利用云计算，企业无须再购买和部署这些资源，只要按需购买云计算服务商提供的计算力、存储空间或应用软件即可，从而降低成本，提高效率。

有人将这种改变形象地比喻为从单台发电机的自我供电模式转向电厂集中供电的模式。它意味着计算力也可以作为一种商品进行流通，就像电、煤气和自来水一样，取用方便，按使用量付费且费用低廉。

总的来说，云计算具有以下几个主要特征：

- **资源配置动态化：**根据消费者的需求动态划分或释放不同的物理和虚拟资源。当增加一个需求时，可通过增加可用的资源进行匹配，实现资源的快速弹性提供；当用户不再使用这部分资源时，可释放这些资源。
- **需求服务自助化：**云计算为客户提供自助化的资源服务，用户无须与提供商交互就可自动得到自助的计算资源能力。同时云系统为客户提供一定的应用服务目录，客户可采用自助方式选择满足自身需求的服务项目和内容。

- **以网络为中心：**云计算的组件和整体构架由网络连接在一起并存在于网络中，同时通过网络向用户提供服务。用户可借助不同的终端设备使用云计算的服务，从而使得云计算的服务无处不在。
- **资源的池化和透明化：**对云服务的提供者而言，各种底层资源（计算、储存、网络等）的边界被打破，所有的资源可以被统一管理和调度，成为所谓的“资源池”，从而为用户提供按需服务;. 对用户而言，这些资源是透明的，无限大的，用户无须了解其内部结构，只关心自己的需求是否得到满足即可。

云计算包括 3 种服务方式：IaaS（基础设施即服务）、PaaS（平台即服务）和 SaaS（软件即服务）。IaaS、PaaS 和 SaaS 分别在基础设施层、软件开放运行平台层和应用软件层实现。

目前，大数据和云计算在各行各业的应用无处不在，包括电商、金融、通信、物流、医疗、教育、农业、工业制造和城市管理等。

提　示

大数据和云计算两个词经常一起出现，那么二者是什么关系呢？从技术上来看，大数据和云计算的关系就像一枚硬币的正反面一样密不可分。由于大数据需要使用大量的计算机进行处理，如果由企业自己部署这些硬件设备和软件，不仅投入成本高、技术难度大，而且会造成资源浪费，因此最好的措施是依托云计算进行处理；反过来，如果没有大数据，云计算的用武之地也大大减少。

实际上，物联网、大数据、云计算和人工智能都有密切的联系。其中，智能物联网的实现需要借助大数据、云计算和人工智能；物联网产生的数据是大数据的重要来源；云计算是处理大数据的主要手段；人工智能的算法依赖于大数据和云计算；人工智能的机器学习、视觉识别等是处理大数据的重要技术。因此，大部分云计算平台除提供计算、存储、网络模块外，还同时提供大数据、人工智能模块。

许多智能系统都是结合上述几种技术设计而成。例如，人脸识别门禁系统虽然使用物联网实现，但其中又涉及大数据、人工智能、云计算。其具体实现原理是：摄像头将当前录入的人脸图像上传至云服务器；服务器对其进行识别，以确定图像中是否含有人脸；服务器确定图像中含有人脸后，与数据库中众多人脸图像进行对比，得出是否为其中某个人；如果是，则验证通过，自动开门，并把进出信息上传到云服务器。

三、其他新兴技术

1．人工智能

人工智能（Artificial Intelligence，AI）是研究、开发用于模拟、延伸和扩展人的智能的理论、方法、技术及应用系统的一门学科，其目标是生产出能以人类智能相似的方式做出反应的智能机器。具体来说，人工智能就是让机器像人类一样具有感知能力、学习能力、思考能力、沟通能力和判断能力等，从而更好地为人类服务。

近几年，在移动互联网、大数据、云计算、物联网、脑科学等新理论、新技术及经济社会发展强烈需求的共同驱动下，人工智能的发展进入新阶段，人工智能已深深地融入我们的生活中。无论是手机上的指纹识别、人脸识别、导航系统、美颜相机、新闻推荐、智能搜索、语音助手、翻译助手、垃圾邮件过滤等应用，还是智能监控、智能音箱、智能机器人、自动驾驶汽车（见图 1-59）、无人机（见图 1-60），这些都与人工智能密切相关。

图 1-59 自动驾驶汽车

图 1-60 无人机

人工智能的关键技术包括机器学习、计算机视觉、生物特征识别、自然语言处理、语音识别和机器人技术等。

2. VR 技术

VR 是英文 Virtual Reality（虚拟现实）的缩写，是指利用计算机技术模拟出一个逼真的三维空间虚拟世界，使用户完全沉浸其中，并能与其进行自然交互，就像在真实世界中一样。例如，VR 游戏可让用户完全沉浸在游戏中，犹如身临其境。

目前，VR 技术主要应用于仿真演示、仿真实验、模拟训练、模拟演练、仿真设计、艺术与娱乐等方向，如教学仿真演示与实验、军事模拟训练与演习等，如图 1-61 所示。

图 1-61 VR 仿真教学实验和模拟训练

3. AR 技术

AR 是英文 Augmented Reality（增强现实）的缩写，是把真实环境和虚拟环境结合起来的一种技术。与 VR 不同的是，AR 是在现实的环境中叠加虚拟内容，实现了虚实结合。

目前，AR 主要应用于零售、教育、医疗、娱乐和游戏、广告、军事等领域。例如，在零售领域，可利用 AR 进行试装（见图 1-62）、试妆，让消费者得到更好的购物体验；在教育和培训领域，可利用 AR 生动地演示相关知识和应用，如图 1-63 所示；在医疗领域做微创手术时，可利用 AR 实时观察手术部位，相当于增强了外科医生的视力。

图 1-62　AR 线下试装

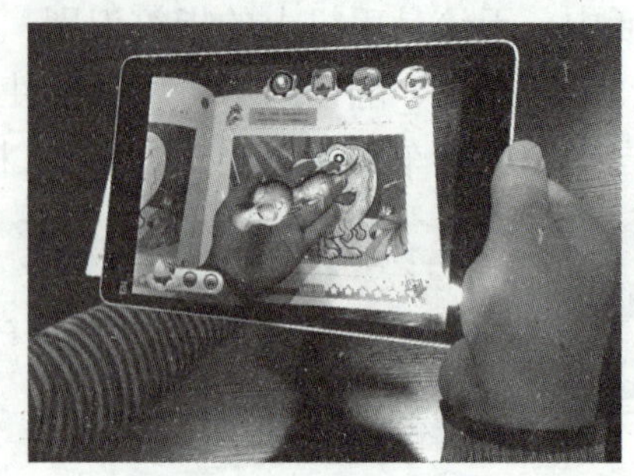

图 1-63　AR 儿童书

【项目实施】

将学生分成两组，在网上查找一些计算机新技术资料进行讨论。

拓展阅读

计算机软硬件体系国产化迈出新步伐

2019 年 12 月 29 日，中国电子信息产业集团在海南自贸港首次面向公众和产业界正式发布《PK 体系标准（2019 年版）》及《PKS 安全体系》，迈出了从核心技术到产业发展的关键一步。《PK 体系标准（2019 年版）》具体包含参考框架、参考板、操作系统、外设接口、工程服务、安全等方面 4 大类 8 小类 15 项标准，为基于 PK 体系在板卡设计、软件开发、项目实施等方面的操作与应用提供参考指南。

2011 年，中国电子信息产业集团开始把网络信息安全作为主要业务，开启了计算机软硬件体系国产化的漫长道路，超前布局、换道超车，研发了具有完全自主知识产权的飞腾“Phytium 处理器”（P）和麒麟“Kylin 操作系统”（K），创新建立具有安全性、可靠性的中国计算机软硬件基础体系——PK 体系，被誉为“中国构架”。

经过 8 年的发展，基于 PK 体系的中国整套计算机软件体系走过了能用、好用，到达了管用的阶段。目前，中国电子 PK 体系已成功应用于电力、能源等多个行业领域，并同政、产、学、研密切合作，联合攻关，推进建设中国计算机产业大生态。随着应用规模的不断扩大，PK 体系标准化进程也驶入了快车道。

“国产化从无到有，到今天形成标准，后面还有很长的路要走。”中国电子信息产业集团党组成员、副总经理陈锡明表示，中国电子八年来砥砺前行、筚路蓝缕，从技术到产业，迈出了我国网信产业领域的关键一步。

小　结

本模块主要介绍了计算机的一些基础知识。学完本模块内容后，读者应:

（1）了解计算机的发展历程、特点、分类、应用领域及未来计算机的发展趋势。

（2）了解计算机系统的组成，熟悉微型计算机的基本软、硬件配置。

（3）了解计算机的性能指标，包括主频、字长、运算速度和存储容量等。

（4）能够认识并正确连接常见的计算机硬件设备和外部设备等。

（5）了解计算机中数据的表示及存储方式，掌握各数制之间的相互转换方法。

（6）了解多媒体技术的基础知识，包括多媒体与多媒体技术的概念，多媒体信息的种类及常见的多媒体信息文件格式，多媒体计算机系统的组成等。

（7）了解计算机的一些新技术，包括大数据、云计算、人工智能、VR 和 AR 技术等。

课后练习

1. 选择题

（1）第一台电子计算机ENIAC诞生于（　　）年。

A. 1946　　B. 1958　　C. 1964　　D. 1978

（2）第四代计算机所采用的主要逻辑元件是（　　）。

A. 电子管　　B. 晶体管

C. 集成电路　　D. 大规模和超大规模集成电路

（3）计算机的指挥中心是（　　）。

A. 运算器　　B. 控制器　　C. 存储器　　D. I/O设备

（4）（　　）是计算机应用中最早的领域。

A. 科学计算　　B. 自动控制

C. 数据处理　　D. CAD/CAI

（5）下面不属于辅存储器的是（　　）。

A. 硬盘　　B. U盘　　C. 光盘　　D. 内存条

（6）打印机属于（　　）。

A. 输入设备　　B. 输出设备

C. 存储设备　　D. 显示设备

（7）下列（　　）软件不属于应用软件。

A. Office　　B. Flash

C. Photoshop　　D. Visual FoxPro

（8）计算机中的数据，包括文字、数字、图像、声音、视频及动画等，在计算机中都是用（　　）形式表示和存储的。

A．二进制　　B．十进制　　C．八进制　　D．十六进制

（9）下列不是大数据特征的是（　　）。

A．Volume　　B．Variety　　C．Velocity　　D．Vacant

（10）云计算包括3种服务方式，下列不是其服务方式的是（　　）。

A．IaaS　　B．PaaS　　C．SaaS　　D．Alas

（11）下列选项中，不属于多媒体技术特点的是（　　）。

A．交互性　　B．集成性　　C．实时性　　D．广泛性

（12）下列选项中，不是图形图像文件格式的是（　　）。

A．BMP　　B．JPEG　　C．PNG　　D．MP3

（13）下列选项中，不是音频文件格式的是（　　）。

A．WAV　　B．WMA　　C．GIF　　D．MP3

（14）下列选项中，不是视频文件格式的是（　　）。

A．MP3　　B．MOV　　C．3GP　　D．AVI

2．简答题

（1）计算机主机内有哪些部件？常用的计算机外设有哪些？

（2）目前常用的操作系统有哪些？

（3）硬盘和内存的区别是什么？它们各有什么性能指标？

（4）CPU 在计算机中的作用是什么？它主要有什么性能指标？

（5）将十进制数 256 转换成二进制数，结果是什么？

（6）将二进制数$(11010)_2$转换成十进制数，结果是什么？

（7）一个 50 MB 的文件，若将存储单位换成 KB，约为多少 KB？

（8）云计算有哪些特征？

（9）大数据的关键技术有哪些？

模块二　Windows 10 操作系统

【模块导读】

Windows 10 是微软公司研发的新一代操作系统，也是目前应用比较广泛的一种操作系统，其图形化界面让计算机操作变得更加直观、容易。本模块来学习它的使用方法。

【素质目标】

认识开源软件，贯彻互助共享的精神；培养执着专注、科学严谨、精益求精、追求卓越的工匠精神；了解我国在操作系统方面的突破，树立民族自信心。

项目一　了解 Windows 10 的操作界面及简单操作

【情景描述】

在学习操作系统的应用前，小谭首先了解了计算机操作系统的概念、功能和分类等，然后启动公司新买的计算机并登录 Windows 10 操作系统，熟悉了一下 Windows 10 的桌面、窗口、菜单和对话框等。他发现 Windows 10 的窗口采用了类似 Office 2010 的功能界面风格，系统会根据用户在文件夹中选择的文件属性信息打开相应的项目工具，使得操作更加便捷。下面，我们和小谭一起来领略 Windows 10 的风采。

【项目要求】

➢ 了解计算机操作系统的概念、功能和分类。

- 了解常用的操作系统类型。
- 熟悉 Windows 10 的窗口组成、开始菜单和对话框等。
- 掌握 Windows 10 的简单操作。

【相关知识】

一、计算机操作系统的概念、功能和分类

操作系统是管理和控制计算机硬件与软件资源的计算机程序，是直接运行在“裸机”上的最基本的系统软件，任何其他软件都必须在操作系统的支持下才能运行。它是用户使用计算机的平台，其主要功能有资源管理、程序控制和人机交互等。

根据操作系统用户界面和功能特征的不同，一般可将其分为 3 种基本类型，即批处理系统、分时系统和实时系统。随着计算机体系结构的发展，又出现了许多种操作系统，它们是网络操作系统、嵌入式操作系统和分布式操作系统。

二、常用操作系统简介

1. Windows 操作系统

Windows 是由微软公司 Microsoft 在 20 世纪 90 年代研制成功的图形化工作界面操作系统，俗称“视窗操作系统”。该操作系统支持多线程、多任务与多处理，它的即插即用特性使得安装各种即插即用设备变得非常容易。它还具有出色的多媒体和图像处理功能，以及方便安全的网络管理功能。Windows 操作系统是目前最流行的微机操作系统。

2. UNIX 操作系统

UNIX 操作系统是一种多用户、多任务的分时操作系统，支持多种处理器架构。它具有可靠性高、开放性好、网络功能强和数据库支持好等特性。但由于它是以命令方式进行操作，初级用户不容易掌握，所以 UNIX 操作系统一般用于大型网站或大型企、事业单位局域网。

3. Linux 操作系统

Linux 操作系统是基于 UNIX 操作系统发展而来的一种克隆系统，是一个基于 POSIX 和 UNIX 的多用户、多任务，支持多线程和多 CPU 的操作系统，它继承了 UNIX 以网络为核心的设计思想，是一个性能稳定的多用户网络操作系统。目前流行的移动设备操作系统 Android 就是基于 Linux 内核开发的。

4. iOS 操作系统

iOS 是由苹果公司开发的移动设备操作系统。它与苹果的 Mac OS 操作系统一样，都是基于 UNIX 的，因此属于类 UNIX 的商业操作系统。

由于 iOS 主要针对苹果公司的产品开发，因此，对其他公司的移动终端并不支持。但是，苹果移动设备经过“越狱”后，可以使用 Android 平台下丰富的应用程序和资源。

5. Android 操作系统

Android（安卓）是一种基于 Linux 的开放源代码开发的操作系统，主要应用于移动设备，

如智能手机和平板电脑。目前，Android 操作系统是智能手机上主要使用的操作系统。

科技普惠

开源是为了降低知识获得的成本，是一种共享共治精神。但开源软件同样也有版权，同样受到法律保护，只不过由于自由开源运动的本质是发扬自由开放精神，故它把重点放在了扩大用户的自由和权益方面，而不是对作者特权的保护方面。

对企业和软件开发者来说，共享和开源有助于自己更娴熟地掌握相关知识、提高自己的项目质量，同时也是推销自己的最好方式。对使用者来说，共享和开源提供了一个学习和参与项目的途径。

三、Windows 操作系统的发展史

Windows 的第一个版本是 Windows 1.x，但是从 Windows 1.x 到 Windows 3.x，系统都必须依靠 DOS 提供的基本硬件管理功能才能工作，因此严格意义上来说它还不能算是一个真正的操作系统，只能称为图形化用户界面操作环境。

1995 年 8 月，Microsoft 公司推出了 Windows 95。它能够独立在硬件上运行，是真正的新型操作系统。之后 Microsoft 公司又相继推出了 Windows 97/98/98 SE/Me/XP/7/8/10 等后续版本。

除了家用操作系统版本外，Windows 还有其商用操作系统版本，即 Windows 2000/2003/2008/2012 和早期的 Windows NT。它们也是独立的操作系统，主要运行于小型机、服务器，也可以在 PC 机上运行。其中，Windows NT 3.1 于 1993 年 5 月推出，以后又相继发布了 NT 3.5、NT 3.51、NT4.0、NT 5.0 Beta1 和 Beta2 等版本。

对于每种 Windows 操作系统而言，它又有若干版本。

四、Windows 10 的窗口组成

在 Windows 10 中启动程序或打开文件夹时，会在屏幕上划定一个矩形区域，这便是窗口。在 Windows 10 中对各种资源的管理和使用都是在窗口中进行的。例如，双击桌面上的“此电脑”图标，可打开“此电脑”窗口。不同类型的窗口，其组成元素有些差异，图 2-1 标出了窗口的一些典型组成元素。

- 快速访问工具栏：用来放置一些常用的命令按钮。默认的按钮为“查看属性”和“新建文件夹”。用户可以通过单击快速访问工具栏右侧的“自定义快速访问工具栏”按钮，在展开的下拉列表中选择相应选项，从而在快速访问工具栏中添加或删除命令按钮。
- 标题栏：位于窗口最上方，主要显示了当前目录名称和 3 个窗口控制按钮。这 3 个窗口控制按钮分别用来将窗口最小化、最大化/还原和关闭。
- 功能区：位于标题栏下方，用选项卡的形式将针对当前窗口的命令按钮分门别类

地放在不同的选项卡中。通过单击“选项卡”标签（名称），可切换到相应的选项卡，以选择需要的命令按钮。

- **“前进”→、“后退”←和“上移”↑按钮：** 单击前两个按钮可在打开过的项目（文件夹）之间切换；单击“上移”按钮，可打开当前文件夹的上一级文件夹。
- **地址栏：** 显示当前文件或文件夹的路径。可在此处输入文件夹的路径来打开文件夹，还可通过单击文件夹名称或下拉按钮›来切换到相应的文件夹中。
- **搜索编辑框：** 位于地址栏右侧。如果当前文件夹中文件较多，可在搜索栏输入需要查找信息的关键字，以实现快速筛选、定位文件。
- **导航窗格：** 采用层次结构对计算机中的资源进行导航，最顶层为“快速访问”“OneDrive”“此电脑”“网络”和“家庭组”等项目，其下又细分为多个子项目。单击各项目左侧的›按钮可展开其子项目；单击⌄按钮可收缩项目；单击项目名称，可在工作区中显示其中包含的内容，可以是磁盘、文件或文件夹等。
- **工作区：** 显示和编辑窗口内容的地方。当工作区因内容太多而无法显示完全时，工作区右侧或下方将出现滚动条，拖动滚动条可显示隐藏的内容。
- **状态栏：** 位于窗口最下方，会根据用户选择的内容，显示当前磁盘、文件夹或所选文件、文件夹的容量、数量等信息。
- **视图按钮：** 用于选择视图的显示方式，包括列表和大缩略图两种。

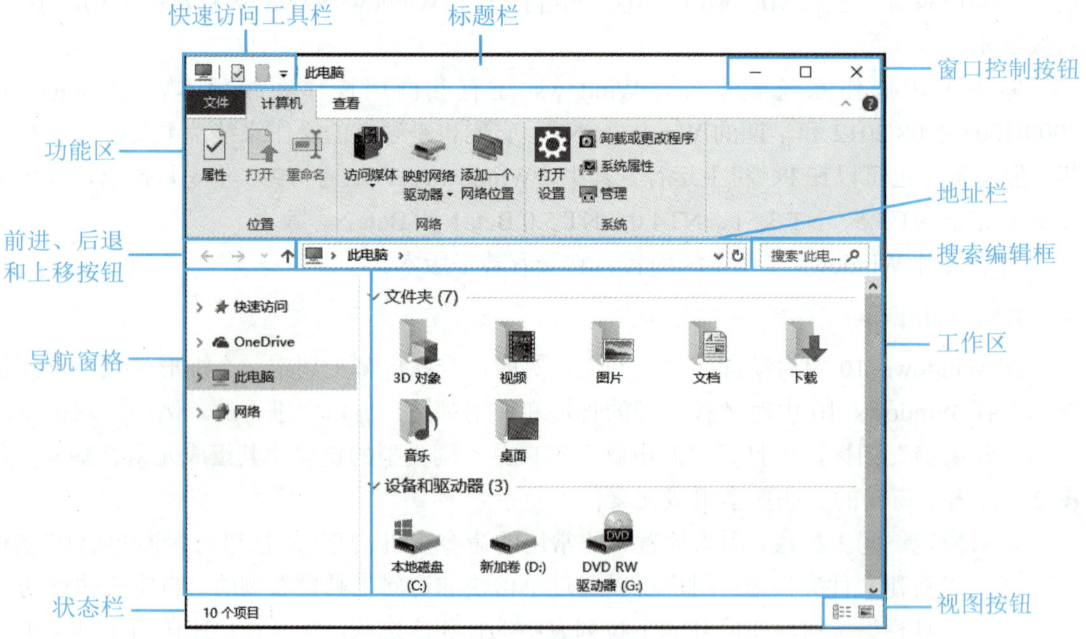

图 2-1 “此电脑”窗口

五、Windows 10 的对话框

对话框是一种特殊的窗口，用于提供一些参数选项供用户设置。不同的对话框，其组

成元素也不相同。例如，图 2-2 所示的对话框包含了标题栏、选项卡、复选框、列表框、下拉列表框和按钮等组成元素。

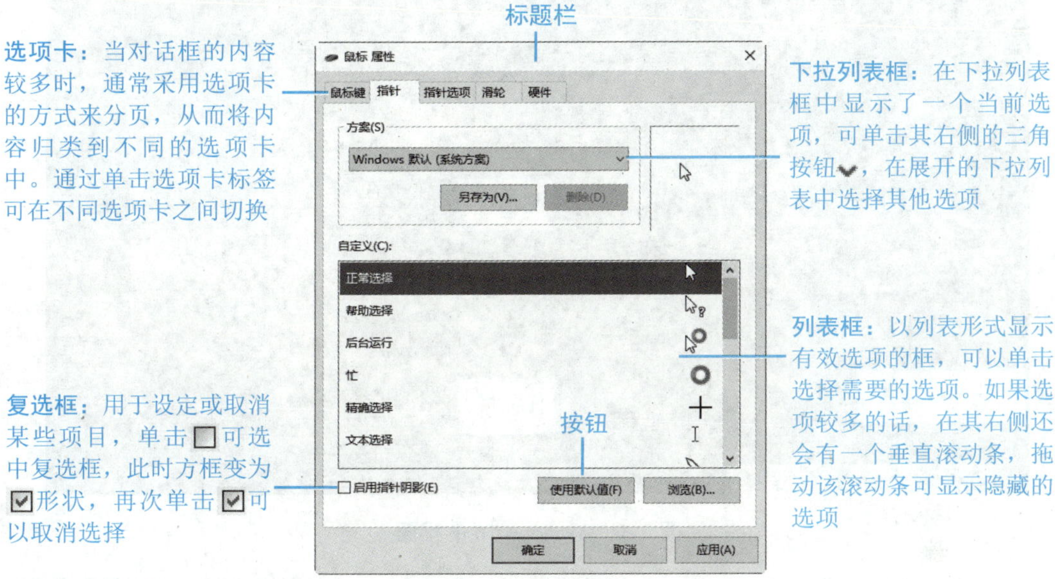

标题栏

选项卡：当对话框的内容较多时，通常采用选项卡的方式来分页，从而将内容归类到不同的选项卡中。通过单击选项卡标签可在不同选项卡之间切换

下拉列表框：在下拉列表框中显示了一个当前选项，可单击其右侧的三角按钮，在展开的下拉列表中选择其他选项

列表框：以列表形式显示有效选项的框，可以单击选择需要的选项。如果选项较多的话，在其右侧还会有一个垂直滚动条，拖动该滚动条可显示隐藏的选项

复选框：用于设定或取消某些项目，单击☐可选中复选框，此时方框变为☑形状，再次单击☑可以取消选择

按钮

图 2-2　对话框

说　明

> 对话框中通常会有许多按钮，单击这些按钮可打开某个对话框或执行相关操作。几乎所有对话框中都有“确定”“取消”和“应用”按钮。其中，单击“确定”按钮可使对话框中所做的设置生效并关闭对话框；单击“应用”按钮可使设置生效而不关闭对话框；单击“取消”按钮将取消操作并关闭对话框。

【项目实施】

任务一　启动与退出 Windows 10

步骤 1▶ 按下显示器的电源开关，然后按下机箱上的电源开关，进入自检界面。

步骤 2▶ 自检通过后加载内核文件及系统服务，稍等片刻将进入启动界面。

步骤 3▶ 登录后打开欢迎界面，按键盘上的任意按钮，进入登录界面。若设置有登录密码，则输入正确的密码，然后单击右侧的箭头按钮，即可进入 Windows 10 的桌面；若没有设置登录密码，则直接进入 Windows 10 的桌面。从中可看到，Windows 10 的桌面主要由桌面图标、“开始”按钮、任务栏和桌面区等组成，如图 2-3 所示。各组成元素的含义如下：

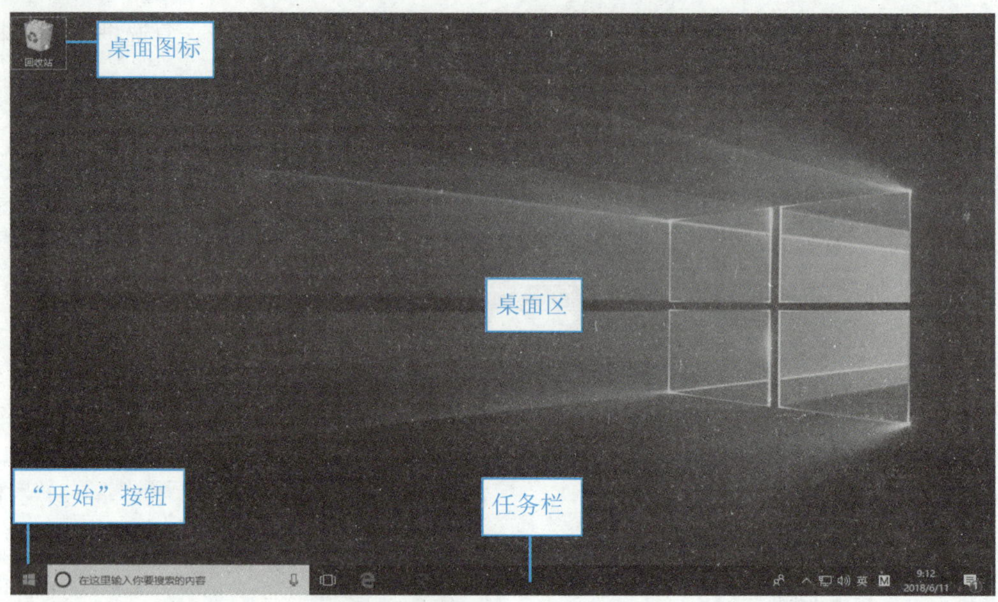

图 2-3　Windows 10 的桌面

- **桌面图标：** Windows 10 的桌面图标包括程序或文件的快捷图标（其左下角有一个小箭头）和系统图标，包括“此电脑”“回收站”等。双击图标可启动或打开它所代表的项目（如应用软件、文件、文件夹等）。
- **任务栏：** 用于快速启动要执行的任务或切换任务等。
- **桌面区：** 在 Windows 10 系统中打开的所有程序和窗口等都会呈现在它上面。

步骤 4▶ 要退出 Windows 10，可单击桌面左下角的“开始”按钮，然后在打开的下拉列表中选择电源图标“”/“关机”选项（见图 2-3）。

默认情况下，任务栏位于桌面的最底端，其左侧的图标依次为“开始”按钮、“搜索”按钮、“任务视图”按钮和锁定在任务栏上的程序图标，中部为任务图标，右侧是通知区，最右侧是“显示桌面”按钮，如图 2-4 所示。

任务图标：用户每执行一项任务，系统都会在任务栏中间的区域放置一个与该任务相关的图标。单击不同图标，可在各任务之间切换

通知区：显示了当前时间、声音调节、后台运行的应用程序等图标。单击、双击或右击通知区中的图标可分别执行不同的操作

“开始”按钮

锁定的图标：可以将一些常用程序的启动图标锁定到任务栏中，单击图标即可打开相应的程序

“显示桌面”按钮：单击该按钮可快速显示桌面

图 2-4　任务栏

任务二　管理 Windows 10 的窗口

打开窗口后，用户可以对其进行移动、大小调整、最大化、最小化、切换及关闭等操作。如果同时打开了多个窗口，还可以将其按一定的方式进行排列。

1. 打开窗口并查看其中的对象

此处以打开“此电脑”窗口并查看 D 磁盘中的对象为例，介绍打开窗口并查看其中对象的方法。

步骤 1▶ 双击桌面上的“此电脑”图标，或右击该图标，在弹出的快捷菜单中选择“打开”选项，即可打开“此电脑”窗口。

步骤 2▶ 双击 D 磁盘图标，或选择 D 磁盘图标后按“Enter”键，即可打开 D 磁盘窗口并查看其中的内容，如图 2-5 所示。

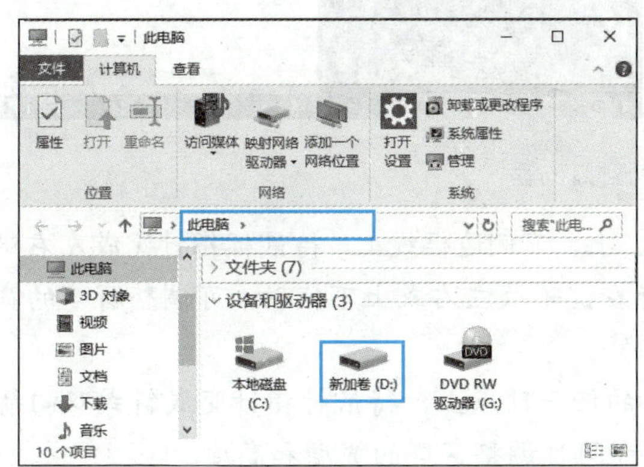
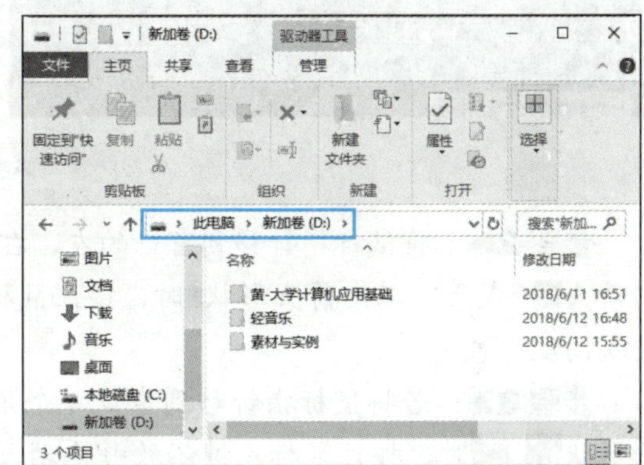

图 2-5　打开窗口并查看 D 磁盘中的对象

步骤 3▶ 单击地址栏左侧的“上移”按钮↑，可返回到上一级“此电脑”窗口。

2. 最大化或最小化窗口

最大化窗口是指将当前窗口放大到撑满整个屏幕，这样可以显示更多的窗口内容，而最小化窗口，则是指将窗口以按钮的方式缩放到桌面下方的任务栏中。例如，要将“此电脑”窗口最大化，最小化或还原，操作步骤如下：

步骤 1▶ 打开“此电脑”窗口，单击窗口标题栏右上角的“最大化/向下还原”按钮□，可看到窗口铺满整个屏幕。此时，“最大化”按钮变成“还原”按钮，单击“还原”按钮，即可将最大化后的窗口还原成原始大小。

步骤 2▶ 单击窗口标题栏右上角的“最小化”按钮一，此时该窗口将隐藏，并在任务栏中显示一个图标。单击该图标，窗口将还原到屏幕显示状态。

3. 移动窗口位置并调整其大小

打开窗口后，窗口可能会遮盖屏幕上的其他有用内容，此时，可以对窗口的大小进行调整，或将其移到其他位置。只有当窗口处于还原状态时，才能移动其位置和调整其大小。例如，要将“此电脑”窗口移到屏幕右侧呈半屏显示，再调整其大小，操作步骤如下：

步骤 1▶ 打开“此电脑”窗口，然后将鼠标指针移到窗口标题栏的空白处，按住鼠标左键并向右拖动，待拖到屏幕右侧边缘出现窗口气泡时，松开鼠标即可，如图 2-6 所示。

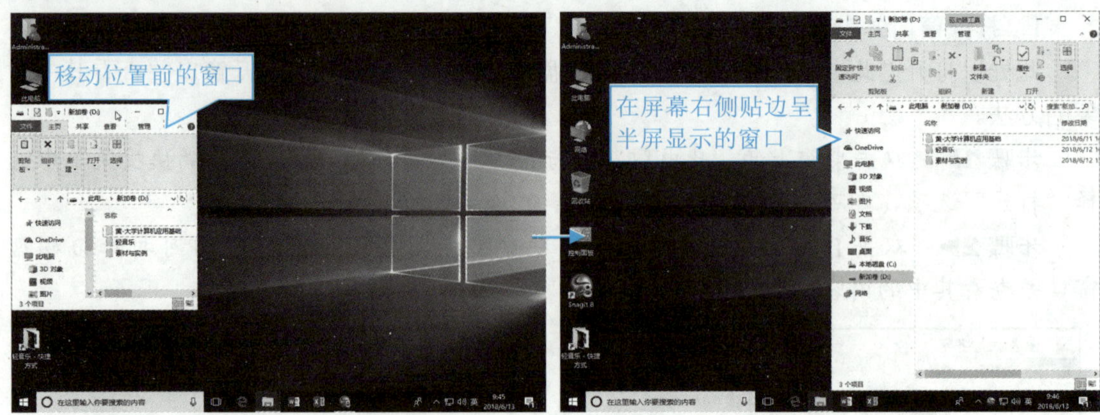

图 2-6 移动窗口位置

步骤 2▶ 将鼠标指针移到窗口的左、右、上、下侧边框线上，待鼠标指针变成左右双向箭头或上下双向箭头形状时，按住鼠标左键不放左右或上下拖动，可调整窗口的宽度或高度。

步骤 3▶ 若将鼠标指针移到窗口 4 个角的任一顶点上，待鼠标指针变成斜式双向箭头形状时，按住鼠标左键不放并拖动，可同时调整窗口的宽度和高度。

4. 切换窗口

当打开了多个窗口时，同一时刻只能在一个窗口中进行操作，要切换到其他窗口，常用方法如下：

- 通过任务栏：将鼠标指针移到任务栏的任务图标上，此时将展开所有打开的该类型文件的缩略图，单击某个缩略图，即可切换到该窗口。
- 通过快捷键：按“Alt+Tab”组合键，系统自动启动预览界面，各窗口会以缩略图的形式显示。此时按住“Alt”键不放，再反复按“Tab”键，将显示一个白色方框，并在所有图标之间轮流切换，如图 2-7 所示。当白色方框移动到需要的窗口图标上后释放“Alt”键，即可切换到该窗口。

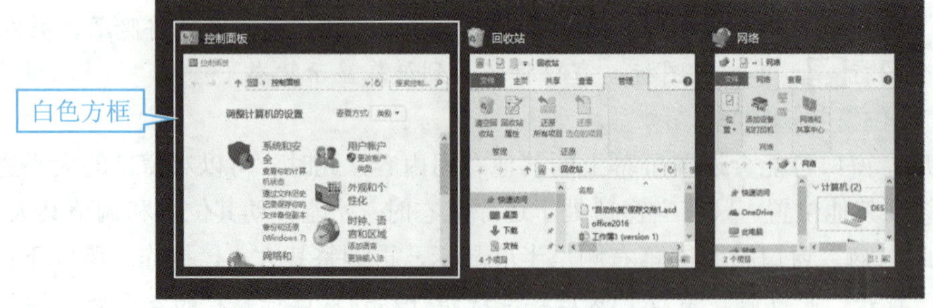

图 2-7 切换窗口

5. 排列窗口

当同时打开多个窗口时，为使桌面整洁，可以将打开的窗口层叠、堆叠或并排放置。

步骤 1▶ 打开多个窗口，在任务栏的空白处右击，在弹出的快捷菜单中选择“层叠窗口”选项，即可以层叠方式排列打开的窗口，如图 2-8 所示。

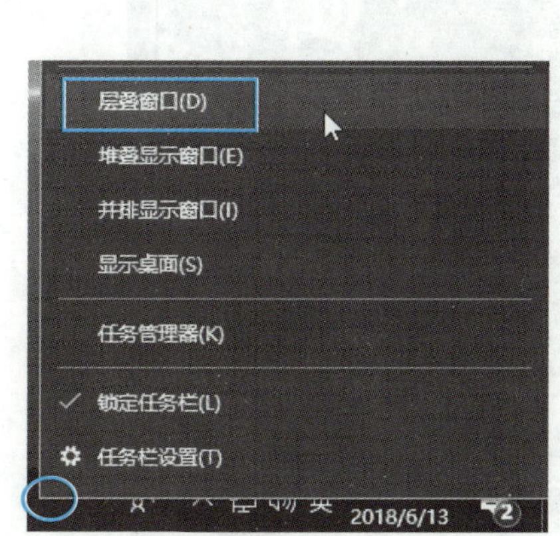

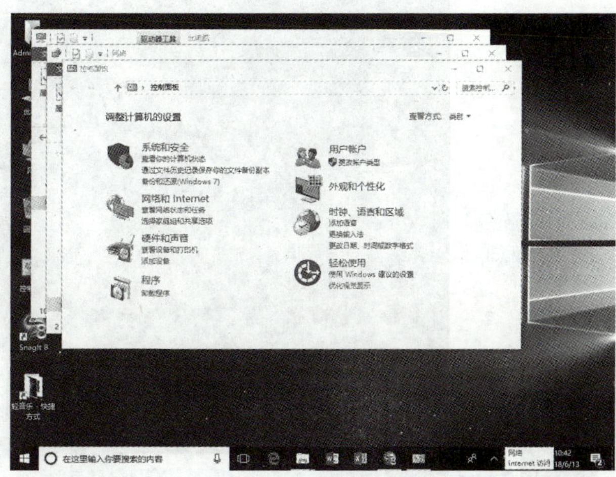

图 2-8　层叠显示窗口

步骤 2▶ 层叠显示窗口后，在任务栏空白处的右键菜单中选择“并排显示窗口”选项，即可将窗口以并排方式显示。

步骤 3▶ 并排显示窗口后，在任务栏空白处的右键菜单中选择“撤销并排显示所有窗口”选项，即可将窗口恢复到原来的层叠显示状态。

6. 关闭窗口

对窗口的操作结束后，可以将其关闭。关闭窗口的常用方法如下：

- 直接单击窗口右上角的“关闭”按钮×。
- 按“Alt+F4”组合键。
- 在任务栏对应窗口的任务图标上右击，在弹出的快捷菜单中选择“关闭窗口”或“关闭所有窗口”选项。

任务三　熟悉 Windows 10 的开始菜单

在 Windows 10 操作系统中，通过“开始”菜单可以打开大多数应用程序和系统管理窗口。单击任务栏左侧的“开始”按钮，即可打开“开始”菜单，如图 2-9 所示。它使用英文字母与拼音对菜单进行分组，并且在它右侧新增了一个 Modern 风格的区域，各种应用程序、快捷方式等均能以动态方块的样式呈现。要利用“开始”菜单打开应用程序，只需找到程序并单击即可；如果没有找到所需程序，可在搜索框中输入程序名称查找程序。

图 2-9 Windows 10 的“开始”菜单

任务四 利用开始菜单启动程序

写字板是 Windows 10 自带的文字编辑和排版工具，在没有安装文字处理软件时，用户可以利用它进行简单的文字处理工作。下面利用“开始”菜单启动“写字板”程序，操作步骤如下：

步骤 1▶ 单击桌面左下角的“开始”按钮，打开“开始”菜单。

步骤 2▶ 在“开始”菜单列表中找到字母 W 开头的“Windows 附件”文件夹，然后单击将其展开，从中选择“写字板”选项，即可启动该程序，如图 2-10 所示。

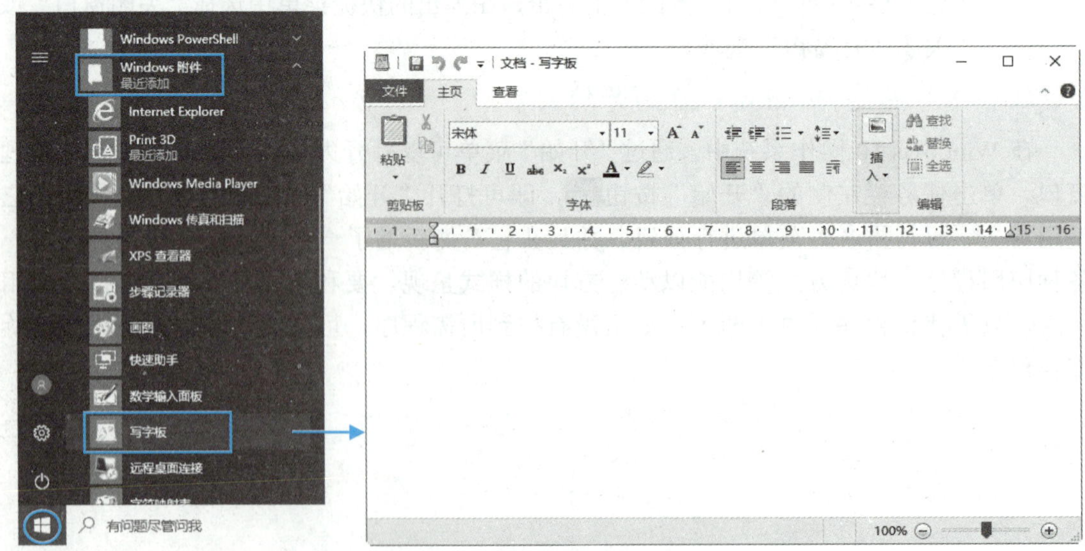

图 2-10 利用“开始”菜单启动“写字板”程序

项目二　定制 Windows 10 的工作环境

【情景描述】

安装 Windows 10 后，小谭发现桌面上只有一个“回收站”图标，其他常用的桌面图标需要自己添加，并且桌面背景也不是自己喜欢的那种。为此，他决定设置一个与众不同的工作环境，以符合自己的工作习惯和爱好，从而提高工作效率。同时，他还准备为其他同事方便使用自己的计算机开设一个专门的账户，并为自己的管理员账户设置了密码，不让其他人使用。下面我们和小谭一起完成这些任务。

【项目要求】

- 掌握添加和更改桌面图标的方法。
- 掌握应用系统主题，以及设置桌面背景和屏幕保护程序的方法。
- 掌握自定义“开始”菜单的方法。
- 掌握创建用户账户的方法。

【相关知识】

Windows 10 允许用户根据自己的使用习惯定制工作环境，以及管理计算机中的软、硬件资源。控制面板是进行这些操作的门户，利用它可以设置屏幕显示效果，修改系统日期和时间，添加和删除程序，查看系统软、硬件信息和优化系统，以及配置网络等。

要打开控制面板，可双击桌面上的“控制面板”图标，打开“控制面板”窗口，如图 2-11 所示。可以看到，各系统设置工具被分门别类地放置在“控制面板”窗口中。使用这些工具的操作步骤如下：

步骤 1▶ 首先判断要使用的工具属于哪个类别，然后单击相应的类别。

步骤 2▶ 在出现的界面中显示相应类别下的具体设置工具，单击要使用的工具。

步骤 3▶ 在弹出的工具设置界面中进行操作，完成设置。

步骤 4▶ 单击“控制面板”窗口左上角的“返回”←和“上移”↑按钮，可在显示过的界面之间切换。最后单击“控制面板”窗口右上角的“关闭”按钮×，关闭窗口。

此外，也可以单击“控制面板”窗口右上角“查看方式”右侧的下拉按钮，在展开的下拉列表中选择“大图标”或“小图标”，以显示所有的设置工具，如图 2-12 所示。

图 2-11　按“类别”方式显示的控制面板

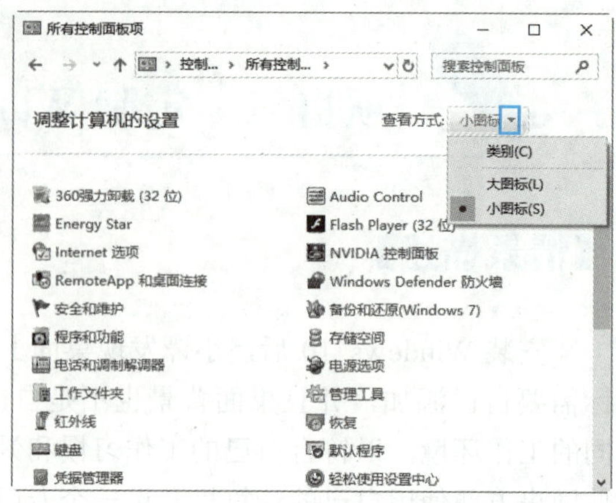

图 2-12　按“小图标”方式显示的控制面板

【项目实施】

任务一　添加与更改桌面图标

默认情况下，安装完 Windows 10 后，桌面仅显示一个“回收站”图标，用户可以通过设置，将其他常用图标显示在桌面，方便用户进行日常工作。例如，要将“此电脑”“网络”“控制面板”和“用户的文件”图标添加到桌面，操作步骤如下：

步骤 1▶ 在“控制面板”窗口中单击“外观和个性化”类别，在打开的界面中选择“任务栏和导航”类别下方的“导航属性”选项，或右击桌面空白处，在弹出的快捷菜单中选择“个性化”选项，均可打开“设置”窗口，如图 2-13 所示。

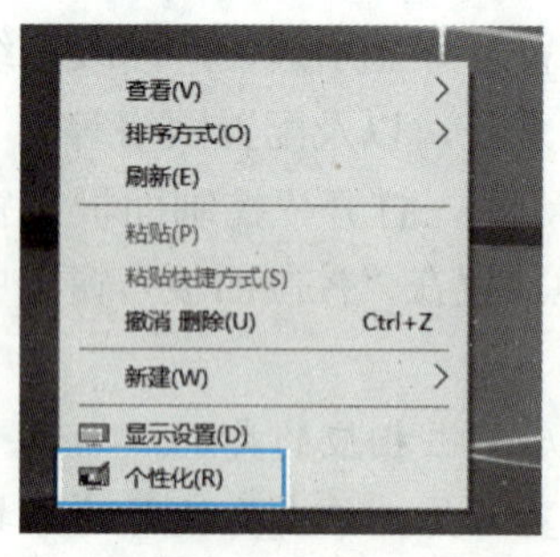

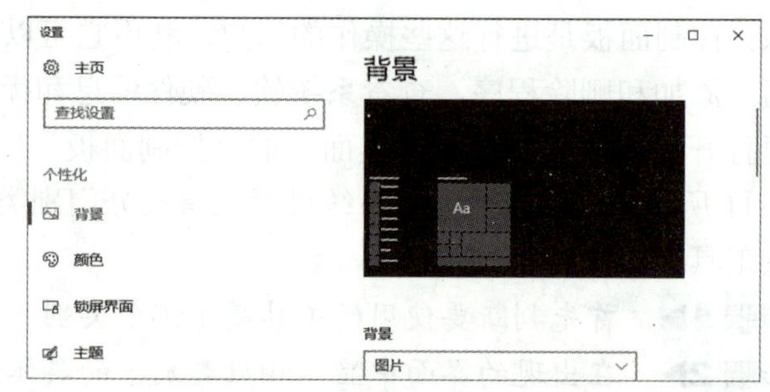

图 2-13　打开“设置”窗口

步骤 2▶ 在“个性化”列表中选择“主题”选项，然后选择窗口右侧的“桌面图标设置”选项，打开“桌面图标设置”对话框，在“桌面图标”设置区选中要在桌面上显示的图标复选框，如图 2-14 所示。

步骤 3▶ 单击“确定”按钮，即可在桌面上显示选中的常用图标，如图 2-15 所示。

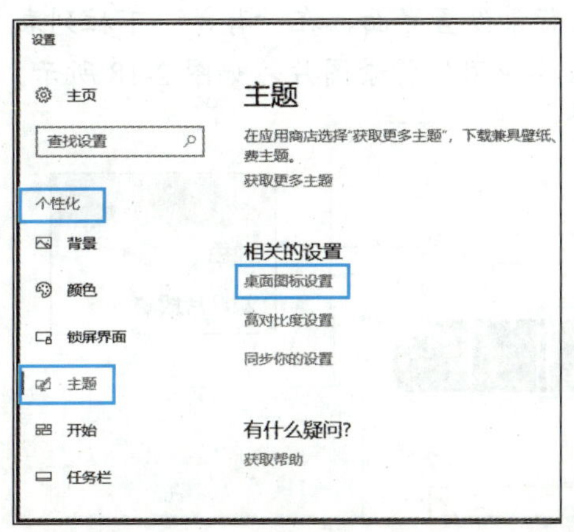

图 2-14　选中要在桌面上显示的图标

图 2-15　设置效果

步骤 4▶　如果要更改现有的桌面图标，可单击“桌面图标设置”对话框中的“更改图标”按钮，在打开的对话框选择一种图标并确定即可。

任务二　应用主题并设置桌面背景

Windows 10 提供了强大的外观和个性化设置功能，用户可通过单击控制面板“外观和个性化”分类中的相应选项在打开的“设置”窗口中进行设置。

其中，桌面主题是桌面总体风格的集合，通过改变桌面主题，可以同时改变桌面图标、背景图像和窗口等项目的外观。例如，要将桌面主题更换为 Windows 10 自带的鲜花主题，桌面背景更换为沙滩跑步图片，操作步骤如下：

步骤 1▶　在“控制面板”窗口中选择“外观和个性化”类别。

步骤 2▶　弹出控制面板的“外观和个性化”界面。选择“任务栏和导航”类别下方的“导航属性”选项，如图 2-16 所示，打开“设置”界面（也可右击桌面空白处，在弹出的快捷菜单中选择“个性化”选项，直接打开“设置”窗口）。

步骤 3▶　在窗口左侧选择“主题”选项，进入主题设置界面，在窗口右侧的主题列表中选择“鲜花”主题，系统将自动应用该主题，如图 2-17 所示。

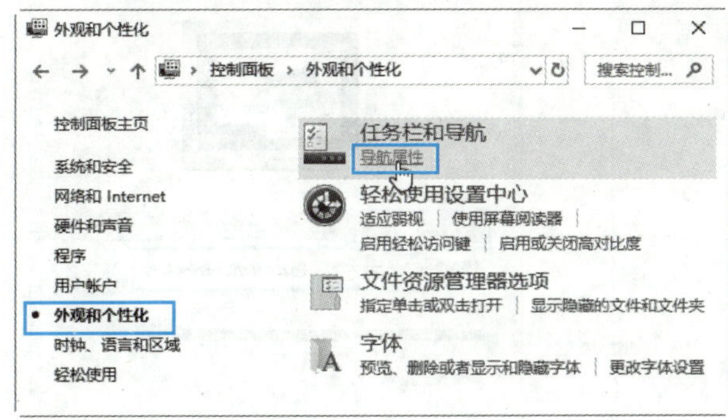

图 2-16　选择“导航属性”选项

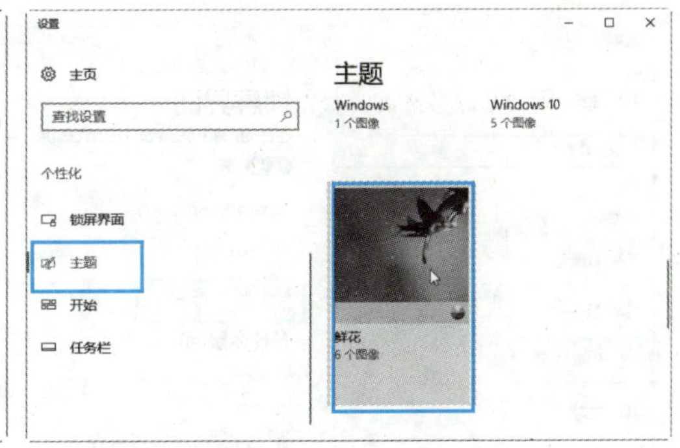

图 2-17　选择“鲜花”主题

步骤 4▶ 选择窗口左侧的“背景”选项，进入背景设置界面，在“背景”下拉列表中保持“图片”的选中，在“选择图片”列表中单击要应用的背景图片，如图 2-18 所示。

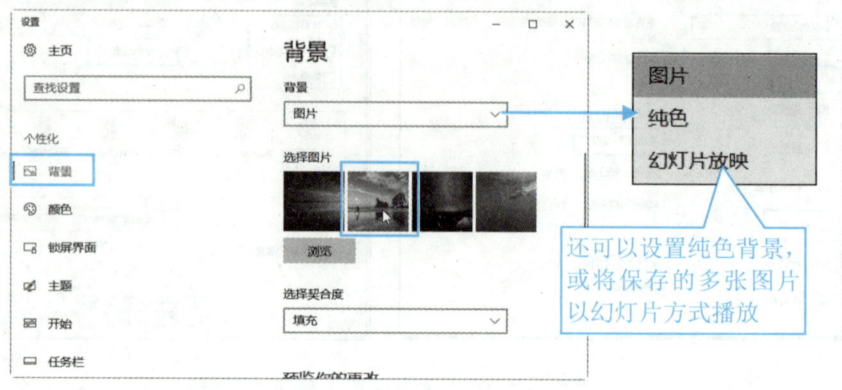

图 2-18　更改桌面背景

步骤 5▶ 在“选择契合度”下拉列表中选择背景图片在桌面的放置方式，此处保持默认的“填充”选项。关闭窗口，即可应用设置。

要使用其他图片（如自己的相片）作为桌面背景，可单击“选择图片”下方的“浏览”按钮，打开“打开”对话框，从本地计算机中选择保存图片的文件夹和图片后单击“选择图片”按钮即可。

任务三　设置屏幕保护程序

计算机显示静态图像的时间过长会灼伤屏幕，降低显示器的使用寿命。设置屏幕保护程序的目的就是为了避免这种不良影响。

步骤 1▶ 在“设置”窗口选择左侧的“锁屏界面”选项，再在窗口右侧选择“屏幕保护程序设置”选项，如图 2-19 所示。

步骤 2▶ 打开“屏幕保护程序设置”对话框，在“屏幕保护程序”下拉列表中选择“气泡”屏幕保护程序，如图 2-20 所示。

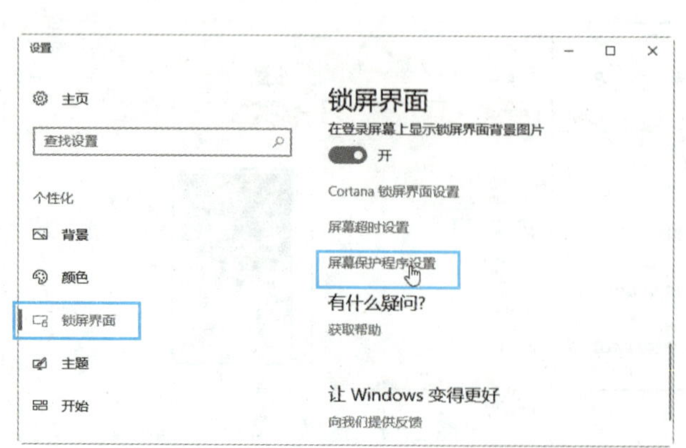

图 2-19　选择“屏幕保护程序设置”选项

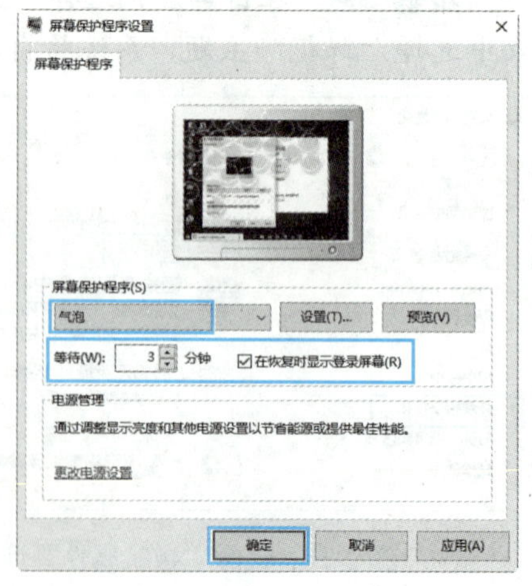

图 2-20　设置屏幕保护程序选项

步骤 3▶ 在“等待”数值框中输入计算机空闲多长时间后启动屏幕保护程序，本例为 3 分钟。如果用户设置了开机密码，则可选中“在恢复时显示登录屏幕”复选框。

步骤 4▶ 单击“确定”按钮，完成设置。当在设定时间内不对计算机进行操作（移动鼠标或按键盘上的按键）时，系统将进入屏幕保护程序。要回到操作界面，只需移动一下鼠标或按键盘上的任意键即可。

任务四 自定义“开始”菜单

开始菜单与开始按钮是 Windows 系列操作系统图形用户界面的基本部分。开始菜单中存放了操作或设置系统的绝大多数命令，用户还可以从中使用安装到当前系统中的所有程序。要在“开始”菜单中显示最常用的应用，操作步骤如下：

步骤 1▶ 打开“设置”窗口。

步骤 2▶ 在窗口左侧选择“开始”选项，然后在窗口右侧向右拖动“显示最常用的应用”滑块，将其开启，如图 2-21 所示。

步骤 3▶ 可根据需要，将其他选项在“开始”菜单中显示。

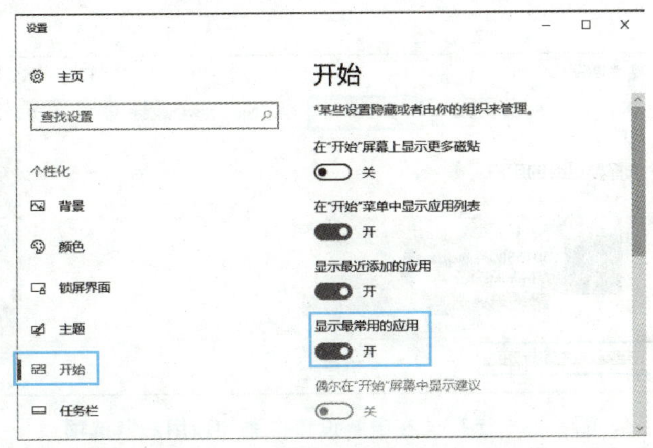

图 2-21 开启“显示最常用的应用”选项

提 示

> 用户可根据需要，在“设置”窗口对 Windows 10 进行更多个性化和外观设置。例如，设置窗口的颜色和外观，任务栏的显示或隐藏等。

任务五 设置 Windows 10 用户账户

Windows 10 提供了多用户操作环境。当多人使用一台计算机时，可以分别为每个人创建一个用户账户。这样，每个人都可以用自己的账号和密码登录系统，拥有独立的桌面、“用户的文件”文件夹等，从而使用户之间互不影响。

默认情况下，Windows 10 已经有了一个管理员账户。如果是多人使用同一台计算机，可以创建账户让其他人使用。例如，要在 Windows 10 中创建一个带密码的“燕子”账户并进入该账户，操作步骤如下：

步骤 1▶ 打开“控制面板”窗口，切换到“大图标”分类模式，选择“用户账户”选项，打开“用户账户”窗口，选择“管理其他账户”选项，如图 2-22 所示。

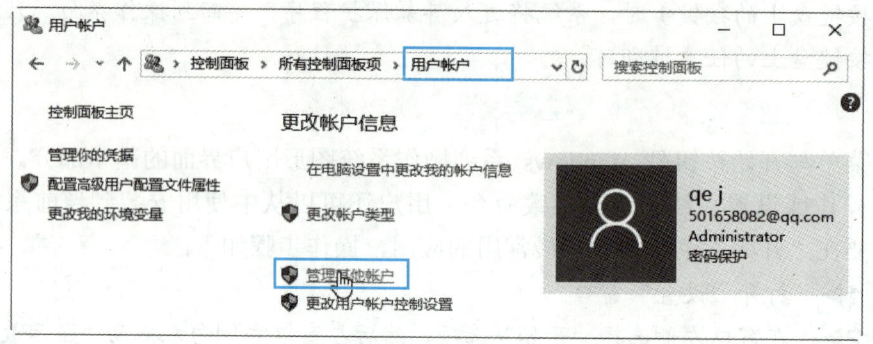

图 2-22　选择“管理其他账户”选项

步骤 2▶ 在打开的“管理账户”窗口中选择“在电脑设置中添加新用户”选项，如图 2-23 所示。

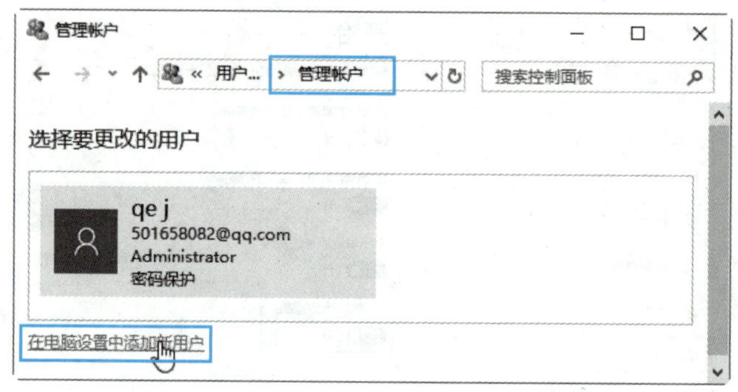

图 2-23　选择“在电脑设置中添加新用户”选项

步骤 3▶ 在打开的“家庭和其他人员”窗口中选择“将其他人添加到这台电脑”选项，如图 2-24 所示。

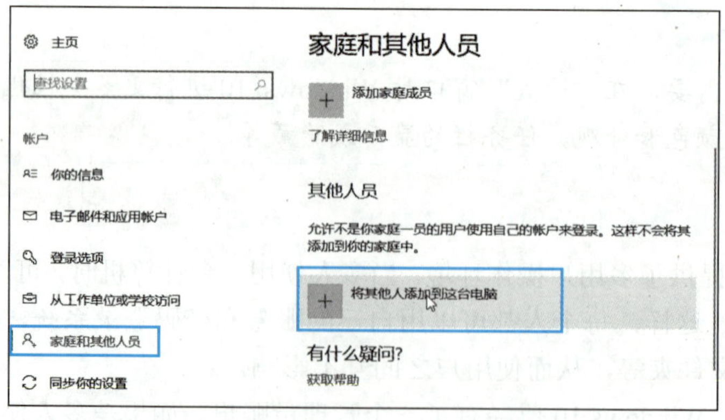

图 2-24　选择“将其他人添加到这台电脑”选项

步骤 4▶ 进入“此人将如何登录”界面，这里选择“我没有这个人的登录信息”选项，进入“让我们来创建你的账户”界面，如图 2-25 所示。

此人将如何登录?

输入你要添加的联系人的电子邮件地址或电话号码。如果他们使用的是 Windows、Office、Outlook.com、OneDrive、Skype 或 Xbox，请输入他们用以登录的电子邮件地址或电话号码。

电子邮件或电话号码

我没有这个人的登录信息

隐私声明

下一步　取消

让我们来创建你的帐户

Windows、Office、Outlook.com、OneDrive、Skype 和 Xbox。当你使用 Microsoft 帐户登录时，这些产品将为你提供更卓越且更具个性化的服务。* 了解详细信息

someone@example.com

获取新的电子邮件地址

密码

中国

*如果你已经使用了某个 Microsoft 服务，则应返回以使用该帐户登录。

添加一个没有 Microsoft 帐户的用户

下一步　后退

图 2-25　进入“让我们来创建你的账户”界面

步骤 5▶ 选择“添加一个没有 Microsoft 账户的用户”选项，进入“为这台电脑创建一个账户”窗口，输入新账户名、密码和提示语，如图 2-26 所示。

步骤 6▶ 单击“下一步”按钮返回“家庭和其他人员”窗口，即可看到新添加的用户显示在“其他人员”区域下，如图 2-27 所示。这样就为系统创建了一个带密码的“燕子”账户。

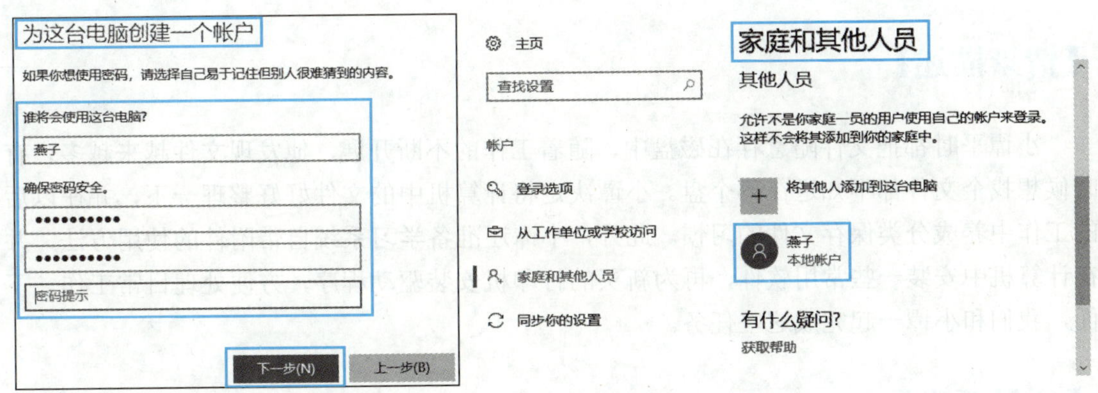

图 2-26　输入账户名、密码和提示语　　图 2-27　显示创建的用户账户

步骤 7▶ 此时若要切换到新创建的用户账户，可在“任务栏”的右键菜单中选择“任务管理器”选项，进入“任务管理器”窗口，在“用户”选项卡的“用户”列表中选择当前用户，再单击“断开连接”按钮，如图 2-28 所示。

步骤 8▶ 在打开的提示对话框中单击“断开用户连接”按钮，进入系统登录界面，从中选择要切换到的新用户账户，输入密码，即可登录该账户。

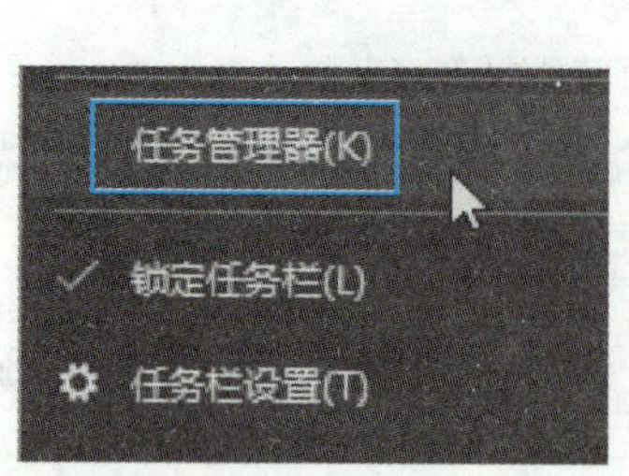

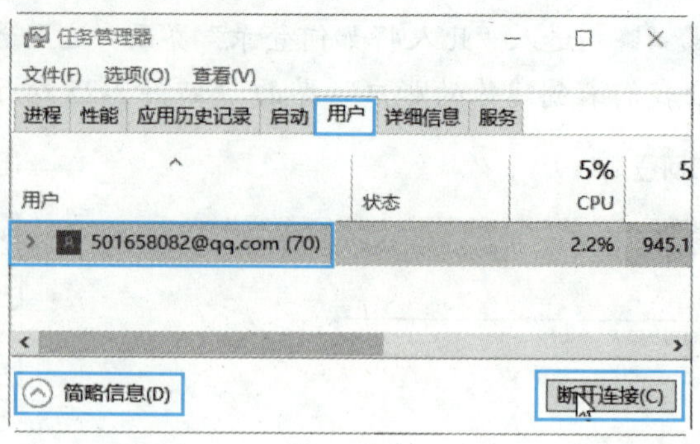

图 2-28 选择要断开的用户账户

提 示

要切换用户账户，也可在桌面上按“Alt+F4”组合键，打开“关闭 Windows”窗口，然后在“希望计算机做什么”下拉列表中选择“切换用户”选项，单击“确定”按钮，此时同样会进入到登录界面，从中选择要登录的用户账户即可。

项目三 管理计算机中的资源

【情景描述】

小谭平时都把文件随意存在磁盘中，随着工作的不断开展，他发现文件越来越多，有时候想找个文件都不知道在哪个盘。小谭决定将计算机中的文件好好整理一下，并在以后的工作中养成分类保存文件的习惯。此外，小谭还准备学习系统自带附件的使用方法，并在计算机中安装一些常用软件，再为新买的打印机安装驱动程序，方便处理日常工作。下面，我们和小谭一起完成这些任务。

【项目要求】

- 认识磁盘分区和盘符。
- 认识文件和文件夹，掌握管理文件和文件夹的方法。
- 掌握使用库访问文件与文件夹的方法。
- 掌握附件程序的使用方法。
- 认识应用软件，掌握安装和卸载应用程序的方法。
- 掌握安装打印机驱动程序的方法。

【相关知识】

一、文件与文件夹

文件是数据在计算机中的组织形式。计算机中的任何程序和数据都是以文件的形式保存在计算机的外存储器（如硬盘、光盘和 U 盘等）中的。Windows 10 中的任何文件都是用图标和文件名来标识的，其中文件名由主文件名和扩展名两部分组成，中间用“.”分隔。

- **主文件名：** 最多可以由 255 个英文字符或 127 个汉字组成，或者混合使用字符、汉字、数字，甚至空格。但是，文件名中不能含有“\”“/”“:”“<”“>”“?”“*”“"”和“|”字符。文件名不区分大小写。
- **扩展名：** 通常为 3 个英文字符。扩展名决定了文件的类型，也决定了可以使用什么程序来打开文件。常说的文件格式指的就是文件的扩展名。

提　示

> 默认情况下，为避免用户修改文件扩展名导致文件打不开，在文件资源管理器中查看文件时，系统不会显示文件的扩展名。

文件分为可执行文件和不可执行文件两种类型。

- **可执行文件：** 指可以自己运行的文件，其扩展名主要有.exe，.com 等。用鼠标双击可执行文件，它便会自己运行。
- **不可执行文件：** 指不能自己运行，而需要借助特定程序打开或使用的文件。例如，双击 txt 文档，系统将调用“记事本”程序打开它。不可执行文件有许多类型，如文档文件、图像文件、视频文件等。

文件夹是存放文件的场所。在 Windows 10 中，文件夹由一个黄色的小夹子图标和名称组成，如图 2-29 所示。为了方便管理文件，用户可以创建不同的文件夹，将文件分门别类地存放在文件夹内。文件夹中除了包含文件之外，也可以包含其他文件夹。

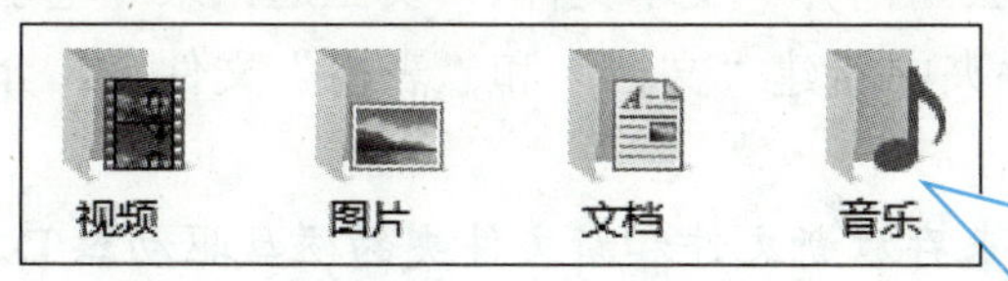

图 2-29　文件夹

> Windows 10 中的文件夹分为系统文件夹和用户文件夹两种类型。系统文件夹是安装好操作系统或应用程序后系统自己创建的文件夹，它们通常位于 C 磁盘中，不能随意删除和更改名称；用户文件夹是用户自己创建的文件夹，可以更改和删除

二、文件路径

文件路径是指文件存储的位置。例如：E:\素材与实例\模块一\工作计划.docx 就是一个文件路径。它指的是：一个 Word 文件“工作计划”存储在 E 磁盘下的“素材与实例”文件夹内的“模块一”文件夹中。若要打开这个文件，按照文件路径一级级找到此文件即可。

如果想要查看和复制当前的文件路径，只需在窗口地址栏的空白处单击，即可让地址栏以传统的方式显示文件路径，如图 2-30 所示。

图 2-30　查看文件路径

三、文件资源管理器

在 Windows 10 中，文件资源管理器是管理计算机中文件、文件夹等资源的最重要工具，用户可以用它查看本台计算机中的所有资源，特别是它提供的树形的文件系统结构，使用户能更清楚、更直观地认识计算机中的文件和文件夹。另外，在文件资源管理器中还可以对文件和文件夹进行各种操作，如打开、复制和移动等。

四、认识应用软件

应用软件运行在操作系统之上，是为了解决用户的各种实际问题而编制的程序及相关资源的集合。虽然 Windows 10 系统默认提供了一些应用程序帮助用户完成某些操作，如“记事本”“写字板”和“画图”等程序，但这些程序无法完全满足用户的实际需要。为了扩展计算机的功能，用户必须为计算机安装相应的应用软件。例如，要使用计算机进行办公，需要安装 Office 办公软件；要保护计算机的安全，需要安装 360 杀毒软件或其他安全软件。

【项目实施】

任务一　管理文件和文件夹

在使用计算机的过程中，经常需要对文件或文件夹进行各种管理操作，如新建、选择、重命名、删除、移动或复制文件和文件夹等，应熟练掌握这些操作。

1. 创建文件和文件夹

此处通过在“此电脑”的 D 磁盘中新建“公司简介”文本文件、“员工通讯录”电子表格文件、“办公”文件夹，并在“办公”文件夹中新建“文档”和“表格”文件夹，介绍创建文件和文件夹的方法。

步骤 1▶ 打开“此电脑”窗口，再打开用来存放新文件和新文件夹的磁盘驱动器 D。

步骤 2▶ 在窗口的空白处右击，在弹出的快捷菜单中选择“文本文档”选项，或单击窗口“主页”选项卡“新建”组中的“新建项目”按钮，在展开的下拉列表中选择“文本文档”选项，即可新建一个文本文件，输入文件名称“公司简介”，在窗口空白处单击，或按“Enter”键确认，如图 2-31 所示。

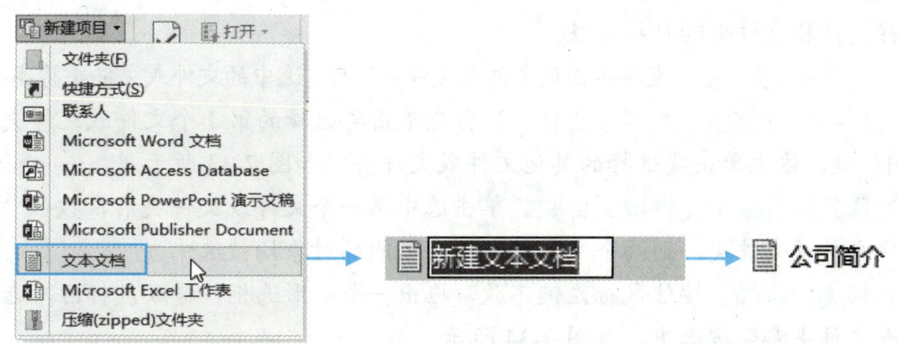

图 2-31 新建文件

步骤 3▶ 在“新建项目”下拉列表中选择“Microsoft Excel 工作表”选项，新建一个电子表格文件，输入文档名“员工通讯录”，按“Enter”键确认。

步骤 4▶ 在窗口“主页”选项卡的“新建”组中单击“新建文件夹”按钮，或在窗口空白处右击，在弹出的快捷菜单中选择“新建”/“文件夹”选项，此时将新建一个文件夹，输入新名称“办公”，按“Enter”键确认，如图 2-32 所示。

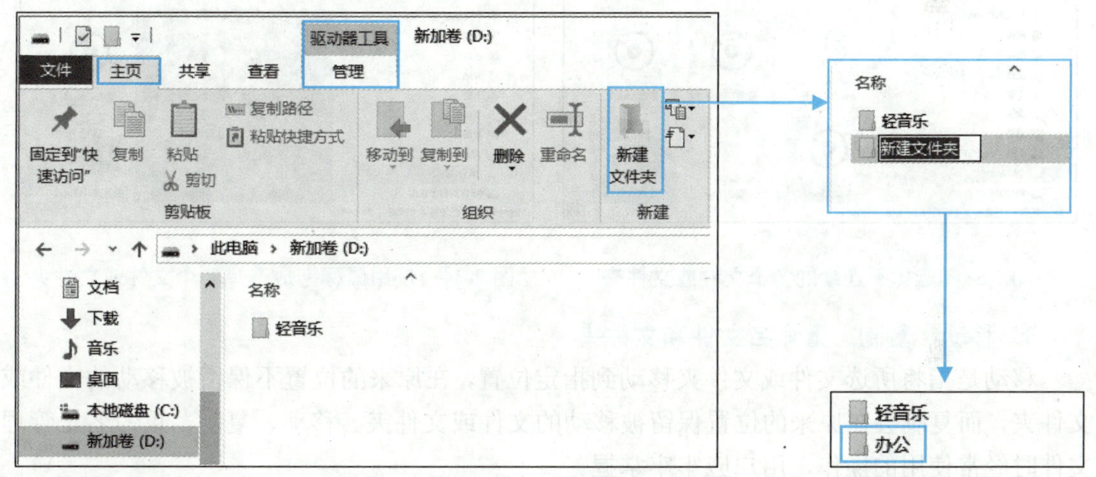

图 2-32 新建文件夹

步骤 5▶ 双击打开“办公”文件夹，然后在空白处的右键菜单中选择“新建”/“文件夹”选项，输入新文件夹名“文档”。使用同样的方法新建“表格”文件夹。

提 示

命名文件和文件夹时，要注意在同一个文件夹中不能有两个名称相同的文件或文件夹。此外，不要对系统中自带的文件或文件夹，以及安装应用程序时所创建的文件或文件夹重命名，以免引起系统或应用程序运行错误。

2. 选择文件和文件夹

在对文件或文件夹进行移动、复制、重命名等操作时，都需要先选择文件或文件夹。

下面是选择文件和文件夹的几种方法。

选择单个文件或文件夹。 直接单击该文件或文件夹即可，选中的文件或文件夹将高亮显示。

同时选择不连续的多个文件或文件夹。 首先单击要选择的第 1 个文件或文件夹，然后按住“Ctrl”键，依次单击要选择的其他文件或文件夹，如图 2-33 所示。

同时选择连续的多个文件或文件夹。 单击选中第一个文件或文件夹后，按住“Shift”键单击其他文件或文件夹，则两个文件或文件夹之间的对象均被选中。

使用鼠标拖放选择。 按住鼠标左键不放，拖出一个矩形选框，释放鼠标后，选框内的所有文件或文件夹都会被选中，如图 2-34 所示。

选择当前窗口中的所有文件和文件夹。 单击窗口“主页”选项卡“选择”组中的“全部选择”按钮，或者直接按【Ctrl+A】组合键。

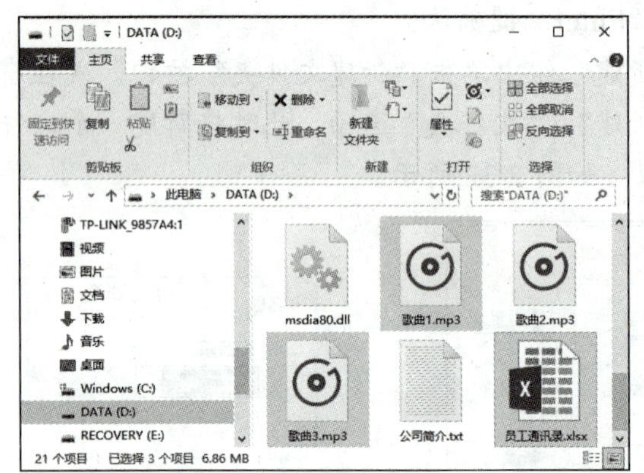

图 2-33 选择不连续的多个文件或文件夹

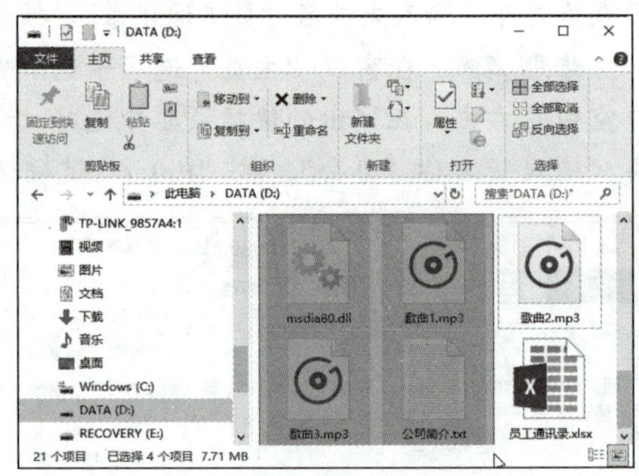

图 2-34 使用鼠标拖放选择多个文件或文件夹

3. 移动、复制、重命名文件和文件夹

移动是指将所选文件或文件夹移动到指定位置，在原来的位置不保留被移动的文件或文件夹，而复制会在原来的位置保留被移动的文件或文件夹。移动、复制、重命名是管理文件时经常使用的操作，用户应牢牢掌握。

步骤 1▶ 打开“此电脑”窗口，双击 D 磁盘，选中要移动的文件“员工通讯录”。

步骤 2▶ 按“Ctrl+X”组合键（如果是复制操作，则需要按“Ctrl+C”组合键），或右击选中的文件，在弹出的快捷菜单中选择“剪切”选项，如图 2-35 所示。

步骤 3▶ 在导航窗格中单击“办公”文件夹将其展开，然后单击其中的“表格”文件夹，按“Ctrl+V”组合键，或在窗口右侧右击，在弹出的快捷菜单中选择“粘贴”选项（见图 2-36），即可将剪切的文件移到“表格”文件夹中。

步骤 4▶ 单击移动后文件的文件名，显示可编辑状态，输入新名称“研发部员工通讯录”，按“Enter”键确认。

步骤 5▶ 单击两次“上移”按钮 ↑ 返回到上一级窗口，可看到窗口已没有“员工通讯录”文件。

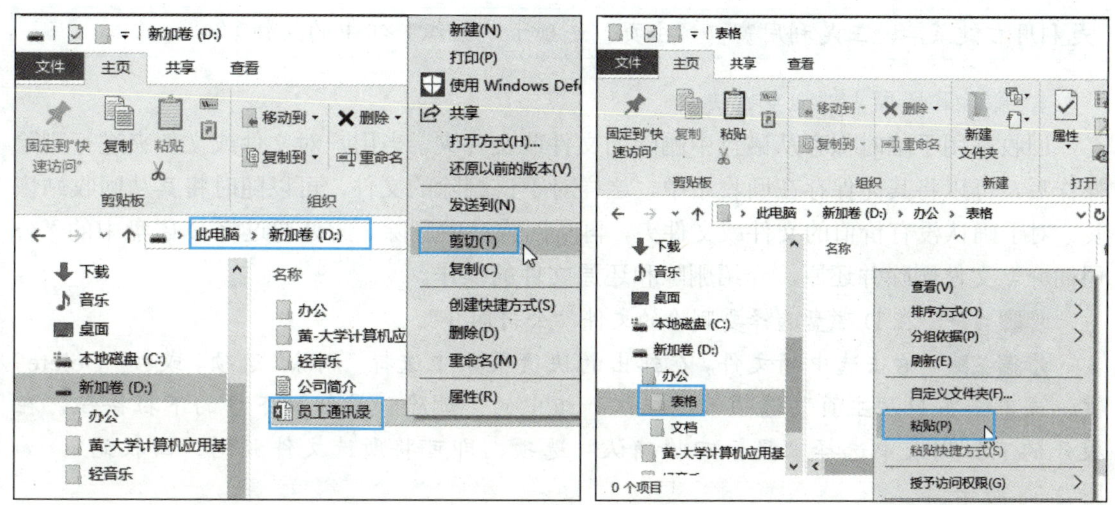

图 2-35 剪切要移动的文件

图 2-36 在目标文件夹粘贴文件

步骤 6▶ 选择"公司简介"文件，然后单击窗口"主页"选项卡"组织"组中的"复制到"按钮，在展开的下拉列表中选择要复制到的位置。此处选择"选择位置"选项，打开"复制项目"对话框，选择"办公"/"文档"文件夹，如图 2-37 所示。

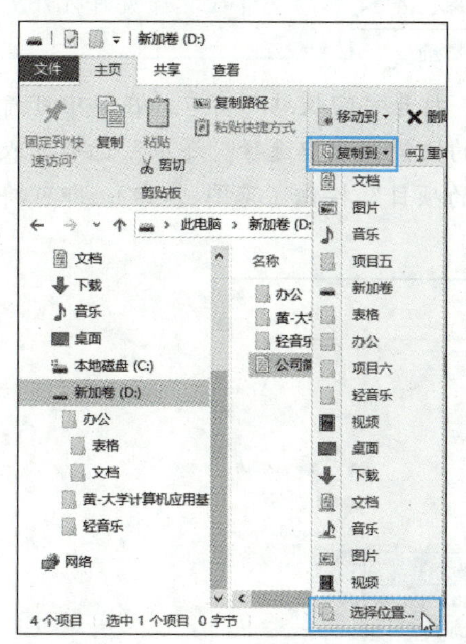

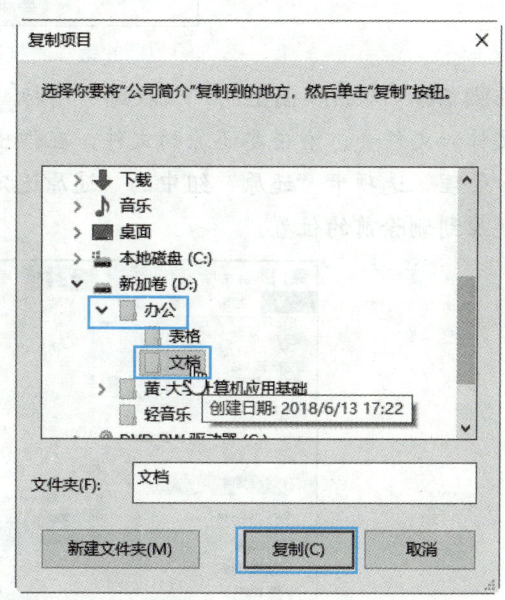

图 2-37 选择目标文件夹

步骤 7▶ 单击"复制"按钮，选定的文件即可被复制到目标位置。此时在窗口中可看到"公司简介"文件仍在。

从上述操作可看到，移动、复制文件和文件夹的方法有多种，一是利用快捷键；二

是利用右键菜单；三是利用窗口“主页”选项卡“组织”组中的按钮。

4. 删除和还原文件或文件夹

回收站用于临时保存从磁盘中删除的文件或文件夹，当用户对文件或文件夹进行删除操作后，可以将其先保存在回收站中，这样对于误删除的文件，可以随时将其从回收站恢复。对于确认没有价值的文件或文件夹，再从回收站中删除。此处通过将D磁盘中的“公司简介”文件删除并还原，介绍删除和还原文件的操作。

步骤 1▶ 在D磁盘选择要删除的文件“公司简介”。

步骤 2▶ 右击选中的文件，在弹出的快捷菜单中选择“删除”选项，或按“Delete”键；或单击窗口“主页”选项卡“组织”组中的“删除”按钮✕下方的下拉按钮，在展开的下拉列表中选择“显示回收确认”选项，即可将所选文件放到“回收站”，如图2-38所示。

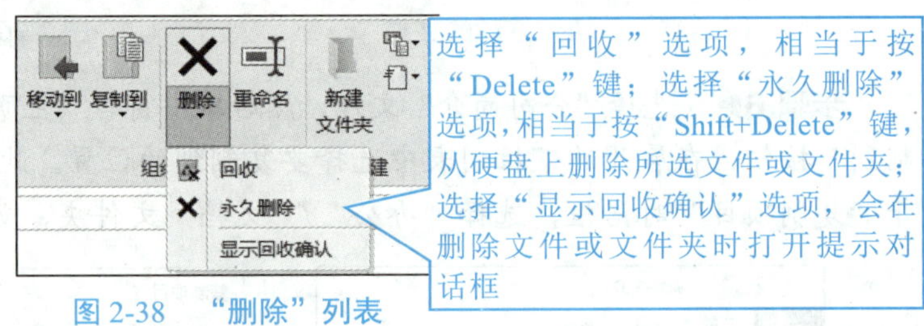

图2-38 “删除”列表

步骤 3▶ 双击桌面上的“回收站”图标，打开“回收站”窗口，在其中可看到删除的文件和文件夹。右击要还原的文件，在弹出的快捷菜单中选择“还原”选项，或单击窗口“管理”选项卡“还原”组中的“还原选定的项目”按钮（见图2-39），即可将所选文件还原到删除前的位置。

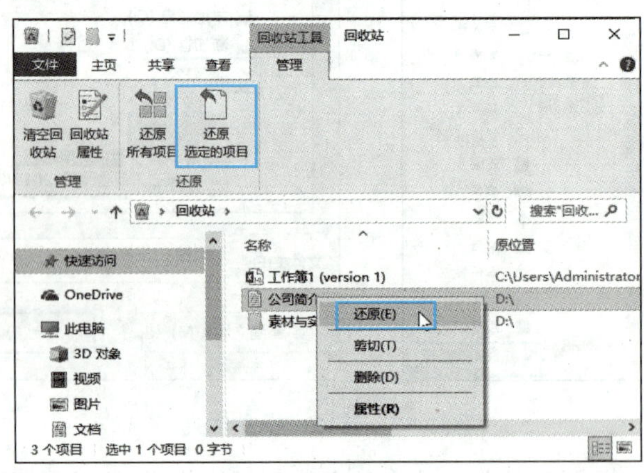

图2-39 还原文件

回收站中的文件仍然会占用磁盘空间，因此，用户应定期检查回收站，如果确认没有需要保留的内容，应及时予以清空。为此，可在回收站窗口单击“管理”选项卡“管理”组中的“清空回收站”按钮。

5. 查找文件或文件夹

使用计算机时常会发生找不到某个文件或文件夹的情况，此时可借助 Windows 10 的搜索功能进行查找。例如，要查找“此电脑”中的“公司简介”文件，可执行以下操作。

步骤 1▶ 打开“此电脑”窗口，在窗口右上角的搜索编辑框中输入要查找的文件名称“公司简介”（如果记不清文件或文件夹全名，可只输入部分名称）。

步骤 2▶ 此时系统自动开始搜索，等待一段时间即可显示搜索的结果，如图 2-40 所示。

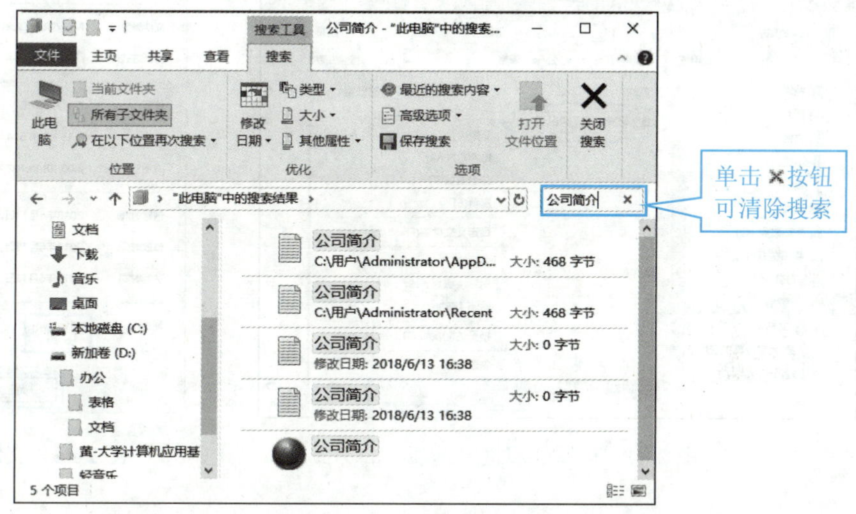

图 2-40 搜索文件

步骤 3▶ 对于搜到的文件或文件夹，用户可对其进行复制、移动或打开等操作。

在查找文件和文件夹时，设置合适的搜索范围很重要，由于现在的硬盘容量都很大，若把所有硬盘都搜索一遍将会耗费很长时间。因此，若能确定文件存放的大致文件夹，可首先在步骤 1 中直接打开该文件夹窗口，然后再进行搜索。

提 示

在输入文件名时可使用通配符。常用的通配符有星号（*）和问号（？）两种。其中，“*”代表一个或多个任意字符，“？”只代表一个字符。例如，*.*表示所有文件和文件夹；*.jpg 表示扩展名为.jpg 的所有文件；?ss.doc 表示扩展名为.doc，文件名为 3 位，且必须是以 ss 为文件名结尾的所有文件。

6. 查看、设置文件和文件夹的属性

属性是每个文件或文件夹所特有的，除了创建时即有的日期、大小、所有者等属性外，用户也可以根据需要为其添加只读、隐藏、共享和安全等属性。例如，要将“研发部员工通讯录”文件的属性设置为只读，可执行以下操作。

步骤 1▶ 在“此电脑”D 磁盘的“办公”/“表格”文件夹选中“研发部员工通讯录”文件并右击，在弹出的快捷菜单中选择“属性”选项，或单击窗口“主页”选项卡“打开”

组中的“属性”按钮☑，如图 2-41 所示。

步骤 2▶ 打开文件属性对话框，在“常规”选项卡查看选中文件的大小、创建时间、文件类型等属性，然后选中“只读”复选框，单击“确定”按钮，如图 2-42 所示。

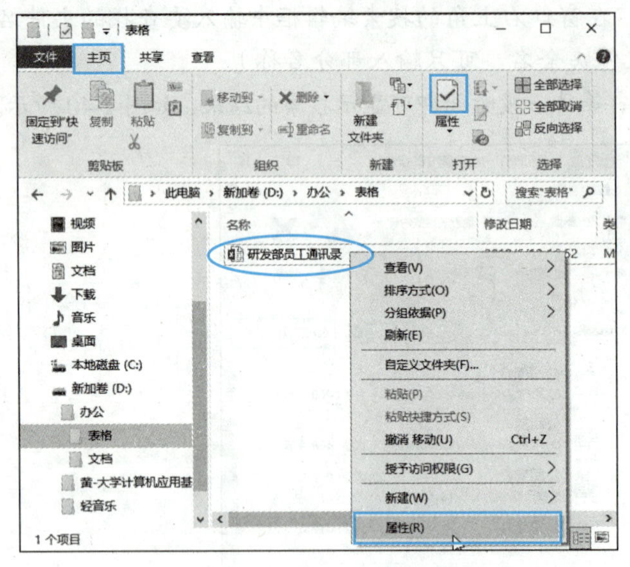

图 2-41 选择“属性”选项

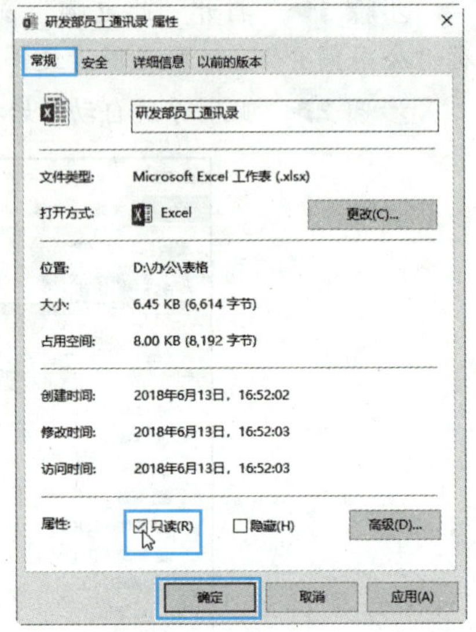

图 2-42 文件属性对话框

提 示

从图 2-42 可看出，文件或文件夹有只读和隐藏两种属性。将文件属性设置为“只读”后（选中“只读”复选框），将不能更改文件内容，但可删除文件；将文件或文件夹属性设置为“隐藏”后，其将不会显示在资源管理器中。

将文件或文件夹隐藏后若要将其重新显示，可在窗口“查看”选项卡的“显示/隐藏”组选中“隐藏的项目”复选框，此时隐藏的文件会显示出来。若单击“隐藏所选项目”按钮，可取消文件或文件夹的隐藏属性，如图 2-43 所示。

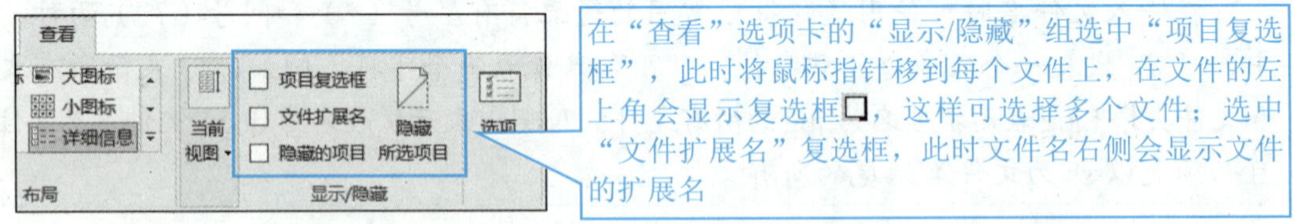

图 2-43 通过设置显示被隐藏的文件和文件夹

7. 创建桌面快捷方式

将常用程序、文件或文件夹的快捷方式发送到桌面上，使用起来相当方便。快捷方式只是一个快速启动图标，它并没有改变文件原有的位置，因此，若删除快捷方式图标，并不会删除原文件。要为程序、文件或文件夹在桌面创建快捷方式，可执行以下操作：

步骤 1▶ 在资源管理器或“此电脑”窗口单击要创建快捷方式的程序名或文件、文件夹名。

步骤 2▶ 右击所选对象，在弹出的快捷菜单中选择“发送到”/“桌面快捷方式”选项，即可在桌面上看到创建的快捷方式，如图 2-44 所示。

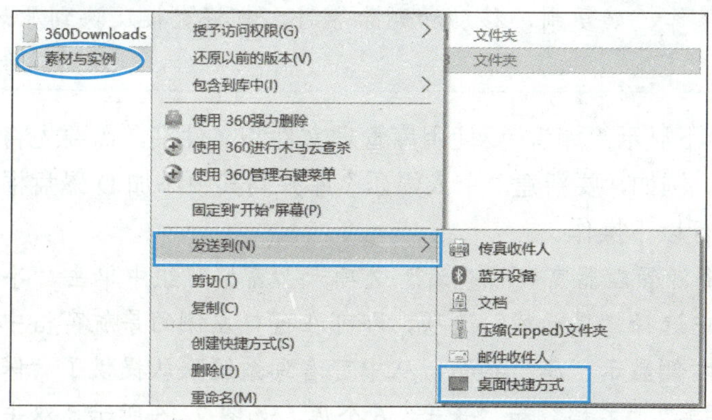

图 2-44　创建快捷方式

步骤 3▶ 使用同样的方法，可将其他程序和文件的快捷方式添加到桌面，方便快速打开它们。

任务二　使用文件资源管理器

1. 启动文件资源管理器

右击“开始”按钮，在打开的快捷菜单中选择“文件资源管理器”选项，或单击任务栏中的“文件资源管理器”图标，均可打开“文件资源管理器”窗口，如图 2-45 所示。从中可看到系统提供的树形文件系统结构，方便查看计算机中的文件和文件夹。

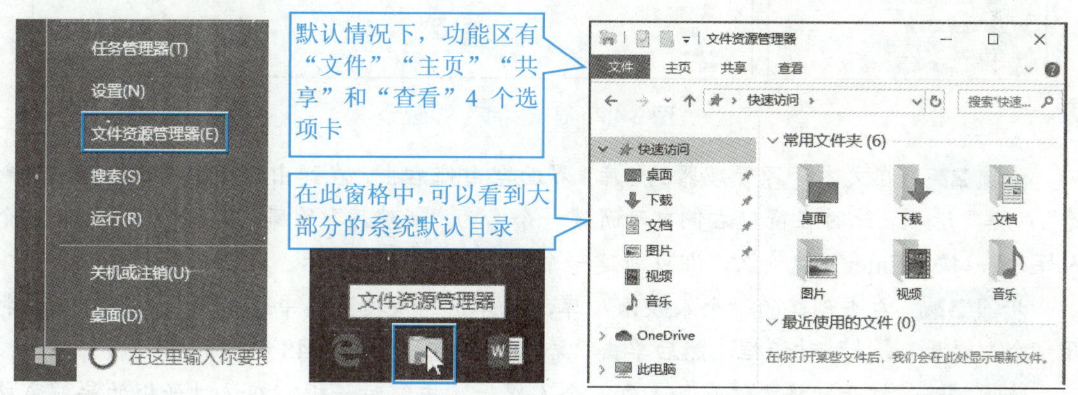

图 2-45　打开“文件资源管理器”窗口

2. 使用库访问文件和文件夹

利用 Windows 10 的库可以对计算机中的文件和文件夹进行集中管理。用户可以新建多个库并将常用的文件夹添加到相应的库中，以方便快速找到和管理这些文件夹中的文件。

提　示

添加到库中的文件夹只是原始文件夹的一个链接，不占任何磁盘空间。当删除某个库时，文件夹并没有被真正删除，在原位置依然存在。当对添加到库中的文件夹或文件夹中的文件进行任何管理操作，如复制、移动和删除等时，都将直接反映到原始位置的文件夹中。

默认情况下，Windows 10 中不显示“库”，要使用库管理文件和文件夹，需要先将其显示，然后再向其中添加文件夹。例如，要新建“个人娱乐”库并向其中添加 D 磁盘根目录下的“轻音乐”文件夹，可执行以下操作。

步骤 1▶ 显示库。在文件资源管理器窗口“查看”选项卡“窗格”组中单击“导航窗格”按钮，在展开的下拉列表中选择“显示库”选项，即可在窗口左侧的导航窗格中显示“库”项目，单击它，在窗口右侧显示“库”界面，从中可看到系统默认提供了“保存的图片”“本机图片”“视频”“图片”“文档”和“音乐”6 个库，如图 2-46 所示。双击某个库，可看到已添加到其中的文件夹或文件。

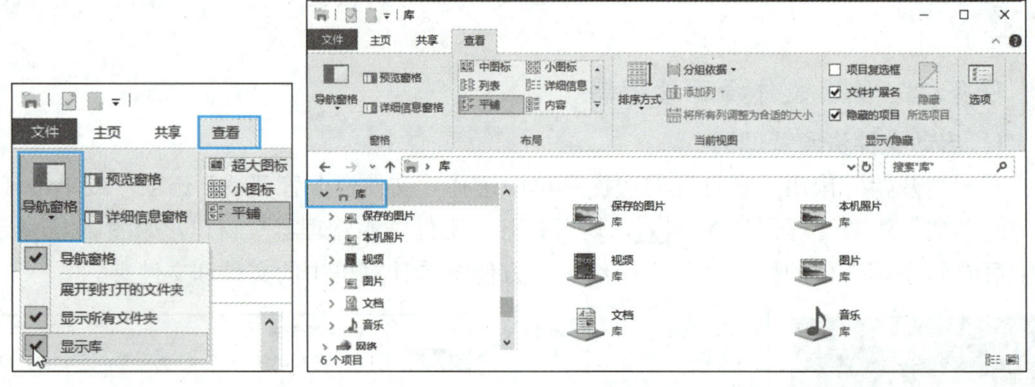

图 2-46　显示“库”界面

步骤 2▶ 在文本资源管理器的“库”界面空白处右击，在弹出的快捷菜单中选择“新建”/“库”选项，此时在窗口右侧自动新建一个名为“新建库”的库，输入新库的名称“个人娱乐”，按“Enter”键确认，即可新建一个库，如图 2-47 所示。

步骤 3▶ 右击创建的“个人娱乐”库，在弹出的快捷菜单中选择“属性”选项，打开“个人娱乐 属性”对话框，然后单击“添加”按钮，如图 2-48 所示。

步骤 4▶ 打开“将文件夹加入到‘个人娱乐’中”对话框，在该对话框的导航窗格中单击 D 磁盘，然后在右侧的窗格中选择“轻音乐”文件夹（见图 2-49），再单击“加入文件夹”按钮返回“个人娱乐 属性”对话框，从中可看到添加的文件夹。

步骤 5▶ 使用同样的方法可将其他文件夹添加到库中。文件夹添加完毕，单击库属性对话框中的“确定”按钮即可。

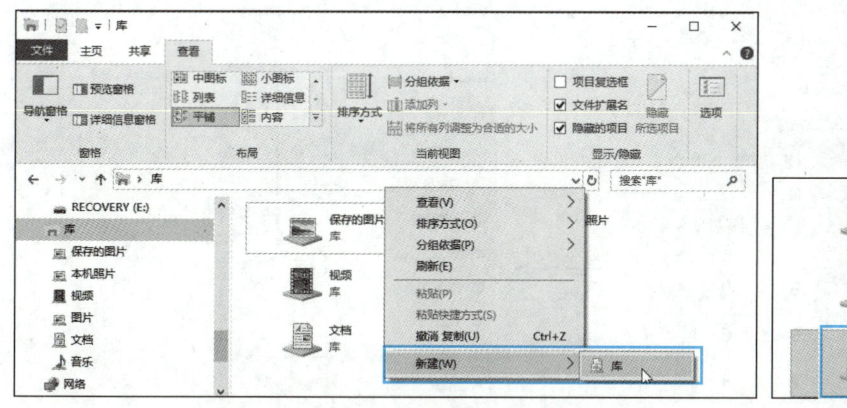

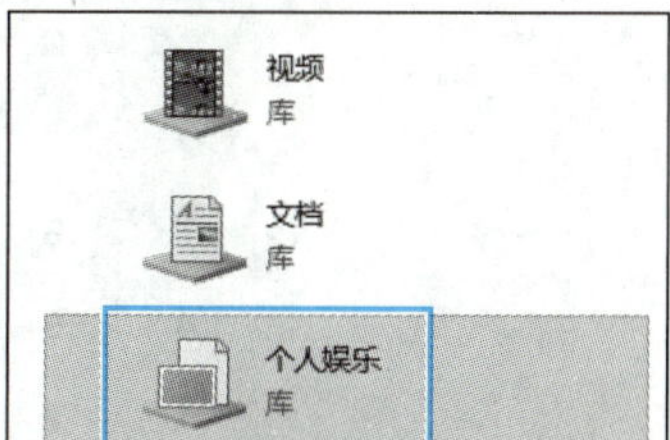

图 2-47　新建库

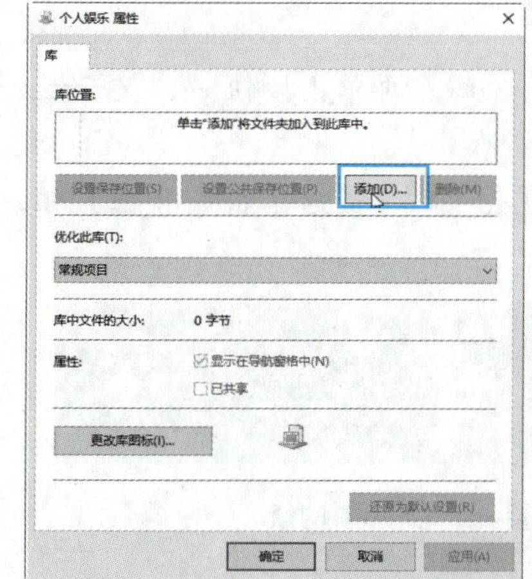

图 2-48　单击“添加”按钮

图 2-49　向新建的库中添加文件夹

任务三　使用附件程序

Windows 10 提供了一些实用的小程序，如计算器、记事本、画图和写字板等，这些程序被统称为附件，用户可使用它们完成相应的工作。

1. 使用计算器

计算器是 Windows 系统自带的一个数学计算工具，与我们日常生活中的小型计算器类似。它分为“标准”“科学”“程序员”和“日期计算”等模式，用户可以根据需要选择特定的模式进行计算。

此处以利用科学型计算模式计算 $6.4\times10^2+3/4$ 的值为例，介绍计算器的使用方法。

步骤 1▶ 打开“开始”菜单，选择“计算器”选项，启动 Windows 10 的计算器。在“计算器”窗口单击“打开导航”按钮☰，在展开的下拉列表中选择“科学”选项，将计算器窗口切换到科学型模式，如图 2-50 所示。

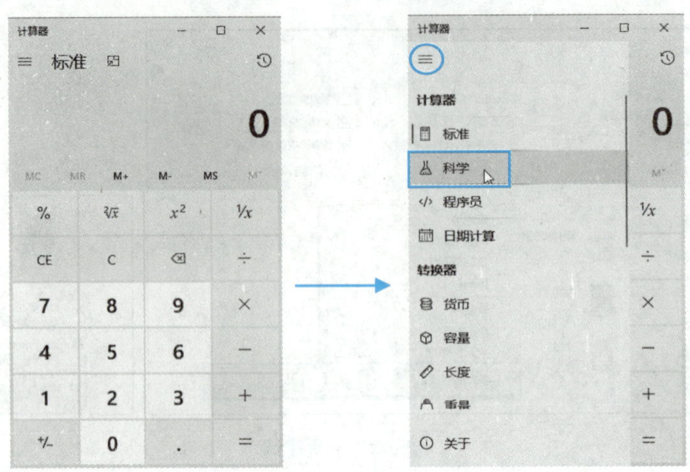

图 2-50　选择“科学”选项

步骤 2▶ 依次单击按钮 6 、 . 、 4 、 × 、 1 、 0 ，再单击按钮 x^2，显示栏如图 2-51 所示。

步骤 3▶ 单击加号 + 按钮后依次单击按钮 3 、 ÷ 、 4 ，最后单击等号 = 按钮，得到计算结果，如图 2-52 所示。

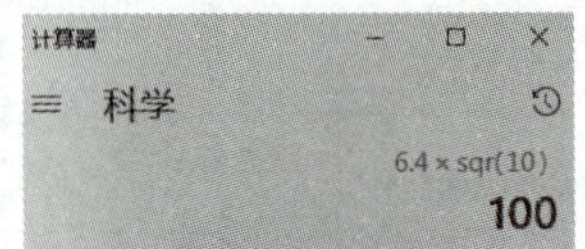

图 2-51　输入乘数部分的值

图 2-52　计算 $6.4 \times 10^2 + 3/4$ 的值

2．使用记事本

记事本是 Windows 系统提供的免费文字处理程序，利用它可以完成一些简单的文字处理工作，如输入文本并设置其格式，或将其他程序中的文本复制到其中，并进行查找、替换操作等。

此处以在记事本程序中输入内容，然后设置其字符格式并保存为例，介绍记事本程序的使用方法。

步骤 1▶ 选择“开始”/“Windows 附件”/“记事本”选项，启动 Windows 10 的记事本程序。

步骤 2▶ 在记事本中空白处单击鼠标，然后在中文输入状态下输入文本内容，在需要换行的位置按“Enter”键，效果如图 2-53 所示。

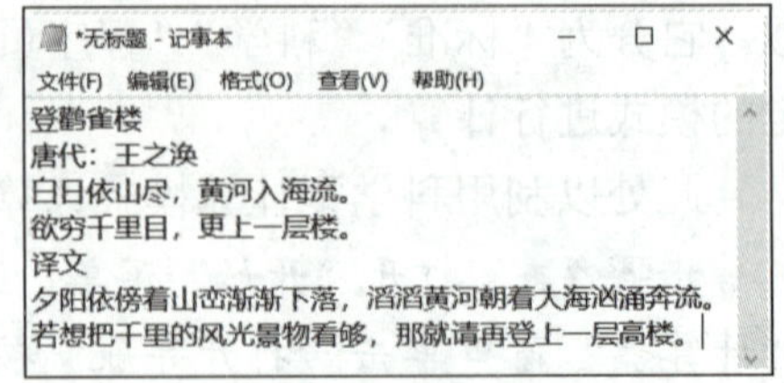

图 2-53　在记事本中输入内容

步骤 3▶ 插入日期。在文本的最后按“Enter”键插入一空行，然后在“编辑”下拉列表中选择“时间/日期”选项，即可在新行中插入时间和日期，如图 2-54 所示。

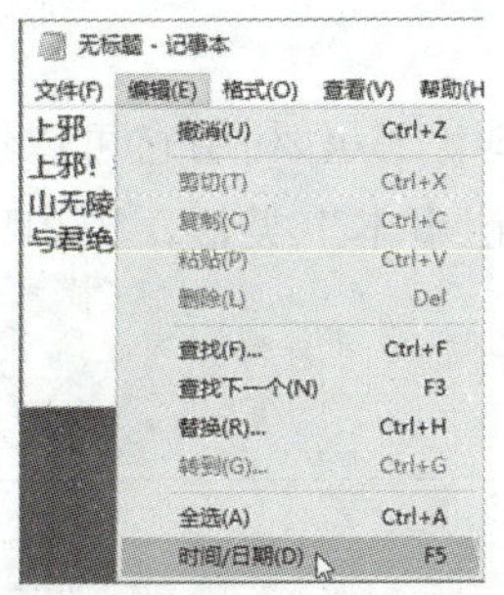

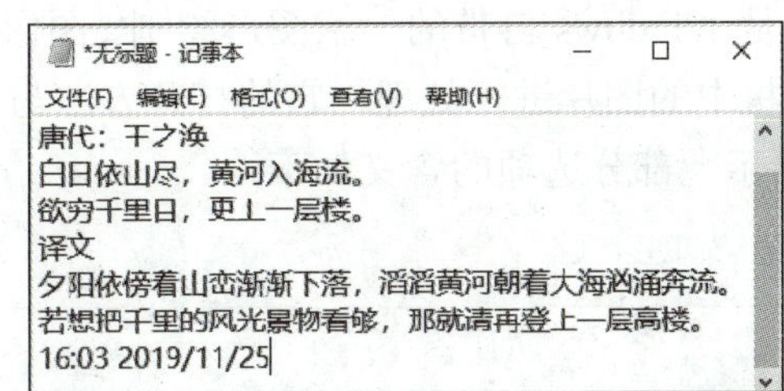

图 2-54　插入时间和日期

步骤 4▶　单击“格式”按钮，在展开的下拉列表中选择“字体”选项，打开“字体”对话框，设置文本的字形为倾斜，字号为四号，然后单击“确定”按钮，即可看到效果，如图 2-55 所示。

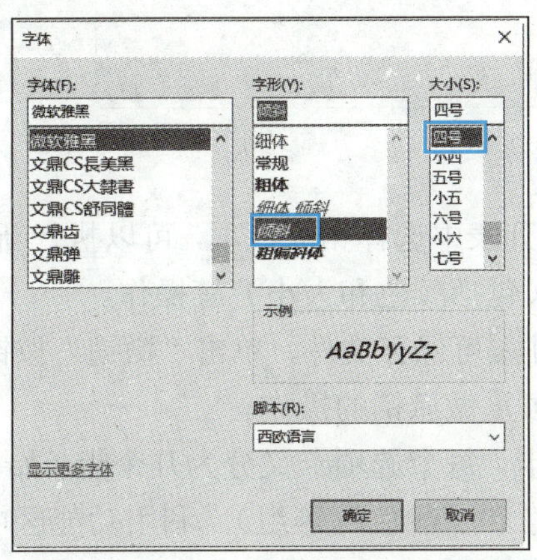

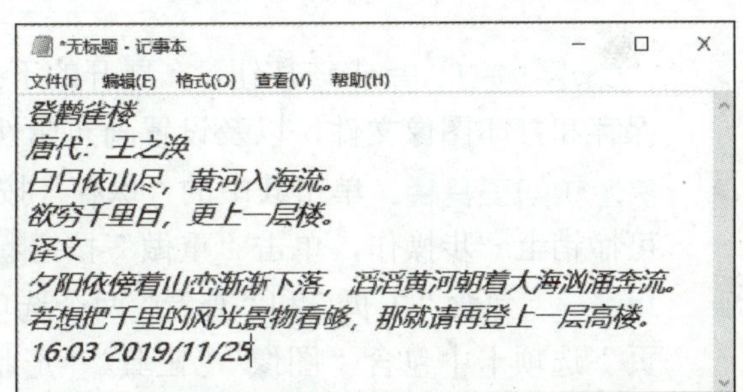

图 2-55　设置文本的字符格式

步骤 5▶　单击“文件”按钮，在展开的下拉列表中选择“保存”选项，打开“另存为”对话框，在对话框左侧选择文件的保存位置“库”/“文档”文件夹，在“文件名”编辑框输入文件名“登鹳雀楼”，然后单击“保存”按钮即可，如图 2-56 所示。

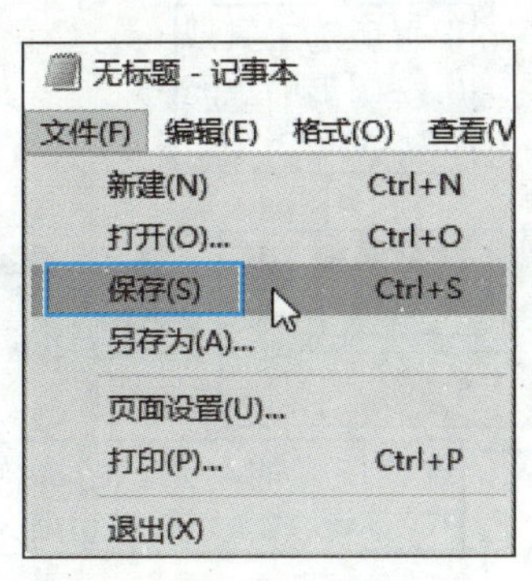

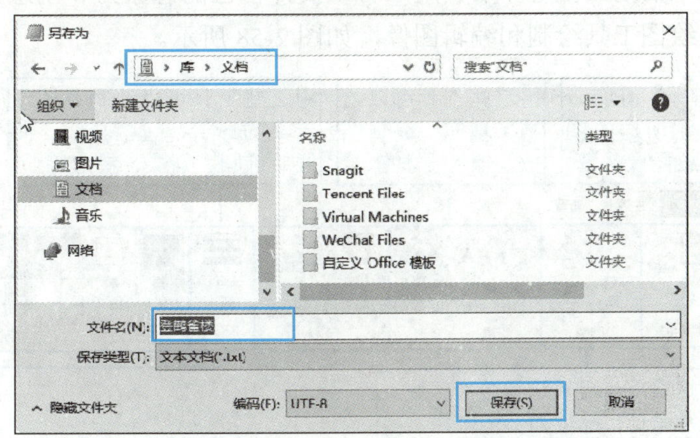

图 2-56　保存文档

3. 使用画图程序

画图程序是 Windows 自带的一款图形绘制、图像编辑工具，利用它可以绘制简单的图像，或对计算机中的图片进行处理，它的打开方法与“记事本”类似，窗口中的各组成元素如图 2-57 所示。部分选项的含义如下：

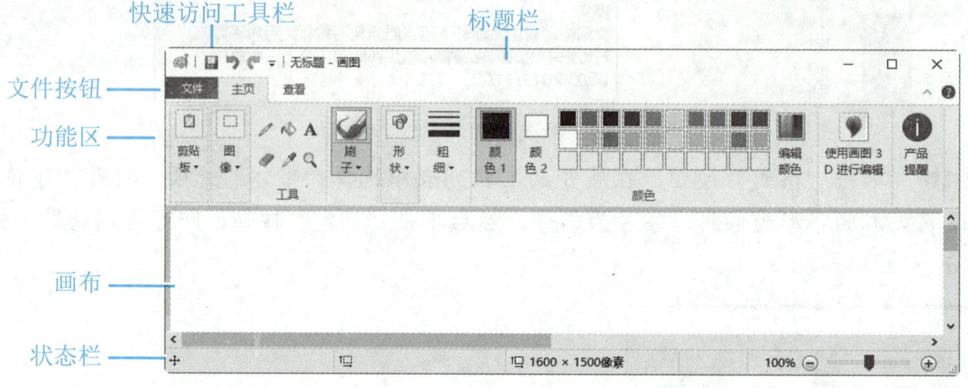

图 2-57 “画图”程序

- **“文件”按钮：**单击该按钮，在展开的下拉列表中选择相应选项，可以执行新建、保存和打印图像文件，以及设置画布属性（包括颜色和大小）等操作。
- **快速访问工具栏：**单击其中的“保存”按钮可保存文件，单击“撤销”按钮可撤销上一步操作，单击“重做”按钮可重做撤销的操作。
- **功能区：**包含“主页”和“查看”两个选项卡，每个选项卡又分为几个组（如“主页”选项卡中包含“图像”“工具”“形状”和“颜色”等组）。利用功能区中的按钮可以完成画图程序的大部分操作。
- **画布：**相当于真实绘画时的画布，用户可以拖动画布的边角来调整画布的大小。
- **状态栏：**用来显示画图程序的当前工作状态。此外，拖动其右侧的滑块可调整画布的显示比例。

启动画图程序后，用户可以发挥自己的想象力和创意，使用“主页”选项卡中提供的各绘图工具绘制和编辑图像，如图 2-58 所示。

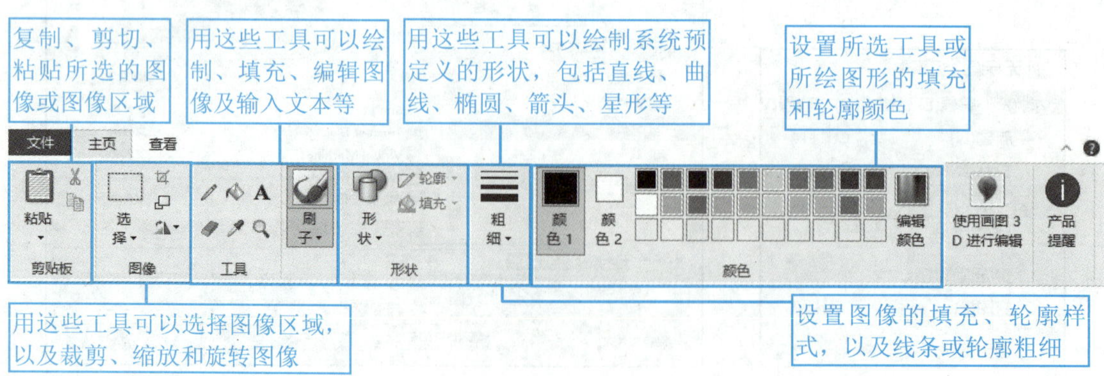

图 2-58 画图程序的“主页”选项卡

此处以利用画图程序绘制一栋小房子并输入文本为例，介绍画图程序的使用方法。

步骤 1▶ 启动画图程序，单击“文件”按钮，在展开的下拉列表中选择“属性”选项，打开“映像属性”对话框，设置画布颜色为彩色，宽度和高度分别为 800 像素和 600 像素，最后单击“确定”按钮，如图 2-59 所示。

步骤 2▶ 在“颜色”组中单击“颜色 1”，然后单击颜色列表中的“红色”颜色块，设置好前景色（铅笔、刷子工具和形状的轮廓将使用该颜色）；在“颜色 2”可以设置背景色（该颜色与橡皮擦工具配合使用，用于形状的填充），如图 2-60 所示。

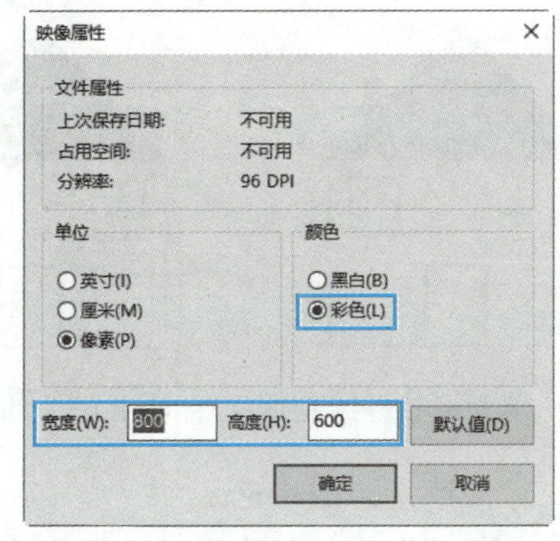

图 2-59　设置画布的属性

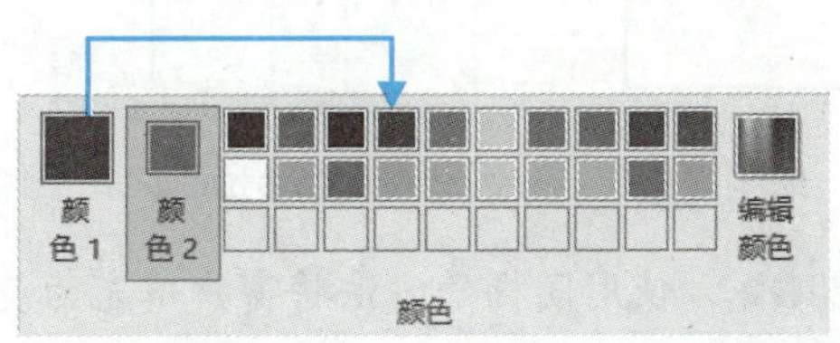

图 2-60　设置前景色和背景色

步骤 3▶ 在“形状”组的形状列表中选择“矩形”，在“轮廓”下拉列表中选择一种轮廓样式，如“蜡笔”，在“粗细”下拉列表中选择轮廓的粗细，如“8px”，如图 2-61 所示。

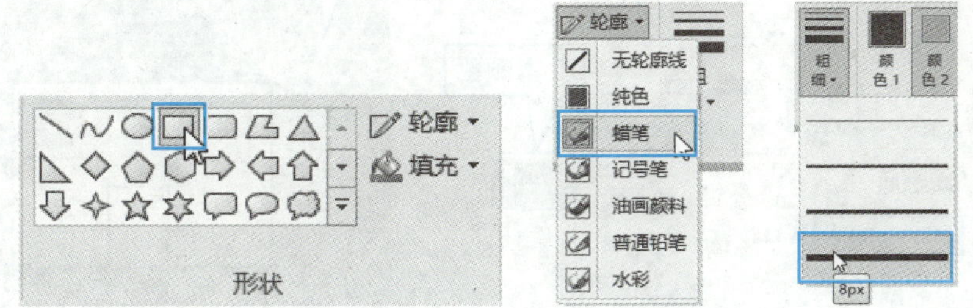

图 2-61　选择形状并设置其轮廓和粗细

步骤 4▶ 在画布的适当位置按住鼠标左键不放并拖动，释放鼠标左键绘制出所选形状，如图 2-62 所示。

提　示

> 选择某些形状工具后，若在拖动鼠标的同时按住“Shift”键，可绘制规则图形，如绘制正圆、正方形、正星形，或水平、垂直直线等。

步骤 5▶ 继续使用矩形工具在大矩形的上部绘制两个小矩形作为窗户，在大矩形的下部绘制一个矩形作为门。

步骤 6▶ 在“形状”组的形状列表中选择“三角形”，在大矩形的上方绘制一个三角形作为房顶，并使三角形的底边与矩形的上边线重合，此时的画布效果如图 2-63 所示。

步骤 7▶ 设置“颜色 1”为褐色，选择“形状”组中的填充工具，然后在三角形上单击，将三角形填充为褐色；利用矩形工具在三角形的右侧绘制烟囱并将其填充为褐色，效果如图 2-64 所示。

步骤 8▶ 设置“颜色 1”为紫色，然后使用“形状”组中的直线工具在三角形上绘制斜线，如图 2-65 所示。

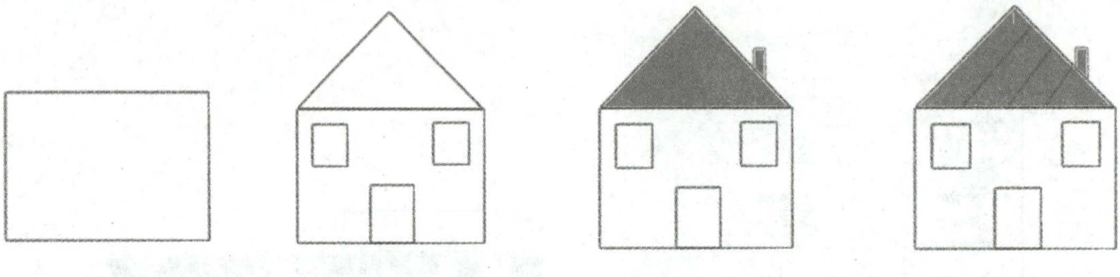

图 2-62 绘制矩形　图 2-63 绘制房顶　图 2-64 填充形状并绘制烟囱　图 2-65 绘制斜线

步骤 9▶ 使用同样的方法将窗户填充为黄色，背景填充为酸橙色。

步骤 10▶ 选择“工具”组中的“文本”工具 **A**，在画布中单击，设置文本的字号为 20，字形为加粗、倾斜，文本颜色为红色，输入文本“我的小家”，效果如图 2-66 所示。

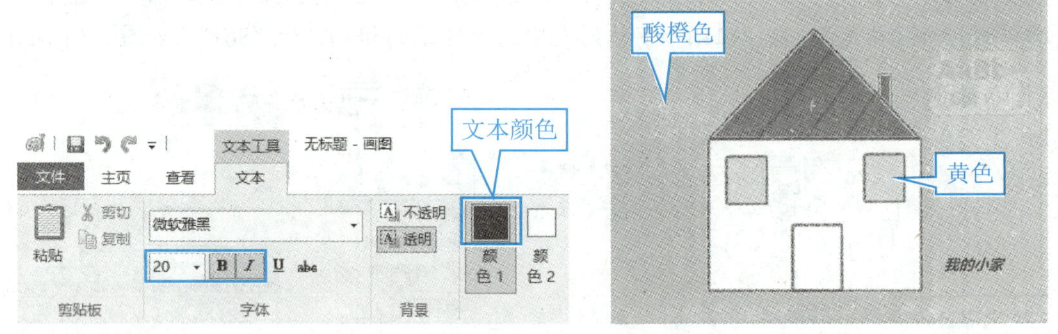

图 2-66 输入文本

步骤 11▶ 在“文件”下拉列表中选择“保存”选项，在打开的对话框中选择图形的保存位置，输入图形名称，单击“保存”按钮，将绘制的图形进行保存。

任务四 管理程序和硬件资源

1. 安装与卸载应用程序

应用程序必须安装（而不是复制）到 Windows 10 中才能使用。一般软件都配置了自动安装程序，将安装光盘放入光驱，系统会自动运行它的安装程序，根据提示进行操作即可。如果软件安装程序没有自动运行，则需要在存放软件的文件夹中找到 Setup.exe 或 Install.exe（也可能是软件名称）等安装程序图标，双击它便可进行安装操作。此处以在

Windows 10 安装 64 位的办公软件 Office 2016 为例，介绍安装应用程序的方法。

步骤 1▶ 将 Office 2016 的安装光盘放入光驱，Office 安装程序会自动运行。若 Office 2016 的安装文件存储在硬盘中，可找到并双击要安装的 64 位版本的 Setup.exe 文件，运行 Office 2016 的安装程序，如图 2-67 所示。

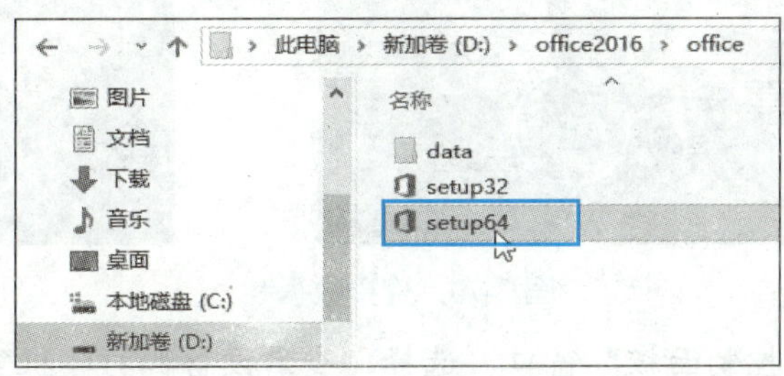

图 2-67 双击安装程序

步骤 2▶ 开始安装 64 位的 Office 2016，无须用户进行任何操作，系统会自动将程序安装到计算机中。

在计算机中安装过多的应用程序不仅占据大量硬盘空间，还会影响系统的运行速度，所以对于不使用的应用程序，应该将其卸载。此处以将安装的轻快 PDF 阅读器卸载为例，介绍卸载应用程序的方法。

步骤 1▶ 打开按“类别”方式显示的“控制面板”窗口，选择“程序”类别下的“卸载程序”选项，如图 2-68 所示。

步骤 2▶ 打开控制面板的“程序和功能”界面，在程序列表中单击选择要卸载的应用程序“轻快 PDF 阅读器”，单击列表上方的“卸载/更改”按钮，如图 2-69 所示。

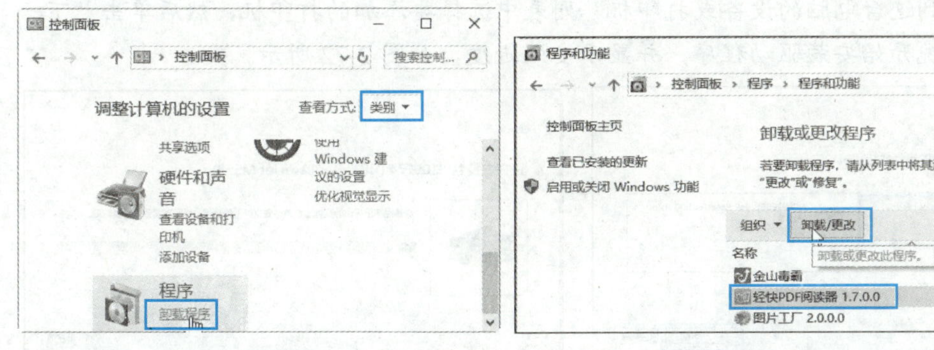

图 2-68 选择“卸载程序”选项　　图 2-69 单击“卸载/更改”按钮

步骤 3▶ 弹出提示对话框，单击“是”按钮，开始卸载程序。卸载完毕，在打开的对话框中单击“确定”按钮即可。

2. 安装打印机驱动程序

安装打印机驱动程序前应先将设备与计算机主机连接，然后再进行驱动程序的安装。当安装其他外部计算机设备时也可参考安装打印机驱动程序的方法进行。此处以连接惠普 M553 打印机并安装该打印机的驱动程序为例，介绍安装打印机驱动程序的方法。

步骤 1▶ 将打印机数据线的 USB 接口（不同的打印机有不同的类型的接口，可参见打印机使用说明书）插入到主机箱的 USB 插口中，另一端与打印机接口相连（见图 2-70），然后接通打印机的电源。

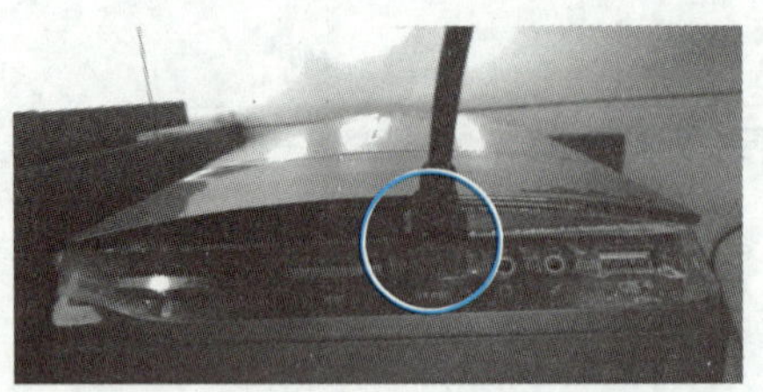

图 2-70 连接数据线

步骤 2▶ 打开"控制面板"窗口，选择"查看设备和打印机"选项，打开"设备和打印机"窗口，如图 2-71 所示。

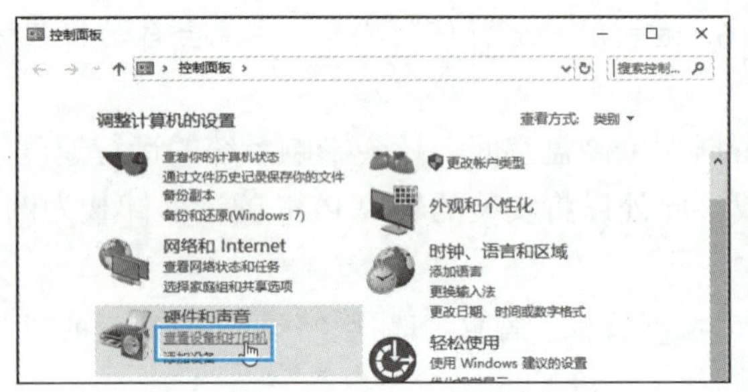

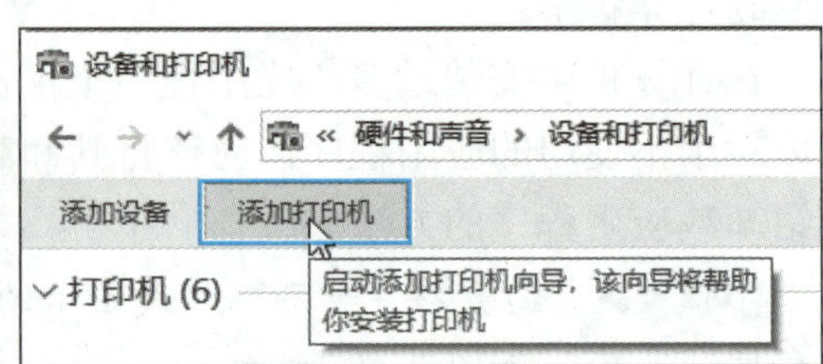

图 2-71 打开"设备和打印机"窗口

步骤 3▶ 单击"添加打印机"按钮，系统自动识别连接到这台计算机的打印机，在"选择要添加到这台电脑的设备或打印机"列表中选择要添加的打印机，然后单击"下一步"按钮，系统开始安装驱动程序，并显示安装进度，如图 2-72 所示。

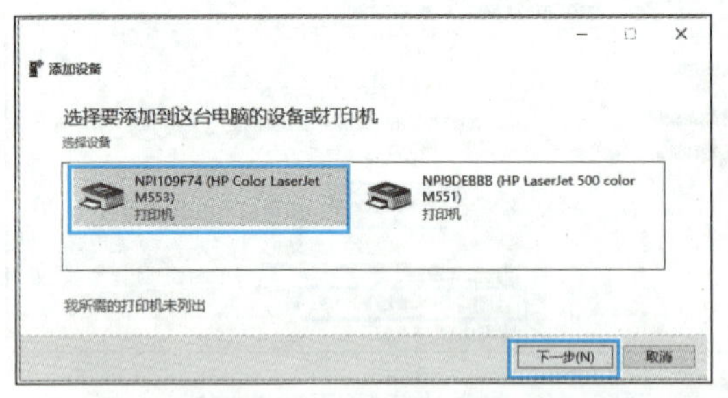

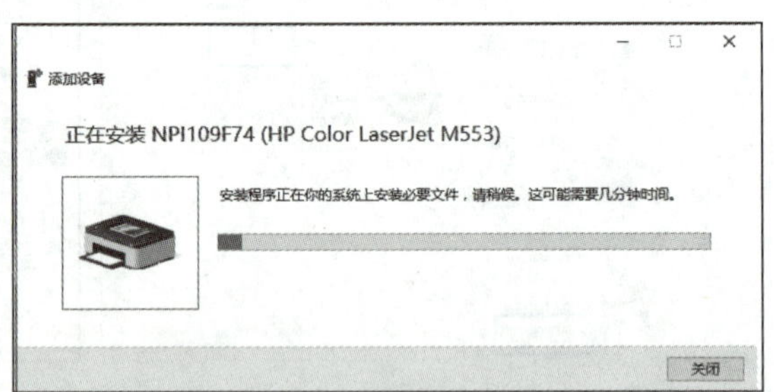

图 2-72 选择要安装驱动程序的打印机并开始安装

步骤 4▶ 安装完毕，进入如图 2-73 所示的界面。单击"打印测试页"按钮，可测试打印机驱动程序安装是否完好。单击"完成"按钮，完成打印机驱动程序的安装。

步骤 5▶ 此时，在"控制面板"的"设备和打印机"窗口可看到添加的打印机，如图 2-74 所示。

步骤 6▶ 右击打印机，在弹出的快捷菜单中可将该打印机设置为默认的打印机。

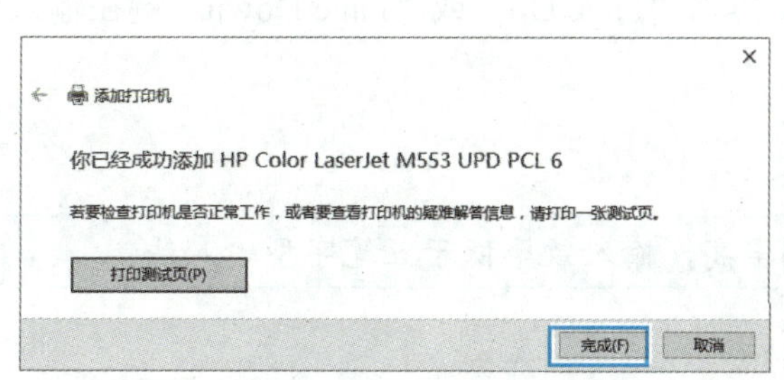

图 2-73　驱动程序安装完毕窗口

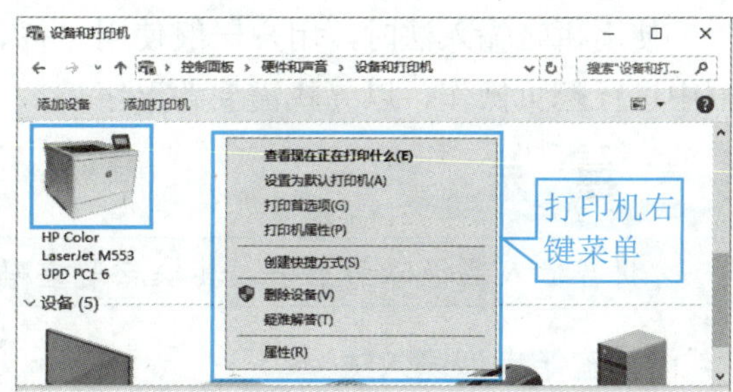

图 2-74　显示安装的打印机

项目四　掌握汉字输入法

【情景描述】

小谭准备使用计算机中的记事本程序制作一个备忘录，用于记录最近一周要做的工作，以便随时进行查看。在制作前，他需要对计算机中的输入法进行相关的管理和设置，并且将要用到的字体添加到 Windows 10 的字体库，再将用不到的字体删除，并且他还尝试使用 Windows 10 的语音功能来输入文本。下面，我们和小谭一起完成这些任务。

【项目要求】

- 了解汉字输入法的类型。
- 认识输入法的状态条。
- 掌握输入法的相关设置操作。
- 掌握利用语音识别功能输入文本的方法。

【相关知识】

一、汉字输入法的分类

输入法是指利用键盘，根据一定的编码规则来输入汉字的一种方法。常用的汉字输入法主要有两类，一是拼音输入法，二是五笔字型输入法。

1. 拼音输入法

拼音输入法是以汉语拼音为基础的输入法，用户只要会汉语拼音，就可以通过输入拼音来输入汉字。常见的拼音输入法主要有微软拼音输入法、搜狗拼音输入法和紫光拼音输入法等。每种输入法又可以分为如下几种输入方式：

（1）全拼输入：全拼输入需输入汉字的全部拼音字母。

（2）简拼输入：只需输入汉字的全拼中的第一个字母即可。

使用拼音输入法时，用户一般使用“+”、“-”、“Page Up”或“Page Down”键在输入框中进行翻页操作，以寻找需要的汉字。

拼音输入法很容易上手，其缺点是重码率高，输入效率低于五笔字型输入法。

2. 五笔字型输入法

五笔字型输入法是一种根据汉字的结构进行编码输入的方法。它将汉字拆分成一些基本字根，每个字根都与键盘上的某字母键相对应，找到字根所在位置，按下相应按键，即可输入汉字。

五笔字型输入法的优点是重码率低，熟练后可快速输入汉字；缺点是五笔是形码，想要使用它，必须先学习它的输入规则，所以没有拼音输入法容易上手。

五笔字型输入法特别适合记者、编辑及录排人员等使用。常见的智能五笔输入法、万能五笔输入法和极品五笔输入法等，它们都是在王码86版五笔字型输入法的基础上研发的。

在今天，用键盘敲出汉字是一件非常简单的事，但在计算机刚传入国内的时候，如何在计算机中输入汉字是个大难题。如果无法解决该难题，我们必然会被隔绝在信息时代之外。

20世纪70年代末，有一个人站了出来，这个人就是王永民。他用5年时间研究并发明了“五笔字型”（王码），提出了“形码设计三原理”，首创了“汉字字根周期表”，发明了25键4码高效汉字输入法和字词兼容技术，在世界上首破汉字输入电脑每分钟100字大关并获中、美、英三国专利，有效解决了我国进入信息时代的汉字输入难题。

1998年，王永民又发明了“98规范王码”，是符合国家语言文字规范并较早通过鉴定的汉字输入法，推动了计算机在中国的普及。他的发明技术获得中、美、英等国专利40余项。

二、输入法的切换

要切换输入法，可按组合键“Ctrl+Shift”，进行输入法之间的逐一切换，直到切换到所需输入法为止。

按组合键“Ctrl+空格”，可实现英文输入和中文输入法的切换。

三、输入法状态条

使用汉字输入法输入汉字时，用户可以利用显示的输入法状态条进行中英文输入法切换，半角与全角输入方式切换，以及输入特殊符号等。虽然各种输入法的使用方法不尽相同，但其输入法提示条的功能都类似。下面以搜狗拼音输入法为例进行介绍。

选择搜狗拼音输入法后将显示如图 2-75 所示的输入法状态条。

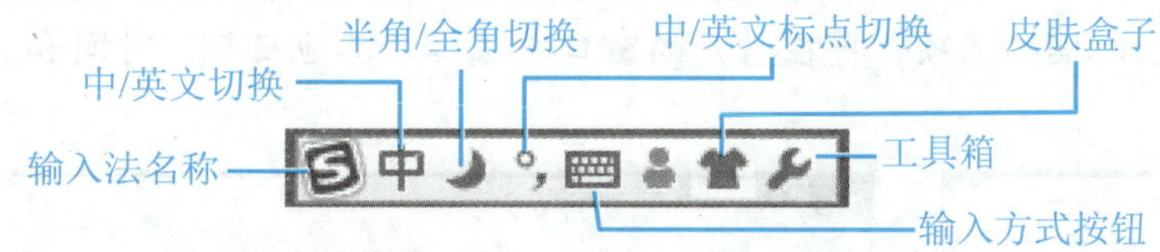

图 2-75 输入法提示条上各按钮的作用

- “输入法名称”按钮：单击该按钮将展开一个列表，从中可自定义输入法状态条。若将鼠标指针移到输入法名称上后单击并拖动，可移动输入法状态条的位置。
- “中/英文”切换按钮中：单击此按钮可切换中英文输入。此外，还可以按“Shift”键切换中英文输入。
- “全/半角”切换按钮：默认情况下，输入的英文字母或数字均为半角，即一个字符占一个字节的位置，与半个汉字相同。利用输入法状态条，可方便地进行半角和全角的切换。方法是：单击输入法状态条中的按钮，将按钮将变为形状，表示切换至全角状态。此时输入的英文字母或数字占两个字节的位置，与汉字相同，如图 2-76 所示。

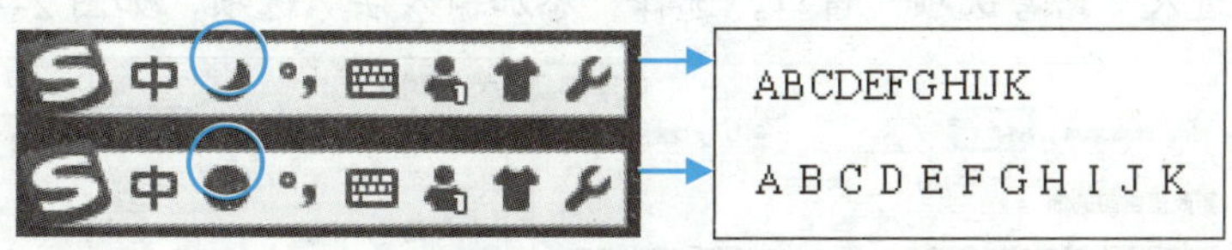

图 2-76 半/全角的切换

- “中/英文标点”切换按钮°，：通常情况下，若用户创建的是中文文档，可使用中文标点°，，即每个标点符号均占用一个字宽；若用户创建的是纯英文文档或文档中包含了英文段落，则可单击此按钮切换至英文标点·，。除单击此按钮外，还可按“Ctrl+.”组合键来切换中英文标点。
- “输入方式”按钮：单击此按钮，可在展开的下拉列表中选择自己喜欢的输入方式，如语音输入、手写输入、输入特殊符号和利用软键盘输入。
- “皮肤盒子”按钮：单击该按钮，可从展开的下拉列表中选择输入法的外观形状。
- “工具箱”按钮：单击此按钮会打开一个功能列表。

【项目实施】

任务一 安装与设置输入法

Windows 10 中自带了几种汉字输入法，但有的输入法并没有添加到输入法列表中，若想要使用这些输入法，需要先将其添加到输入法列表中。另外，对于不常用的输入法，可将其从输入法列表中删除，还可以将经常用的输入法设置为默认输入法。

此处以添加系统内置的“微软拼音”输入法并将其设置为默认输入法，再将“微软五笔”输入法删除为例，介绍安装与设置输入法的方法。

步骤 1▶ 在“开始”菜单列表中选择“设置”选项，打开“设置”窗口，选择窗口左侧的“日期和时间”选项，再在打开的窗口中选择“其他日期、时间和区域设置”选项，如图 2-77 所示。

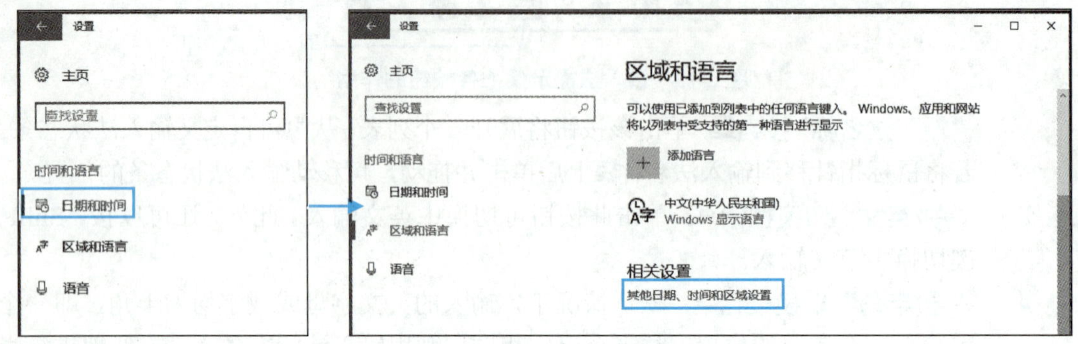

图 2-77 “设置”窗口

步骤 2▶ 进入“时钟、语言和区域”窗口，选择“语言”选项，进入“语言”窗口，选择“选项”，如图 2-78 所示。

步骤 3▶ 进入“语言选项”窗口，选择“添加输入法”选项，如图 2-79 所示。

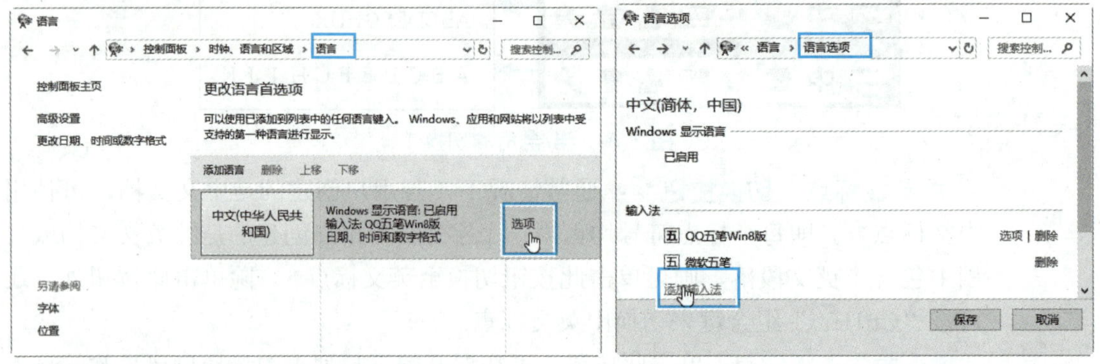

图 2-78 选择“选项”选项　　图 2-79 选择“添加输入法”选项

步骤 4▶ 进入“输入法”窗口，在“添加输入法”列表中选择要添加的输入法“微软拼音”，然后单击“添加”按钮，返回到“语言选项”窗口，可看到添加的输入法，如图 2-80 所示。

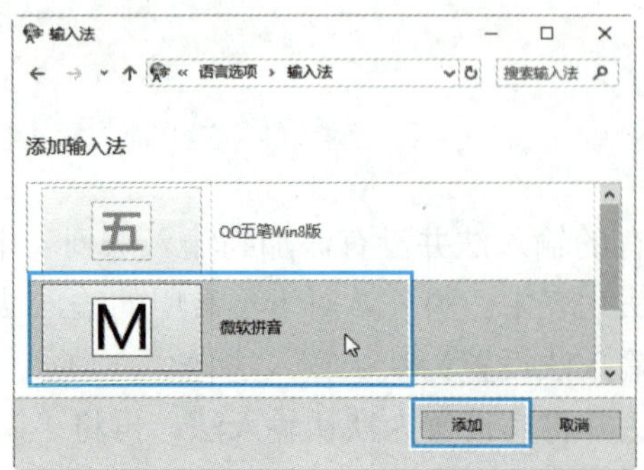

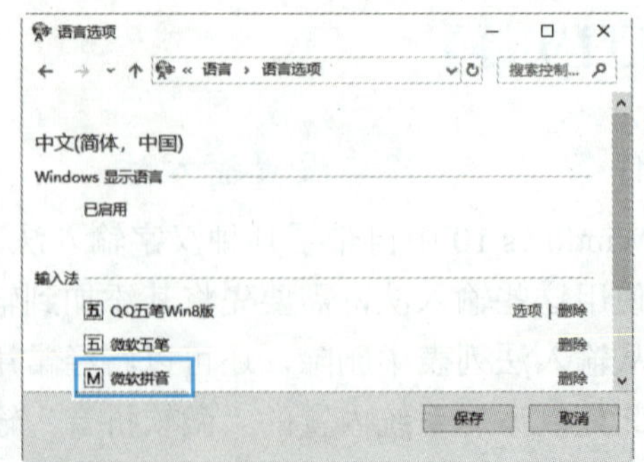

图 2-80 添加输入法

步骤 5▶ 在“语言选项”窗口的“输入法”列表中单击要删除的输入法“微软五笔”右侧的“删除”按钮，即可将该输入法删除。单击“保存”按钮，保存当前设置。

步骤 6▶ 单击“上移”按钮 ↑ 返回到上一窗口，选择窗口左侧的“高级设置”选项，进入“高级设置”窗口，在“替代默认输入法”下拉列表中选择“微软拼音”选项（见图 2-81），单击“保存”按钮，即可将所选输入法设置为默认输入法。

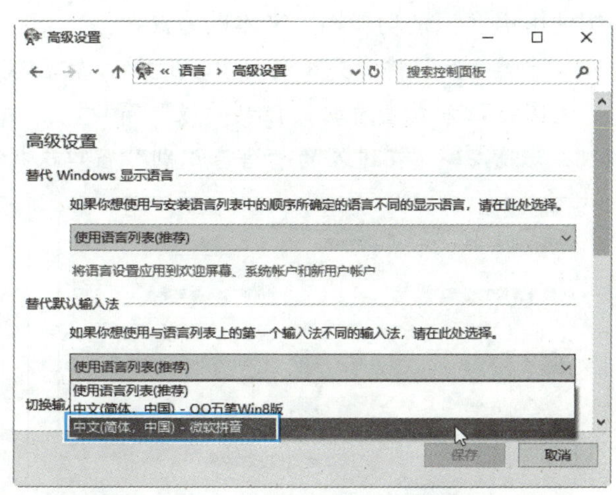

图 2-81　设置默认输入法

步骤 7▶ 单击状态栏中的输入法按钮，此时在展开的输入法列表中可看到新添加的输入法。

任务二　添加与删除字体

Windows 10 系统自带了一些字体，其安装在系统盘（一般为 C 磁盘）下的 Windows 文件夹下的 Fonts 子文件夹中。用户可根据需要安装和卸载字体文件。

此处以将外部的“汉真广标艺术字体”安装到 Windows 10 系统，并将不需的“MV Boli 常规”字体删除为例，介绍添加与删除字体的方法。

步骤 1▶ 找到要添加的字体“素材与实例”/“模块二”/“项目四”/“汉真广标艺术字体”，右击，在弹出的快捷菜单中选择“安装”选项，如图 2-82 所示。

步骤 2▶ 打开“正在安装字体”对话框。安装完毕，自动关闭该对话框。

步骤 3▶ 打开“此电脑”窗口，在 C 磁盘的“Windows”/“Fonts”文件夹中可看到安装的字体。

步骤 4▶ 要删除不需要的字体，可在“Fonts”文件夹中右击该字体，在弹出的快捷菜单中选择“删除”选项，如图 2-83 所示。

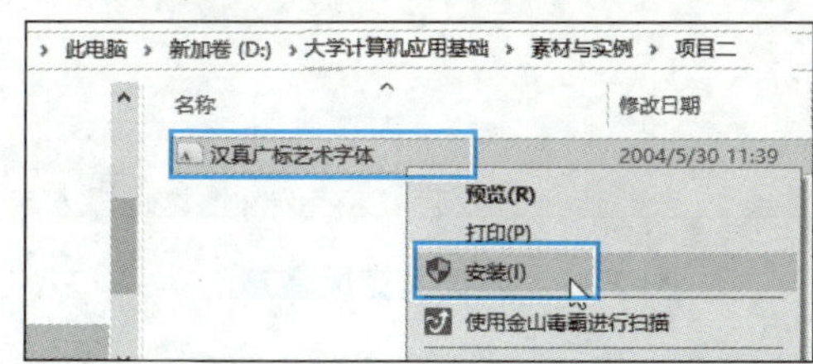

图 2-82　安装字体

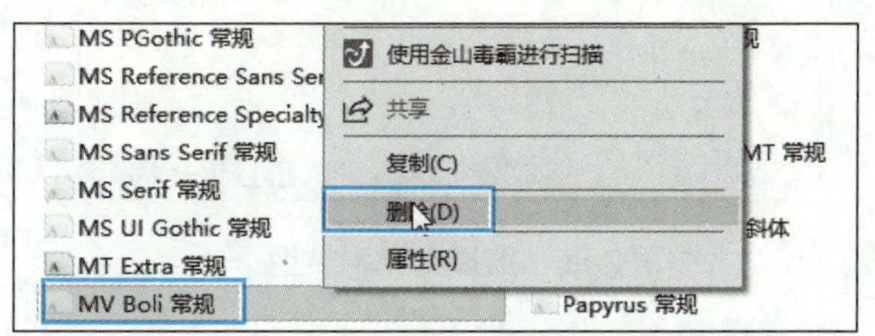

图 2-83　删除字体

任务三　使用语音识别功能输入文本

如果用户的计算机中配置了麦克风，那么可以使用 Windows 10 的语音识别功能将文本输入到文字处理程序中。此处首先对麦克风进行设置，然后使用它输入文本为例，介绍使用语音识别功能输入文本的方法。

步骤 1▶ 将麦克风与计算机连接，然后双击桌面上的“控制面板”图标，打开以“大图标”方式查看的“控制面板”窗口，然后选择“语音识别”选项，如图 2-84 所示。

步骤 2▶ 在进入的“语音识别”窗口选择“启动语音识别”选项，如图 2-85 所示。

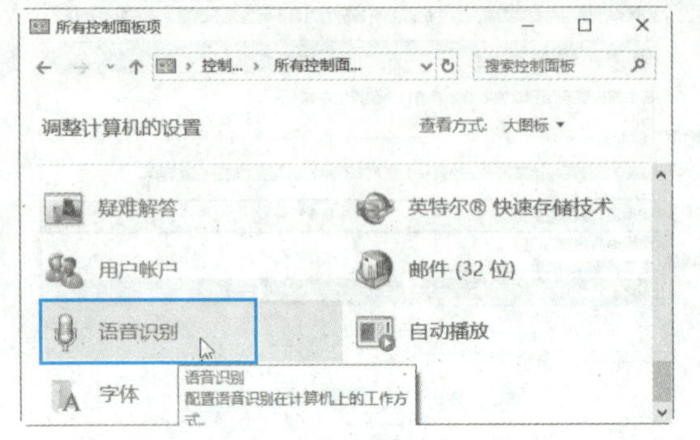

图 2-84　选择“语音识别”选项

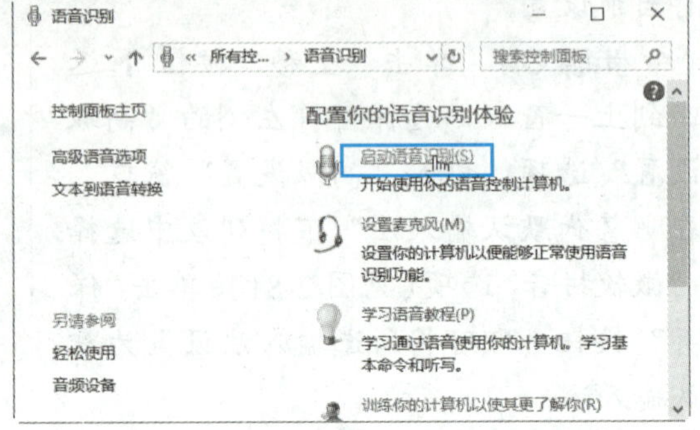

图 2-85　选择“启动语音识别”选项

步骤 3▶ 进入“欢迎使用语音识别”界面，单击“下一步”按钮，进入选择麦克风界面，根据实际情况进行选择，如选中“头戴式麦克风”单选钮，然后单击“下一步”按钮，如图 2-86 所示。

步骤 4▶ 进入“设置麦克风”界面，阅读正确使用麦克风的提示，然后单击“下一步”按钮，进入调整麦克风音量界面，根据要求朗读系统提示的内容，使用普通话有利于提高识别率，如图 2-87 所示。朗读完成后单击“下一步”按钮。

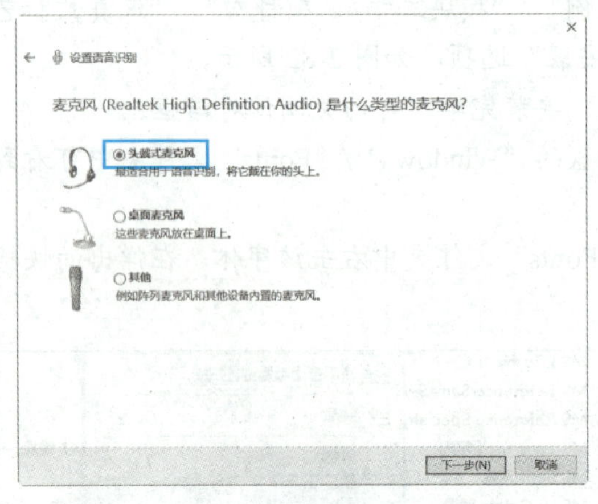

图 2-86　选择麦克风类型

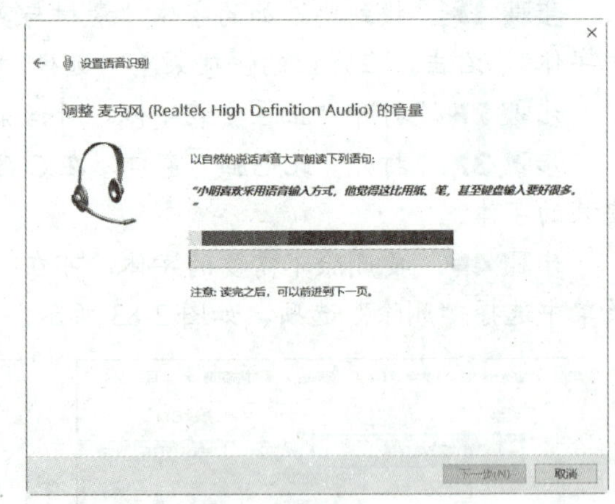

图 2-87　调整麦克风音量

步骤 5▶ 系统提示麦克风准备就绪，单击“下一步”按钮，进入“改进语音识别的精确度”界面，选中“启用文档审阅”单选钮，让计算机搜索当前用户的文档、邮件等，生成语音数据库，这样可以提高针对当前用户语音识别的能力，然后单击“下一步”按钮。

步骤 6▶ 进入“选择激活模式”界面，选择一种激活模式，如“使用手动激活模式”。

单击“下一步”按钮，进入“打印语音参考卡片”界面，可根据需要进行选择，也可直接单击“下一步”按钮，进入“每次启动计算机时运行语音识别”界面，询问是否开机启动运行语音识别，这里取消开机启动设置，如图 2-88 所示。

步骤 7▶ 单击“下一步”按钮，系统提示可以通过语音控制计算机了，并建议用户学习交互式语音识别教程，用户可根据自身的实际情况进行相应选择，这里单击“跳过教程”按钮，如 2-89 所示。

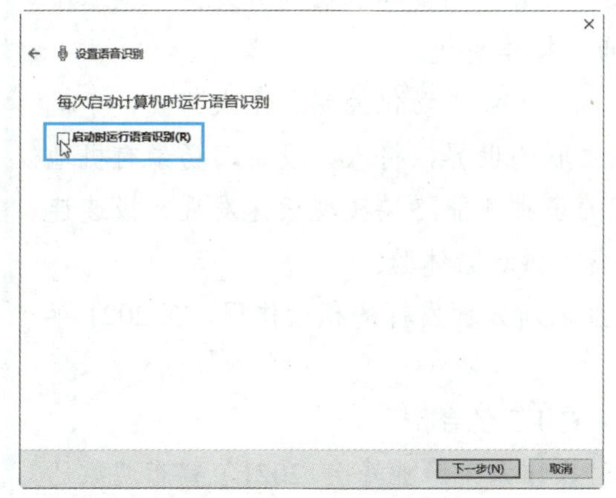

图 2-88 取消开机启动设置

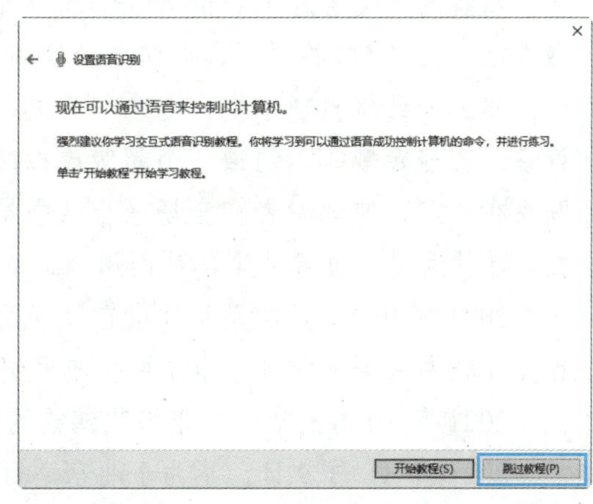

图 2-89 通过语音控制计算机界面

步骤 8▶ 此时会在 Windows 10 桌面上方显示“语音识别”面板，如图 2-90 所示。

步骤 9▶ 设置好麦克风后，就可以利用语音识别功能输入文本了。打开文本输入界面，单击“语音识别”面板中的“话筒”按钮，朗读需要输入的文字，如“爱我中华”，即可看到识别效果，如图 2-91 所示。

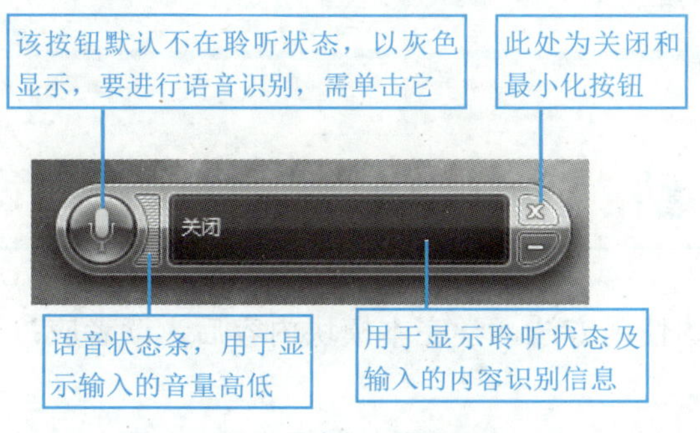

图 2-90 “语音识别”面板

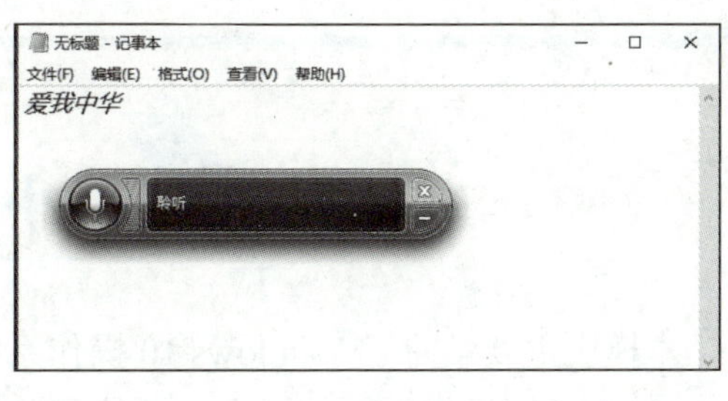

图 2-91 语音识别效果

步骤 10▶ 如果要输入命令，则朗读要输入完成的操作或按钮名称即可，如朗读“打开此电脑”，则系统会根据语音识别打开“此电脑”窗口。

拓展阅读

华为鸿蒙系统

鸿蒙的英文名是 HarmonyOS，意为和谐。鸿蒙系统是华为公司开发的一款基于微内核、面向 5G 物联网、面向全场景的分布式操作系统。

鸿蒙系统将打通手机、电脑、平板、电视、工业自动化控制、无人驾驶、车机设备、智能穿戴等，创造一个超级虚拟终端互联的世界，将人、设备、场景有机地联系在一起，使消费者在全场景生活中接触的多种智能终端实现极速发现、极速连接、硬件互助、资源共享，从而用合适的设备提供场景体验。

2021 年 9 月，鸿蒙系统凭借在互联网产业创新方面发挥的积极作用，在 2021 年世界互联网大会上获得“领先科技成果奖”。

2021 年 10 月，华为宣布搭载鸿蒙的设备破 1.5 亿台。

2021 年 11 月 9 日，华为于北京举行的“操作系统产业峰会 2021”宣布鸿蒙已经实现了内核技术共享，未来将进一步在分布式软总线、安全 OS、设备驱动框架、新编程语言等方面实现共享。通过能力共享，实现生态互通及云边端协同，更好地服务数字化全场景。

鸿蒙系统的宣告问世，在全球引起反响。人们普遍相信，这款中国电信巨头打造的操作系统在技术上是先进的，并且具有逐渐建立起自己生态的成长力。它的诞生将拉开永久性改变操作系统全球格局的序幕。

小　结

本模块主要学习了 Windows 10 操作系统的使用方法，学完本模块内容后，读者应：

（1）了解操作系统的概念、功能和分类。

（2）熟悉 Windows 10 的窗口、对话框和菜单。

（3）掌握定制个性化 Windows 10 工作界面的方法。

（4）掌握管理文件和文件夹的方法。

（5）掌握使用控制面板设置计算机，以及安装和卸载应用程序的方法。

（6）掌握添加/删除输入法，安装/删除字体的方法。

（7）掌握使用语音识别功能输入文本的方法。

课后练习

1. 选择题

（1）要显示窗口中隐藏的内容，需要用到窗口组成中的（　　）。

A. 标题栏　B. 任务窗格　C. 状态栏　D. 滚动条

（2）在 Windows 10 中，“任务栏”的作用之一是（　　）。

A. 显示系统的所有功能　B. 只显示当前活动窗口名

C. 只显示正在后台工作的窗口名　D. 实现窗口之间的切换

（3）选择单个文件或文件夹时，通常使用鼠标的（　　）操作。

A. 单击　B. 双击　C. 右击　D. 拖动

（4）要输入键面上有两种字符的上挡字符，需要按住（　　）键。

A. “Shift”　B. “Ctrl”　C. “Alt”　D. “Tab”

（5）在输入文本的过程中如果要切换到其他输入法，可按（　　）键在中文输入法和英文输入法之间进行切换；按（　　）键可在所安装的输入法之间循环切换。

A. “Ctrl+空格键”　B. “Ctrl+Shift”

C. “Ctrl”　D. “Shift”

（6）使用微软和搜狗拼音输入法输入单个汉字时，可以使用（　　）输入方式，即输入汉字的全部拼音字母；输入词组时可以使用（　　）或（　　）输入方式，所谓（　　）输入方式是指只取每个汉字音节的第一个字母，或取音节中的前两个字母。

A. 简拼　B. 全拼　C. 五笔　D. 区位

（7）查找文件名时可使用通配符，其中，（　　）代表一个或多个任意字符，（　　）只代表一个字符。

A. *　B. ？　C. &　D. #

（8）在众多的汉字输入法中，（　　）没有重码。

A. 智能拼音　B. 五笔字型　C. 区位　D. 搜狗拼音

（9）当输入法状态条中有一“月牙”形时，输入的是（　　）字符。

A. 小写字符　B. 半角　C. 全角　D. 中文符号

（10）一般用（　　）方式输入中文的标点符号。

A. 中文标点　B. 半角　C. 全角　D. 大写字母

（11）在半角英文标点状态下，输入的标点需要占用（　　）个字节空间。

A. 2　B. 1　C. 8　D. 7

2. 简答题

（1）当在桌面上打开多个窗口时，若要在不同的窗口之间切换，该如何操作？

（2）要选择某个文件夹中连续的多个文件，该如何操作？若要选择全部文件，又该如何操作？

（3）假设在桌面上有两个名称分别为“DSC1”和“DSC2”的相片文件，若要将它们移到 D 磁盘根目录下的“相片”文件夹中，并重命名为“旅游 1”“旅游 2”，该如何操作？

（4）如果要在 D 磁盘根目录下新建一个名称为“相片”的文件夹，该如何操作？

（5）假设在公司计算机的 E 磁盘中有一个“合同”文档，您需要使用 U 盘将它拷贝到家里电脑 D 磁盘根目录下的“公司文档”文件夹（拷贝前还没有该文件夹）中，该如何操作？

（6）如果要将 D 磁盘根目录下“相片”文件夹中的“旅游 1”相片设置为桌面背景，该如何操作？

模块三　Word 2016 的应用

【模块导读】

Office 2016 是微软公司推出的一款广受欢迎的计算机办公组合套件。它主要包括文字处理软件 Word 2016、电子表格制作软件 Excel 2016 及演示文稿(PPT)制作软件 PowerPoint 2016 等。其中，利用 Word 2016 可以轻松地制作各种形式的文档，满足日常办公的需要，本模块来学习它在日常工作和生活中的应用。

【素质目标】

了解我国技能人才培养趋势，秉持“知行合一”理念，积极参与实践活动；坚持中华民族优良作风，实事求是，增强诚实守信意识；了解我国办公自动化系统的发展历程，培养自主创新观念。

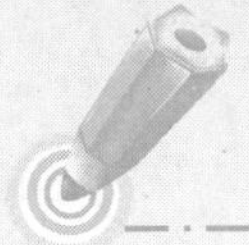

项目一　制作比赛通知

【情景描述】

小谭朋友的学校要举办一场选拔培养后备人才的比赛，由于朋友对 Word 不是很熟悉，所以让小谭帮他制作一份通知。

小谭知道，要使用 Word 2016 制作文档，首先需要新建和保存文档，然后在文档中输入内容并进行编辑、修改；为使文档更美观，需要为文档设置字符格式和段落格式，或为段落添加项目符号和编号，使文档更有层次感和条理等。文档编排完毕，还可以将其打印出来。下面我们和小谭一起完成该通知的输入、编辑和排版等操作，效果如图 3-1 所示。

知行合一

“知行合一”是中国古代哲学家为强调道德的意识自觉性和行为实践性相统一而提出的。举行技能大赛，体现了知行合一、躬心铸炼的内涵建设，对学校培养高质量人才有着十分重要的意义。通过这样的活动可以锻炼学生的动手能力，激发学生的积极性和创造性，引导学生主动学习，逐步形成比学赶帮超的良好形势，真正达到以赛促教、以赛促学的目的。

我国是全球工业门类最齐全的国家，整个制造业对技能人才的需求非常大。我国有超过 1.7 亿技能人才。近年来国家大力发展技工教育，大规模开展职业技能培训，逐步提高技能人才待遇，拓宽技能人才发展通道，我国高技能人才总量稳步扩大，结构持续改善。

人力资源和社会保障部数据显示，“十三五”期间，全国共开展各类补贴性职业技能培训约 9821 万人次。2016 年至 2019 年，全国累计新增高技能人才超过 1000 万人。在各级政府的重视和倡导下，社会上尊重劳动、崇尚技能的氛围不断增强。

【项目要求】

- 掌握 Word 2016 文档的基本操作，包括新建、打开和保存文档，以及在文档中输入和编辑文本等。
- 掌握设置文档字符格式和段落格式、边框和底纹、项目符号和编号等操作。
- 掌握为文档设置页面、背景，以及打印文档等操作。

【相关知识】

一、启动和退出 Word 2016

1. 启动 Word 2016

启动 Word 2016 的常用方法如下：

- 单击“开始”按钮，再滚动鼠标滚轮，按英文字母顺序找到 W，再选择其下的“Word”选项，如图 3-2 所示。
- 如果桌面上或任务栏中有 Word 2016 的快捷图标，可双击或单击它启动程序。
- 在资源管理器中双击某个 Word 文档，可启动 Word 2016 程序并打开该文档。

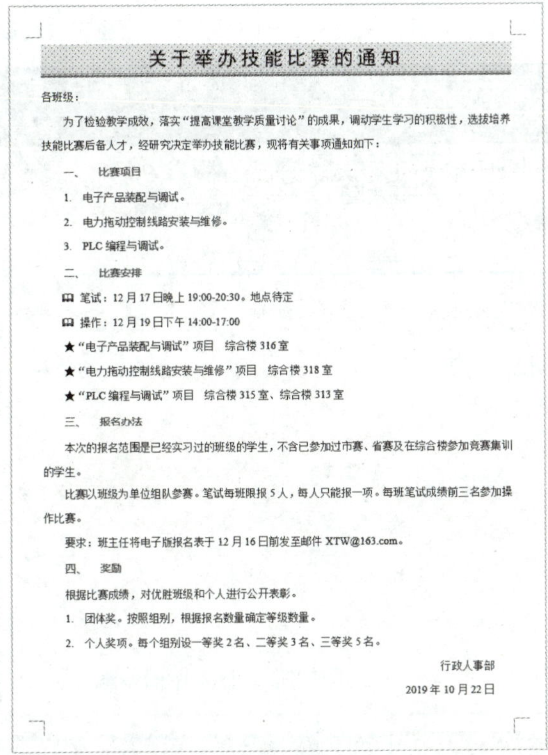

关于举办技能比赛的通知

各班级：

为了检验教学成效，落实"提高课堂教学质量讨论"的成果，调动学生学习的积极性，选拔培养技能比赛后备人才，经研究决定举办技能比赛，现将有关事项通知如下：

一、　比赛项目

1. 电子产品装配与调试。
2. 电力拖动控制线路安装与维修。
3. PLC 编程与调试。

二、　比赛安排

笔试：12 月 17 日晚上 19:00-20:30。地点待定

操作：12 月 19 日下午 14:00-17:00

★"电子产品装配与调试"项目　综合楼 316 室

★"电力拖动控制线路安装与维修"项目　综合楼 318 室

★"PLC 编程与调试"项目　综合楼 315 室、综合楼 313 室

三、　报名办法

本次的报名范围是已经实习过的班级的学生，不含已参加过市赛、省赛及在综合楼参加竞赛集训的学生。

比赛以班级为单位组队参赛。笔试每班限报 5 人，每人只能报一项。每班笔试成绩前三名参加操作比赛。

要求：班主任将电子版报名表于 12 月 16 日前发至邮件 XTW@163.com。

四、　奖励

根据比赛成绩，对优胜班级和个人进行公开表彰。

1. 团体奖。按照组别，根据报名数量确定等级数量。
2. 个人奖项。每个组别设一等奖 2 名、二等奖 3 名、三等奖 5 名。

行政人事部

2019 年 10 月 22 日

图 3-1　比赛通知文档效果

图 3-2　启动 Word 2016

2. 退出 Word 2016

退出 Word 2016 的常用方法如下：

- 单击 Word 2016 工作界面左上角的"文件"按钮，在打开的界面中选择左下方的"关闭"选项。
- 单击程序窗口右上角的"关闭"按钮。

二、熟悉 Word 2016 的工作界面

启动 Word 2016 并新建文档后，显示在用户面前的是它的工作界面，其中包括快速访问工具栏、标题栏、功能区、文档编辑区和状态栏等组成元素，如图 3-3 所示。

- **快速访问工具栏：**用于放置一些使用频率较高的工具。默认情况下，快速访问工具栏包含"保存"、"撤销"和"恢复"按钮。若要向其中添加更多按钮，可单击其右侧的"自定义快速访问工具栏"按钮，在展开的下拉列表中选择要添加的选项，使选项左侧带✓标志。
- **标题栏：**位于窗口的最上方，其中显示了当前编辑的文档名、程序名、功能区显示选项按钮（单击该按钮，可在展开的下拉列表中选择隐藏功能区或显示功能区选项卡和命令）和窗口控制按钮。
- **"文件"按钮：**单击该按钮，从打开的界面中选择相应选项，可对文档执行新建、保存、打印、共享和导出等操作。

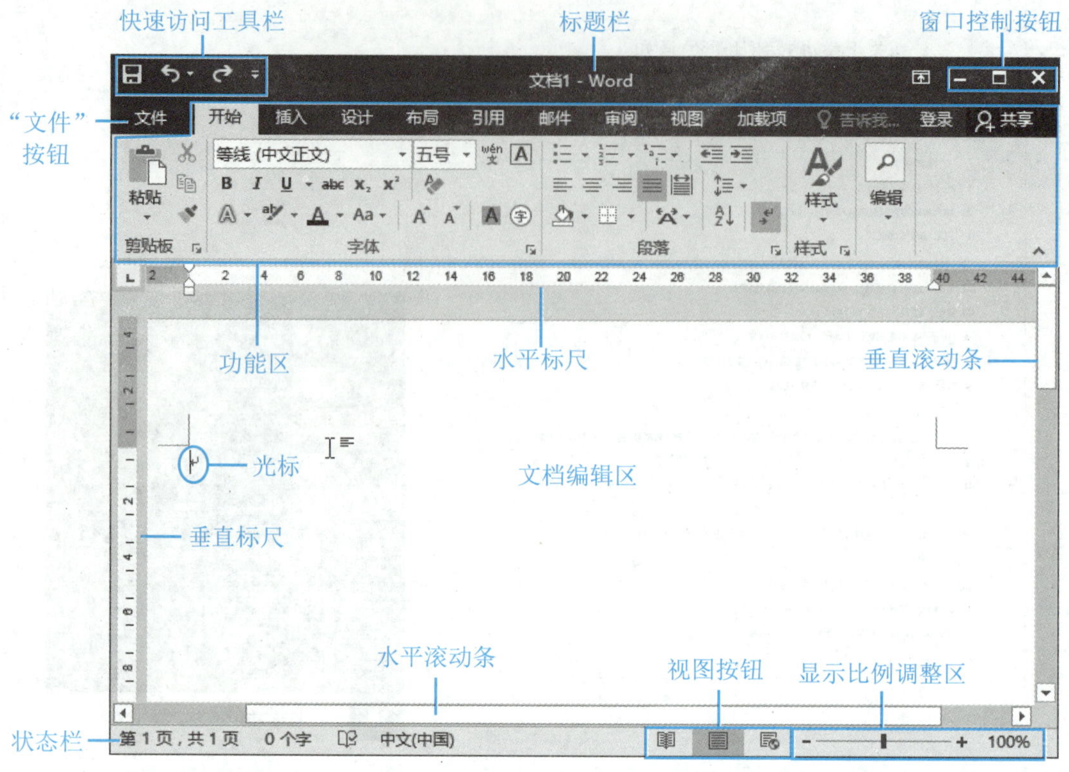

图 3-3　Word 2016 的工作界面

> **功能区**：用选项卡的方式分类存放编排文档时所需要的命令按钮。单击功能区上方的选项卡标签可切换到不同的选项卡，从而显示不同的命令按钮。在每个选项卡中，工具又被分类放置在不同的组中，如图 3-4 所示。某些组的右下角有一个对话框启动器按钮，单击可打开相应的对话框。例如，单击"字体"组右下角的对话框启动器按钮，可打开"字体"对话框，用于对字体做更多设置。

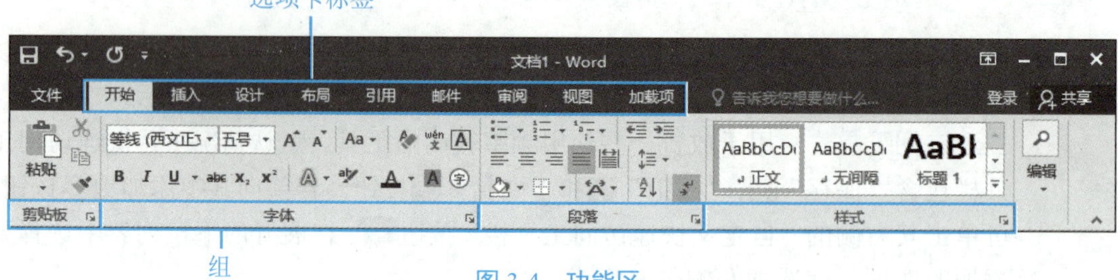

图 3-4　功能区

提　示

如果不知道功能区中某个命令按钮的作用，可将鼠标指针移至该命令上停留片刻，即可显示该命令的名称和作用。

功能区除显示图 3-4 所示的选项卡外，有的选项卡还会在特定情况下出现。例如，选择图片时会显示“图片工具/格式”选项卡，选择表格时会显示“表格工具/格式”或“表格工具/布局”选项卡。

- **标尺：**分为水平标尺和垂直标尺，用于确定文档内容在页面中的位置和设置段落缩进等。要显示标尺，可在“视图”选项卡的“显示”组选中“标尺”复选框。
- **文档编辑区：**是用户输入和编排文档内容的地方。在编辑区的左上角有一个不停闪烁的光标，被称为插入点光标，用于定位当前的编辑位置。在编辑区中每输入一个字符，插入点会自动向右移动一个占位符。
- **状态栏：**位于 Word 文档窗口的底部，其左侧显示了当前文档的状态和相关信息，右侧显示的是 Word 视图模式切换按钮和视图显示比例调整工具。

三、认识字符格式和段落格式

- **字符格式：**为了使文档版面美观、增加文档的可读性、突出标题和重点等，经常需要为文档的指定文本设置字符格式，包括字体、字号、字形、下划线和字体颜色等。在 Word 2016 中，可以使用“开始”选项卡“字体”组中的相应按钮或“字体”对话框设置字符格式。
- **段落格式：**段落是以回车符“↵”为结束标记的内容。段落的格式设置主要包括段落的对齐方式、缩进、间距及行间距等。在 Word 2016 中，可以使用“开始”选项卡“段落”组中的相应按钮或“段落”对话框设置段落格式。
- **项目符号和编号：**为文档的某些内容添加项目符号或编号，可以准确地表达各部分内容之间的并列或顺序关系，使文档更有条理。在 Word 2016 中，既可以使用系统预设的项目符号和编号，也可以自定义项目符号和编号。
- **边框和底纹：**为文档的某些文本或段落设置边框和底纹，可以突出重点，美化文档。在 Word 2016 中，可以利用“段落”组中的相应按钮或“边框和底纹”对话框设置边框和底纹。

四、设置文档页面和背景

页面设置是对文档版面进行的综合设定，包括纸张大小、纸张方向、页边距、页面对齐方式等内容。默认情况下，Word 文档使用的是 A4 幅面的纸张，纸张方向为“纵向”，用户可根据需要利用“布局”选项卡“页面设置”组中的按钮或“页面设置”对话框进行设置。

默认情况下，新建的 Word 文档的背景都是白色，用户可以根据需要在“设计”选项卡的“页面背景”组为其添加其他页面颜色或水印等，使文档更精美。

五、打印文档

制作好文档后，在“文件”界面中选择“打印”选项，然后进行一些简单的设置即可将文档按要求打印出来。

【项目实施】

任务一　创建比赛通知文档

1. 新建并保存文档

步骤 1▶ 启动 Word 2016 后，系统默认打开 Word 2016 的开始界面，其左侧显示最近打开过的文档，右侧显示一些常用的文档模板，如图 3-5 所示。

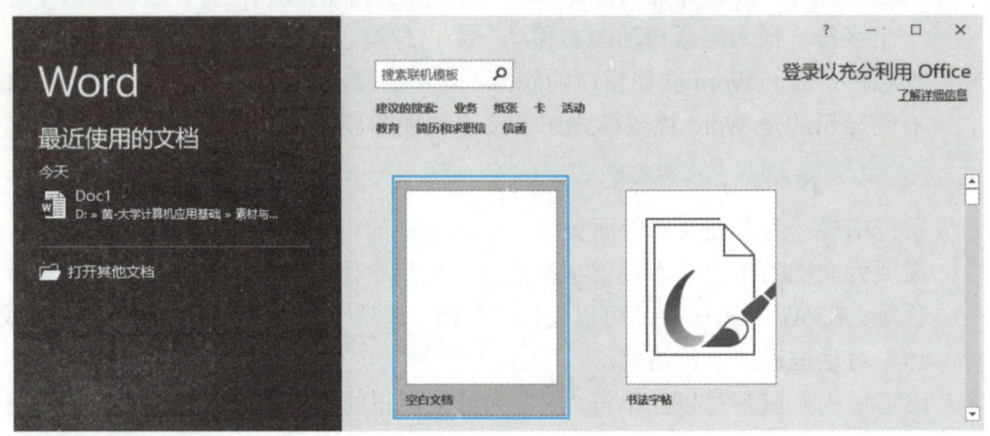

图 3-5　新建文档

步骤 2▶ 选择“空白文档”选项，创建一个空白文档并进入 Word 2016 的工作界面。进入 Word 2016 工作界面后，按“Ctrl+N”组合键可快速新建一个空白文档。

若要利用模板创建文档（需要计算机联网），可单击 Word 2016 工作界面左上角的“文件”按钮，在打开的界面中选择“新建”选项，此时在右侧窗格将显示 Word 2016 提供的各种文档模板。选择某个模板，在打开的界面中单击“创建”按钮，可从网上下载并创建带有特定格式和内容的模板，用户只需在其中输入相应信息，即可快速制作出专业的文档。

在新建文档或修改了文档时，都需要对文档进行保存操作，否则文档只是存放在计算机内存中，一旦断电或关闭计算机，文档或修改的信息就会丢失。要保存新建的文档，可执行以下操作：

步骤 1▶ 单击“快速访问工具栏”中的“保存”按钮，或选择“文件”/“保存”选项，或按“Ctrl+S”组合键，打开“另存为”窗口，如图 3-6 所示。

步骤 2▶ 可看到在窗口的中部默认显示保存文档的位置——这台电脑，窗口右侧显示了可用的文件夹，从中选择某个文件夹，可直接将文档保存在该文件夹中。此处单击“浏览”按钮，在打开的“另存为”对话框中选择文件的保存位置“素材与实例”/“模块三”/“项目一”文件夹。

步骤 3▶ 在“文件名”编辑框中输入文档名“比赛通知”，单击“保存”按钮，如图 3-7 所示。

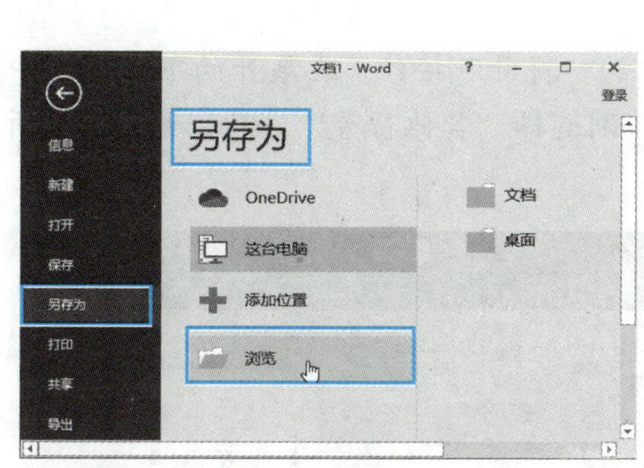

图 3-6　“另存为”窗口

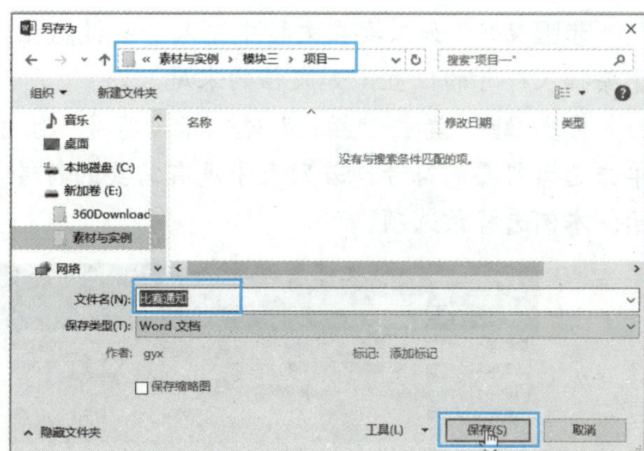

图 3-7　设置文档的保存位置和文件名

对已经保存过的文档也应随时在编辑文档的过程中不定期地执行保存操作，以防止出现意外导致编辑的内容丢失。此时进行的保存操作将不会再打开“另存为”对话框。

若要将修改后的文档以不同的名称、格式或在不同的位置保存，可在“文件”界面中选择“另存为”选项，此时将打开“另存为”窗口，参考保存新文档的操作进行保存即可。

2．输入文本

选择一种输入法后，便可以在 Word 文档中输入文本；对于键盘中没有的一些特殊符号，可以利用 Word 2016 的插入符号功能进行输入。

步骤 1▶ 选择一种中文输入法，然后使用键盘输入文本，输入的文本将自动出现在插入点光标所在位置。本任务输入的文本效果如图 3-8 所示。

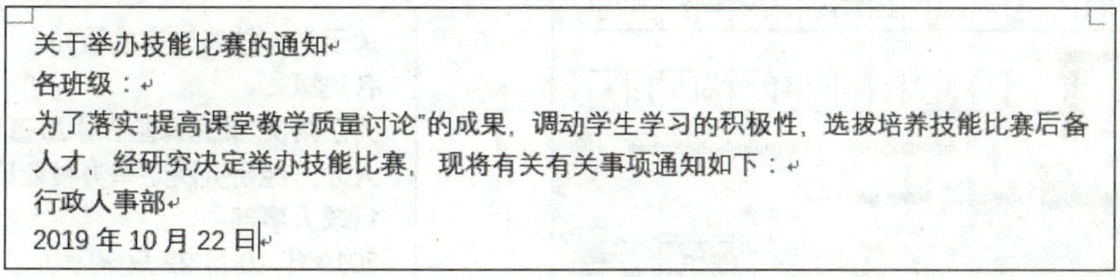

关于举办技能比赛的通知↵
各班级：↵
为了落实"提高课堂教学质量讨论"的成果，调动学生学习的积极性，选拔培养技能比赛后备人才，经研究决定举办技能比赛，现将有关有关事项通知如下：↵
行政人事部↵
2019 年 10 月 22 日↵

图 3-8　输入文本

提　示

输入文本的一些常用技巧如下：

如果希望开始一个新的段落，需要按“Enter”键，此时将在段落末尾产生一个段落标记↵。如果希望将文本在某位置处强制换行而不开始新段落，可在该位置单击将插入符置于该处并按“Shift+Enter”键（俗称“软回车”）。

如果希望输入空格，可按空格键。

如果希望输入下划线，可在英文输入状态下按住“Shift”键的同时按“-”键。

若要在文档页面空白内容区域的指定位置处输入文本，可在该位置处双击将插入符置于该处，然后输入文本。

步骤 2▶ 如果要在文档中输入一些键盘上没有的特殊符号，可单击鼠标将插入符置于要插入符号的位置，如文档的末尾。

步骤 3▶ 单击“插入”选项卡“符号”组中的“符号”按钮，在展开的下拉列表中单击选择需要的符号。若列表中没有需要的符号，则选择“其他符号”选项，如图 3-9 所示。本例选择该选项。

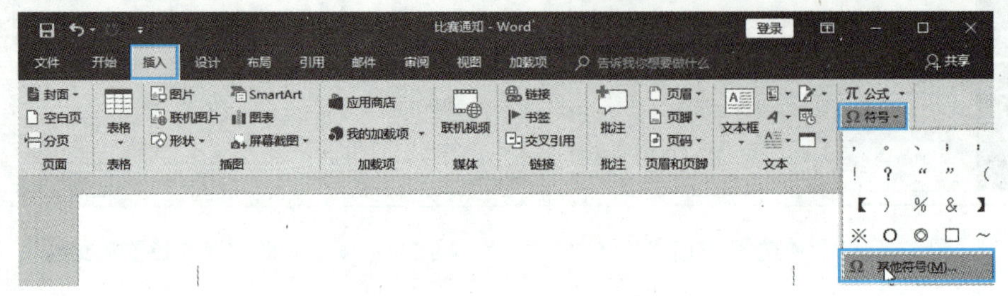

图 3-9　在“符号”下拉列表中选择“其他符号”选项

步骤 4▶ 打开“符号”对话框，在“字体”下拉列表中选择字体，在“子集”下拉列表中选择符号类型，然后选择需要插入的符号，单击“插入”按钮，如图 3-10 所示。完成符号的插入后单击“关闭”按钮，关闭对话框。

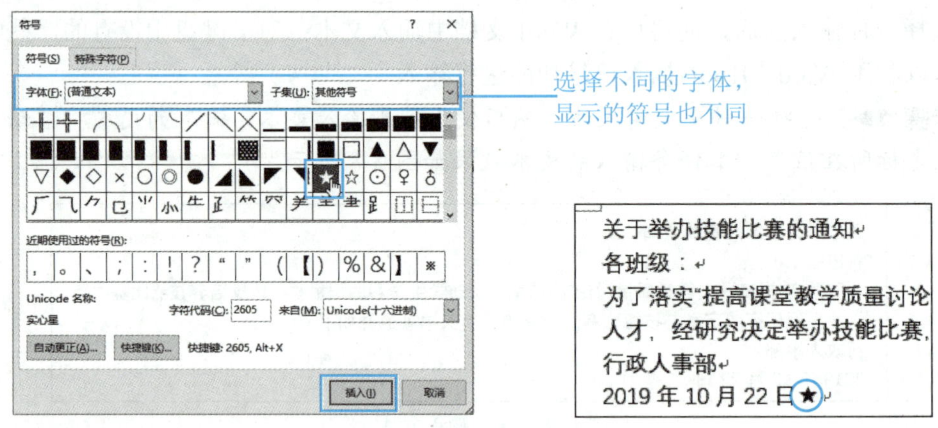

图 3-10　插入特殊符号

3．修改与编辑文本

完成文档内容的输入后，还可根据需要对文档内容进行增补、删除、选取、移动和复制等操作。下面继续在“比赛通知”文档中进行操作。

（1）增补、删除文本。

步骤 1▶ 要在文档中增补内容，可通过单击方式将插入点光标移至要增补内容处，然后输入内容，如图 3-11 所示。

关于举办技能比赛的通知
各班级：
为了落实"提高课堂教学质量
人才，经研究决定举办技能
行政人事部
2019 年 10 月 22 日★
关于举办技能比赛的通知
各班级：
为了检验教学成效，落实"提高
养技能比赛后备人才，经研究
行政人事部
2019 年 10 月 22 日★

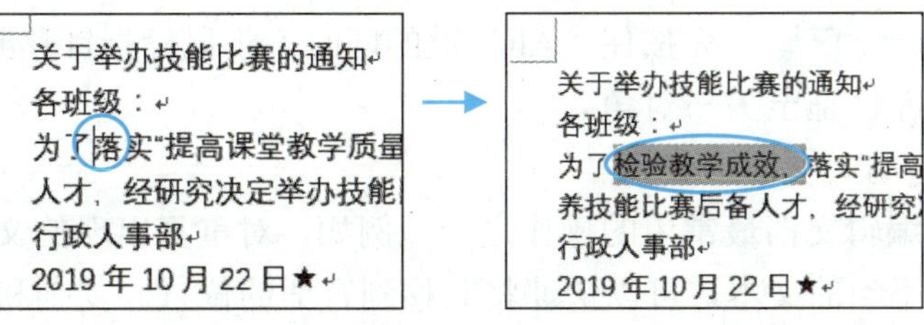

图 3-11 增补内容

步骤 2▶ 若要删除文档中不再需要的内容，可首先将插入点光标放置在该位置，然后可按“Delete”键删除插入点右侧的字符（按“Backspace”键可删除插入点左侧的字符），如图 3-12 所示。如果要删除的内容较多，可在选定要删除的内容后，再执行删除操作。

的成果，调动学生学习的积极性，选拔培
现将有关有关事项通知如下：
的成果，调动学生学习的积极性，选拔培
现将有关事项通知如下：

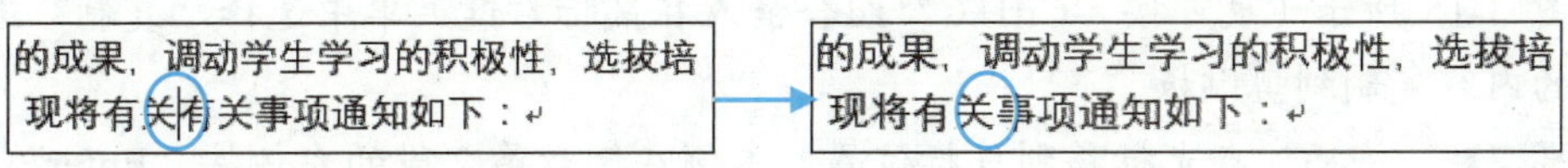

图 3-12 删除内容

（2）选取文本。

对文本进行复制、移动或设置格式等操作时，一般都需要先选中要操作的文本。下面是选择文本的几种常用方法。

- **使用拖动方式选取任意文本：**这是选择少量文本的一种常用方法。将插入符置于要选定文本的开始处，按住鼠标左键不放，拖动鼠标至要选定文本的末端，释放鼠标，被选择的文本呈灰色底纹显示，如图 3-13 所示。要取消选取，可在文档内任意位置单击。
- **选取区域跨度较大的文本：**当要选择的文本区域跨度较大时，可以在要选择的文本区域的开始位置单击鼠标左键，然后按住“Shift”键的同时在选取结束位置处单击鼠标左键。
- **同时选取不连续的多处文本：**选取一处文本后，按住“Ctrl”键选取其他文本。
- **选取一个句子：**按住“Ctrl”键，同时在要选取的句子中的任意位置单击鼠标。
- **利用选定栏选取文本：**选定栏是指页面左边界到文档内容左边界之间的空白区域，将鼠标指针放在此处时，鼠标指针将变为“↗”形状，此时单击鼠标左键可选定鼠标指针右侧的行，如图 3-14 所示；若按住鼠标左键并拖动，可选择连续的多行；若双击鼠标左键，可选定鼠标指针右侧的一个段落。

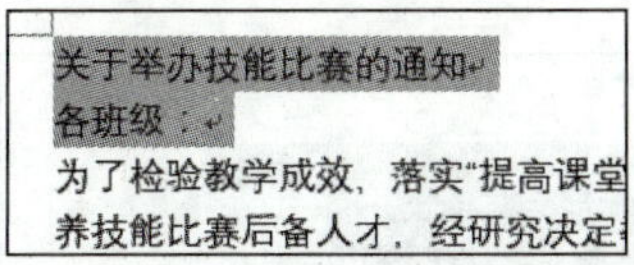

关于举办技能比赛的通知
各班级：
为了检验教学成效，落实"提高课堂
养技能比赛后备人才，经研究决定

图 3-13 使用拖动方式选取文本

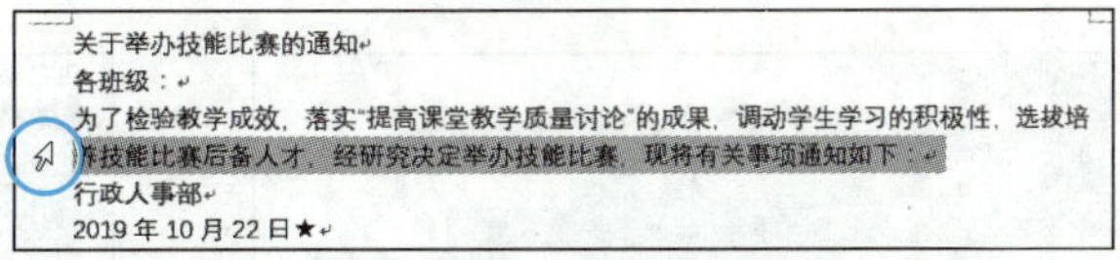

关于举办技能比赛的通知
各班级：
为了检验教学成效，落实"提高课堂教学质量讨论"的成果，调动学生学习的积极性，选拔培
养技能比赛后备人才，经研究决定举办技能比赛，现将有关事项通知如下：
行政人事部
2019 年 10 月 22 日★

图 3-14 利用选定栏选取文本

- **选取整篇文档：**按“Ctrl+A”组合键，或按住“Ctrl”键在选定栏单击鼠标，或在选定栏三击鼠标。

➢ 选定一个矩形区域：先按住“Alt”键的同时，将鼠标指针移到欲选区域的一角，按住鼠标左键拖至另一对角。

（3）复制与移动文本。

复制与移动是编辑文档最常用的操作之一。例如，对重复出现的文本，不必一次次地重复输入；对放置不当的文本，可以快速将其移到合适的位置。复制和移动文本的方法有两种：一种是使用鼠标拖动；另一种是使用“剪切”“复制”和“粘贴”命令。

步骤 1▶ 使用命令复制文本。这种方法适用于将文本复制到该篇文档的其他页面或另一篇文档中。本例在“记事本”程序中打开本书配套的素材文件“模块三”/“项目一”/“通知事项.txt”，按“Ctrl+A”组合键全选要复制的文本，然后选择“编辑”/“复制”选项，如图 3-15 所示（也可按“Ctrl+C”组合键或在鼠标右键菜单中选择“复制”选项），将选择的内容复制到剪贴板。

步骤 2▶ 将插入点光标移到目标位置，本例在倒数第 2 段的左侧按“Enter”键插入一个空段落，然后单击“开始”选项卡“剪贴板”组中的“粘贴”按钮，或者按“Ctrl+V”组合键，即可将文本复制到新位置，效果如图 3-16 所示。

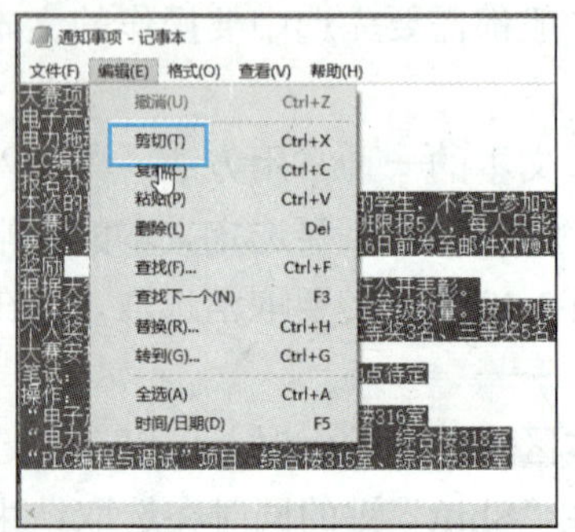

图 3-15 选择文本并执行“复制”命令

养技能比赛后备人才，经研究决定举办技能比赛，现将有关事项通知如下：
大赛项目
电子产品装配与调试。
电力拖动控制线路安装与维修。
PLC 编程与调试。
报名办法
本次的报名范围是已经实习过的班级的学生，不含已参加过市赛、省赛及在综合楼参加竞赛集训的学生。
大赛以班级为单位组队参赛，笔试每班限报 5 人，每人只能报一项，每班笔试成绩前三名参加操作大赛。
要求：班主任将电子版报名表于 12 月 16 日前发至邮件 XTW@163.com。
奖励
根据大赛成绩，对优胜班级和个人进行公开表彰。
团体奖，按照组别，根据报名数据确定等级数量。
个人奖项，每个组别设一等奖 2 名、二等奖 3 名、三等奖 5 名。
大赛安排
笔试：12 月 17 日晚上 19:00-20:30，地点待定
操作：12 月 19 日下午 14:00-17:00
“电子产品装配与调试”项目 综合楼 316 室
“电力拖动控制线路安装与维修”项目 综合楼 318 室
“PLC 编程与调试”项目 综合楼 315 室、综合楼 313 室
行政人事部
2019 年 10 月 22 日★

图 3-16 粘贴文本效果

步骤 3▶ 使用鼠标拖动移动文本。若是短距离移动文本，使用该方法效率要高一些。首先选中要移动的文本，如“大赛安排”部分内容，将鼠标指针移至选定文本上方，此时鼠标指针变为“↖”形状。按住鼠标左键并拖动，此时鼠标指针变为“↖”形状，且在其附近出现一条竖虚线，它表明了文本的新位置；继续按住鼠标左键并拖动，将竖虚线移至目标位置，如“报名办法”的前面，然后松开鼠标左键，即可将文本移到该处，如图 3-17 所示。

大赛安排
笔试：12 月 17 日晚上 19:00-20:30。地点待定
操作：12 月 19 日下午 14:00-17:00
“电子产品装配与调试”项目 综合楼 316 室
“电力拖动控制线路安装与维修”项目 综合楼 318 室
“PLC 编程与调试”项目 综合楼 315 室、综合楼 313 室
行政人事部
2019 年 10 月 22 日★

PLC 编程与调试。
大赛安排
笔试：12 月 17 日晚上 19:00-20:30。地点待定
操作：12 月 19 日下午 14:00-17:00
“电子产品装配与调试”项目 综合楼 316 室
“电力拖动控制线路安装与维修”项目 综合楼 318 室
“PLC 编程与调试”项目 综合楼 315 室、综合楼 313 室
报名办法 (Ctrl)
本次的报名范围是已经实习过的班级的学生，不含已参加过市赛、

图 3-17 用鼠标拖动法移动文本

步骤 4▶ 使用鼠标拖动复制文本。若在拖动文本时按住“Ctrl”键，鼠标指针将变为“”形状，此时可将所选文本复制到新位置。例如，先将插入的特殊符号移至“大赛安排”下的某段落的左侧，再利用拖动方法复制到其他段落中：选中特殊符号（不要选中段落标记），将其拖至“电子产品装配与调试”文本的左侧，再在按住“Ctrl”键的同时将该符号拖到其下方的两个段落的左侧，最后依次释放鼠标左键和“Ctrl”键，如图 3-18 所示。

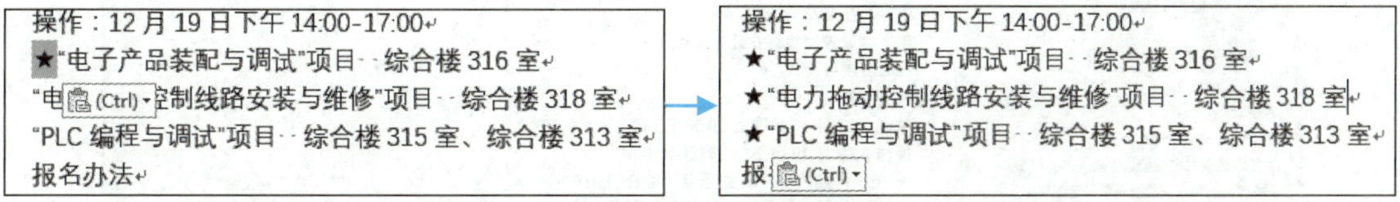

操作：12 月 19 日下午 14:00-17:00
★"电子产品装配与调试"项目 综合楼 316 室
"电(Ctrl)控制线路安装与维修"项目 综合楼 318 室
"PLC 编程与调试"项目 综合楼 315 室、综合楼 313 室
报名办法

操作：12 月 19 日下午 14:00-17:00
★"电子产品装配与调试"项目 综合楼 316 室
★"电力拖动控制线路安装与维修"项目 综合楼 318 室
★"PLC 编程与调试"项目 综合楼 315 室、综合楼 313 室
报(Ctrl)

图 3-18 选择并复制文本

提 示

移动或复制文本后，在目标文本处将出现一个“粘贴选项”按钮(Ctrl)。单击该按钮，在展开的下拉列表中可选择移动或复制过来的文本是保留源格式、使用目标位置处的格式（合并文本）还是只保留文本（即清除格式）。

要利用命令移动文本，只需单击“剪贴板”组中的“剪切”按钮（或按“Ctrl+X”组合键），其余操作与使用命令复制文本相同。

4. 查找与替换文本

利用 Word 2016 提供的查找与替换功能，不仅可以在文档中迅速查找到指定内容，还可以将查找到的内容替换成其他内容，从而使得文档修改工作变得十分迅速和高效。

（1）查找文本。

要查找文本，可执行如下的操作。

步骤 1▶ 将插入点光标放置在要开始查找的位置，如放至在文档的开始位置。

步骤 2▶ 单击“开始”选项卡“编辑”组中的“查找”按钮，打开“导航”任务窗格，在窗格上方的编辑框中输入要查找的内容，如“大赛”，如图 3-19 所示。

步骤 3▶ 此时文档中将以橙色底纹突出显示查找到的内容，“导航”任务窗格中则显示要查找的文本所在的标题。

步骤 4▶ 在“导航”任务窗格中单击“下一处搜索结果”按钮，可从上到下定位搜索结果；单击“上一处搜索结果”按钮，则可从下到上定位搜索结果。

步骤 5▶ 单击“导航”任务窗格右上角的“关闭”按钮，关闭“导航”窗格。

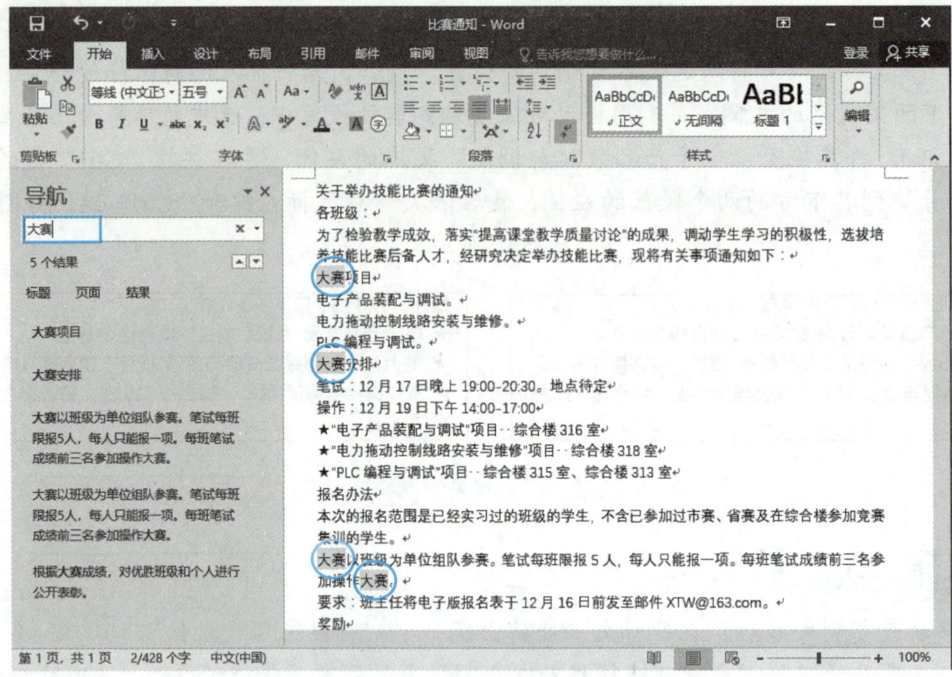

图 3-19　查找文档内容

（2）替换文本。

在编辑文档时，有时需要将文档中的某一内容统一替换成其他内容，此时可以使用 Word 的“替换”功能进行操作，以加快修改文档的速度。下面以将“比赛通知”中的文本“大赛”替换为“比赛”为例，介绍替换文本的方法。

步骤 1▶ 单击“开始”选项卡“编辑”组中的“替换”按钮，打开“查找和替换”对话框的“替换”选项卡。

步骤 2▶ 在“查找内容”编辑框中输入需要替换的内容，如“大赛”，在“替换为”编辑框中输入替换的内容，如“比赛”，如图 3-20 所示。

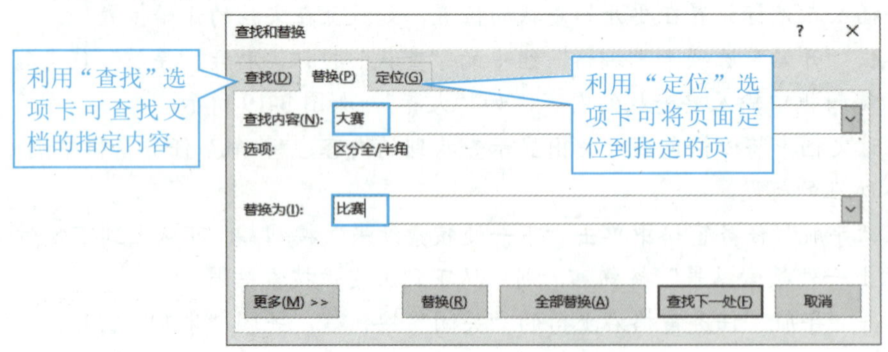

图 3-20　替换文本

步骤 3▶ 依次单击“替换”按钮，逐个替换查找到的内容。

步骤 4▶ 替换完毕，在弹出的提示对话框中单击“确定”按钮，再在“查找和替换”对话框中单击“关闭”按钮，关闭对话框。

步骤 5▶ 按“Ctrl+S”组合键保存文档，然后单击文档窗口右上角的“关闭”按钮，关闭当前文档。

若不需要替换查找到的文本，可单击“查找下一处”按钮跳过该文本并继续查找。此外，单击“全部替换”按钮，可一次性替换文档中所有符合查找条件的内容。

若要进行高级查找和替换操作（例如，在查找或替换文本时区分英文大小写、区分全角和半角符号、使用通配符，以及查找或替换特殊格式等），可在“查找和替换”对话框中单击“更多”按钮，展开对话框进行操作。

5．撤销和恢复操作

在编辑文档时难免会出现错误的操作。例如，不小心删除、替换或移动了某些文本内容等。此时可利用 Word 2016 的“撤销”和“恢复”功能，迅速纠正错误的操作。

要撤销错误的操作，可使用以下方法：

- 按“Ctrl+Z”组合键，或单击快速访问工具栏中的“撤销”按钮；连续按“Ctrl+Z”组合键或单击“撤销”按钮可撤销多步操作。
- 单击“撤销”按钮右侧的下拉按钮，打开历史操作列表，从中选择要撤销的操作，则该操作以及其后的所有操作都将被撤销。

如果执行了错误的撤销操作，可以利用恢复功能将其恢复，为此，可按“Ctrl+Y”组合键，或单击快速访问工具栏中的“恢复”按钮，恢复上一次撤销的操作；连续按“Ctrl+Y”组合键或单击“恢复”按钮可恢复多步被撤销的操作。

6．保护文档

对于一些不希望别人查看或编辑的重要文档，可为其设置打开密码、限制编辑、限制访问等。

步骤 1▶ 在“文件”界面中选择“信息”选项，然后单击中间窗格中的“保护文档”按钮，在展开的下拉列表中选择相应选项。

步骤 2▶ 例如，选择“用密码进行加密”选项，可通过设置密码保护当前文档（需要输入密码才能打开该文档）；选择“限制编辑”选项，可通过设置格式限制、编辑限制并启动强制保护，防止其他人对文档的格式或内容进行更改，如图 3-21 所示。

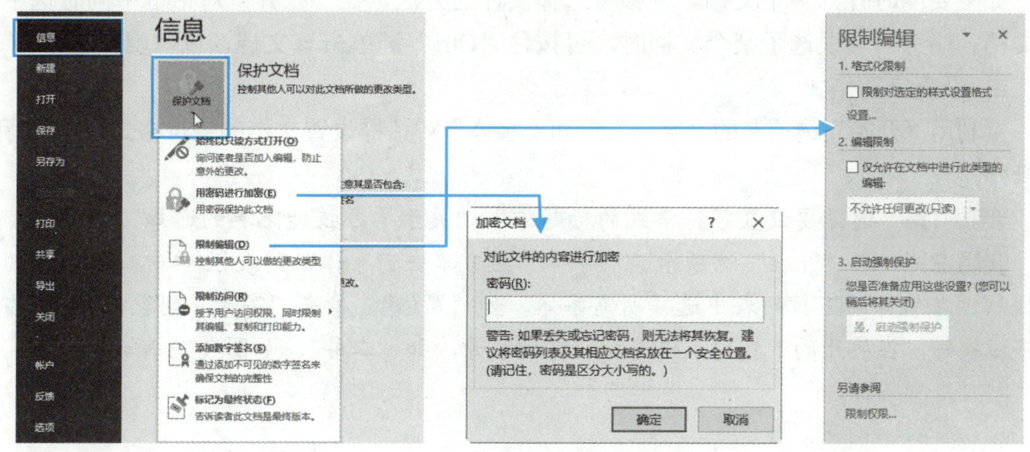

图 3-21　保护文档

任务二　编排比赛通知文档

1. 打开文档

如果要打开现有文档进行查看或编辑，可执行如下操作。

步骤 1▶ 在“文件”界面中选择“打开”选项，或者直接按“Ctrl+O”组合键，打开“打开”界面，如图 3-22 所示。

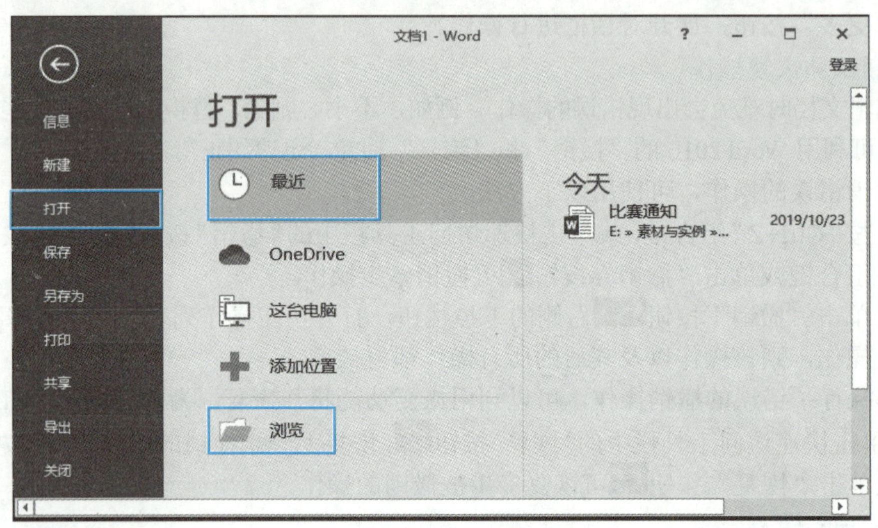

图 3-22　“打开”界面

步骤 2▶ 可看到，在“打开”界面中默认显示“最近”选项，其右侧显示了最近打开过的文档的名称。单击某个文档名称，如“比赛通知”，可打开相应的文档。

步骤 3▶ 若文档不在“最近”列表中，可在“打开”界面中单击“浏览”按钮，打开“打开”对话框。在对话框选择保存文档的磁盘驱动器或文件夹，然后选择要打开的文档，单击“打开”按钮。

如果要同时打开多个文档，可参考选择文件的方法，在“打开”对话框中同时选中多个文档。注意：当误选了某个文档时，可按住“Ctrl”键单击该文档，以取消其选择。

2. 设置字符格式

要利用“开始”选项卡的“字体”组和“字体”对话框设置文档的字符格式，可执行如下操作。

步骤 1▶ 选择要设置字符格式的标题文本“关于举办技能比赛的通知”。

步骤 2▶ 在“开始”选项卡的“字体”组中单击“字体”列表框 宋体 (中文正文) 右侧的下拉按钮，在展开的下拉列表中选择所需字体，如“黑体”；单击“字号”列表框 五号 右侧的下拉按钮，在展开的下拉列表中选择所需的字号，如“二号”，如图 3-23 所示。

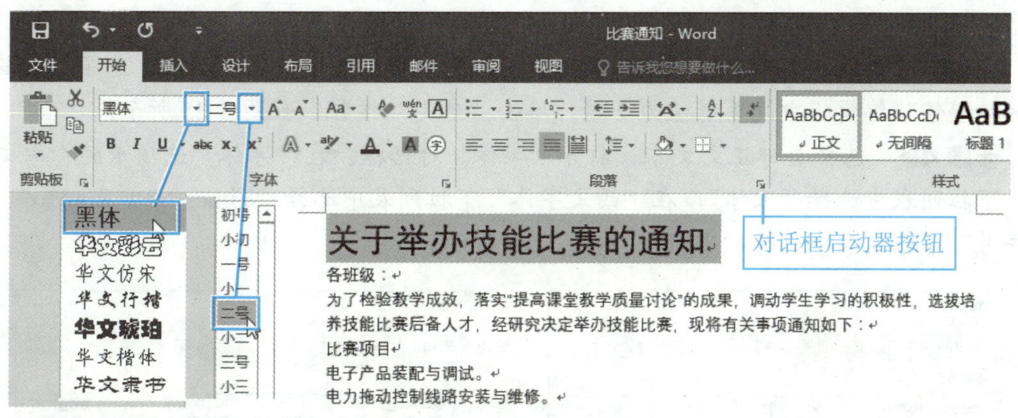

图 3-23　使用“字体”组设置字符格式

提　示

用户可以选择的字体取决于 Windows 中安装的字体。Windows 10 中本身附带了一些字体，其中汉字字体有宋体、黑体、楷体等，西文字体有 Times New Roman（常用于正文）、Arial（常用于标题）等。要使用其他字体，必须单独安装。目前使用较多的汉字字体库有方正、汉仪和文鼎等，用户可通过 Internet 下载或购买字体库光盘的方式来获取这些字体，然后将它们复制到系统盘的“Windows\Fonts”文件夹中。

在 Word 中，字号的表示方法有两种：一种以“号”为单位，如初号、一号、二号等，数值越大，文字越小；另一种以“磅”为单位，如 6.5，10，10.5 等，数值越大，文字也越大。用“磅”表示字号时，可直接在“字号”编辑框中输入数值。

对于一些标题文字或需要特别强调的文字，可以将字形设置为加粗或倾斜。

大多数书刊、公文的正文使用的汉字字体均为宋体，字号为五号、小四或四号等。

Word 2016“开始”选项卡“字体”组中其他常用按钮的作用如图 3-24 所示。设置时，一般直接单击相应按钮即可；但也有的设置项需要单击按钮右侧的下拉按钮，在展开的下拉列表中选择需要的选项。例如，设置字体颜色时，需要单击“字体颜色”按钮右侧的下拉按钮，从展开的颜色列表中选择需要的颜色。

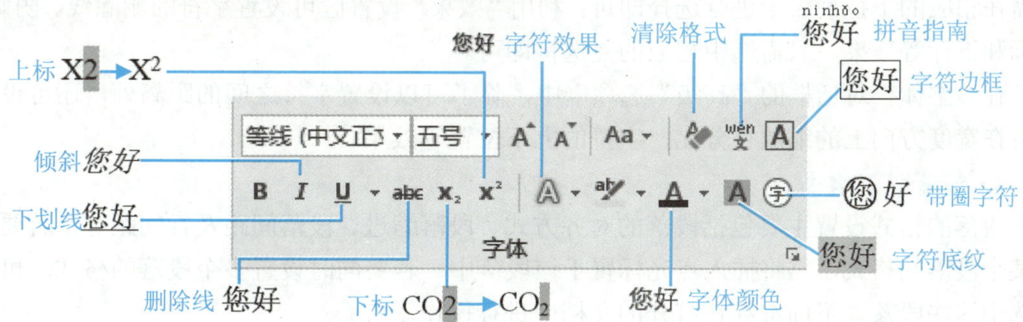

图 3-24　“字体”组中各按钮的含义

步骤 3▶ 保持标题文本的选中，单击“字体”组右下角的对话框启动器按钮，打开“字体”对话框，在“高级”选项卡的“间距”下拉列表中选择“加宽”选项，在其右侧的“磅值”编辑框中设置磅值为 2 磅，单击“确定”按钮，如图 3-25 所示。

步骤 4▶ 选择全部正文文本，打开“字体”对话框，在“字体”选项卡的“中文字体”下拉列表中选择“宋体”，在“西文字体”下拉列表中选择“Times New Roman”，在“字号”下拉列表中选择“小四”，如图 3-26 所示。

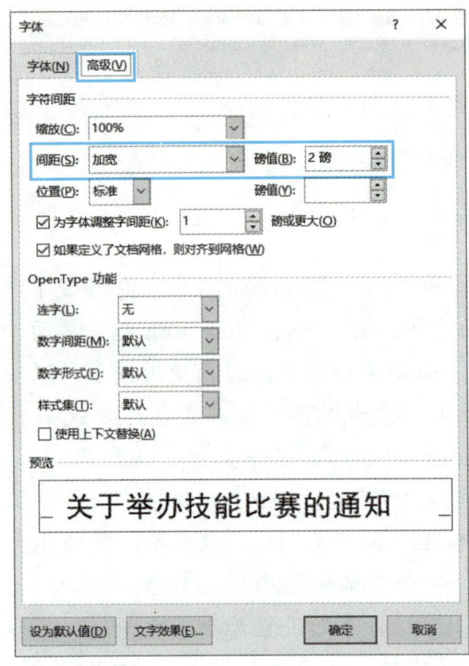

图 3-25 设置标题文本的字符间距

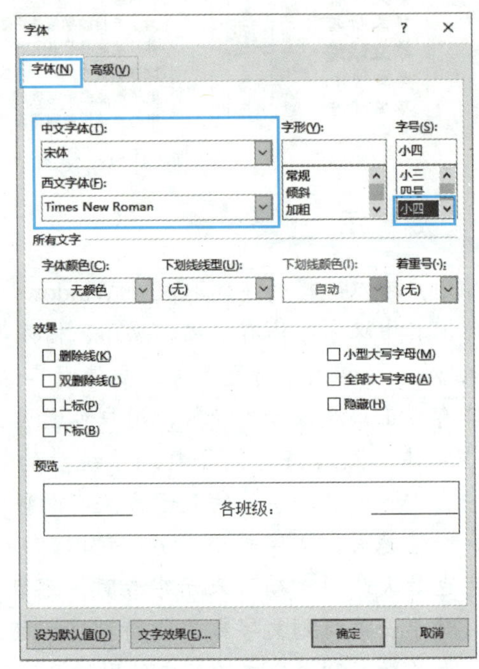

图 3-26 设置正文的字符格式

步骤 5▶ 在对话框下方的“预览”框中可预览设置效果，最后单击“确定”按钮。

步骤 6▶ 选中“比赛项目”文本，设置其字符格式为微软雅黑、蓝色。

利用“字体”对话框的“所有文字”设置区可设置字体颜色、下划线和着重号效果，只需在相应的下拉列表中进行选择即可；利用“效果”设置区可设置字符的删除线、阴影、上标和下标等效果，只需选中相应的复选框即可。

在“字体”对话框的“高级”选项卡中，除了可以设置字符之间的距离外，还可设置字符在宽度方向上的缩放百分比，字符的上下位置等效果。

3．设置段落格式

段落的格式设置主要包括段落的对齐方式、段落缩进、段落间距及行间距等。若要设置某个段落的格式，需将插入点光标置于该段落中；若要同时设置多个段落的格式，可同时选中这些段落。下面继续在打开的文档中进行操作。

步骤 1▶ 将插入点光标置于标题段落，然后单击“开始”选项卡“段落”组中的“居中”按钮，将标题段落设置为居中对齐，如图 3-27 所示。这几个对齐按钮的作用分别是将段落沿页面左端、居中、右端、两端和分散对齐，默认为两端对齐。

步骤 2▶ 保持插入点光标位于标题段落中，在“布局”选项卡的“段落”组中设置标题段落的段前间距和段后间距均为 0.5 行，如图 3-28 所示。

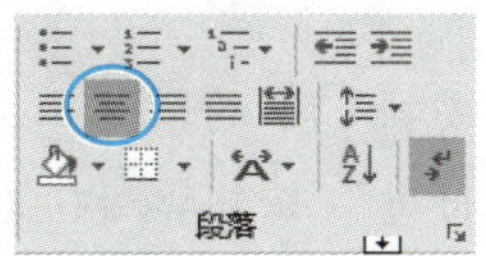

图 3-27 设置对齐

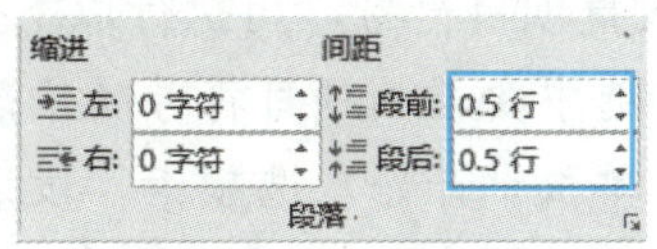

图 3-28 设置段落间距

步骤 3▶ 同时选中除标题外的所有段落，单击“开始”选项卡“段落”组右下角的对话框启动器按钮，打开“段落”对话框，如图 3-29 所示。

步骤 4▶ 在“缩进”设置区设置缩进方式。本例在“特殊格式”下拉列表框中选择“首行缩进”，然后在右侧输入缩进值为“2 字符”，即首行缩进两个字符。

段落的缩进主要包括首行缩进、左缩进、右缩进和悬挂缩进。按中文的书写习惯，一般需要在正文每个段落的首行缩进 2 个字符；左缩进和右缩进是指在某些段落的左侧或右侧留出一定的空位；悬挂缩进是指将段落除首行外的其他行向内缩进，用户可在“段落”对话框的“特殊格式”下拉列表框中选择“悬挂缩进”选项，然后设置缩进值。下面继续在打开的文档和“段落”对话框中进行操作。

步骤 1▶ 在“间距”设置区设置段落间距和行距。这里将段前和段后间距均设为 0 行，行距设为“多倍行距”，“设置值”为 1.75。

步骤 2▶ 设置完毕，单击“确定”按钮。再将“各班级”所在段落的首行缩进取消。

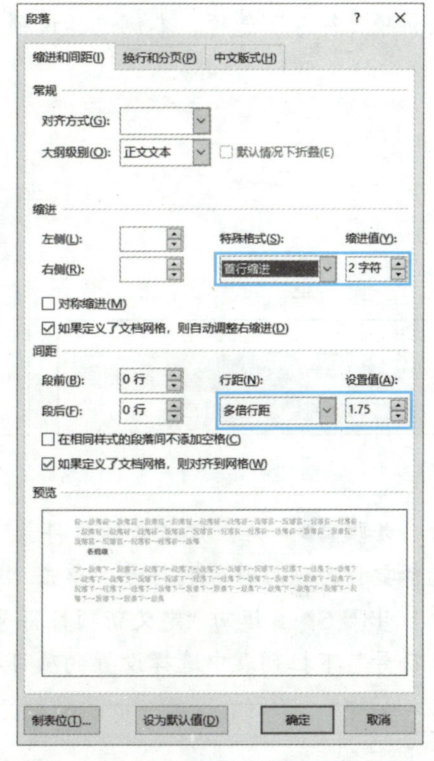

图 3-29 设置段落格式

步骤 3▶ 将文档最后两个段落右对齐并右缩进 2 个字符。

除了利用“段落”对话框设置段落缩进外，通过拖动标尺上的相关滑块也可设置段落缩进，如图 3-30 所示。

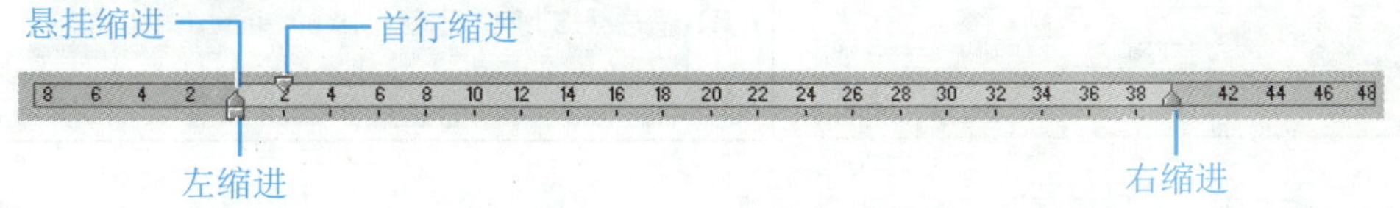

图 3-30 利用标尺设置段落缩进

4. 设置编号和项目符号

继续在打开的文档中进行操作，为其中的段落设置项目符号和编号。

（1）设置项目符号。

要为段落设置项目符号，可执行以下操作。

步骤 1▶ 选中要添加项目符号的段落，如“比赛安排”下的段落，如图 3-31 所示。

步骤 2▶ 单击“开始”选项卡“段落”组“项目符号”按钮 右侧的下拉按钮，在展开的下拉列表中选择一种项目符号，即可为所选段落添加该项目符号，如图 3-32 所示。

步骤 3▶ 若项目符号下拉列表中没有符合需要的项目符号，可选择列表底部的“定义新项目符号”选项，本例选择该项，打开“定义新项目符号”对话框，如图 3-33 所示。

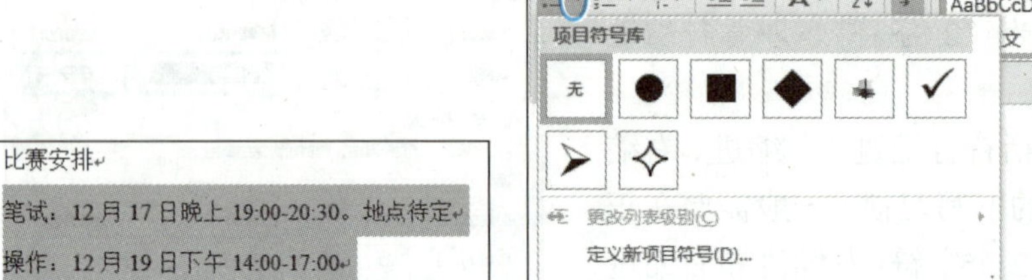

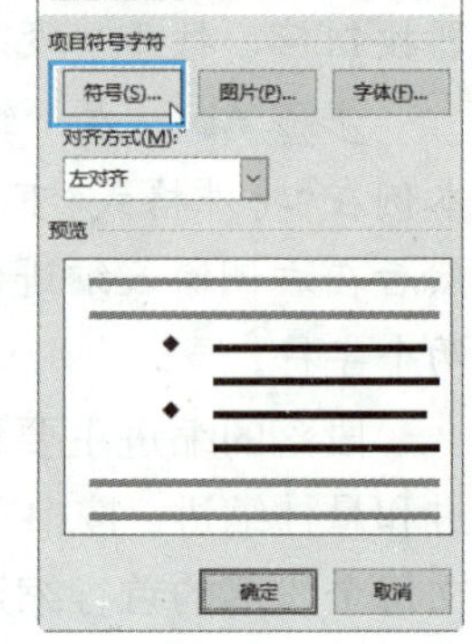

图 3-31 选择要添加项目符号的段落　　图 3-32 项目符号列表　　图 3-33 定义新项目符号

步骤 4▶ 在“定义新项目符号”对话框中单击“符号”按钮，打开“符号”对话框，选择要作为项目符号的符号，单击“确定”按钮，如图 3-34 所示。

步骤 5▶ 返回“定义新项目符号”对话框，单击“确定”按钮关闭对话框。再在“项目符号”下拉列表中选择设置的项目符号，效果如图 3-35 所示。

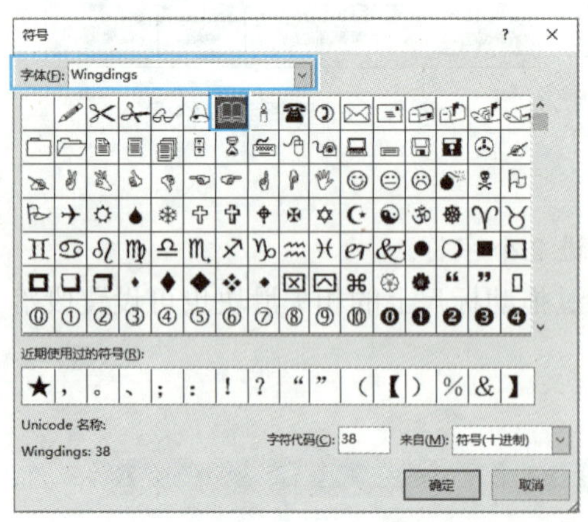

图 3-34 选择符号

比赛安排

🕮 笔试：12 月 17 日晚上 19:00-20:30。地点待定

🕮 操作：12 月 19 日下午 14:00-17:00

图 3-35 添加项目符号效果

若在“定义新项目符号”对话框中单击“图片”按钮，可选择图片作为项目符号；单

击“字体”按钮，可在打开的对话框中设置项目符号的字体、字号和颜色等。

（2）设置编号。

要为文档中的段落设置编号，可执行以下操作。

步骤 1▶ 选中要添加编号的段落，此处按住“Ctrl”键的同时选中“比赛项目”“比赛安排”“报名方法”和“奖励”所在段落，如图 3-36 所示。

步骤 2▶ 单击“开始”选项卡“段落”组“编号”按钮右侧的下拉按钮，在展开的下拉列表中选择一种编号样式，即可为所选段落添加编号，如图 3-37 所示。

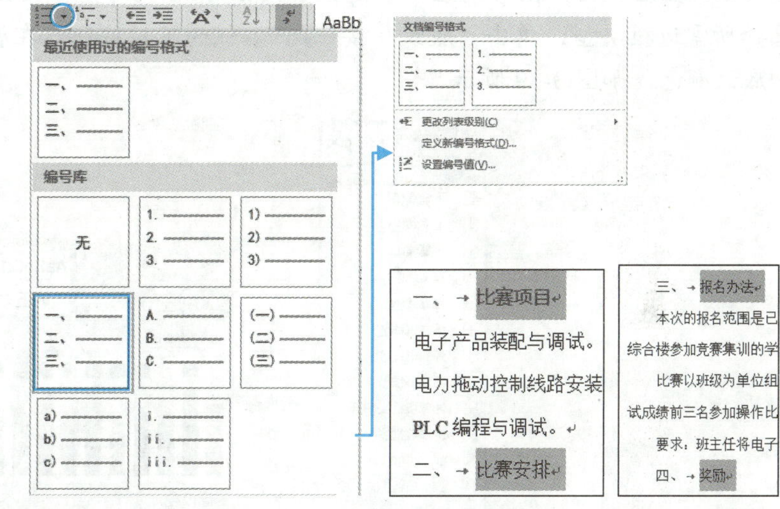

图 3-36　选择段落文本　　　　图 3-37　为段落添加编号

步骤 3▶ 使用同样的方法，为其他段落添加编号，如图 3-38 所示。

若编号下拉列表中没有符合需要的编号，也可选择“定义新编号格式”选项，在打开的对话框中自定义编号样式。

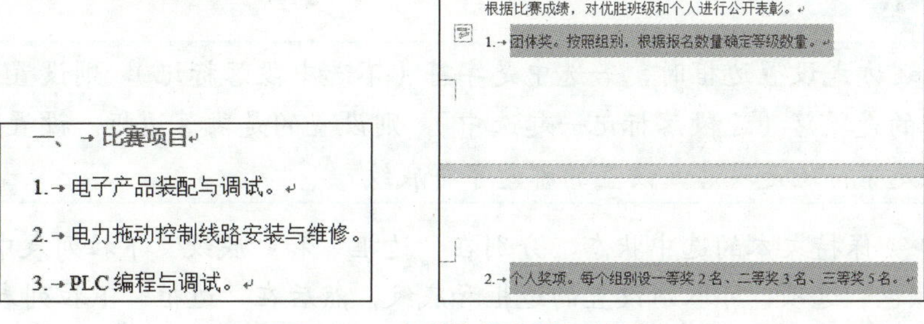

图 3-38　为其他段落添加编号

提　示

如果从设置了项目符号或编号的段落开始一个新段落，则新段落将自动添加项目符号或编号（各段落之间将进行连续编号）。若要取消项目符号或编号，可单击“项目符号”或编号按钮，取消其选中状态。

当同时对多个段落设置编号时，会发现设置的编号是连接的。如果要将某个段落及其后的编号重新从1开始，可以右击要重新编号的段落，在弹出的快捷菜单中选择“重新开始于××”选项（选择不同的编号样式，××所代表的内容也不一样）。

5．设置边框和底纹

为使文档版面更加美观，可执行以下操作为选定文字或段落设置边框和底纹。

步骤 1▶ 要对文本或段落设置简单的边框和底纹样式，可选中要设置的对象，如标题文本，然后单击“段落”组中“边框”按钮右侧的下拉按钮，在展开的下拉列表中选择所需边框类型；单击“底纹”按钮右侧的下拉按钮，在展开的下拉列表中选择一种底纹颜色，如图3-39所示。

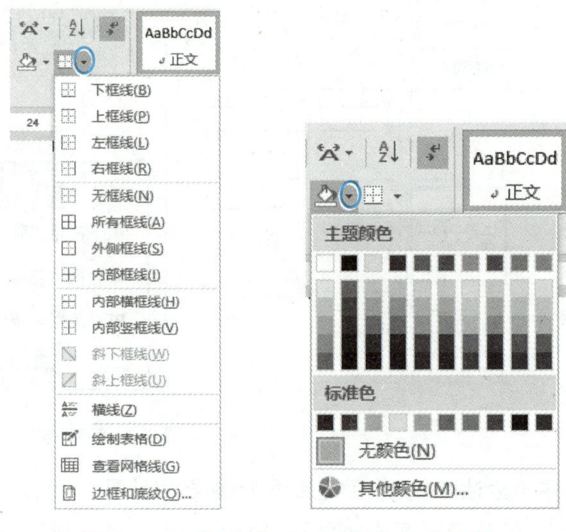

图3-39 “边框”和“底纹”下拉列表

提 示

使用上述方式设置边框时，若选中是字符（不选中段落标记），则设置的是字符边框；若选中的是段落（连段落标记一起选中），则设置的是段落边框。设置底纹时，则无论选中的是字符还是段落，设置的都是字符底纹。

步骤 2▶ 保持文本的选中状态，分别在“边框”和“底纹”下拉列表中选择“无框线”和“无颜色”选项，可取消设置的边框和底纹，然后在“边框”下拉列表中选择“边框和底纹”选项，打开“边框和底纹”对话框。

步骤 3▶ 在“边框”选项卡的“设置”区选择边框类型；在“样式”“颜色”和“宽度”设置区分别选择边框样式、颜色和宽度；在“预览”设置区单击相应的按钮，可添加或取消上、下、左、右边框，如只保留下边框，最后将“应用于”设为“段落”，如图3-40所示。

步骤 4▶ 在“底纹”选项卡的“填充”下拉列表中选择底纹颜色，如“白色，背景1，深色 5%”，在“图案”下拉列表中选择一种底纹图案样式，如“5%”，在“颜色”下拉列表中选择图案颜色，如“红色”，在“应用于”下拉列表中选择底纹的应用对象，如“段落”，如图 3-41 所示。

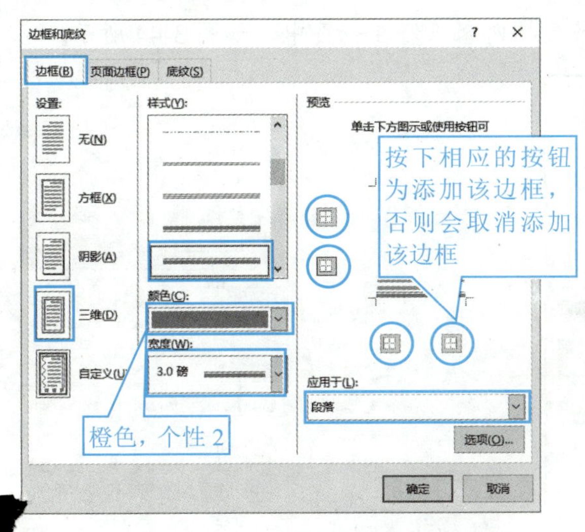

图 3-40　设置复杂边框

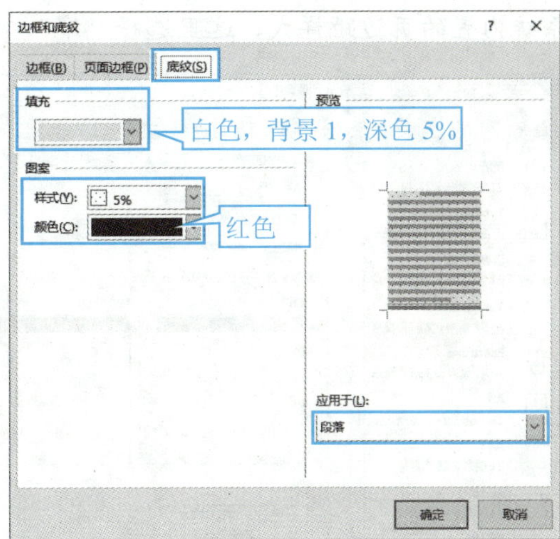

图 3-41　设置复杂底纹

步骤 5▶ 设置完毕，单击“确定”按钮，即可为所选段落设置复杂边框和复杂底纹。

6. 复制格式

在 Word 2016 中，用户可利用“格式刷”复制段落或字符格式。下面将前面设置的字符和段落格式复制到其他段落。

步骤 1▶ 选中要复制格式的源段落文本“比赛项目”，然后双击“开始”选项卡“剪贴板”组中的“格式刷”按钮，此时鼠标指针变为“”形状。

步骤 2▶ 使用拖动方式依次选中希望应用源段落格式的目标段落“比赛安排”“报名方法”和“奖励”。格式复制完毕后，单击“格式刷”按钮或按“Esc”键取消其选择。

若只希望复制段落格式（而不复制字符格式），则只需将插入点插入源段落中，然后单击“格式刷”按钮，再在目标段落中单击即可；若只希望复制字符格式，则在选择文本时，不要选中段落标记。若只是将所选格式应用于文档中的一处内容，可单击“格式刷”按钮，然后选择要应用该格式的文本或段落。

7. 设置文档页面和背景

要为文档设置纸张大小、纸张方向、页边距或背景，可执行以下操作。

步骤 1▶ 继续在打开的文档中进行操作。单击“布局”选项卡“页面设置”组中的“纸张大小”按钮，在展开的下拉列表中保持“A4”选项的选中，设置文档的纸张大小为 A4 纸。如果要自定义纸张的大小，可以在该下拉列表中选择“其他纸张大小”选项，打开“页面设置”对话框，在“纸张”选项卡的“宽度”和“高度”编辑框中直接输入数值或单击其右侧的微调按钮进行微调，如图 3-42 所示。

步骤 2▶ 单击“页面设置”组中的“纸张方向”按钮，在展开的下拉列表中可选择纸张的方向，这里保持默认，如图 3-43 所示。

步骤 3▶ 单击“页面设置”组中的“页边距”按钮，在展开的下拉列表中可选择系统内置的页边距样式，这里选择“窄”，使文档内容正好在一页中，如图 3-44 所示。

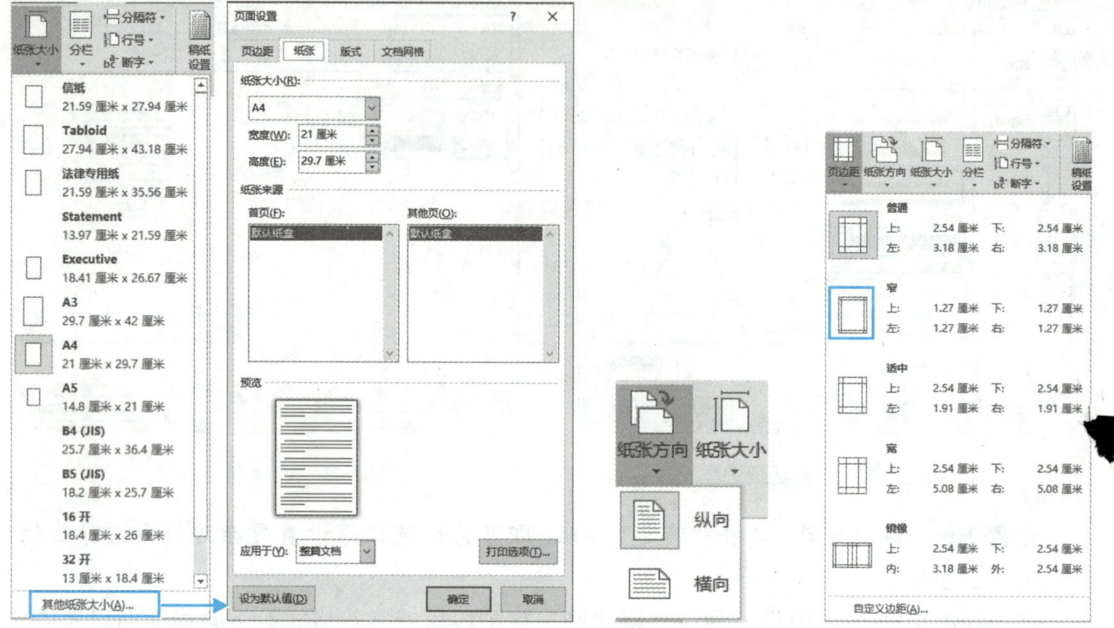

图 3-42　设置纸张大小　　图 3-43　设置纸张方向　　图 3-44　设置页边距

步骤 4▶ 如果页边距下拉列表中没有想要的样式，可选择底部的“自定义页边距”选项，在打开的“页面设置”对话框“页边距”选项卡中设置上、下、左、右页边距值，装订线的位置；在“应用于”下拉列表中选择所设页边距的应用范围，一般选择“整篇文档”，最后单击“确定”按钮。

步骤 5▶ 要为文档设置水印，可在“设计”选项卡的“页面背景”组中单击“水印”按钮，在展开的下拉列表中可选择系统内置的水印样式（见图 3-45）。若选择“自定义水印”选项，可在打开的对话框中为文档设置文字或图片水印。

步骤 6▶ 在“页面背景”组中单击“页面颜色”按钮，在展开的下拉列表中可以为文档设置纯色、渐变、纹理、图案或图片背景，如图 3-45 所示。

步骤 7▶ 至此，比赛通知文档就编排好了，再次按“Ctrl+S”组合键保存文档。

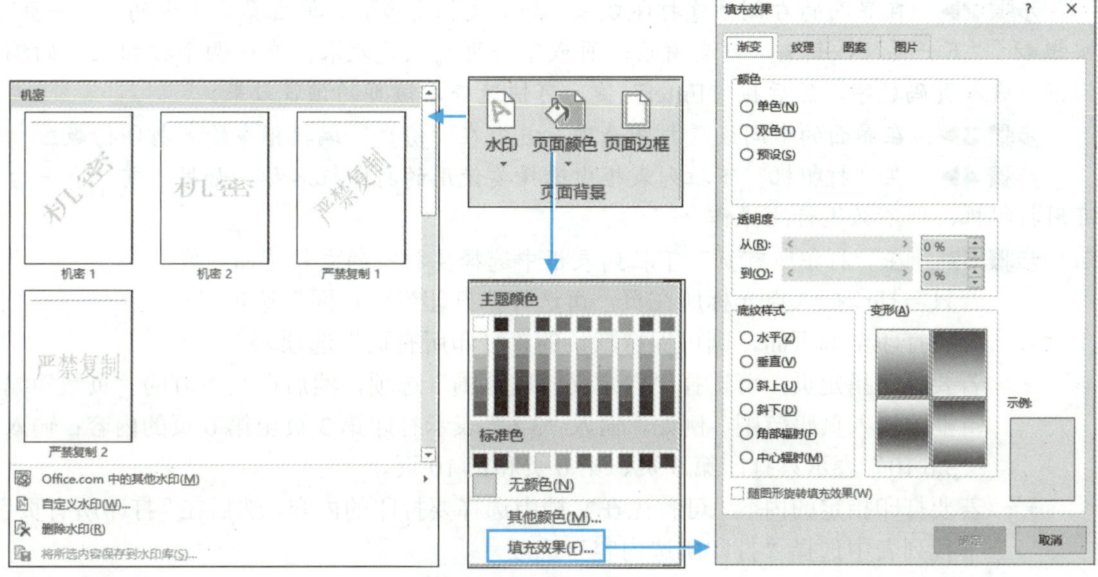

图 3-45　设置页面背景

8. 预览和打印文档

要对设置好格式的文档进行预览和打印，可执行以下操作。

步骤 1▶　在“文件”界面中选择“打印”选项，进入文档的打印和打印预览界面，如图 3-46 所示。

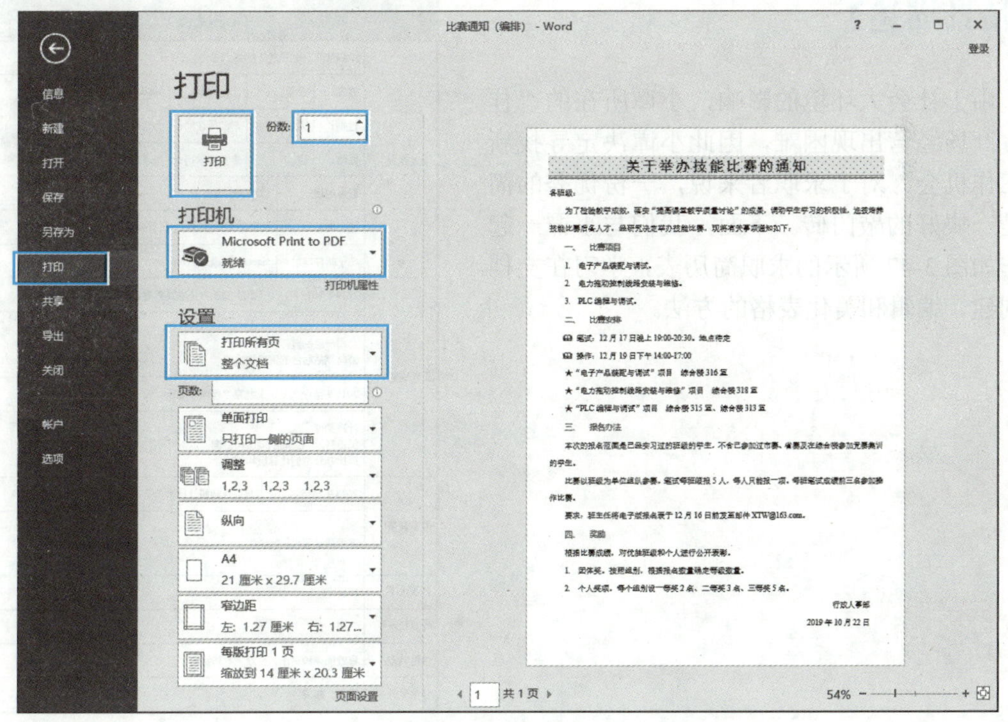

图 3-46　文档的打印和打印预览界面

步骤 2▶ 在界面的右侧预览打印效果。如果文档有多页，单击界面下方的“上一页”按钮◀和“下一页”按钮▶，可查看前一页或下一页的预览效果。在这两个按钮之间的编辑框中输入页码数字，然后按“Enter”键，可快速查看该页的预览效果。

步骤 3▶ 在界面的中间设置打印选项，首先在“份数”编辑框中输入打印份数。

步骤 4▶ 在“打印机”下拉列表框中选择要使用的打印机名称。如果当前只有一台可用打印机，则不必进行此操作。

步骤 5▶ 在“打印所有页”下拉列表框中选择要打印的文档页面内容。

- 若只需打印插入点光标所在页，可选择“打印当前页面”选项。
- 若要打印全部页面，则可保持默认的“打印所有页”选项。
- 若要打印指定页，可选择“自定义打印范围”选项，然后在其下方的“页数”编辑框中输入页码范围。例如，输入“3-6”表示打印第 3 页至第 6 页的内容；输入“3,6,10”表示只打印第 3 页、第 6 页和第 10 页。
- 若要打印指定的内容，可首先在文档中选择要打印的内容，然后在“打印所有页”下拉列表中选择“打印所选内容”选项。

步骤 6▶ 设置完毕，单击“打印”按钮，即可按设置打印文档。

项目二　制作求职简历

【情景描述】

由于社会大环境的影响，小谭所在的“佳美”商场经营出现困难，因此小谭决定寻找新的工作机会。对于求职者来说，一份优秀的简历是一块好的敲门砖。下面，我们与小谭一起制作如图 3-47 所示的求职简历表，学习在文档中创建、编辑和美化表格的方法。

求职简历					
个人概况	求职意向：电子商务相关				
	姓名：	小谭	出生日期：	1995.6.12	
	性别：	男	户口所在地：	山东省青岛市	
	民族：	汉	专业和学历：	电子商务	
	联系电话：	1234566			
	通讯地址：	北京市大兴区日月小区			
	电子邮件地址：	xiaotan@126.com			
工作经验	2014.8-2015.8	北京新新文化发展有限公司	北京		
	实习 公司产品的宣传和推广 公司网站后台的管理和维护				
	2015.9-至今	北京“佳美”商场	北京		
	行政助理 负责各部门之间的沟通和协调 维护办公室的计算机和网络				
教育背景	2013.9-2015.7	北京飞翔职业技术学院	电子商务		
	连续两年获校三好学生				
外语水平	B 级				
计算机水平	二级				
性格特点	喜欢阅读和写作，喜欢思考和钻研				
业余爱好	爬山、旅游				

图 3-47　求职简历文档效果

个人简历是求职者给招聘单位发的一份简要介绍，包括姓名、性别、年龄、电话、学历、工作经历等基本信息。如果求职者的个人简历有失真的情况，将造成个人诚信问题，并严重影响求职情况和个人的职业发展。因此，大家制作个人简历时要实事求是。

【项目要求】

- 掌握创建表格的方法。
- 掌握对表格结构进行调整的方法。
- 掌握在表格中输入文本并设置其格式的方法。
- 掌握对表格添加边框和底纹的方法。

【相关知识】

一、创建表格

表格是由水平的行和垂直的列组成的，行与列交叉形成的矩形部分称为单元格。用户可以在单元格中输入文字、插入图像等对象。表格在文档处理中占有十分重要的地位。在日常办公中常常需要制作各式各样的表格，如日程表、课程表和报名表等。

要在文档中创建表格，可以使用表格网格或“插入表格”对话框创建表格，还可以手绘表格。

提 示

在 Word 中，还可以将表格与文本互换。要将表格转换成文本，只需在表格中的任意单元格中单击，然后单击“表格工具/布局”选项卡“数据”组中的“转换为文本”按钮，打开“表格转换成文本”对话框（见图 3-48），在其中选择一种文字分隔符，单击“确定”按钮即可。

要将用段落标记、逗号、制表符或其他特定字符隔开的文本转换成表格，可选中要转换成表格的文本，然后单击“插入”选项卡“表格”组中的“表格”按钮，在展开的下拉列表中选择“文本转换成表格”选项，在打开的“将文字转换成表格”对话框选择一种分隔符（见图 3-49），单击“确定”按钮。此时，所选文本中被段落标记分开的文本将自动变为表格的行，被分隔符分开的文本将变成表格的列。

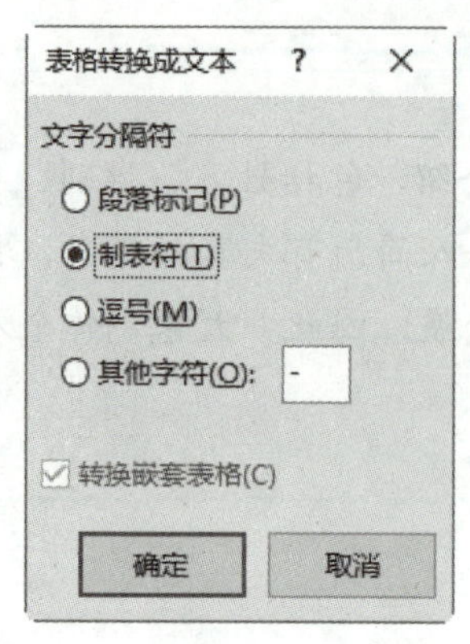

图 3-48 “表格转换成文本”对话框

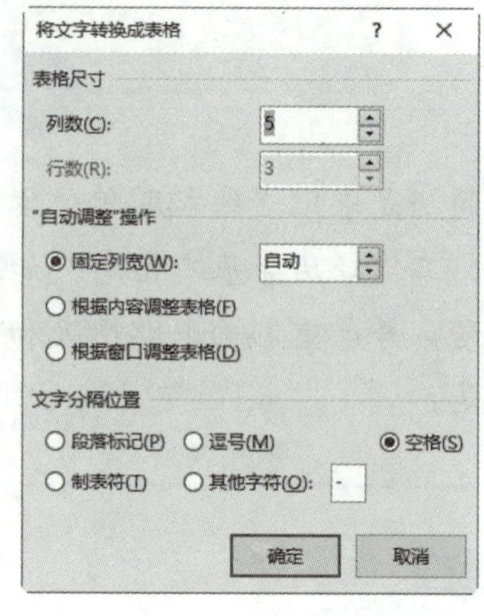

图 3-49 “将文字转换成表格”对话框

二、选择表格和单元格

创建表格后，若要对表格进行编辑操作，首先应选中要修改的单元格、行、列或整个表格。Word 2016 提供了多种选择表格或单元格的方法，如表 3-1 所示。

表 3-1 选择表格、行、列与单元格的方法

选择对象	操作方法
选择整个表格	将鼠标指针移至表格上方，此时表格左上角将显示“✥”控制柄，单击该控制柄即可选中整个表格
选择行	将鼠标指针移至所选行左边界的外侧，待指针变成“⇗”形状后单击鼠标左键，如图 3-50 所示。如果此时按住鼠标左键上下拖动，可选中多行
选择列	将鼠标指针移至所选列的顶端，待指针变成“⬇”形状后单击鼠标左键，如图 3-51 所示。如果此时按住鼠标左键并左右拖动，可选中多列
选择单个单元格	将鼠标指针移至单元格左边框，待指针变成“⬈”形状后单击鼠标左键可选中该单元格，如图 3-52 所示。此时若双击，可选中该单元格所在的一整行
选择连续的单元格区域	方法 1：在所选单元格区域的第一个单元格中单击，然后按住“Shift”键的同时单击所选单元格区域的最后一个单元格 方法 2：将鼠标指针移至所选单元格区域的第一个单元格中，然后按住鼠标左键不放向其他单元格拖动，则鼠标指针经过的单元格均被选中
选择不连续的单元格或单元格区域	按住“Ctrl”键，然后使用上述方法依次选择单元格或单元格区域

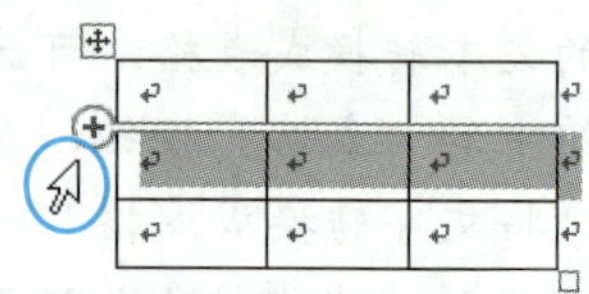

图 3-50 选择行

图 3-51 选择列

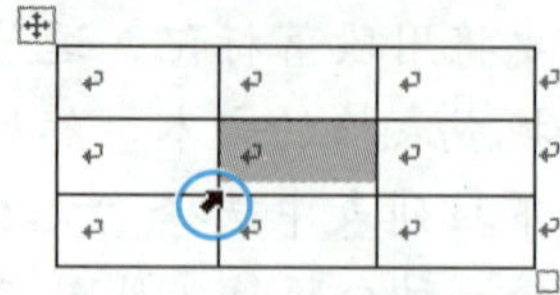

图 3-52 选择单元格

三、编辑与美化表格

为满足用户实际工作的需要，Word 2016 提供了多种方法来修改已创建的表格。例如，

插入行、列或单元格，删除多余的行、列或单元格，合并或拆分单元格，以及调整单元格的行高和列宽等。

创建好表格后，将插入点光标放置在表格的任意一个单元格中，在 Word 2016 的功能区中将出现“表格工具/设计”和“表格工具/布局”选项卡，表格的大多数编辑和美化操作都是通过这两个选项卡来实现的，如图 3-53 和图 3-54 所示。

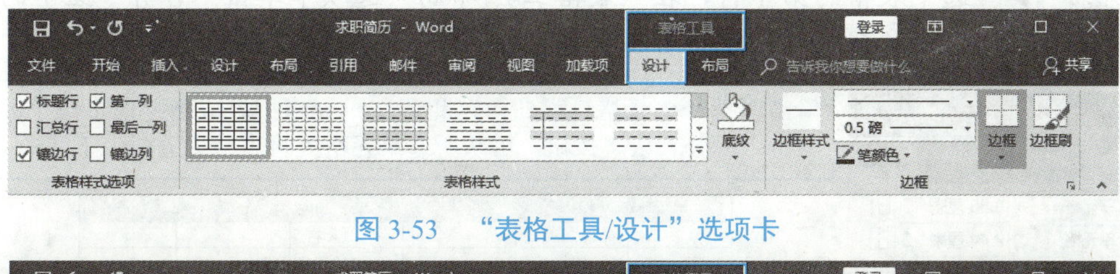

图 3-53 “表格工具/设计”选项卡

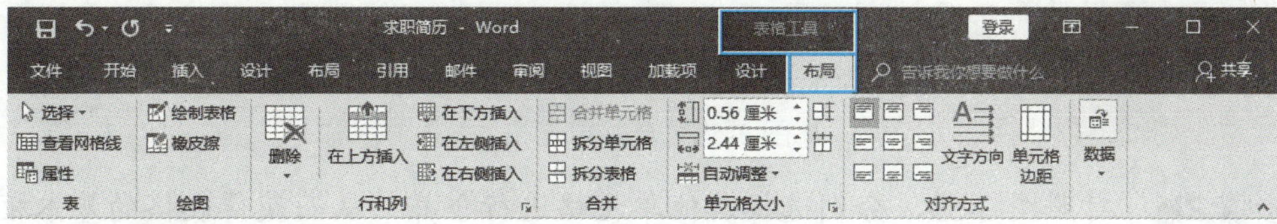

图 3-54 “表格工具/布局”选项卡

【项目实施】

任务一 创建求职简历

步骤 1▶ 新建“求职简历”文档，然后单击“插入”选项卡“表格”组中的“表格”按钮，在展开的下拉列表中选择“插入表格”选项，如图 3-55 所示。

步骤 2▶ 打开“插入表格”对话框，分别在“列数”和“行数”编辑框输入列数和行数，如图 3-56 所示。

- 固定列宽：选择该选项后，可在其后的编辑框中指定表格的列宽。
- 根据内容调整表格：选择该选项，表格各列的列宽会随输入的内容自动调整。
- 根据窗口调整表格：选择该选项，表格的宽度与文档正文的宽度一致。

步骤 3▶ 单击“确定”按钮，按照设置创建表格，效果如图 3-57 所示。

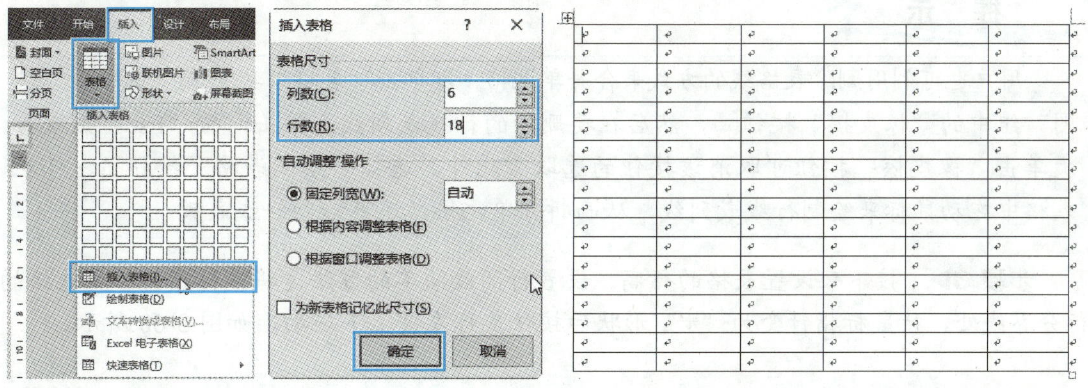

图 3-55 “表格”列表 图 3-56 设置表格的行数和列数 图 3-57 插入的表格效果

若要创建简单表格，可在“表格”下拉列表的网格中直接移动鼠标指针来确定表格的列数、行数，然后单击鼠标即可。

任务二　调整表格结构

下面通过编辑表格来制作求职简历表的框架。

步骤 1▶ 选中表格的第 1 行，在“表格工具/布局”选项卡单击“合并”组中的“合并单元格”按钮，将所选单元格合并，如图 3-58 所示。

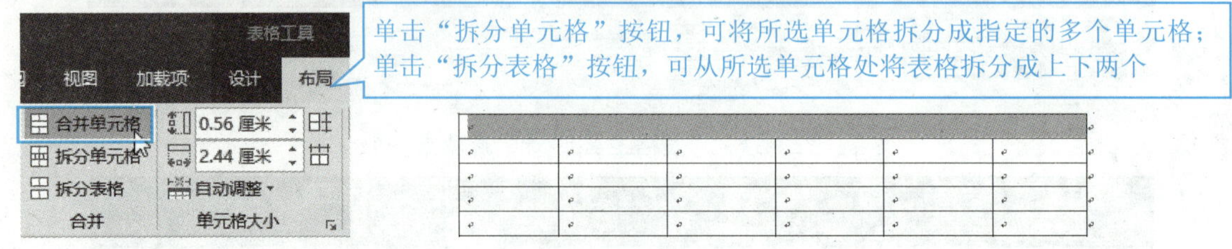

图 3-58　合并单元格

步骤 2▶ 对照图 3-59，分别选择其他单元格进行合并，从而获得表格的基本框架。

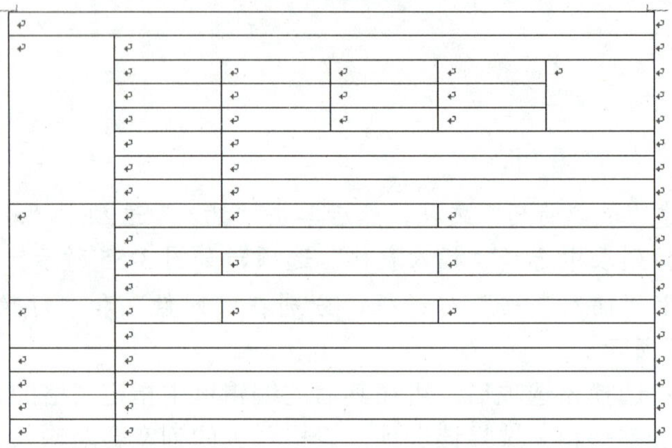

图 3-59　合并其他单元格

提　示

用户也可利用删除表格线的方式来合并单元格，即单击“表格工具/布局”选项卡“绘图”组中的“橡皮擦”按钮，然后在要删除的行线或列线上单击；按“Esc”键或再次单击“橡皮擦”按钮可取消该按钮的选取。此外，选择“绘制表格”按钮，可在表格中拖动鼠标来绘制行线或列线，从而拆分单元格，还可绘制斜线表头。

步骤 3▶ 接下来设置表格的行高。设置行高最简单的方法是将鼠标指针移至表格的行分界线处，待鼠标指针变为“÷”形状后按住鼠标左键上下拖动，如图 3-60 所示。

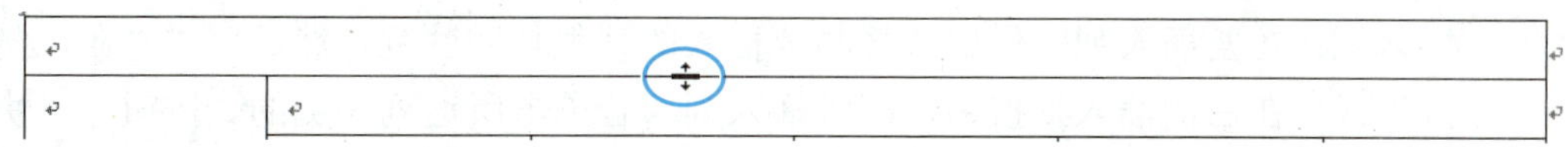

图 3-60　利用拖动方法调整行高

步骤 4▶　要精确调整行高，可首先将鼠标指针置于该行任意单元格中，或同时选中要调整行高的多行，然后在“表格工具/布局”选项卡“单元格大小”组的“高度”编辑框中输入行高值，按“Enter”键确认。本例将第 1 行的行高设为 1.3 厘米，如图 3-61 所示。

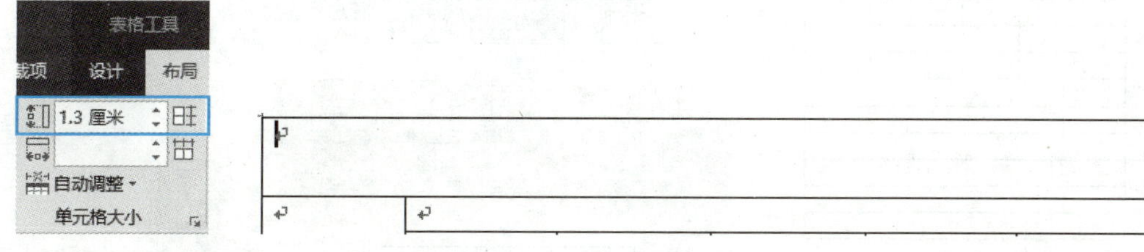

图 3-61　精确调整行高

步骤 5▶　选中除第 1 行外的所有行，然后在“单元格大小”组中的“高度”编辑框中输入 1，将选中行的高度全部设置为 1.0 厘米。

步骤 6▶　调整列宽。同时选中第 3 行、第 4 行和第 5 行的第 2 列单元格，将鼠标指针移至所选列的右分界线处，待其变为“+||+”形状后按住鼠标左键并向左拖动，调整所选单元格的列宽，如图 3-62 所示。

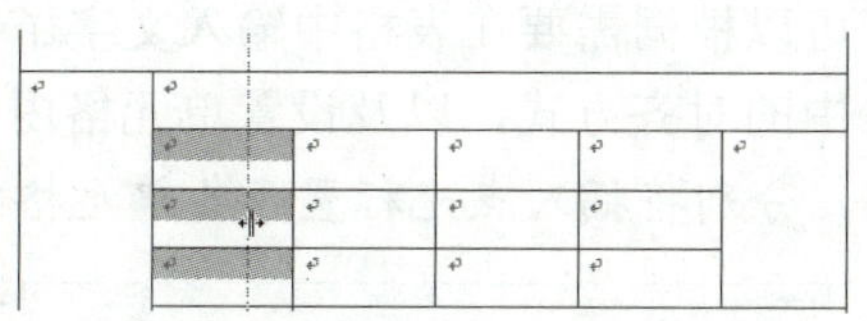

图 3-62　调整所选单元格的列宽

提　示

若需要精确调整列宽，可在选中需要调整列宽的列后，在“单元格大小”组的“宽度”编辑框中输入具体数值并按“Enter”键确认。

若不选择单元格，表示调整插入点光标所在列全部单元格的宽度。

若希望将多行或多列调整为等高或等宽，可首先选中这些行、列或相应的单元格，再单击“单元格大小”组中的“分布行”或“分布列”按钮。

步骤 7▶　对照图 3-63，选择其他单元格并调整相关列的宽度。也可在输入表格内容后，根据表格内容调整单元格的宽度和高度。

插入或删除行、列也是编辑表格时经常使用的操作。

- **插入行：**在要插入行的位置选择与要插入的行数相同的行，然后单击“在上方插入”或“在下方插入”按钮，即可在所选行的上方或下方插入与所选行数相同的行，如图 3-64 所示。若单击所选行左侧的⊕按钮，可快速在所选行的上方插入行。

➢ **插入列**：在要插入列的位置选择与要插入的列数相同的列，然后单击“在左侧插入”或“在右侧插入”按钮，即可插入列。若单击所选列左侧的⊕按钮，可快速在所选列的左侧插入列。

➢ **删除行、列或单元格或表格**：选中要删除的行、列或单元格，然后单击“删除”按钮，在展开的下拉列表中选择相应选项，如图 3-65 所示。

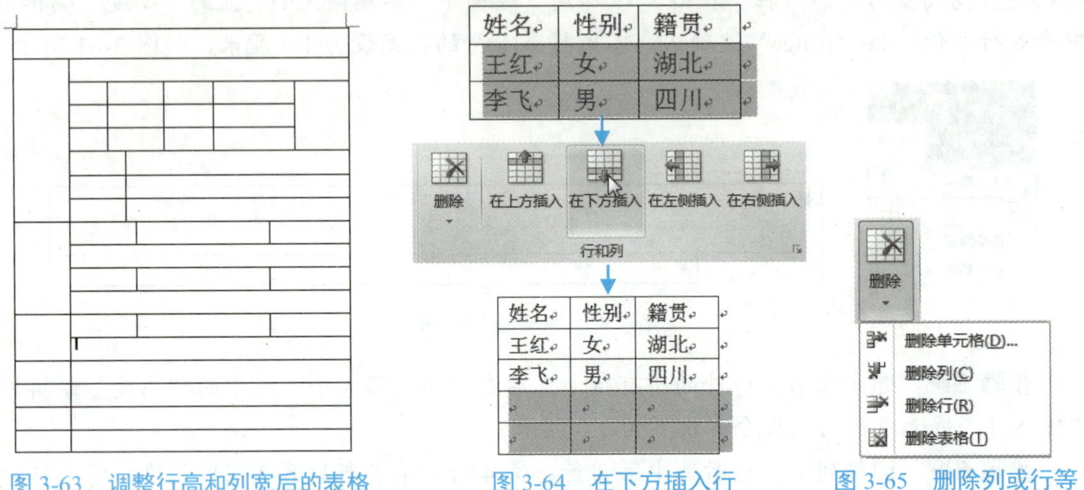

图 3-63 调整行高和列宽后的表格　　图 3-64 在下方插入行　　图 3-65 删除列或行等

任务三　在表格中输入内容并设置格式

创建好表格框架后，就可以根据需要在表格中输入文字了。输入内容后，还可以根据需要调整表格内容在单元格中的对齐方式，以及设置单元格内容的字体、字号等。

步骤 1▶ 对照图 3-66，分别将插入点光标置于各单元格中并输入相关文字。

求职简历					
个人概况	求职意向：电子商务相关				
	姓名：	小谭	出生日期：	1995.6.12	
	性别：	男	户口所在地：	山东省青岛市	
	民族：	汉	专业和学历：	电子商务	
	联系电话：	1234566[illegible]			
	通讯地址：	北京市大兴区日月小区[illegible]			
	电子邮件地址：	Wangd[illegible]@qq.com			
工作经验	2014.8-2015.8	北京新新文化发展有限公司	北京		
	实习 公司产品的宣传和推广 公司网站后台的管理和维护				
	2015.9-至今	北京“佳美”商场	北京		
	行政助理 负责各部门之间的沟通和协调 维护办公室的计算机和网络				
教育背景	2013.9-2015.7	北京飞翔学院	电子商务		
	连续两年获校三好学生				
外语水平	B 级				
计算机水平	二级				
性格特点	喜欢阅读和写作，喜欢思考和钻研				
业余爱好	爬山、旅游				

图 3-66　在表格中输入文字

步骤 2▶ 适当调整某些列的宽度和某些行的高度，使表格内容不显得拥挤。

步骤 3▶ 将插入点光标置于表格第 3 行最右侧的单元格中，单击“插入”选项卡“插图”组中的“图片”按钮，打开“插入图片”对话框，在对话框选择本书配套素材“模块三”/“项目二”/“简历照片”文件，单击“插入”按钮，将照片插入单元格。

步骤 4▶ 保持图片的选中，然后在出现的“图片工具/格式”选项卡的“大小”组的“高度”编辑框中输入 2.3 厘米，调整照片的大小，如图 3-67 所示。

相关

出生日期：	1995.6.12	
户口所在地：	山东省青岛市	
专业和学历：	电子商务	

图 3-67　在单元格中插入图片

步骤 5▶ 单击表格左上角的控制柄⊞选中整个表格，然后单击“表格工具/布局”选项卡“对齐方式”组中的“中部两端对齐”按钮（见图 3-68），将各单元格中的文字相对于单元格垂直居中对齐、水平居左对齐。再将照片所在单元格的对齐方式设置为水平居中。

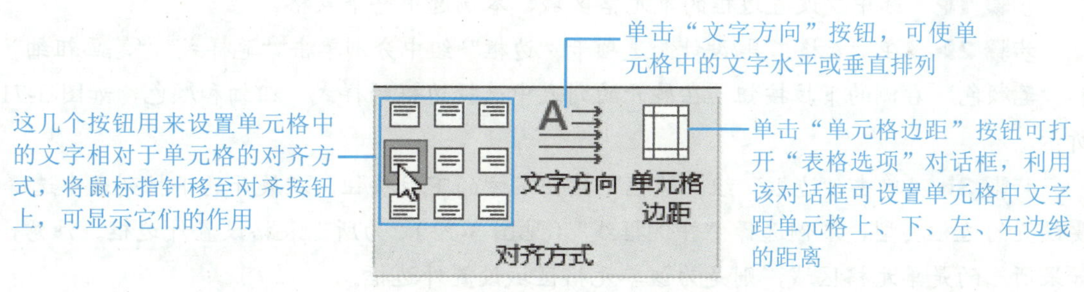

图 3-68　设置单元格的对齐方式

步骤 6▶ 选中第 1 行单元格，利用“开始”选项卡“字体”组设置其字符格式为黑体、三号；利用“表格工具/布局”选项卡“对齐方式”组将文字设为“水平居中”对齐。

要设置整个表格相对于页面的对齐方式及与周围文字的环绕方式，可选中整个表格，然后单击“表格工具/布局”选项卡“表”组中的“属性”按钮，在打开的“表格属性”对话框中进行设置，如图 3-69 所示。如果将该对话框切换到“行”“列”或“单元格”选项卡，可设置所选单元格的固定行高、固定列宽或单元格中文字的对齐方式等，如图 3-70 所示。

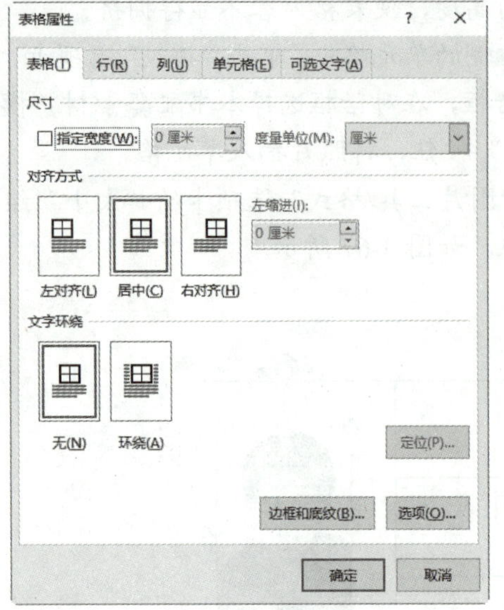

图 3-69　设置表格对齐和文字环绕方式

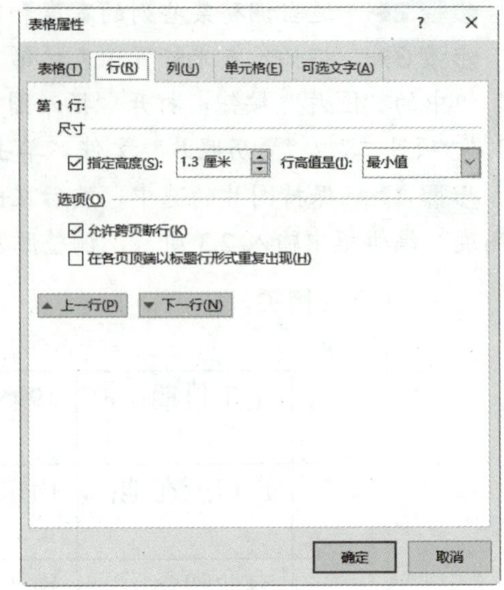

图 3-70　设置行高

任务四　美化表格

表格创建和编辑完成后，还可进一步对表格进行美化操作，如设置所选单元格或整个表格的边框和底纹等。此处以为整个表格添加一个 0.75 磅的黑双线外边框，为表格标题行添加橙色底纹为例，介绍美化表格的方法。

步骤 1▶ 选中要设置边框的单元格区域，本例选中整个表格。

步骤 2▶ 在“表格工具/设计”选项卡“边框”组中分别单击“笔样式”“笔画粗细”和“笔颜色”右侧的下拉按钮，在展开的列表中选择边框的样式、粗细和颜色，如图 3-71 所示。

步骤 3▶ 单击“边框”组“边框”按钮下方的下拉按钮，在展开的下拉列表中选择要设置的边框类型，本例选择“外侧框线”（见图 3-72），为所选表格设置外边框。注意，如果所选的是单元格区域，则是为该单元格区域设置外边框。

步骤 4▶ 选中表格第 1 行（标题行），单击“表格样式”组中“底纹”按钮下方的下拉按钮，在展开的列表中选择一种底纹颜色，如橙色，如图 3-73 所示。至此，求职简历制作完成。

要为表格设置复杂的边框和底纹，可单击“边框”组的对话框启动器按钮，或选择“边框”下拉列表底部的“边框和底纹”选项，在打开的“边框和底纹”对话框进行设置。

要使用系统内置的漂亮样式快速改变表格的外观，可在选中表格后，在“表格工具/设计”选项卡中的“表格样式”组中单击需要应用的样式。

选择相应的选项，可为所选单元格区域设置下框线、上框线、所有框线、外侧框线和内部框线等

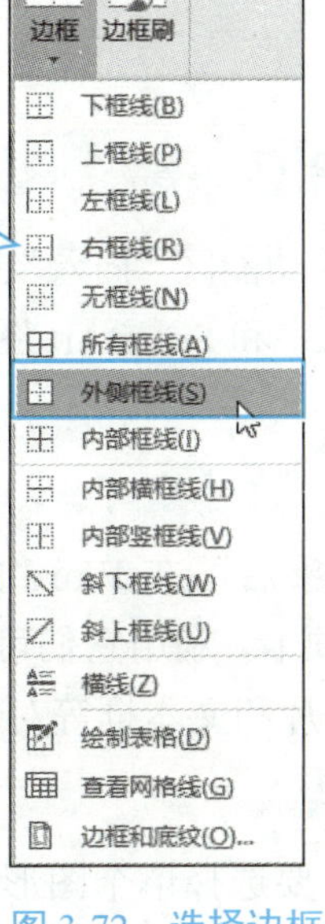

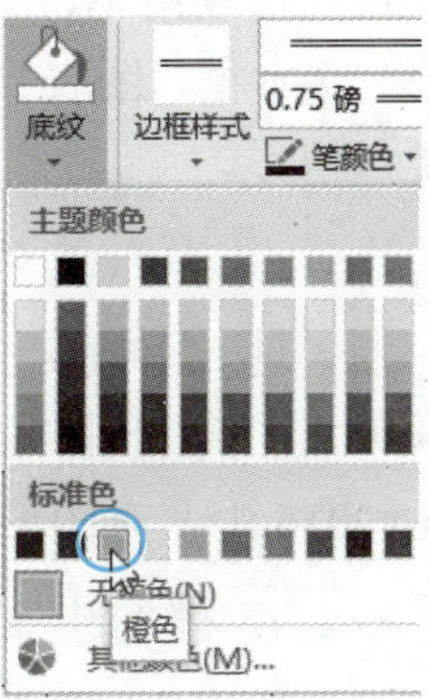

本例选择笔样式为双实线，粗细为 0.75 磅，笔颜色保持默认的黑色

图 3-71　选择笔的样式、粗细和颜色　　图 3-72　选择边框　　图 3-73　设置表格底纹

项目三　制作舞蹈协会纳新海报

【情景描述】

小刘是校文艺部的一名职工，现在部门领导给他下达了一项任务：制作一份舞蹈协会纳新海报，方便给广大舞蹈爱好者一个交流学习的平台。下面，我们和小刘一起利用艺术字、图形、图片、SmartArt 图形和文本框完成图文并茂的海报制作，效果如图 3-74 所示。

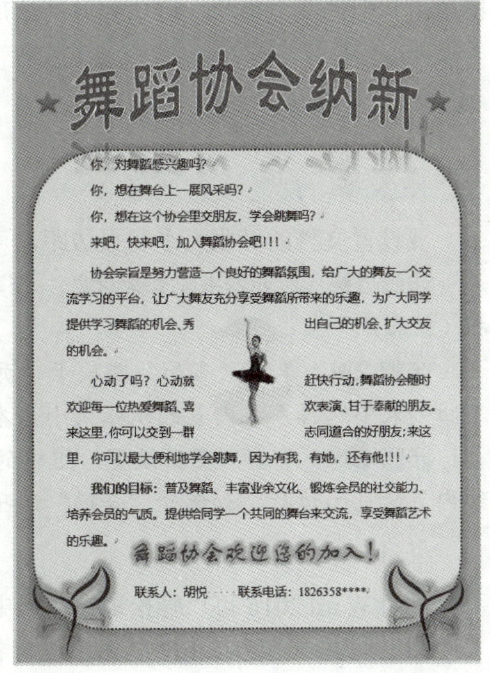

图 3-74　舞蹈协会纳新海报效果

【项目要求】

- 掌握设置文档页面的方法。
- 掌握在文档中插入图片、艺术字、形状和文本框的方法。
- 掌握根据需要对插入的图片、艺术字、形状和文本框进行编辑与美化的方法。

【相关知识】

一、插入图形、图片等对象

用户可利用 Word 2016 功能区“插入”选项卡中的相应按钮，在文档中插入各种图片、图形、文本框、图表、艺术字和 SmartArt 图形等对象，以丰富文档内容和方便排版，使文档更加精彩。

二、编辑和美化插入的对象

插入图形和图片等对象后，在 Word 的功能区将自动出现“×××工具/格式”或“×××工具/设计”等选项卡，利用它们可以对插入的对象进行各种编辑和美化操作。在 Word 2016 中，对图形、图片和文本框等对象进行编辑和美化的操作方法基本相同。

三、选择图形的方法

在文档中绘制图形后，要选择单个图形，可直接单击该图形；若要同时选择多个图形，可按住“Shift”键依次单击图形，或单击“开始”选项卡“编辑”组中的“选择”按钮，在展开的下拉列表中选择“选择对象”选项，然后在图形周围拖出一个方框，此时方框内的所有图形都将被选中。

在页面其他位置单击可取消形状的选择状态。当选择多个形状时，按住“Shift”或“Ctrl”键单击其中的某个形状，可单独取消该形状的选择。

【项目实施】

任务一　设置文档页面

要设置文档的纸张大小和页边距，可执行如下操作。

步骤 1▶ 打开本书配套素材文件“模块三”/“项目三”/“海报（素材）”，将其另存为“海报（效果）”。

步骤 2▶ 单击“布局”选项卡“页面设置”组中的“纸张大小”按钮，在展开的下拉列表中选择系统内置的纸张大小，本例选择“A3”选项，如图 3-75 所示。

步骤 3▶ 单击“页面设置”组中的“页边距”按钮，在展开的下拉列表中选择系统内置的页面边距，如选择“普通”选项，如图 3-76 所示。

任务二　使用艺术字

利用 Word 2016 可以轻松地在文档中创建漂亮的艺术字。创建艺术字后，还可以利用“绘图工具/格式”选项卡对艺术字进行各种编辑和美化操作。在 Word 2016 中，既可以选择艺术字样式后输入艺术字文本，也可以将现有的文本转换为艺术字。

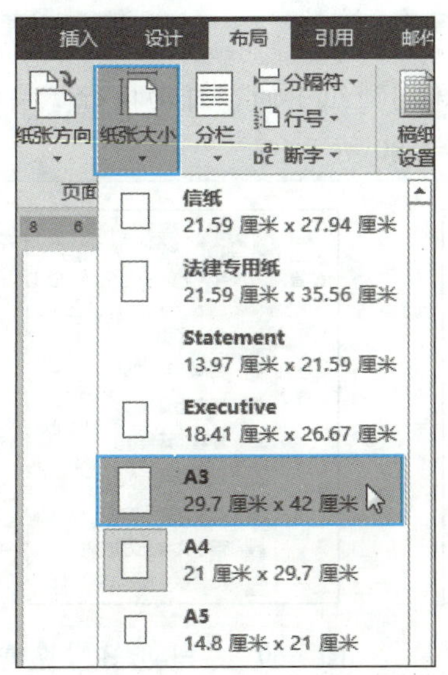

图 3-75 设置纸张大小

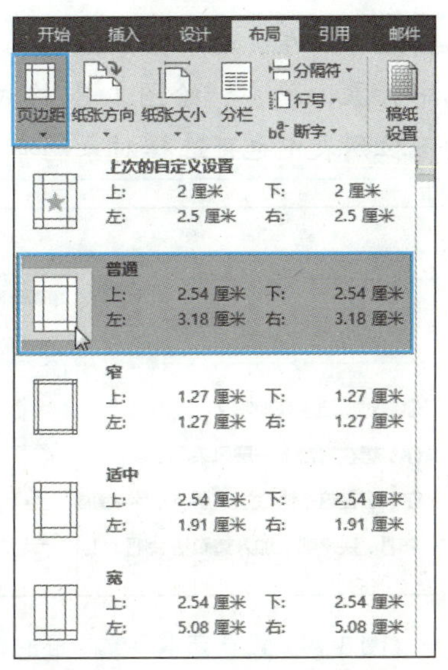

图 3-76 设置页边距

下面将文档的标题文本转换为艺术字，然后设置艺术字的布局选项、字体、字号、对齐方式，以及文本效果等。

步骤 1▶ 选中要转换为艺术字的标题文本“舞蹈协会纳新”，如图 3-77 所示。

步骤 2▶ 单击“插入”选项卡“文本”组中的“艺术字”按钮 艺术字，在展开的下拉列表中选择需要的艺术字样式（见图 3-78），即可将所选文本转换为艺术字。

图 3-77 选择文本

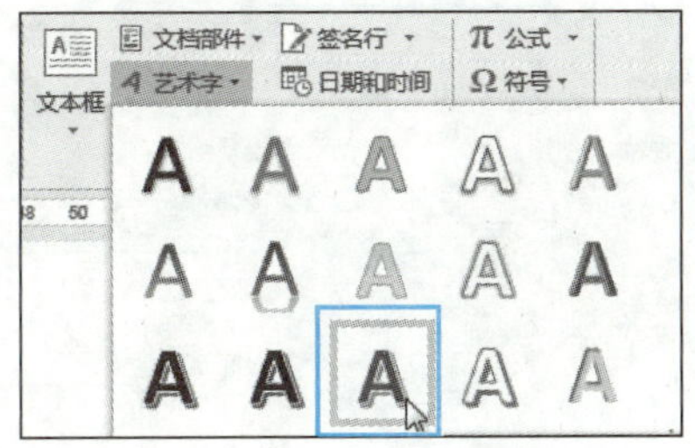

图 3-78 选择艺术字样式

步骤 3▶ 单击艺术字文本框右侧的“布局选项”按钮，在展开的下拉列表中选择“嵌入型”选项，如图 3-79 所示。

提 示

布局选项用来设置该文本框与正文文字之间的位置关系。其中，“嵌入型”是指将文本框嵌入到正文中，其位置属性与正文文字相同；“文字环绕”类的文本框独立于正文，包括“四周型环绕”（正文文字位于文本框的四周）、“衬于文字下方”（文本框位于正文文字的下方）、“浮于文字上方”（文本框浮动在正文文字的上方）等环绕方式。图片、图形的布局方式与文本框相同。由于“文字环绕”类对象独立于正文，因此可以在页面中任意拖动。

选中对象，单击“绘图工具/格式”选项卡“排列”组中的“自动换行”按钮，在展开的下拉列表中也可选择对象的布局类型，如图 3-80 所示。

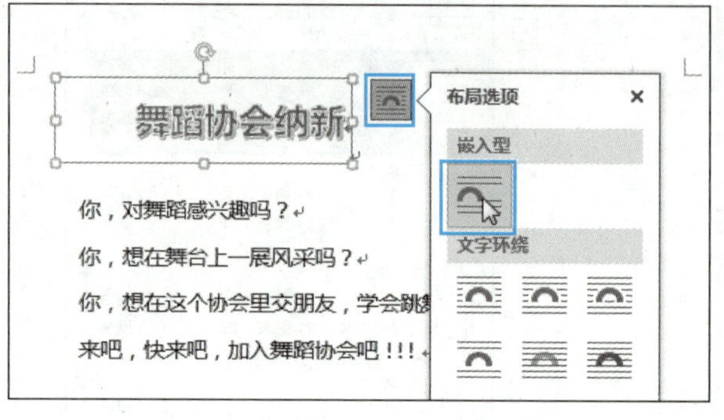

图 3-79　设置艺术字文本框的布局

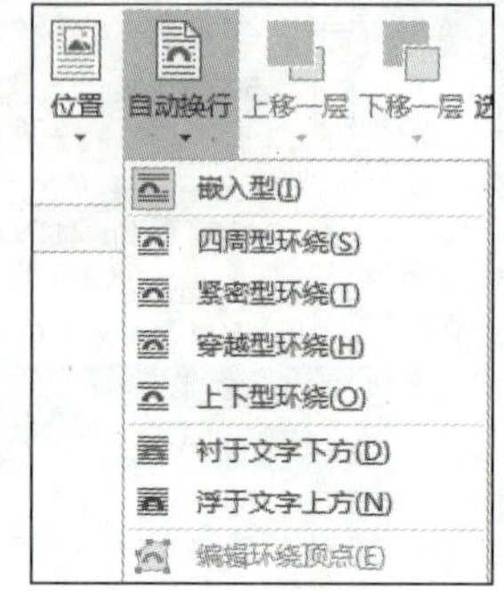

图 3-80　“自动换行”列表

步骤 4▶　单击艺术字文本框的边缘将其选中或选中文本框中的艺术字，然后利用“开始”选项卡设置其字体为“隶书”（或其他合适的字体），字号为 90（直接在“字号”编辑框中输入数值），设置艺术字的缩进为无，对齐方式为居中，然后将艺术字所在文本框的大小设置成与文档版心同宽，效果如图 3-81 所示。

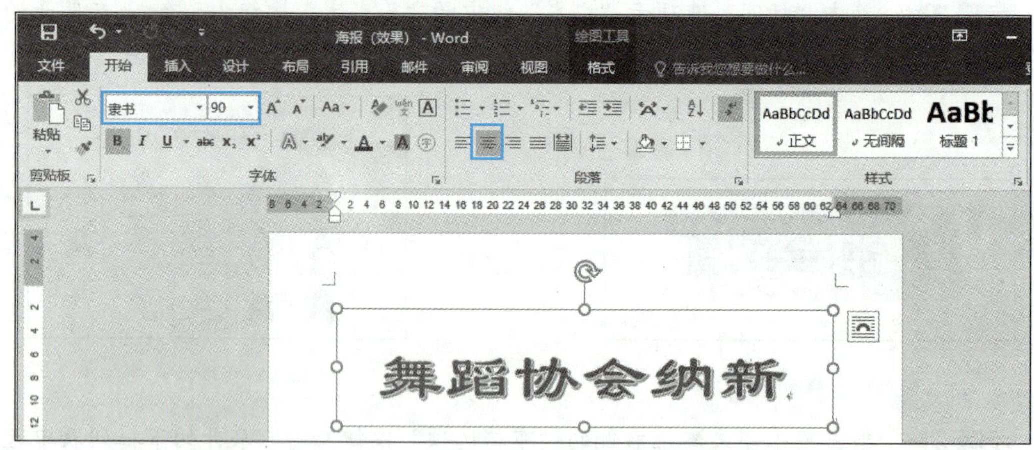

图 3-81　设置艺术字的字体、字号和对齐方式

步骤 5▶　双击艺术字文本框的边缘，然后单击“绘图工具/格式”选项卡“艺术字样式”组中的“文本效果”按钮 文本效果，在展开的下拉列表中分别选择“映像”/“紧密映像，接触”和“转换”/“倒 V 形”选项，如图 3-82 所示。

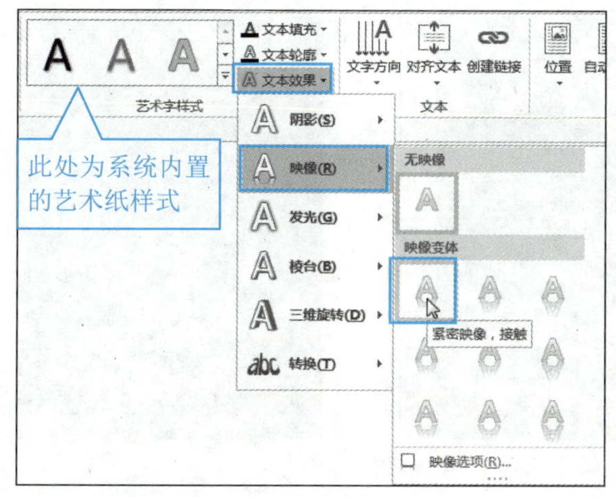

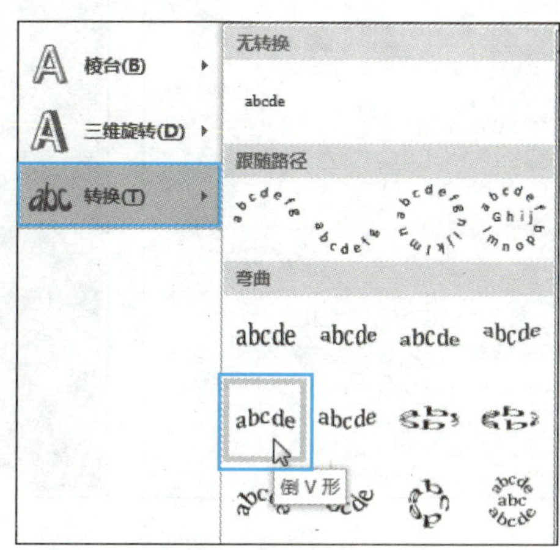

图 3-82 设置艺术字的映像和转换效果

提 示

若对艺术字的样式不满意，可选中艺术字文本框，然后在“绘图工具/格式”选项卡“艺术字样式”组中重新为艺术字选择系统内置的样式，或利用“艺术字样式”组中的选项自定义艺术字效果。

其中，利用“文本填充”按钮可设置艺术字的填充颜色；利用“文本轮廓”按钮可设置艺术字的轮廓线颜色、线型、粗细等；利用“文本效果”按钮可设置艺术字的特殊效果，包括阴影、发光、棱台、三维旋转等。

任务三 使用形状

利用 Word 2016 还可以在文档中绘制各种形状（如矩形、圆形、星形、箭头等），并对形状进行编辑和美化。下面在海报文档中添加形状。

步骤 1▶ 将页面显示比例设为 50%（此操作是为了方便绘图），然后在“插入”选项卡单击“插图”组中的“形状”按钮，在展开的下拉列表中选择“矩形”分类下的“矩形”形状□，在文档页面左上角位置按住鼠标左键并向右下角拖动，到页面右下角位置后释放鼠标，从而绘制一个与页面等大的矩形，如图 3-83 所示。

步骤 2▶ 选择“形状”下拉列表中“矩形”分类下的“圆角矩形”形状▢，在文档的中部绘制一个圆角矩形，如图 3-84 所示。

步骤 3▶ 选择“形状”下拉列表中“星与旗帜”分类下的“五角星”形状☆，按住“Shift”键在文档的上方拖动鼠标绘制一个正五角星，如图 3-85 所示。

步骤 4▶ 选中铺满页面的大矩形，单击“绘图工具/格式”选项卡“排列”组中的“自动换行”按钮，在展开的下拉列表中选择“衬于文字下方”选项，如图 3-86 所示。

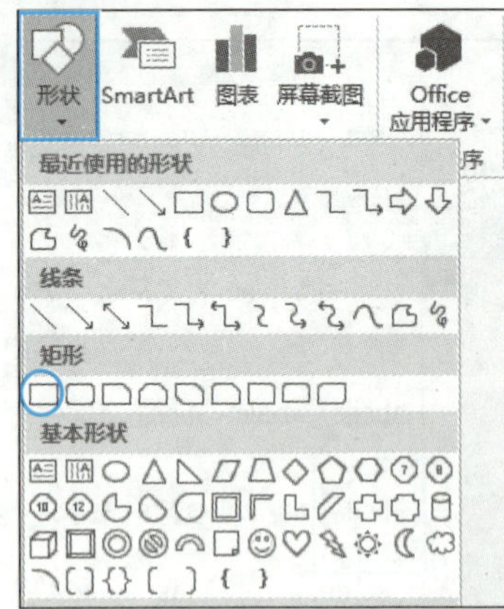

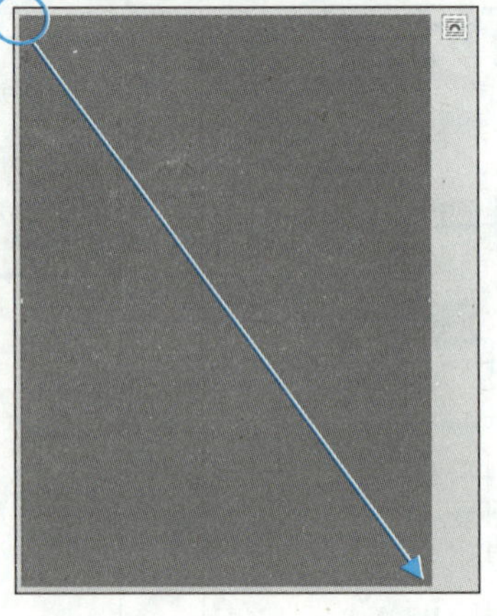

图 3-83 绘制矩形

图 3-84 绘制圆角矩形

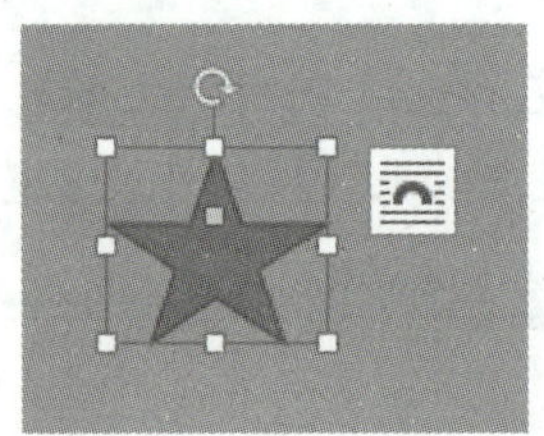

图 3-85 绘制五角星

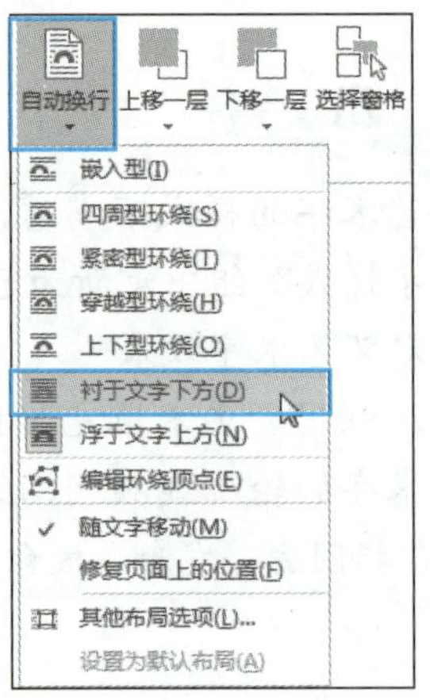

图 3-86 设置环绕方式

提 示

单击“页面布局”选项卡“排列”组中的“选择窗格”按钮，此时在 Word 2016 工作界面右侧将显示“选择”窗格，其中列出了当前文档中的文本框、形状、图片等对象名称，单击其中的某个对象名称可将其选中；按住“Ctrl”键依次单击可同时选中多个对象。

步骤 5▶ 选中页面中间的圆角矩形，在“自动换行”下拉列表中选择“衬于文字下方”选项，此时页面效果如图 3-87 所示。

步骤 6▶ 拖动圆角矩形的尺寸控制点□调整其大小，拖动形状控制点▫调小其圆角，使其效果如图 3-88 所示。

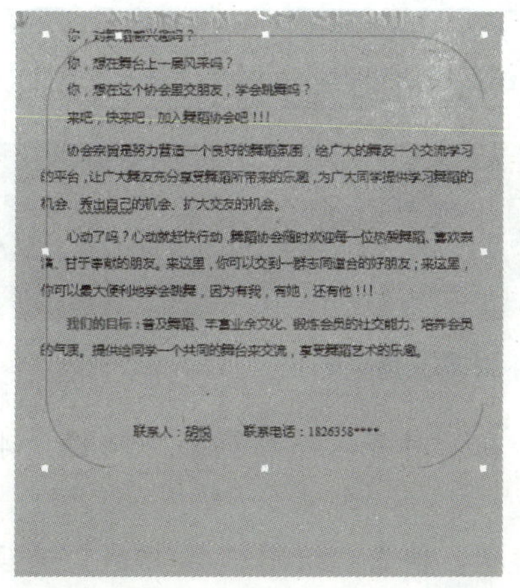

图 3-87　设置文字环绕方式的效果

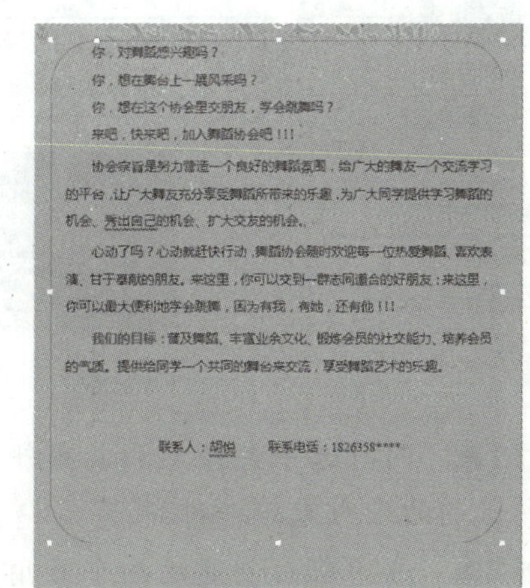

图 3-88　调整圆角矩形后的效果

步骤 7▶　在“绘图工具/格式”选项卡的“大小”组中输入数值，可精确调整对象大小。例如，将前面画的五角星的高度设为 1.36 厘米，宽度设为 1.55 厘米，如图 3-89 所示。

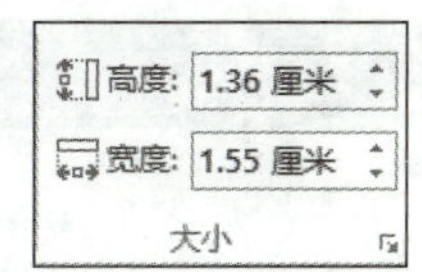

图 3-89　精确调整对象大小

提　示

将鼠标指针放在形状上方的旋转控制点上，当其变为时按住鼠标左键并拖动，可自由旋转形状。此外，单击“绘图工具/格式”选项卡“排列”组中的“旋转”按钮，在展开的下拉列表中可选择将对象向右旋转 90°、向左旋转 90°、垂直翻转和水平翻转。

步骤 8▶　在 Word 2016 中，对于非嵌入型的形状、图片等对象，可以利用拖动方式将其移动到页面任意位置。本例选择五角星形状，将其拖到标题左侧，如图 3-90 所示。

步骤 9▶　按住“Ctrl”键将五角星形状拖到标题右侧，然后依次释放鼠标左键和“Ctrl”键，将五角星形状复制一份，如图 3-91 所示。

图 3-90　移动五角星形状

图 3-91　复制五角星形状

步骤 10▶　同时选中标题文本左右两侧的五角星形状，单击“绘图工具/格式”选项卡“排列”组中的“对齐”按钮，在展开的下拉列表中选择“垂直居中”选项，将所选的两个对象中部对齐，如图 3-92 所示。

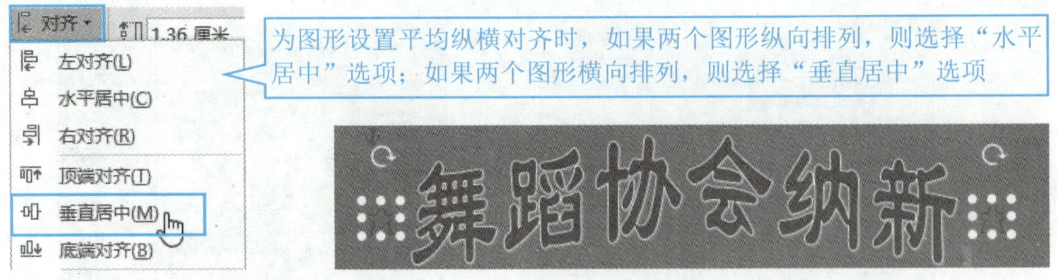

图 3-92　垂直居中对齐五角星形状

步骤 11▶ 同时选中大矩形和圆角矩形，在“对齐”下拉列表中选择“水平居中”选项，将所选的两个对象居中对齐。

步骤 12▶ 选中前面创建的两个五角星形状，单击“绘图工具/格式”选项卡“形状样式”组中的“其他”按钮，在展开的下拉列表中选择一种系统内置的形状样式，可快速对形状进行美化，如图 3-93 所示。

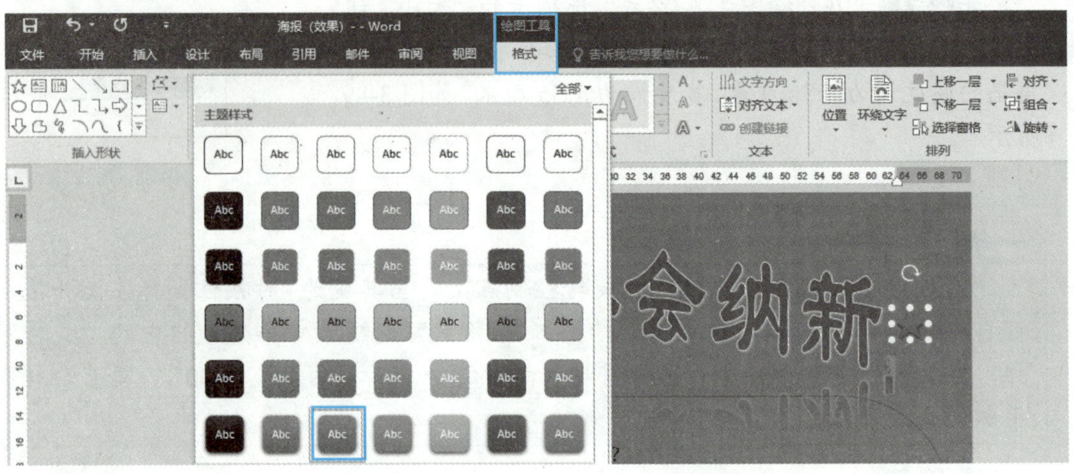

图 3-93　使用系统内置样式美化形状

步骤 13▶ 选中矩形，单击“绘图工具/格式”选项卡“形状样式”组“形状填充”按钮 形状填充 右侧的下拉按钮，在展开的下拉列表中选择标准色中的“浅绿”，为矩形填充该颜色。

步骤 14▶ 选中圆角矩形，在“形状填充”下拉列表中选择标准色中的“黄色”，为圆角矩形填充该颜色。

步骤 15▶ 单击“形状轮廓”按钮右侧的下拉按钮，在展开的下拉列表中选择标准色中的“红色”，设置圆角矩形的轮廓线颜色，如图 3-94 所示。

步骤 16▶ 在“形状轮廓”下拉列表中选择“虚线”/“圆点”选项，设置圆角矩形的轮廓线样式，如图 3-95 所示。

步骤 17▶ 在“形状轮廓”下拉列表中选择“粗细”/“3 磅”选项，设置圆角矩形的轮廓线粗细，如图 3-96 所示。

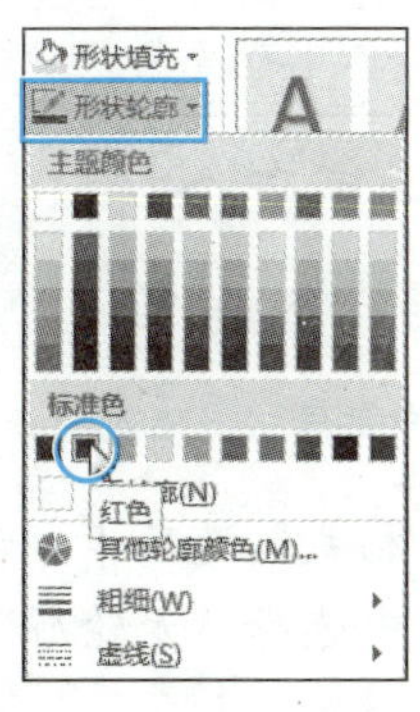

图 3-94 设置轮廓线颜色

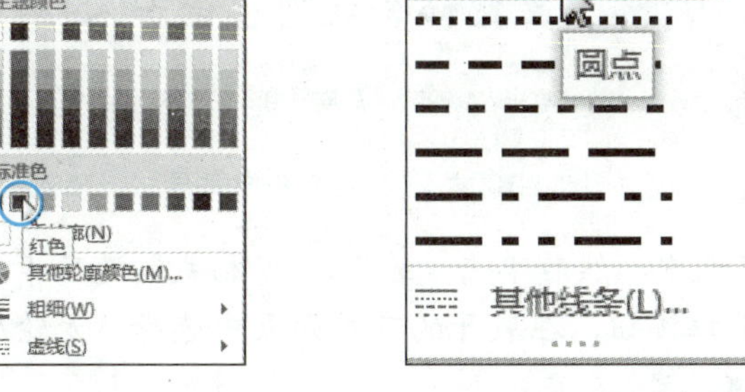

图 3-95 设置轮廓线样式

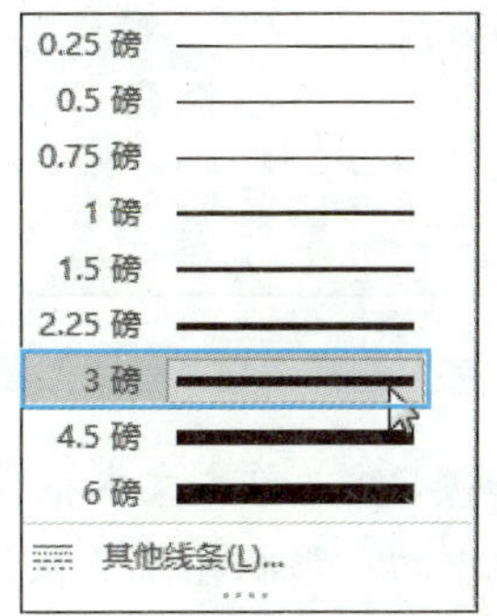

图 3-96 设置轮廓线粗细

步骤 18▶ 单击“形状效果”按钮 形状效果 右侧的下拉按钮，在展开的下拉列表中为形状选择一种特殊效果，本例选择“发光”/“橙色，18 pt 发光，个性色 2”选项，如图 3-97 所示。此时文档效果如图 3-98 所示。

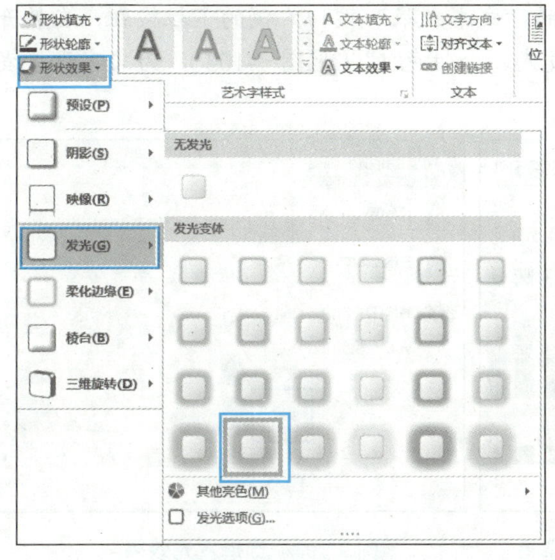

图 3-97 设置形状效果

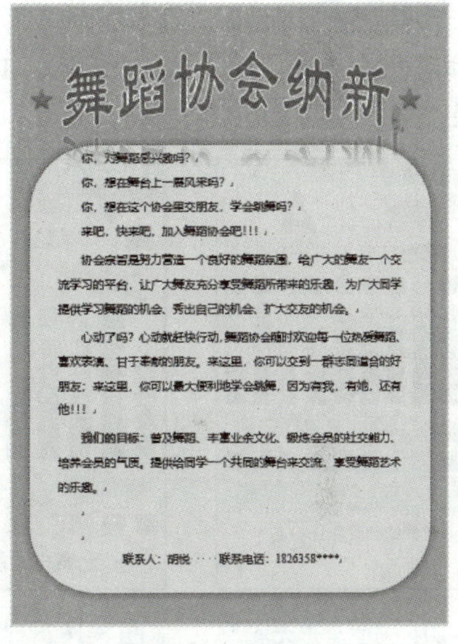

图 3-98 文档效果

任务四 使用文本框

文本框也是 Word 的一种图形对象，用户可在文本框中输入文字，放置图片、表格和艺术字等，并可将文本框放在页面上的任意位置，从而设计出较为特殊的文档版式。文本框分为横排文本框和竖排文本框两种。下面在海报的下方利用文本框输入一句欢迎语。

步骤 1▶ 单击“插入”选项卡“插图”组中的“形状”按钮，在展开的下拉列表中选择“基本形状”分类中的“文本框”工具，如图 3-99 所示。

步骤 2▶ 在文档的中下部拖动鼠标绘制一个横排文本框，然后输入文本“舞蹈协会欢迎您的加入!”，设置其字体为方正舒体（或其他字体），字号为初号，效果如图 3-100 所示。

图 3-99　选择“文本框”工具

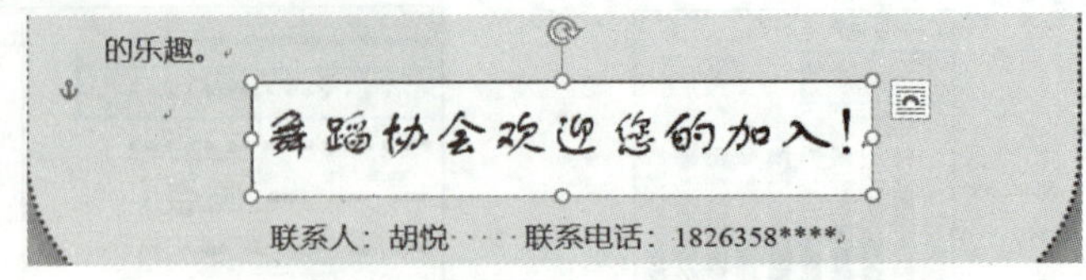

图 3-100　输入文本并设置其字符格式

步骤 3▶　单击文本框的边缘将其选中，然后单击“绘图工具/格式”选项卡“形状样式”组中的“形状轮廓”按钮右侧的下拉按钮，在展开的下拉列表中选择“无轮廓”选项（见图 3-101），将文本框的轮廓线取消。

步骤 4▶　单击“形状填充”按钮右侧的下拉按钮，在展开的下拉列表中选择“无填充颜色”选项，取消文本框的填充颜色。

步骤 5▶　单击“绘图工具/格式”选项卡“艺术字样式”组中的“文本填充”按钮右侧的下拉按钮，在展开的下拉列表中选择“紫色”（见图 3-102），为文字设置紫色填充效果。

步骤 6▶　单击“艺术字样式”组中的“文本效果”按钮右侧的下拉按钮，在展开的下拉列表中选择“发光”/“蓝色，18 pt 发光，个性色 1”（见图 3-103），为文字设置发光效果。

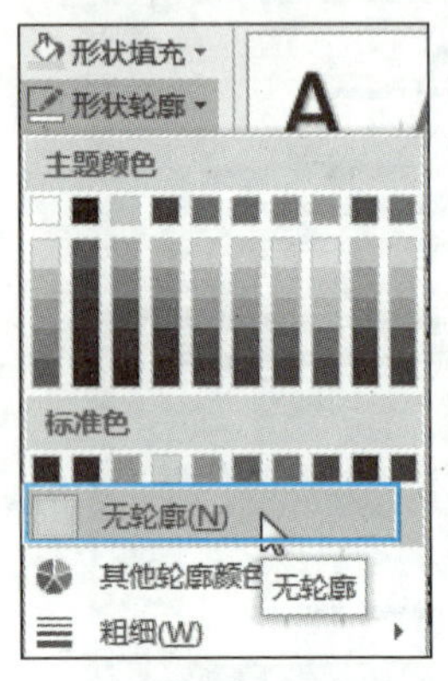

图 3-101　选择“无轮廓”

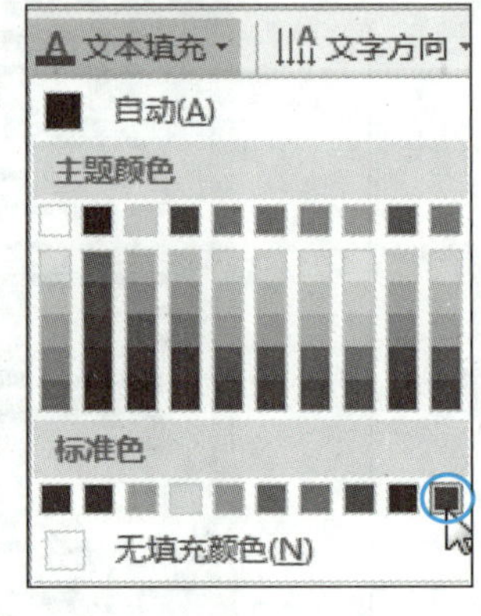

图 3-102　选择“紫色”

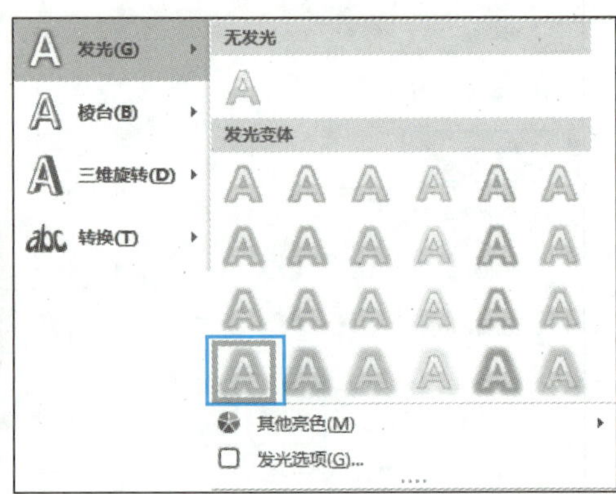

图 3-103　选择发光效果

任务五　使用图片

在制作 Word 文档时，可以向文档中插入符合主题要求的图片，使文档更加生动形象。插入图片后，在 Word 的功能区将自动出现“图片工具/格式”选项卡，利用该选项卡可以对插入的图片进行各种编辑和美化操作。下面在海报文档中插入、编辑与美化素材图片和联机图片。

步骤 1▶　单击“插入”选项卡“插图”组中的“图片”按钮（见图 3-104），打开“插入图片”对话框。

图 3-104 单击“图片”按钮

步骤 2▶ 找到本书配套素材“模块三”/“项目三”/“舞蹈”图片，单击“插入”按钮（见图 3-105），将其插入到文档中插入点光标所在的位置。

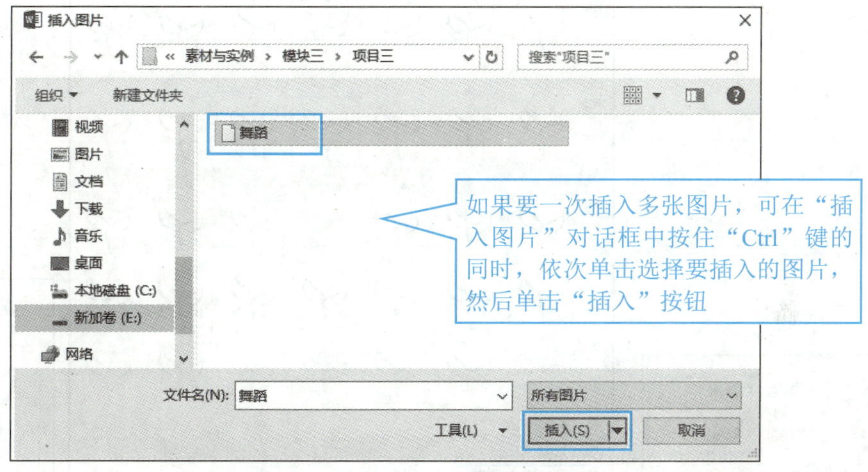

图 3-105 选择要插入的图片

步骤 3▶ 单击“插入”选项卡“插图”组中的“联机图片”按钮，进入“插入图片”界面，在“必应图像搜索”编辑框中输入要插入的图像的关键字，如“舞蹈”，如图 3-106 所示。

步骤 4▶ 单击“搜索”按钮，搜索出相关联机图片。单击“重置”按钮，再单击选中需要的图片，然后单击“插入”按钮（见图 3-107），即可将所选图片插入到文档中插入点光标所在位置。

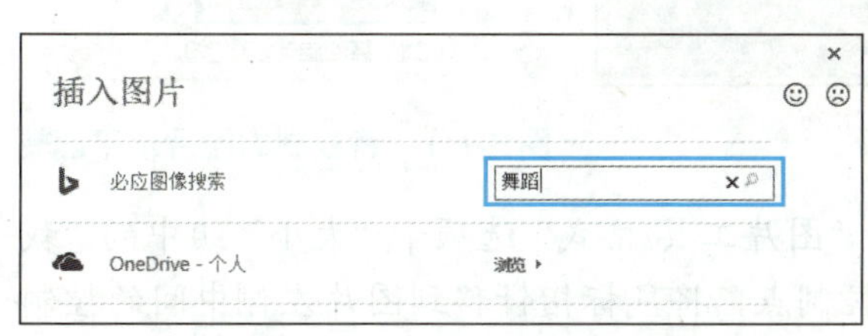

图 3-106 输入关键字

图 3-107 选择要插入的图片

步骤 5▶ 单击插入的素材图片右侧的按钮，在展开的下拉列表中选择“浮于文字上方”。使用同样的方法将联机图片的文字环绕方式设置为“四周型环绕”。

步骤 6▶ 选中素材图片，在“图片工具/格式”选项卡“大小”组的编辑框中修改图片的高度和宽度为 7 厘米，如图 3-108 所示。精确调整图片的大小后将其移到页面左下角。

步骤 7▶ 保持图片的选中，然后单击“图片工具/格式”选项卡“调整”组中的“颜色”按钮，在展开的下拉列表中选择“设置透明色”选项，然后在图片的白色区域单击，去掉图片上的白色背景，如图 3-109 所示。

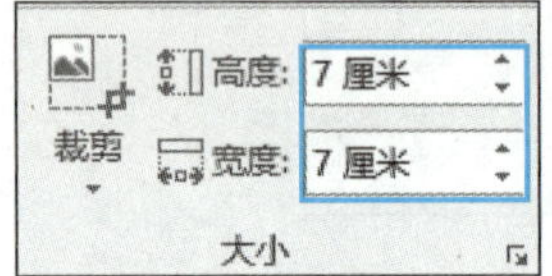

图 3-108　精确调整图片的大小

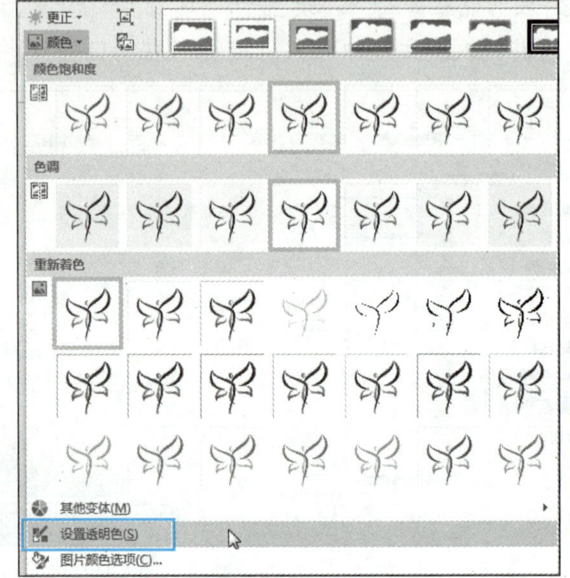

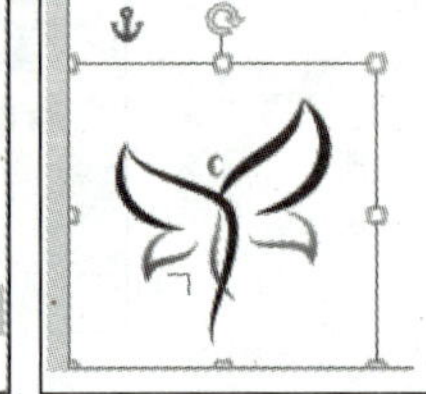

图 3-109　去掉图片的白色背景

步骤 8▶ 保持图片的选中状态，然后按住“Shift+Ctrl”组合键，向右拖动图片到右下角位置，水平复制图片，效果如图 3-110 所示。

步骤 9▶ 在“图片工具/格式”选项卡“排列”组的“旋转”下拉列表中选择“水平翻转”选项（见图 3-111），将复制的图片水平翻转。

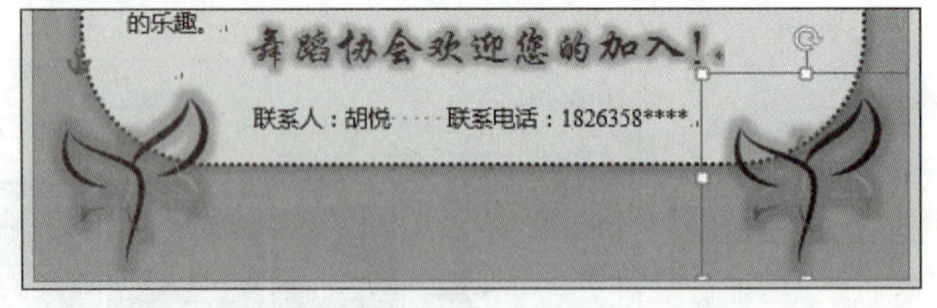

图 3-110　水平复制图片

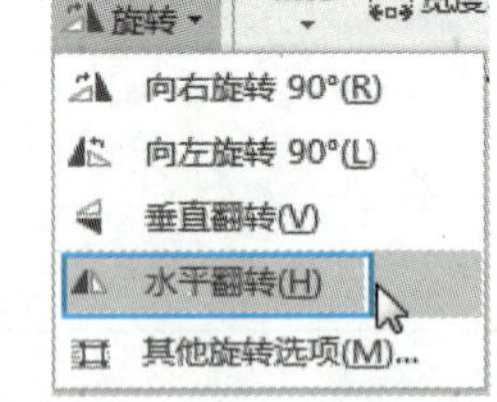

图 3-111　将复制的图片水平翻转

步骤 10▶ 选中插入的联机图片，单击“图片工具/格式”选项卡“大小”组中的“裁剪”按钮，此时图片周围出现黑色的裁剪控制点，将鼠标指针移到图片左侧中间的控制点上，此时鼠标指针变为 T 形，按住鼠标左键并向右拖动，将图片左侧的部分裁掉，使图片左侧和右侧的空白部分大致相同，如图 3-112 所示。松开鼠标左键，再单击图片外的其他区域，完成裁剪操作，并将图片缩小放置在文档的合适位置。

图 3-112　裁剪图片

步骤 11▶ 选中裁剪后的图片，然后单击“图片工具/格式”选项卡“图片样式”组中的“其他”按钮，在展开的下拉列表中选择系统内置的图片样式，本例选择“柔化边缘椭圆”样式，如图 3-113 所示。

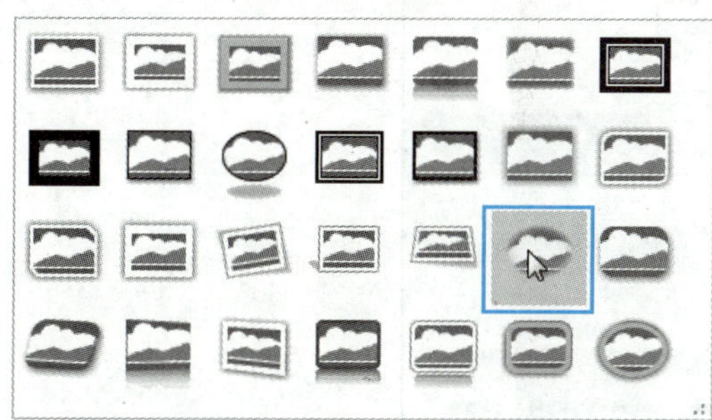

图 3-113　为图片应用系统内置的样式

步骤 12▶ 保持图片的选中状态，然后在“调整”组的“艺术效果”下拉列表中选择“胶片颗粒”效果，如图 3-114 所示。

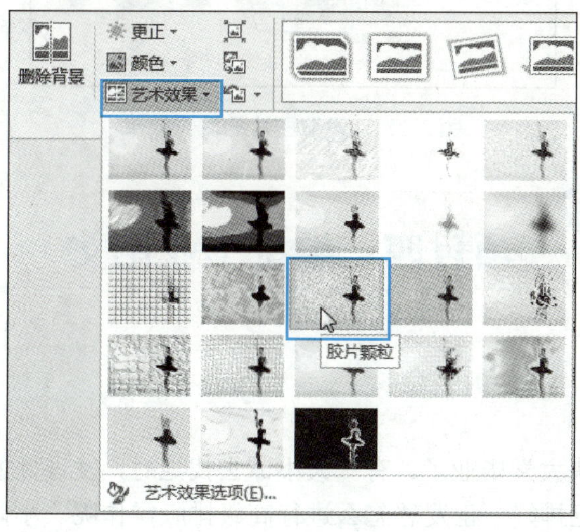

图 3-114　选择“胶片颗粒”艺术效果

提　示

利用“调整”组“更正”下拉列表中的选项可柔化或锐化图片，以及调整图片的亮度/对比度；利用“颜色”下拉列表中的选项可更改图片的颜色。

对图片进行各种设置后，若觉得效果不理想，可选中图片，单击“调整”组中“重设图片”按钮右侧的下拉按钮，在展开的下拉列表中选择“重设图片和大小”选项，将图片还原为初始状态；若选择“重设图片”选项，则只还原对图片进行的各种美化设置。

步骤 13▶ 同时选中文档左下角和右下角的图片，然后单击“图片样式”组“图片效果”右侧的下拉按钮，在展开的下拉列表中选择“发光”/“橙色，18 pt 发光，个性色 2”，如图 3-115 所示。最后视情况调整椭圆矩形及图片的位置，得到文档的最终效果。

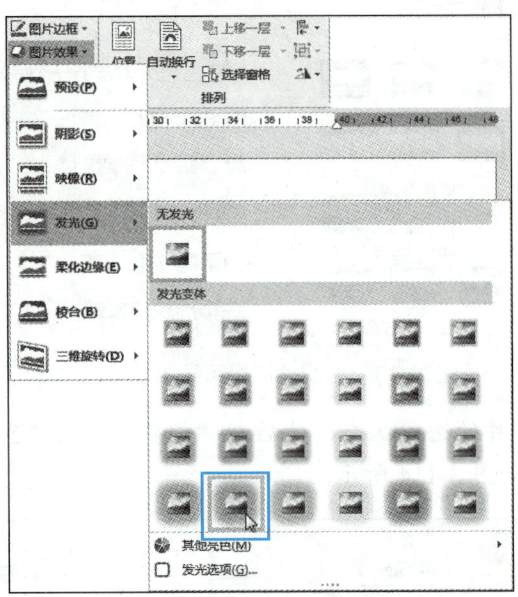

图 3-115　设置图片的发光效果

项目四　编排毕业论文

【情景描述】

小谭的朋友李丽快大学毕业了，有一天小谭去找她时，发现她的毕业论文正文内容已编写完毕，基本格式已排好，正发愁怎么进行高级排版操作呢。小谭的排版知识比李丽更丰富一些，于是向她传授了一些 Word 排版的高级技巧，帮助她排版毕业论文。这些高级排版技巧包括设置文档页面，在文档插入分页符和分节符，为文档添加页眉、页脚和页码，使用样式，插入目录等。下面，我们和小谭一起来帮助李丽排版如图 3-116 所示的毕业论文。

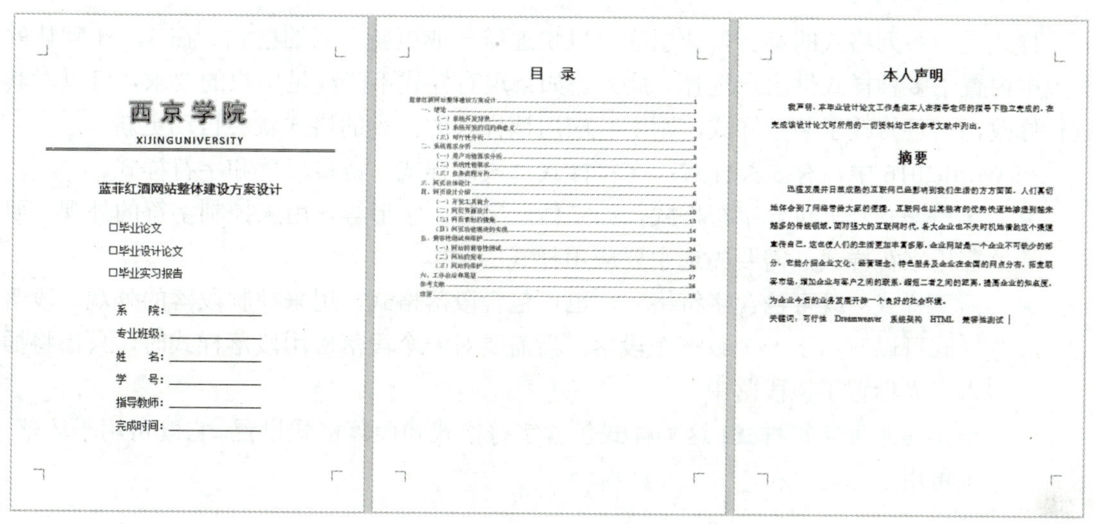
西京学院
XIJINGUNIVERSITY
蓝菲红酒网站整体建设方案设计
□毕业论文
□毕业设计论文
□毕业实习报告
系　　院：
专业班级：
姓　　名：
学　　号：
指导教师：
完成时间：

目　录

本人声明

我声明，本毕业设计论文工作是由本人在指导老师的指导下独立完成的，在完成该设计论文时所用的一切资料均已在参考文献中列出。

摘要

迅猛发展并日益成熟的互联网已经影响到我们生活的方方面面，人们真切地体会到了网络带给大家的便捷。互联网也以其独有的优势快速地渗透到越来越多的传统领域。面对强大的互联网时代，各大企业也不失时机地借助这个渠道宣传自己，这也使人们的生活更加丰富多彩。企业网站是一个企业不可缺少的部分，它能介绍企业文化、经营理念、特色服务及企业在全国的网点分布，拓宽联系市场，增加企业与客户之间的联系，缩短二者之间的距离，提高企业的知名度，为企业今后的业务发展开辟一个良好的社会环境。

关键词：可行性　Dreamweaver　系统架构　HTML　兼容性测试

图 3-116　毕业论文文档效果

【项目要求】

- 掌握对文档自定义页边距的方法。
- 掌握根据需要在文档中插入分隔符的方法。
- 掌握为文档设置页眉、页脚和页码的方法。
- 掌握利用系统内置样式或自定义样式对文档内容进行格式设置的方法。
- 掌握为长文档提取目录的方法。

【相关知识】

一、在文档中插入分隔符

使用分隔符可以改变文档中一个或多个页面的版式或格式。Word 中的分隔符分为两种：分页符和分节符。通常情况下，用户在编辑文档时，系统会自动分页。如果要对文档进行强制分页，可通过插入分页符实现。

通过在文档中插入分节符，可将文档分为多节。节是文档格式化的最大单位，只有在不同的节中，才可以对同一文档中的不同部分进行不同的页面设置，如设置不同的页眉、页脚、页边距、文字方向或分栏版式等格式。

二、设置页眉和页脚

页眉和页脚分别位于页面的顶部和底部，常用来插入页码、文章名、作者姓名或公司徽标等内容。在 Word 2016 中，用户可以统一为文档设置相同的页眉和页脚，也可分别为偶数页、奇数页或不同的节等设置不同的页眉和页脚。

三、使用样式

样式是一系列格式的集合，使用它可以快速统一或更新文档的格式。在 Word 默认的模板中内置了多种样式供用户选择。此外，如果现有样式不能满足用户的要求，可以对其进行修改，一旦修改了某个样式，则所有应用该样式的内容的格式就会自动更新。

在 Word 2016 中，有 3 类样式：字符样式，段落样式，链接段落和字符样式。

- **字符样式：**只包含字符格式，如字体、字号、字形等，用来控制字符的外观。要应用字符样式，需要先选中要应用样式的文本。
- **段落样式：**既可包含字符格式，也可包含段落格式，用来控制段落的外观。段落样式可以应用于一个或多个段落。当需要对一个段落应用段落样式时，只需将插入点光标置于该段落中。
- **链接段落和字符样式：**这类样式包含字符格式和段落格式设置。它既可用于段落，也可用于选定字符。

四、提取目录

目录的作用是列出文档中的各级标题及其所在的页码，方便读者查阅。

对于一些长文档，需要为其创建目录。Word 具有自动创建目录的功能，但在创建目录之前，需要先为要提取为目录的标题设置标题级别（不能设置为正文级别），并为文档添加页码。在 Word 中主要有 3 种设置标题级别的方法：① 利用大纲视图设置；② 应用系统内置的标题样式（或基于标题样式创建的样式）；③ 在“段落”对话框的“大纲级别”下拉列表中选择。

编制目录后，当更改了文档标题内容或标题样式的应用时，需要及时更新目录以反映相应的变化效果。

【项目实施】

任务一　设置毕业论文的页边距

要为毕业论文设置页边距，可执行如下操作：

步骤 1▶ 打开本书配套素材“模块三”/“项目四”/“毕业设计论文（素材）”文档，将其另存为“毕业设计论文（编排）”。

步骤 2▶ 单击“布局”选项卡“页面设置”组中的“页边距”按钮，在展开的下拉列表中选择“自定义边距”选项。

步骤 3▶ 打开“页面设置”对话框的“页边距”选项卡，在“页边距”设置区的“上”“下”“左”“右”编辑框中指定文档内容区与页面边界之间的距离（见图 3-117），然后单击“确定”按钮。

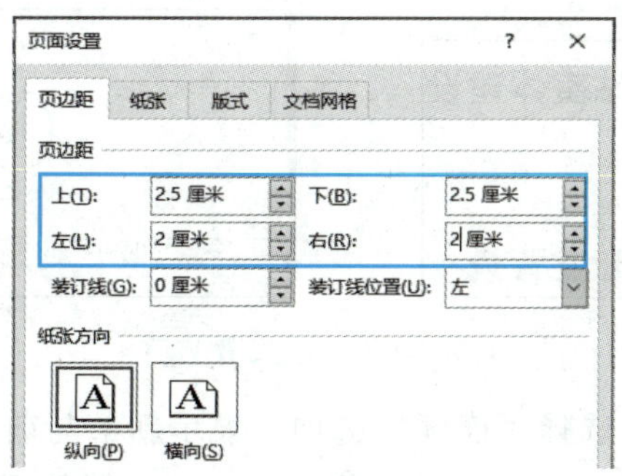

图 3-117 自定义页边距和选择纸张方向

任务二 插入分页符和分节符

下面将毕业论文中“本人声明”及其后面的内容从新的一页开始，再将文档分为两节，为此可执行以下操作在文档中插入分页符和分节符。

步骤 1▶ 要插入分页符，可将插入点光标置于需要分页的位置，如置于文档中“本人声明”文本的左侧，然后单击“布局”选项卡“页面设置”组中的“分隔符”按钮，在展开的下拉列表中选择“分页符”类别中的“分页符”选项，如图 3-118 所示。

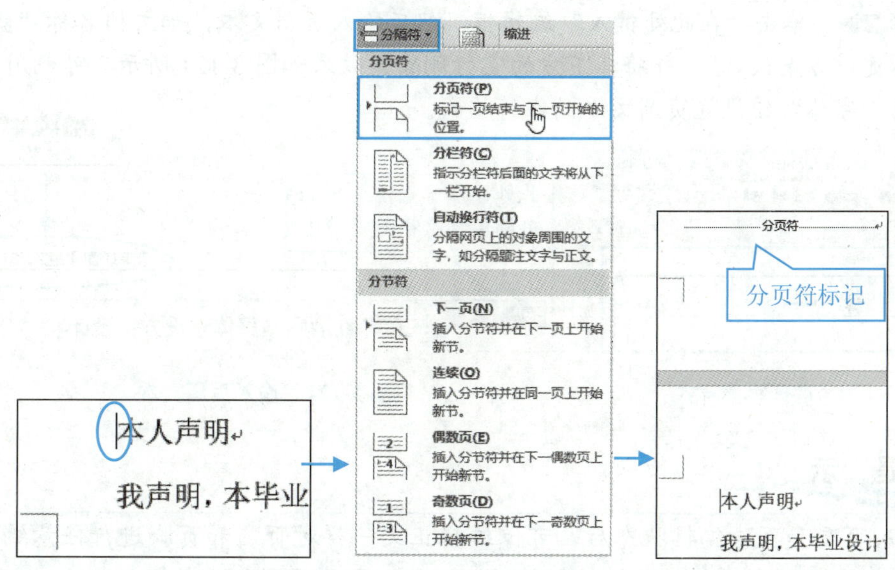

图 3-118 插入分页符

步骤 2▶ 要插入分节符，可将插入点光标置于需要分节的位置，如文档标题的左侧，然后在“分隔符”下拉列表中选择“分节符”类别中的“下一页”选项，此时在插入点光标所在位置插入一个分节符，并将分节符后的内容显示在下一页中，如图 3-119 所示。

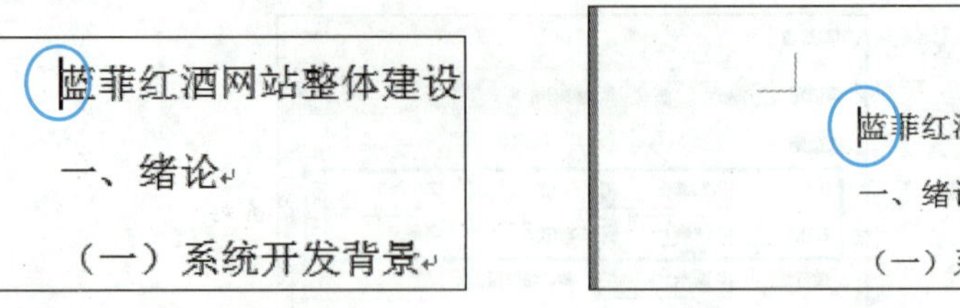

图 3-119　插入分节符

若在“分节符”类别中选择“连续”选项，表示新节与前一节同处于当前页中；若选择“偶数页”或“奇数页”选项，表示新节显示在下一偶数页或奇数页上。

任务三　设置毕业论文的页眉、页脚和页码

在页眉和页脚编辑区中设置的内容，一般将自动显示在文档的每一页上。下面在文档的第 2 节中为毕业论文设置页眉、页脚和页码。

步骤 1▶ 继续在打开的文档中进行操作。在文档的第 2 节中单击，然后单击“插入”选项卡“页眉和页脚”组中的“页眉”按钮，在展开的下拉列表中选择页眉样式，如“空白”，如图 3-120 所示。进入页眉和页脚编辑状态后，功能区会显示“页眉和页脚工具/设计”选项卡。

步骤 2▶ 单击“在此处键入”编辑框，然后输入页眉文本，如文档名称“蓝菲红酒网站整体建设方案设计”，并将其下方的空行删除，效果如图 3-121 所示。可利用“开始”选项卡的“字体”组设置页眉文本的字符格式。

图 3-120　选择页眉样式

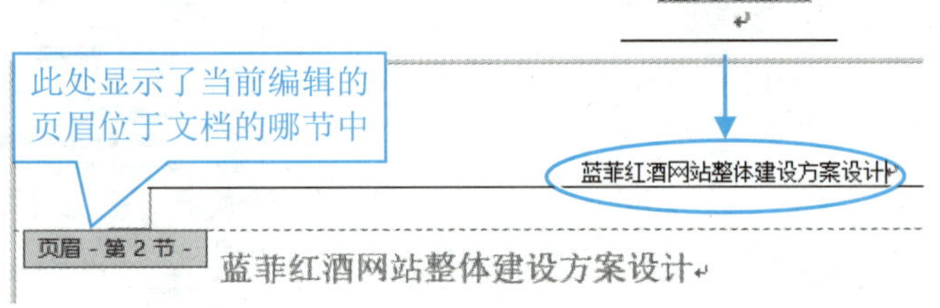

图 3-121　输入页眉文本

提　示

进入页眉和页脚编辑状态后，可像编辑正文一样对页眉和页脚进行任意编辑，如输入文本、插入图片并设置格式等。需要注意的是，页眉和页脚与文档的正文处于不同的层次上，因此，在编辑页眉和页脚时不能编辑文档正文；同样，在编辑文档正文时也不能编辑页眉和页脚。

若在“页眉”下拉列表中选择“编辑页眉”选项，可直接进入页眉和页脚编辑状态；若选择“删除页眉”选项，可删除添加的页眉。

步骤 3▶ 单击“页眉和页脚工具/设计”选项卡“导航”组中的“转至页脚”按钮转至页脚处，然后输入页脚内容。也可单击“页眉和页脚”组中的“页脚”按钮，在展开的

下拉列表中为页脚选择系统内置的页脚样式。当选择系统内置的某些页脚样式时，会自动添加页码，该页码从第 1 页开始自动进行编号。

步骤 4▶ 此处单击“页眉和页脚”组中的“页码”按钮，在展开的下拉列表中选择添加页码的位置，如“页面底端”，再选择页码类型，如“普通数字 2”，如图 3-122 所示。

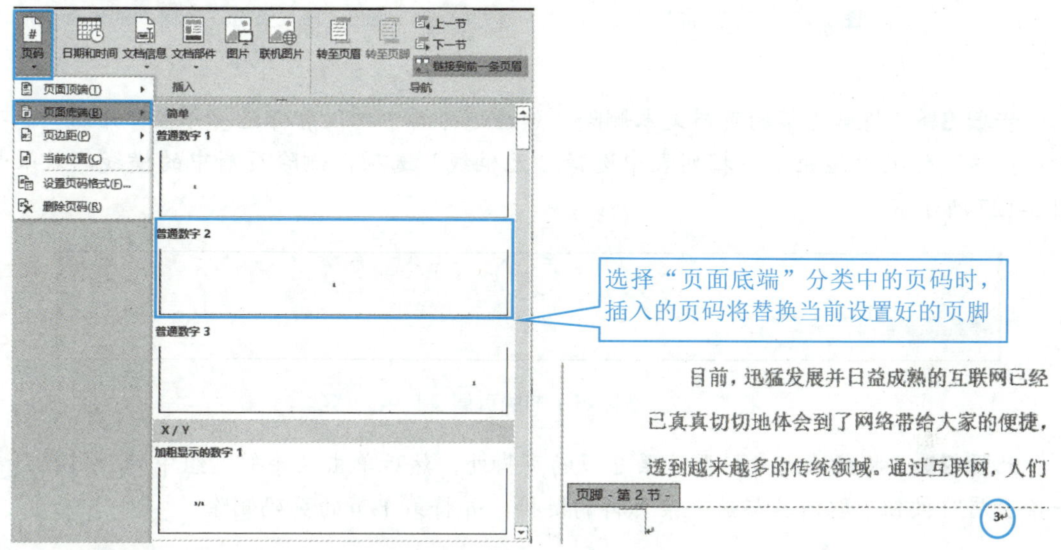

图 3-122 在页脚处插入页码

步骤 5▶ 可以看到，第 2 节的页码从第 3 页开始，为此要重新设置该节页码的开始编号。在“页码”下拉列表中选择“设置页码格式”选项，打开“页码格式”对话框，在“页码编号”设置区选中“起始页码”单选钮，并在其后的编辑框中输入“1”，如图 3-123 所示。

步骤 6▶ 设置好后单击“确定”按钮，效果如图 3-124 所示。

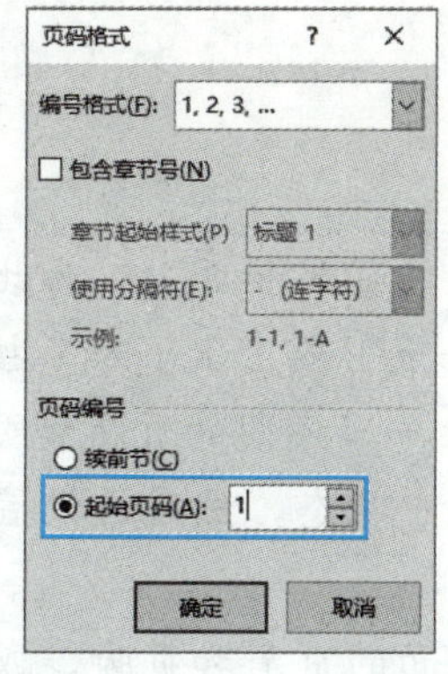

图 3-123 设置页码格式

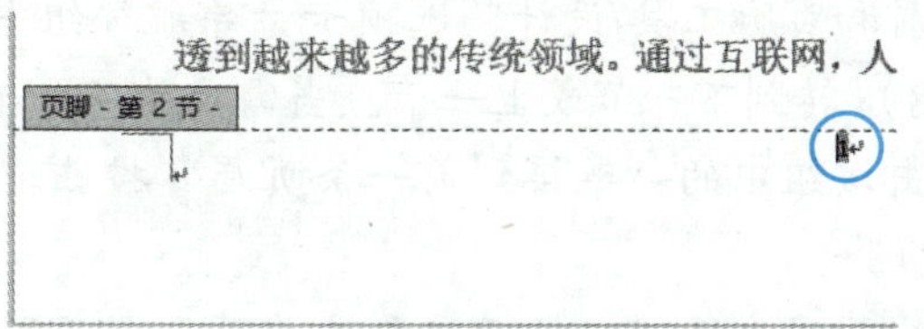

图 3-124 页码格式设置效果

步骤 7▶ 毕业论文的封面一般不设页眉和页脚，因此要将设置的页眉和页脚删除。为此，将插入点光标置于第 2 节的页眉处（见图 3-125），然后单击“导航”组中的“链接到前一条页眉”按钮（见图 3-126），取消其与第 1 节页眉的链接。

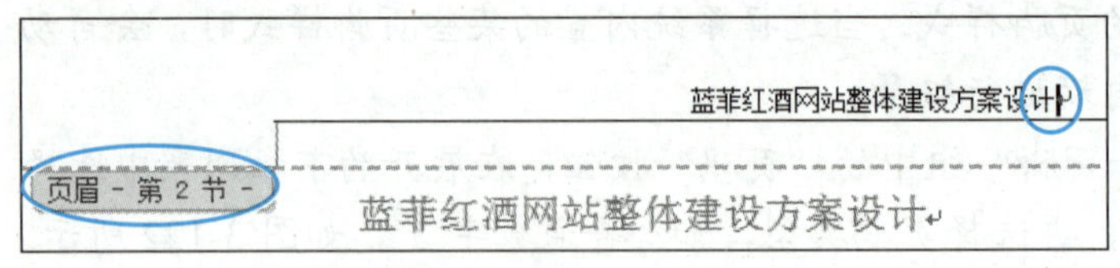

图 3-125　定位插入点

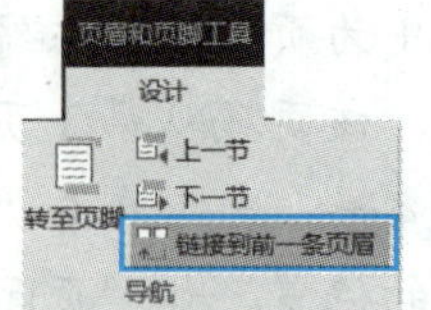

图 3-126　单击“链接到前一条页眉”按钮

步骤 8▶　将第 1 节的页眉文本删除，然后选择其中的段落标记，并在“开始”选项卡“段落”组的“边框”下拉列表中选择“无框线”选项，删除页眉中的横线，效果如图 3-127 所示。

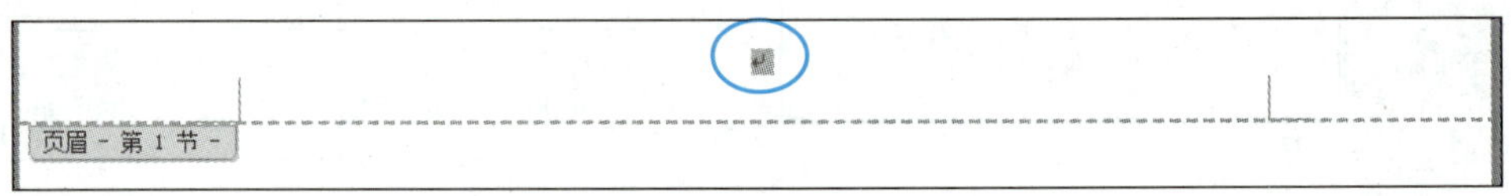

图 3-127　删除第 1 节的页眉及其中的横线

步骤 9▶　将插入点光标置于第 2 节的页脚处，然后单击“导航”组中的“链接到前一条页眉”按钮，取消其与前一条页脚的链接，并将第 1 节的页码删除。

提　示

如果要删除为文档添加的页码，可在“页码”下拉列表中选择“删除页码”选项。

步骤 10▶　单击“页眉和页脚工具/ 设计”选项卡“关闭”组中的“关闭页眉和页脚”按钮，退出页眉和页脚编辑状态，返回正文编辑状态，此时可查看页眉和页脚的设置效果。当为文档设置过页眉和页脚后，以后只需在页眉和页脚区双击，便可进入页眉和页脚编辑状态。

提　示

当为文档划分了不同的节时，可为不同的节设置不同的页眉和页脚。为此，可单击“页眉和页脚工具/设计”选项卡“导航”组中的“下一节”或“上一节”按钮（见图 3-128），转到下一节或上一节。当需要为下一节设置与上一节不同的页眉和页脚时，需要单击该组中的“链接到前一条页眉”按钮，取消其选中状态，然后再设置该节的页眉和页脚。

此外，用户还可以根据需要为首页设置不同于其他页面的页眉和页脚，或者分别为奇数页和偶数页设置不同的页眉和页脚，只需在“页眉和页脚工具/设计”选项卡的“选项”组选中“首页不同”“奇偶页不同”复选框（见图 3-128），然后再分别设置首页、奇数页和偶数页的页眉和页脚即可。

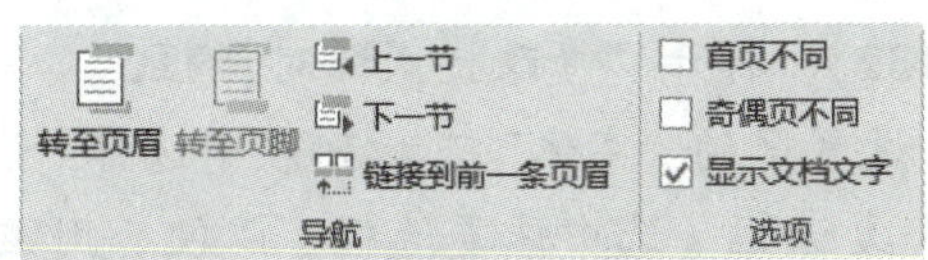

图 3-128 “导航”组和“选项”组

任务四 应用样式高效排版毕业论文

下面首先对毕业论文中的某些段落应用系统内置的标题样式，然后对应用的标题样式进行修改，最后自定义“图片”和“图注”样式，并将其应用到文档中。

1. 应用系统内置样式

步骤 1▶ 继续在打开的文档中进行操作。将插入点光标置于毕业论文内容的标题段落“蓝菲红酒网站整体建设方案设计”中，然后在“开始”选项卡的“样式”组中选择系统内置的“标题 1”样式，如图 3-129 所示。

图 3-129 对标题段落应用系统内置的“标题 1”样式

步骤 2▶ 对文档中带有编号“一、”～“六、”及“参考文献”和“致谢”所在段落应用系统内置的“标题 2”样式，如图 3-130 所示。

图 3-130 对小标题段落应用系统内置的“标题 2”样式

步骤 3▶ 对文档中带有编号“(一)”～“(四)”的段落应用系统内置的“标题 3”样式，如图 3-131 所示。

图 3-131 对小标题下的段落应用系统内置的“标题 3”样式

2. 修改样式

下面修改系统内置的标题 1、标题 2 和标题 3 样式。

步骤 1▶ 右击“样式”组中的“标题 1”样式名，或单击“样式”组右下角的对话框启动器按钮，打开“样式”任务窗格，右击“标题 1”样式名，在弹出的快捷菜单中选择“修改”选项（见图 3-132），打开“修改样式”对话框。

步骤 2▶ 在“格式”设置区的“字体”下拉列表中选择“黑体”，再单击“居中对齐”按钮，并选中“自动更新”复选框（选中该复选框，以便套用该样式的段落会自动更新样式），如图 3-133 所示。

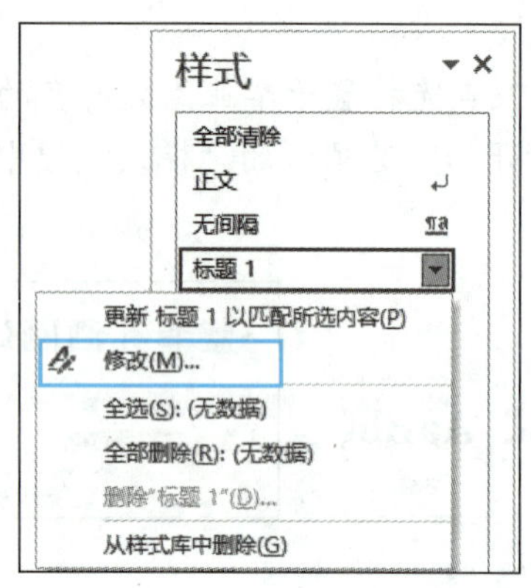

图 3-132 选择“修改”选项

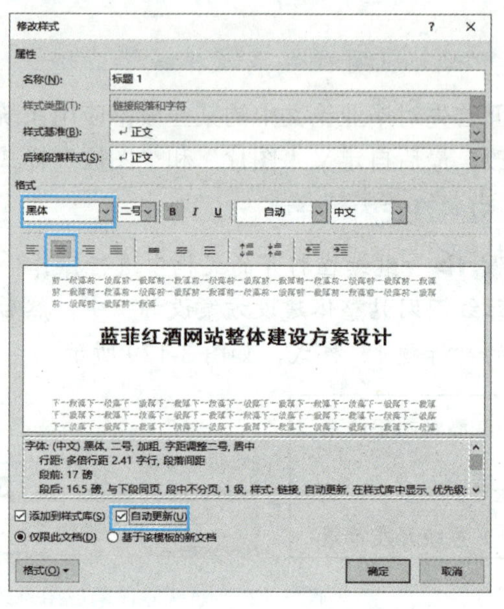

图 3-133 修改“标题 1”样式

步骤 3▶ 单击“确定”按钮，可看到所有应用该样式的段落都自动更新为新样式了。

步骤 4▶ 使用同样的方法，分别修改“标题 2”和“标题 3”样式的格式为“黑体、四号，段前与段后间距为 12 磅”和“黑体、小四号，段前与段后间距为 6 磅”（设置段落间距时，须单击“格式”按钮，在展开的下拉列表中选择“段落”选项，在打开的对话框中进行设置）。

提 示

若在图 3-132 所示的下拉列表中选择“删除×××”选项，会将所选的自定义样式删除（但不能删除系统内置的样式）。删除样式后，所有应用该样式的文本将应用系统内置的“正文”样式。

3. 新建样式

下面新建“图片”和“图注”样式，并将新建的样式应用到文档中。

步骤 1▶ 新建“图片”样式。将插入点光标置于要应用该样式的任一图片所在段落中，如文档中“图 1 网页结构图”字样所在段落的上一行，然后单击“样式”任务窗格左下角的“新建样式”按钮（见图 3-134），打开“根据格式设置创建新样式”对话框。

步骤 2▶ 在“名称”编辑框中输入新样式名称，如“图片”；在“样式类型”下拉列表中选择样式类型，如“段落”，如图 3-135 所示。

步骤 3▶ 在“样式基准”下拉列表中选择一个作为创建基准的样式，表示新样式中未定义的段落格式与字符格式均与其相同；在“后续段落样式”下拉列表中设置应用该样式的段落后面新建段落的缺省样式，如“正文”，对齐方式为居中，如图 3-135 所示。

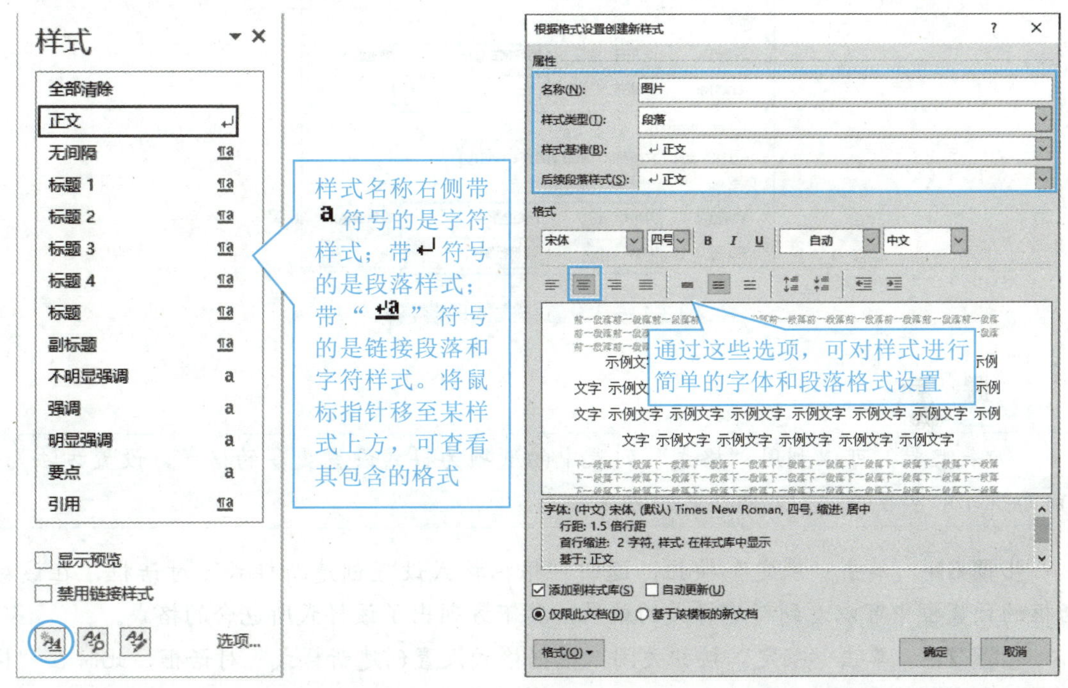

图 3-134　“样式”任务窗格　　　图 3-135　“根据格式设置创建新样式”对话框

提　示

若为当前新建的样式选择了基准样式，则对基准样式进行修改时，基于该样式创建的样式也将被修改。

“样式”任务窗格中显示了当前文档中的所有样式，要应用某个样式，可在选中段落后单击需要应用的样式即可。

选择“样式”任务窗格中的“选项”，可在打开的对话框中选择需要在“样式”任务窗格显示的样式。

步骤 4▶ 单击对话框左下角的“格式”按钮，在展开的列表中选择“段落”选项，打开“段落”对话框。

步骤 5▶ 在“段落”对话框设置样式的段落格式：首行缩进为无，段前间距为 0.5 行，行距为单倍，如图 3-136 所示。

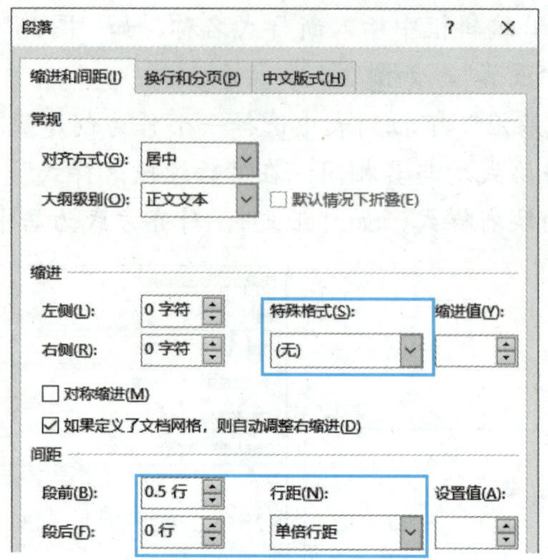

图 3-136　设置样式的段落格式

提　示

如果需要，可以利用“格式”列表中的选项为样式设置更多的格式，设置方法与前面项目中学习的设置文档格式的方法相同。

步骤 6▶　单击“确定”按钮，返回“根据格式设置创建新样式”对话框，在该对话框的预览框中可以看到新建样式的效果，其下方列出了该样式所包含的格式。

步骤 7▶　单击“确定”按钮关闭“根据格式设置创建新样式”对话框，此时在“样式”任务窗格和“样式”组中都将显示新创建的样式“图片”。用户可参照应用系统内置样式的方法，将其应用于毕业论文中的图片，效果如图 3-137 所示。

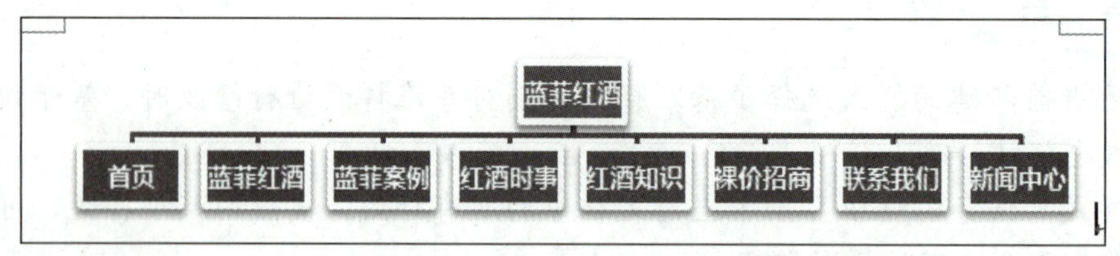

图 3-137　应用自定义样式（部分）

步骤 8▶　新建“图注”样式。将插入点光标定位在“图 1　网页结构图”字样所在段落中，然后使用同样的方法新建“图注”样式：居中对齐，段前和段后间距均为 0.5 行，无缩进，单倍行距，参数设置如图 3-138 所示。并将该样式应用到文档中图片下方的注释文本段落中。

步骤 9▶　将“本人声明”“摘要”文本的格式进行完善，参数如图 3-139 所示。

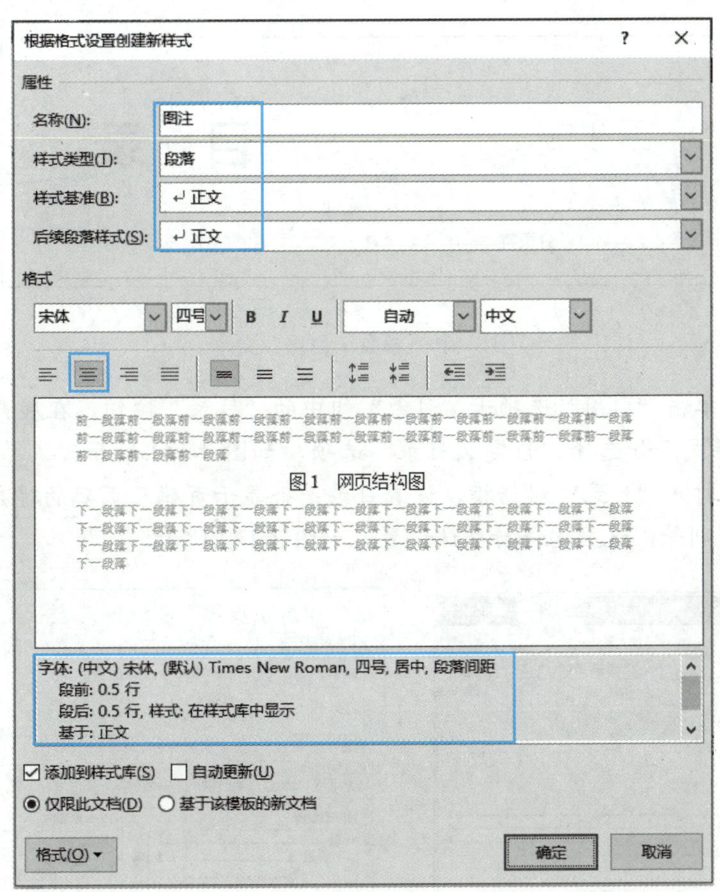

图 3-138　新建"图注"样式

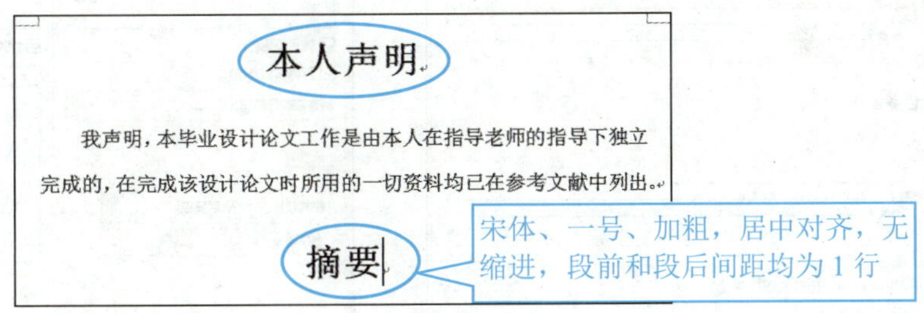

图 3-139　完善文档

任务五　利用标题样式快速生成目录

在毕业论文中应用标题样式后，用户可以快速为其提取一个目录，方便查阅信息。

1. 插入目录

步骤 1▶ 继续在打开的文档中进行操作。在"本人声明"文本左侧单击，插入一个分页符，然后在新页中输入"目　录"文本并设置其格式。再在"目　录"文本下方插入一个"正文"样式的空行，如图 3-140 所示。

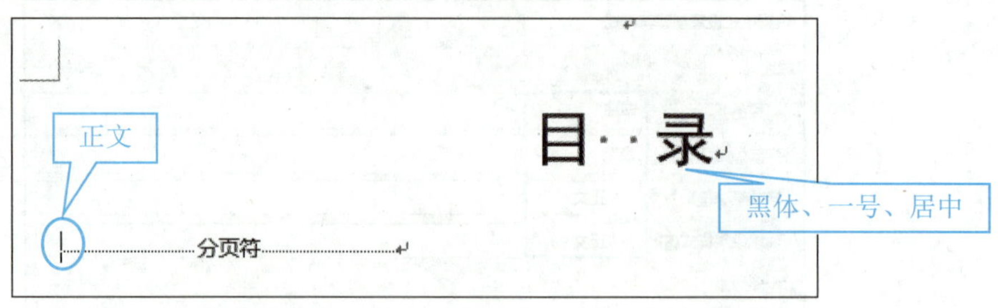

图 3-140　设置“目录”文本

步骤 2▶　单击“引用”选项卡“目录”组中的“目录”按钮，在展开的下拉列表中选择一种目录样式，如选择“自定义目录”选项，如图 3-141 所示。

步骤 3▶　打开“目录”对话框，设置目录是否显示页码及页码的对齐方式，制表符前导符和显示级别等，这里均保持默认设置，如图 3-142 所示。

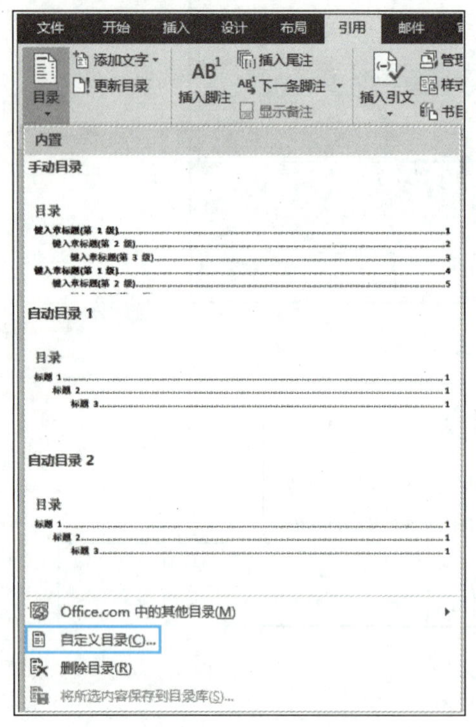

图 3-141　选择“自定义目录”选项

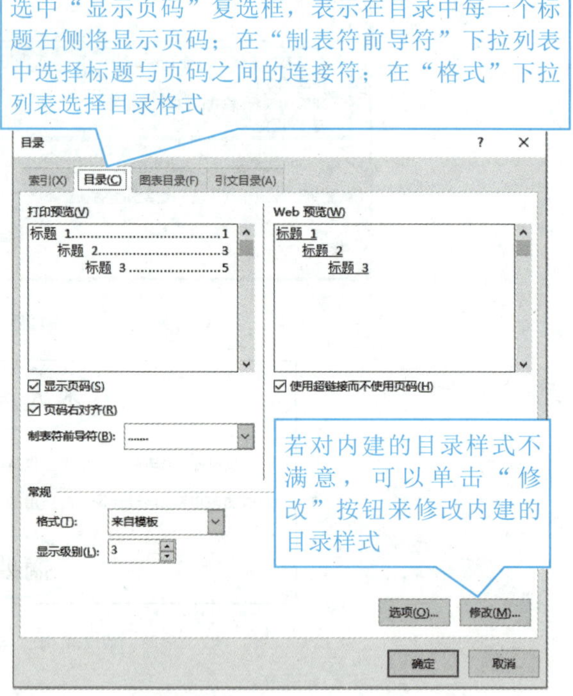

图 3-142　设置目录选项

步骤 4▶　单击“确定”按钮，Word 将搜索整个文档中 3 级及以上的标题，以及标题所在的页码，并把它们编制成为目录，效果如图 3-143 所示。

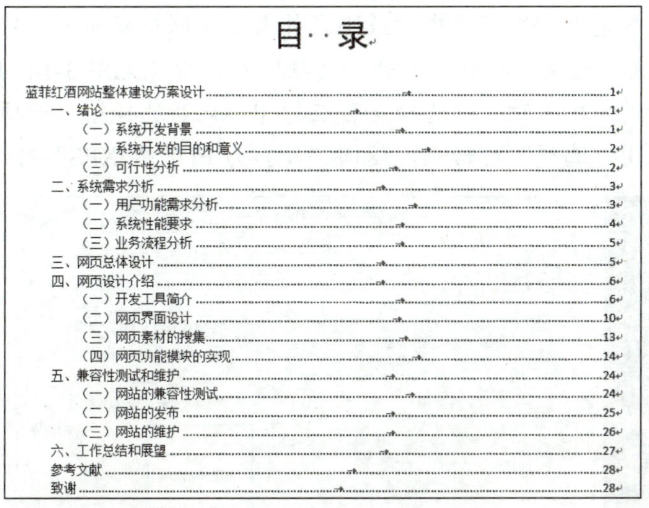

目··录

图 3-143　提取的目录

2．更新和删除目录

如果文档的内容发生了变化，就要更新目录，以便与文档的内容保持一致。为此，可执行以下操作。

步骤 1▶　右击需更新的目录的任意位置，在弹出的快捷菜单中选择“更新域”选项，或按“F9”键，或单击“引用”选项卡“目录”组中的“更新目录”按钮。

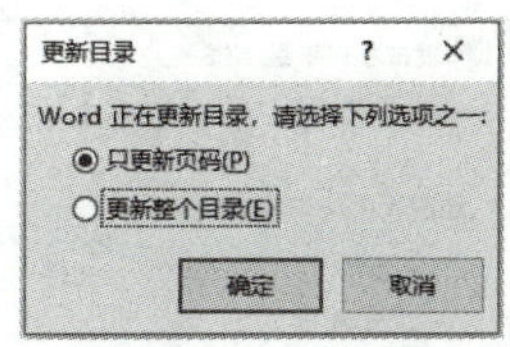

图 3-144　更新目录

步骤 2▶　打开“更新目录”对话框，选择要执行的操作，如“更新整个目录”（见图 3-144），然后单击“确定”按钮，目录即可被更新。

若要删除在文档中插入的目录，可选择目录样式列表底部的“删除目录”选项，或者选中目录后按“Delete”键。

任务六　将毕业论文输出为 PDF 格式

PDF 是一种通用的文件格式，它可以保留任何程序和平台创建的源文档的字体、图像、图形和版面设置等。要将 Word 文档转换为 PDF 格式，可执行如下操作。

步骤 1▶　选择“文件”/“导出”/“创建 PDF/XPS 文档”选项，再单击“创建 PDF/XPS”按钮，如图 3-145 所示。

步骤 2▶　打开“发布为 PDF 或 XPS”对话框，选择文档保存的位置，在“文件名”编辑框中输入文档保存时的名称，在“保存类型”下拉列表中选择文档的保存类型，这里选择将文档保存为 PDF 文档，如图 3-146 所示。

步骤 3▶　在对话框的“优化”设置区根据需要进行设置。如果需要在保存文档后立即打开该文档，可以选中“发布后打开文件”复选框，本例选择该选项；如果要将文档高质量打印，则应选中“标准（联机发布和打印）”单选钮；如果对文档的打印质量要求不高，而且需要文件尽量小，则可选中“最小文件大小（联机发布）”单选钮。

步骤 4▶ 单击“选项”按钮，打开“选项”对话框（见图 3-147），在其中可以对打印的页面范围进行设置，同时可以选择是否应打印标记及选择输出选项。完成设置后，单击“确定”按钮关闭“选项”对话框，返回“发布为 PDF 或 XPS”对话框。

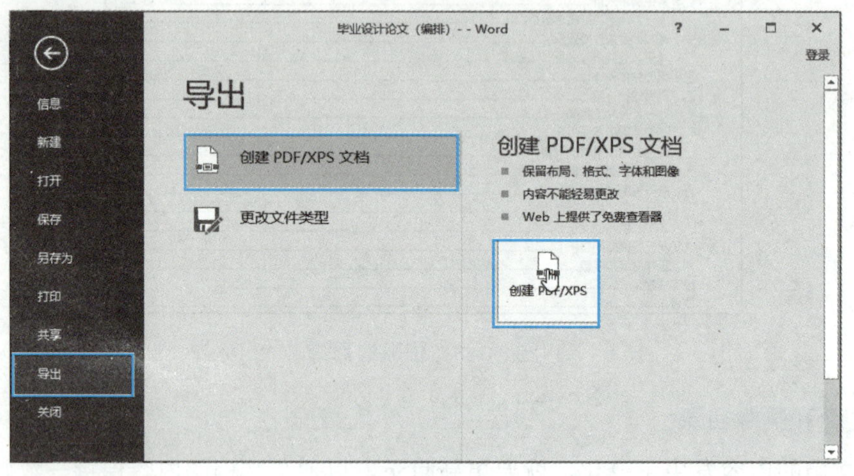

图 3-145 单击“创建 PDF/XPS”按钮

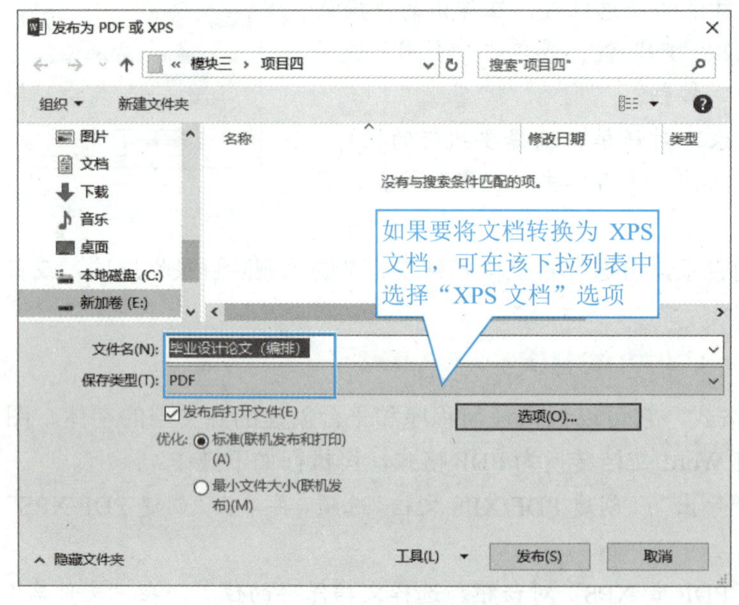

图 3-146 设置发布选项

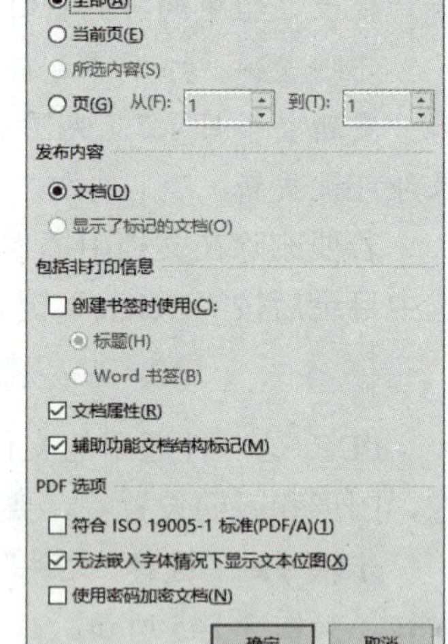

图 3-147 设置打印选项

步骤 5▶ 单击“发布”按钮，即可将文档保存为 PDF 文档。发布完毕，将打开该 PDF 文档，如图 3-148 所示。

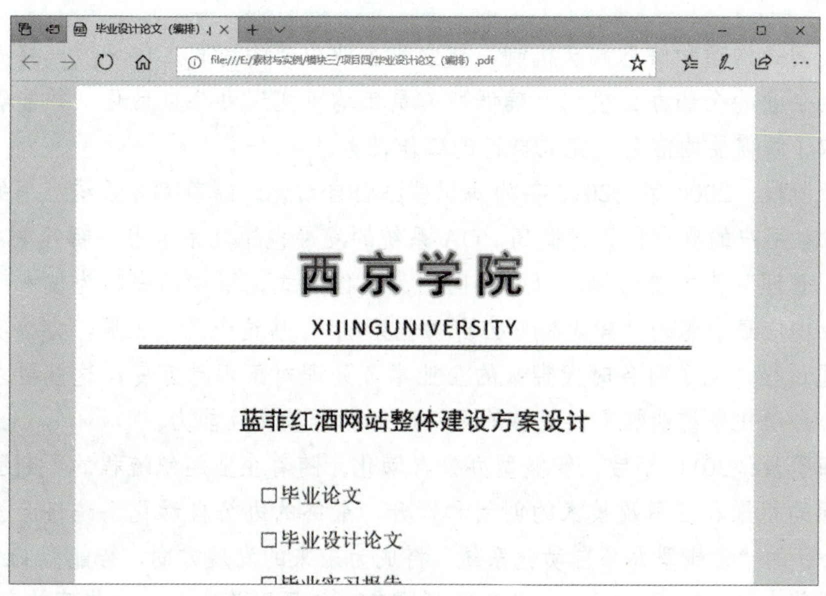

图 3-148　打开输出为 PDF 格式的文档

拓展阅读

中国办公自动化系统的发展

办公自动化（office automation，OA）是在设备、通信逐步实现自动化的基础上，通过信息管理系统的发展而兴起的一门综合性技术。它是计算机网络与现代化办公相结合的新型办公方式，不仅可以实现办公事务的自动化处理，而且可以极大地提高个人或者群体办公事务的工作效率，为企业或部门机关的管理与决策提供科学的依据。

我国的OA系统也取得了快速发展，越来越多的企业开始注重对OA系统的使用。我国 OA 技术的发展可分为下面 4 个阶段。

第一阶段：1980 年—1999 年的文件型办公自动化。最早的办公自动化从 Lotus12-3、WPS、MS Office 等单机版的办公应用软件开始，实现了由手工办公到电脑办公的转变，在当时被称作“无纸化办公”。一方面实现了企业的信息交流和共享，另一方面建立了企业审批流程的雏形，从而形成了 OA 的概念。

第二阶段：2000 年—2005 年的协同型办公自动化。这一阶段主要以工作流为中心，在文件型 OA 的基础上增加了公文流转、流程审批、文档管理、会议管理、资产管理等实用功能。在实现个人办公自动化的基础上，该阶段的 OA 系统完善了各个职能部门之间的沟通和信息共享机制，建立了企业内部的协同工作环境，将办公自动化拓展到企业的全部办公机构，确保所有员工均可实现办公自动化，并能够根据各自的授权了解需要的信息，完成自己的工作任务。

第三阶段：2006 年—2010 年的知识型办公自动化。随着 OA 系统应用的逐步深入，企业和用户的要求也不断提高，OA 系统的发展也随之派生出全新气象，形成了以“知识管理”为主要思想、以“协同”为工作方式、以“门户”为技术手段、整合了企业内信息资源的“知识型办公自动化系统”。从这个意义上说，办公实际上是一个管理过程，电子商务时代带来的企业事务处理对象瞬息万变，这就要求作为企业的办公自动化系统能够提供足够的灵活应变和开放交互能力。

第四阶段：2011 年后，智能型办公自动化。随着企业组织流程的不断固化和改进、知识的积累和应用及技术的创新和提升，最终的办公自动化系统将会全面脱胎换骨，全新的“智能型办公自动化系统”将成为未来的发展方向，智能型 OA 系统能够提供决策支持、知识挖掘、商务智能等服务，并且更关注企业的决策效率。

小　结

本模块主要学习了在 Word 文档中输入与编辑内容、设置文档格式、制作图文并茂的文档、在文档中应用表格、编排长文档，以及将文档输出为 PDF 格式等知识。学完本模块内容后，读者应重点掌握以下知识：

（1）掌握在文档中输入文本和特殊符号，以及选择、复制、移动和替换文本的操作。

（2）掌握设置文档字符格式、段落格式、项目符号和编号，以及边框和底纹的操作。这些操作大部分是利用“开始”选项卡的“字体”和“段落”组实现的。

（3）掌握在文档中插入、编辑和美化艺术字、图片、图形、文本框和 SmartArt 图形的操作。在 Word 2016 中编辑和美化这些对象的操作基本相同，都是利用“×××工具/格式”或“×××工具/设计”等选项卡实现的。

（4）掌握利用表格网格、“插入表格”对话框创建表格，以及利用“表格工具/布局”选项卡编辑表格，利用“表格工具/设计”选项卡美化表格的操作。

（5）理解分节符、分页符的含义，掌握为文档设置页面格式、页眉、页脚和页码，使用样式统一设置文档格式，以及为文档提取目录的操作。

（6）掌握将文档输出为 PDF 格式的操作方法。

课后练习

1．选择题

（1）假设当前正在编辑一个新建文档“文档 1”，当执行“保存”命令后，（　　）。

A．该文档采用系统给定的文件名存盘

B．该文档以“文档1”为名存盘

C．弹出“另存为”界面，供进一步操作

D．不能将该文档存盘

（2）假设打开一个文档，编辑后执行“保存”命令，该文档（　　）。

A．被保存在原文件夹下　　B．被保存在其他文件夹下

C．被保存在新建文件夹下　　D．保存后文档被关闭

（3）删除一个段落标记符后，前、后两段将合并成一段，原段落格式的编排（　　）。

A．没有变化　　B．后一段将采用前一段的格式

C．后一段格式未定　　D．前一段将采用后一段的格式

（4）下列操作中，执行（　　）不能在 Word 文档中插入图片。

A．单击“插入”选项卡中的“图片”按钮

B．使用剪贴板粘贴其他文件中的图片

C．单击“插入”选项卡中的“联机图片”按钮

D．单击“插入”选项卡中的“形状”按钮

（5）对插入的图片，不能进行的操作是（　　）。

A．放大或缩小　　B．在图片中添加文本

C．移动位置　　D．裁剪

（6）下列操作中，（　　）不能在 Word 文档中生成表格。

A．单击“插入”选项卡中的“表格”按钮，然后用鼠标在网格中拖动并单击

B．使用绘图工具画出所需的表格

C．选定某部分用分隔符分隔的文本，在“表格”按钮下拉列表中选择“文本转换成表格”选项

D．在“表格”下拉列表中选择“插入表格”选项

（7）在 Word 表格中选定一列，按“Delete”键，则（　　）；如果选择“表格工具/布局”选项卡“删除”按钮列表中的“删除列”选项，则（　　）。

A．将该列删除，表格减少一列

B．将该列单元格中的内容删除，变为空白

C．将该列单元格中的内容改为0

D．分成两个表格

（8）要为文档的不同部分设置不同的页眉、页脚和页边距，需要使用（　　）。

A．占位符　　B．分页符　　C．分节符　　D．文本框

（9）下列关于页眉和页脚的说法，错误的是（　　）。

A．页眉和页脚与文档的正文处于不同的层次上

B．可以像编辑正文一样编辑页眉和页脚

C．可以为文档设置奇偶页不同的页眉和页脚

D．只能为文档设置阿拉伯数字的页码

2．操作题

（1）制作邀请函文档。

新建“邀请函”文档，保存在“素材与实例”/“模块三”/“操作题”文件夹中。在文档中输入标题、邀请函内容和落款等文本，然后设置其字符格式和段落格式，效果和参数可参考图 3-149。

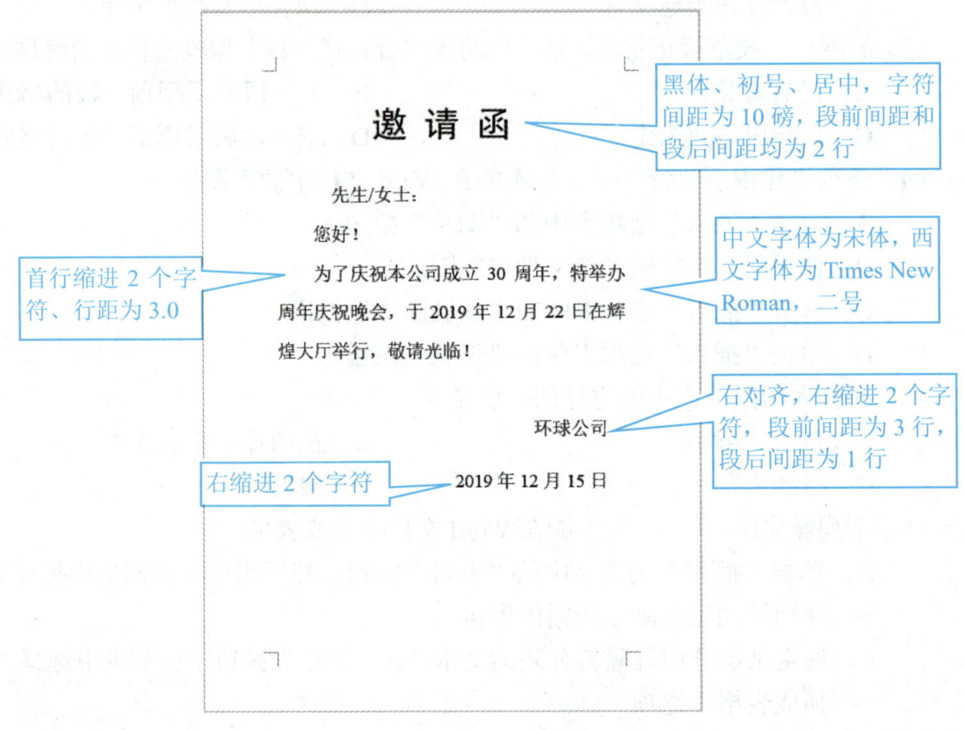

图 3-149　邀请函文档效果

（2）制作机器人产品介绍文档。

① 新建“机器人产品介绍”文档，保存在“素材与实例”/“模块三”/“操作题”/“产品介绍”文件夹中。

② 利用本书配套素材“素材与实例”/“模块三”/“操作题”/“产品介绍”文件夹中“ILIFE 智意 X785 扫地机器人（文字素材）”和相关图片，在新建的文档中进行合理的图文混排。

③ 文档标题用艺术字表示，艺术字样式可根据自己的喜好设置，美观即可。

④ 产品参数用表格表示。

⑤ 参照样文，对插入的图片套用系统内置的图片样式，利用“形状”列表中的“圆角矩形标注”在图片的左侧或右侧加注文字说明。

注：图片的大小根据版面进行调整，尽量保证一页中的图片大小一致。

最终效果可参考图 3-150 所示。

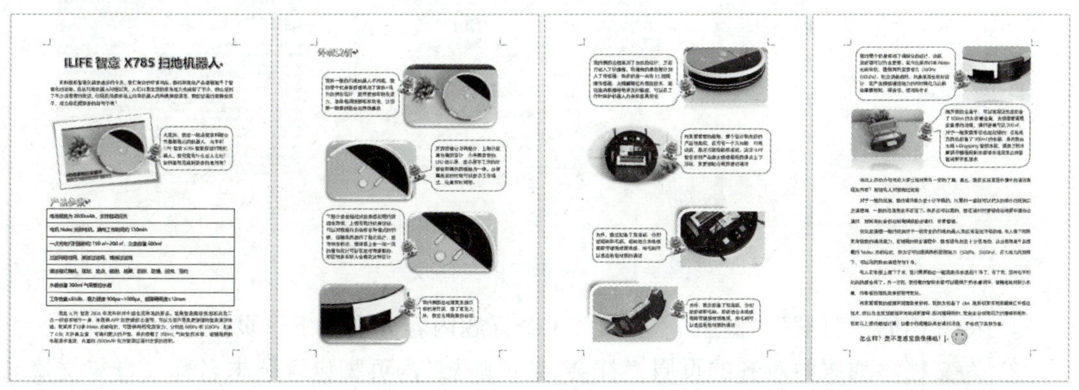

图 3-150 机器人产品介绍文档效果

（3）制作通讯录。

新建“公司通讯录”文档，制作如照图 3-151 所示的公司通讯录并将文档保存。

① 插入一个 11 行 5 列的表格，参照效果文档输入数据。

② 设置表格标题的格式为二号，居中对齐，段前和段后间距为 0.5 行。

③ 设置表格内容的字号为 11 号，中文字体为宋体，西文字体为 Times New Roman，水平居中对齐。

④ 设置表格所有行的高度为 1 厘米，列宽可根据表格内容进行调整，使表格内容都以一行显示。

⑤ 为表格添加 1.5 磅粗的实外边框线和 1 磅粗的实内边框线；为表格第 1 行添加灰色底纹。

公司通讯录

部门	姓名	手机号码	QQ号码	电子邮箱
董事长	王闻	1312122[illegible]	190278[illegible]	190278[illegible]@qq.com
总经理	明涛	1348875[illegible]	2846[illegible]	2846[illegible]@qq.com
副总经理	郭凤	1371881[illegible]	76236[illegible]	76236[illegible]@qq.com
办公室主任	胡倩	1861242[illegible]	41596[illegible]	41596[illegible]@qq.com
工程监理部	吴佳	1863263[illegible]	81304[illegible]	81304[illegible]@qq.com
财务部	王华	13521[illegible]	161324[illegible]	161324[illegible]@qq.com
工程部	李杉	1861382[illegible]	54016[illegible]	54016[illegible]@qq.com
工程部	刘贞	1867194[illegible]	53818[illegible]	53818[illegible]@qq.com
工程部	王晓艳	1330206[illegible]	6496[illegible]	6496[illegible]@qq.com
工程部	白雪	1501096[illegible]	463[illegible]	463[illegible]@qq.com

图 3-151 公司通讯录文档效果

（4）编排杂志内页。

打开本书配套素材文档“素材与实例”/“模块三”/“操作题”/“杂志（素材）”，另存为“杂志（效果）”，然后进行如下操作，使其效果如图 3-152 所示。

图 3-152　杂志内页文档效果

① 将文档的“哲理”“健康”“美食”3 个标题内容分别在下一页显示。

② 为文档添加居中对齐的页眉“社会 杂谈随想”，页脚包含杂志名称（青年文摘）、期号（2018-3）和页码。

③ 将 3 个标题下的各故事的正文分两栏排列（注意不要选中末段的段落标记）。

④ 为 3 个标题应用系统内置的“标题 1”样式，并修改该样式为居中对齐、段前和段后间距为 12 磅，1.5 倍行距。

⑤ 创建一个基于“标题 2”样式的“文章标题”样式，参数可自行设计，将其应用于“一、”“二、”“三、”“四、”开头的标题段落。

⑥ 提取目录，放置在文档的开头。

模块四　Excel 2016 的应用

【模块导读】

Excel 2016 是 Office 2016 办公套装软件的另一个重要成员，它是一款优秀的电子表格制作软件，利用它可以快速制作出各种美观、实用的电子表格，以及对数据进行计算、统计、分析和预测等，并可按需要将表格打印出来。

本模块通过利用 Excel 2016 制作、计算、分析和打印学生成绩表，学习在 Excel 2016 中输入数据并编辑，调整工作表结构，对工作表进行基本操作，利用公式和函数对表格数据进行计算，利用 Excel 提供的数据排序、筛选、分类汇总、图表和数据透视表来管理和分析工作表中的数据等。

【素质目标】

熟悉国家政策，增强数据安全意识、法律意识；了解救援抗灾事件，培养热爱祖国、关爱他人的美德。

项目一　制作学生成绩表

【情景描述】

李老师是小谭的邻居，在一所学校当班主任。他德高望重，深受学生们喜爱。某天小谭到李老师家拜访时，发现李老师正在纸上画表格统计学生的成绩。小谭告诉李老师，可以使用 Excel 快速制作学生成绩表，自动统计出学生的平均分、总分、名次等。于是李老师请小谭教他 Excel 的使用方法。下面，我们和小谭一起帮李老师制作如图 4-1 所示的学生成绩表。

【项目要求】

- 掌握利用常规方法和快捷方法在单元格中输入数据并编辑的操作。
- 掌握对工作表进行选择、插入、删除、移动、复制、隐藏或显示等操作。
- 掌握通过调整行高、列宽和合并单元格的方法来调整工作表结构的操作。
- 掌握设置工作表格式的操作，包括设置单元格字符格式、数字格式、对齐方式，为表格添加边框和底纹等美化工作表的操作。

第一学年第二学期成绩单

学号	班级	姓名	性别	网络基础	高等数学	专业英语	平均分	总分	名次	等次	奖学金
17100401001	1	黄志新	男	97	85	99					
17100401002	2	赵青芳	女	95	91	84					
17100401003	3	张岭	女	83	99	92					
17100401004	1	李丽华	女	94	84	94					
17100401005	2	黎明	男	86	99	82					
17100401006	3	江树明	男	84	96	76					
17100401007	1	王秀琴	女	95	67	96					
17100401008	2	刘曙光	男	92	63	88					
17100401009	3	林立	男	97	63	83					
17100401010	1	唐风林	男	91	68	68					
17100401011	2	田中华	男	78	66	88					
17100401012	3	朱自强	男	83	54	95					
17100401013	1	张军	女	99	65	63					
17100401014	2	刘桥	女	81	88	46					
17100401015	3	姜宝刚	女	88	45	84					
17100401016	1	石小龙	男	65	65	85					
17100401017	2	王启迪	女	68	62	85					
17100401018	3	孙爱国	男	65	88	46					
17100401019	1	宋泽军	女	59	85	46					
17100401020	2	蒋小名	男	98	94						
17100401021	3	何勇强	女	29	88	77					
17100401022	1	李婷	男	63	46	81					
17100401023	2	马德华	女	89	96						
17100401024	3	曾明平	男	93	66	23					
17100401025	1	刘薇	女	96	46	87					
17100401026	2	王雪强	女	58	64	46					
17100401027	3	杨三平	女	55	45	84					
17100401028	1	梁美玲	女	63	60	38					
17100401029	2	赵力明	男	95	38	18					
17100401030	3	熊小新	女	88	54	60					

成绩数据 排序 筛选 分类汇总

图 4-1 学生成绩表文档效果

【相关知识】

一、认识 Excel 2016 的工作界面

步骤 1▶ 单击“开始”按钮，再滚动鼠标滚轮，按英文字母顺序找到 E，再选择其下的“Excel”选项，或双击桌面上，或单击任务栏中的“Excel 2016”按钮，进入其开始界面，如图 4-2 所示。其左侧显示 Excel 最近使用过的文档，右侧显示一些常用的模板。

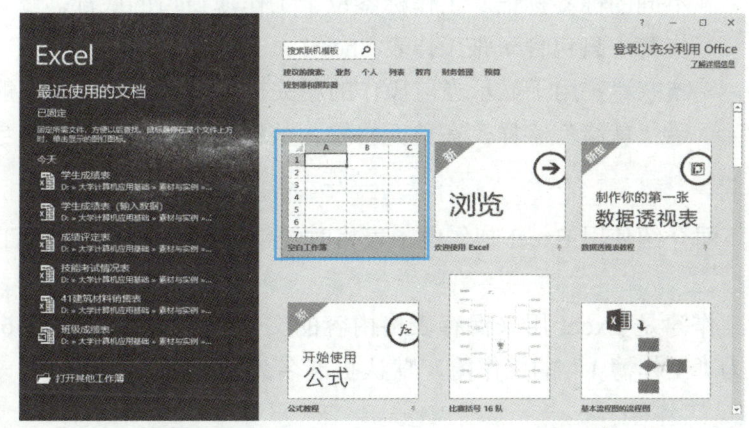

图 4-2　启动 Excel 2016

步骤 2▶ 选择“空白工作簿”选项，即可进入 Excel 2016 的工作界面。它主要由快速访问工具栏、标题栏、功能区、名称框、编辑栏、工作表编辑区、状态栏和滚动条等组成，如图 4-3 所示。Excel 2016 的工作界面与 Word 2016 相似，下面只介绍不同部分元素的含义。

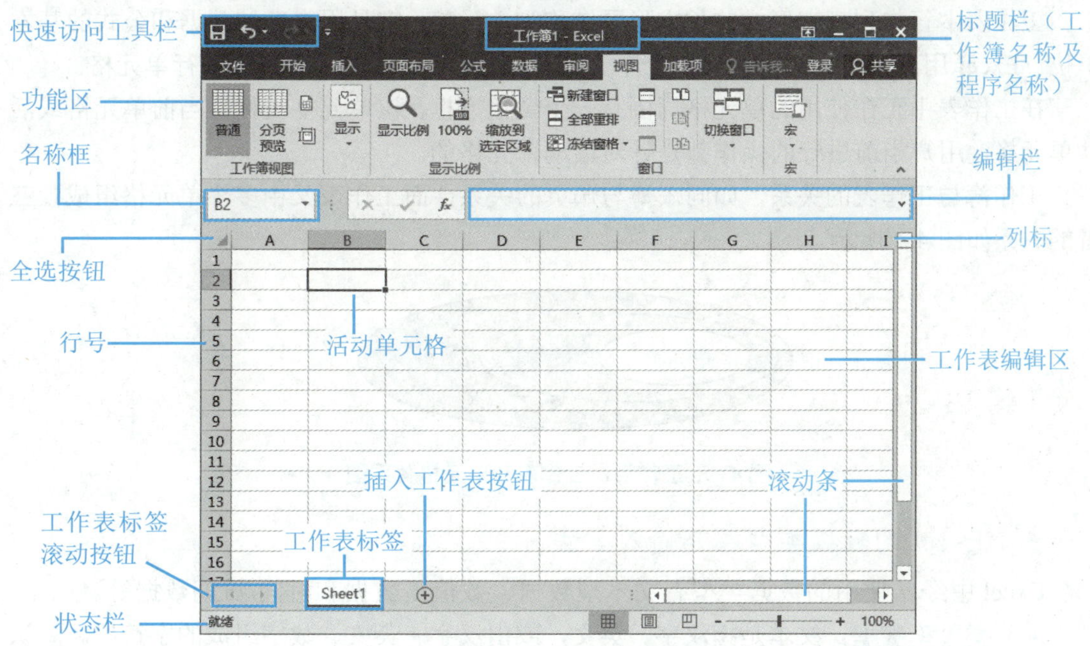

图 4-3　Excel 2016 工作界面

- **名称框**：显示当前活动单元格的地址。
- **编辑栏**：主要用于输入和修改活动单元格中的数据。当在工作表的某个单元格中输入数据时，编辑栏会同步显示输入的内容。
- **工作表编辑区**：它是 Excel 处理数据的主要区域，包括单元格、行号和列标及工作表标签等。
- **工作表标签**：在 Excel 的一个工作簿中通常包含多个工作表，而不同的工作表用不同的标签标记。工作标签位于工作簿窗口的底部。默认情况下，Excel 2016 工作簿中只包含一张工作表 Sheet1。
- **状态栏**：用于显示当前操作的相关提示及状态信息。一般情况下，状态栏左侧显示“就绪”字样。在单元格输入数据时，显示“输入”字样。

二、认识工作簿、工作表和单元格

下面介绍使用 Excel 制作电子表格时经常会遇到的工作簿、工作表和单元格的概念。

1. 工作簿

工作簿是 Excel 用来保存表格内容的文件。启动 Excel 2016 后，系统会自动生成一个名为“工作簿 1”的工作簿，默认扩展名为“.xlsx”。

2. 工作表

工作表包含在工作簿中，由单元格、行号、列标和工作表标签组成。行号显示在工作表的左侧，依次用数字 1，2，…，1048576 表示；列标显示在工作表上方，依次用字母 A，B，…，XFD 表示。

3. 单元格

工作表中行与列相交形成的长方形区域称为单元格，它是用来存储数据和公式的基本单位。Excel 用列标和行号来表示某个单元格。例如，B3 代表第 B 列第 3 行单元格。

在工作表中正在使用的单元格周围有一个黑色方框，该单元格被称为当前单元格或活动单元格，用户当前进行的操作都是针对活动单元格的。

工作簿与工作表的关系，如同账簿与账页的关系，而工作表又由多个单元格组成，三者的关系如图 4-4 所示。

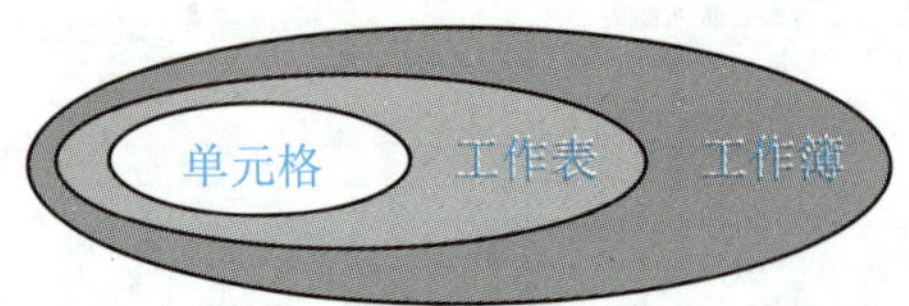

图 4-4　工作簿、工作表和单元格关系图

三、Excel 的数据类型及其输入方法

Excel 中经常使用的数据类型有文本型数据、数值型数据和时间/日期数据等。

- **文本型数据**：文本是指汉字、英文，或由汉字、英文、数字组成的字符串。默认情况下，输入的文本会沿单元格左侧对齐。

- **数值型数据：** 在 Excel 中，数值型数据是使用最多，也是最为复杂的数据类型。数值型数据由数字 0～9、正号、负号、小数点、分数号“/”、百分号“%”、指数符号“E”或“e”、货币符号“¥”或“$”、千位分隔号“,”等组成。输入数值型数据时，Excel 自动将其沿单元格右侧对齐。
- **日期和时间数据：** 日期和时间数据属于数值型数据，用来表示一个日期或时间。日期格式为“mm/dd/yy”或“mm-dd-yy”；时间格式为“hh:mm(am/pm)”。

在 Excel 2016 中输入数据的一般方法为：单击要输入数据的单元格，然后输入数据即可。此外，还可使用技巧来快速输入数据，如自动填充序列数据或相同数据等。

在 Excel 2016 中输入数值型数据时要注意以下几点：

- 如果要输入负数，必须在数字前加一个负号“-”，或给数字加上圆括号。例如，输入“-5”或“(5)”都可在单元格中得到-5。
- 如果要输入分数，如 1/5，应先输入“0”和一个空格，然后输入“1/5”。否则，Excel 会把该数据作为日期格式处理，单元格中会显示“1 月 5 日”。
- 如果要输入日期和时间，可按前面介绍的日期和时间格式输入。

输入数据后，用户可以像编辑 Word 文档中的文本一样，对输入的数据进行各种编辑操作，如选择单元格区域，查找和替换数据，移动和复制数据等。

四、设置工作表格式

要对工作表进行美化操作，可先选中要进行格式设置的单元格或单元格区域，然后进行相关操作，主要包括以下几方面：

- **设置单元格格式：** 包括设置单元格内容的字符格式、数字格式和对齐方式，以及设置单元格的边框和底纹等。可利用“开始”选项卡的“字体”“对齐方式”和“数字”组中的按钮，或利用“设置单元格格式”对话框进行设置。
- **调整行高与列宽：** 默认情况下，Excel 中所有行的高度和所有列的宽度都是相等的。用户可以利用鼠标拖动方式和“格式”下拉列表中的命令来调整行高和列宽。
- **套用表格样式：** Excel 2016 为用户提供了许多预定义的表格样式。套用这些样式，可以迅速建立适合不同专业需求、外观精美的工作表。用户可利用“开始”选项卡的“样式”组来设置条件格式或套用表格样式。

【项目实施】

任务一　工作簿、工作表与单元格的基本操作

1．工作簿的基本操作

步骤 1▶ 启动 Excel 2016 时，选择“空白工作簿”选项，可进入其工作界面并创建一个空白工作簿。如果要新建其他工作簿，可在“文件”界面中选择“新建”选项，进入“新建”界面，如图 4-5 所示。在其中选择相应选项，然后单击“创建”按钮，即可创建一个工

作簿；若直接按“Ctrl+N”组合键，可快速创建一个空白工作簿。本例创建一个空白工作簿。

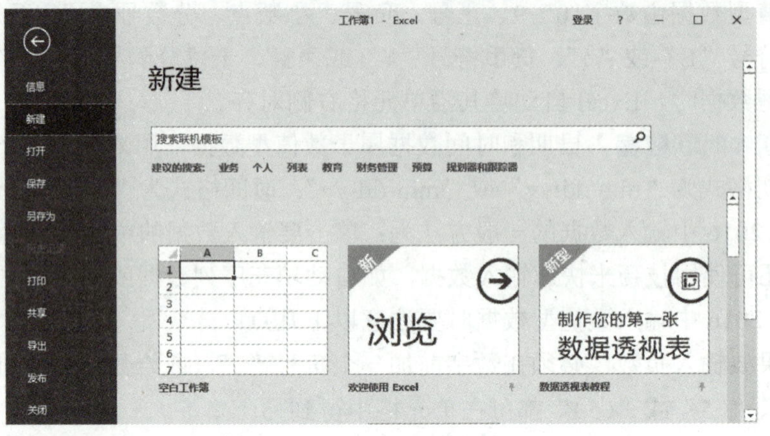

图 4-5 “新建”界面

步骤 2▶ 单击“快速访问工具栏”中的“保存”按钮，将创建的工作簿以“学生成绩表”为名保存在“素材与实例”/“模块四”/“项目一”文件夹中。

工作簿的关闭和打开与 Word 2016 类似，此处不再赘述。

2．工作表的基本操作

在 Excel 中，一个工作簿可以包含多张工作表，用户可以根据需要对工作表进行添加、删除、移动、复制、重命名、隐藏、显示，以及设置工作表标签颜色等操作。

步骤 1▶ 插入工作表。默认情况下，新工作簿只包含 1 个工作表，若工作表不能满足需要，可单击工作表标签右侧的“插入工作表”按钮⊕，在所选工作表的右侧插入一个新工作表，如图 4-6 所示。

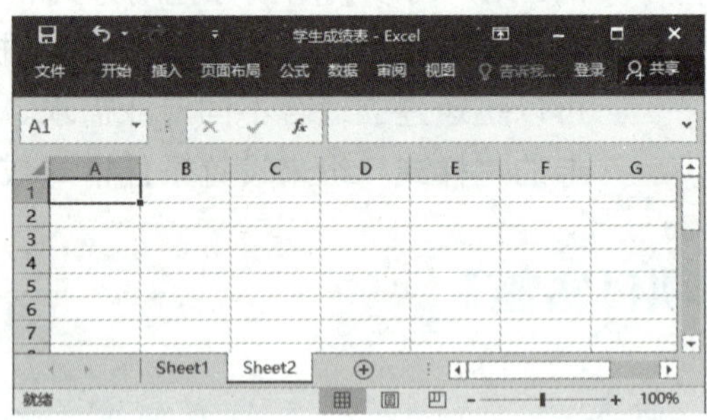

图 4-6 在现有工作表的右侧插入工作表

步骤 2▶ 若要在某一个工作表之前插入新工作表，可在选中该工作表后单击功能区“开始”选项卡“单元格”组中的“插入”按钮，在展开的下拉列表中选择“插入工作表”选项，如图 4-7 所示。

步骤 3▶ 选择工作表。要选择单个工作表，直接单击程序窗口左下角的工作表标签即可；要选择多个连续工作表，可在按住“Shift”键的同时单击要选择的工作表标签，如图 4-8 所示；要选择不相邻的多个工作表，可在按住“Ctrl”键的同时单击要选择的工作表标签。

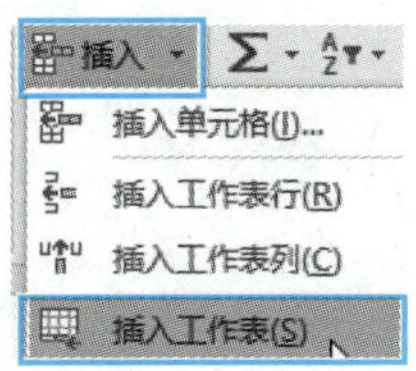

图 4-7　选择“插入工作表”选项

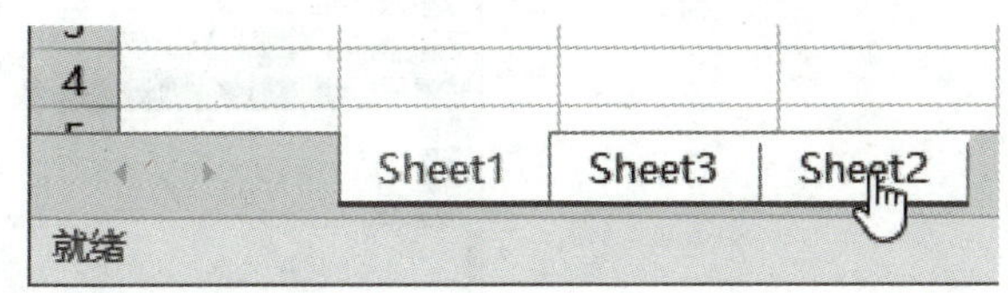

图 4-8　选择多个相邻的工作表

提　示

选择多个工作表后，所选工作表将变为工作表组，在工作表组中输入数据及设置格式等操作将应用于工作表组中的每个工作表。

步骤 4▶ 重命名工作表。用户可以为工作表取一个与其保存的内容相关的名字，从而方便区分工作表。要重命名工作表，可双击工作表标签以进入其编辑状态，然后输入工作表名称，再单击除该标签以外工作表的任意处或按“Enter”键即可，如图 4-9 所示。使用同样的方法重命名其他工作表为“排序”“筛选”。

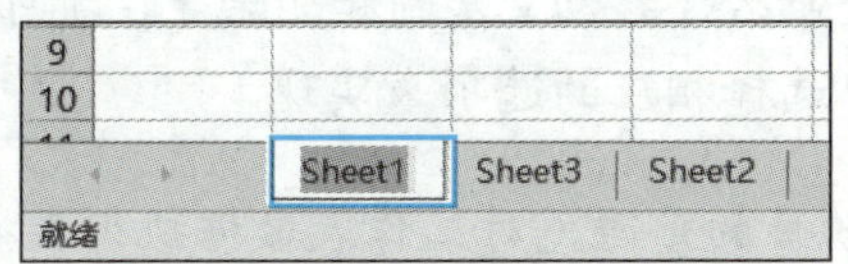

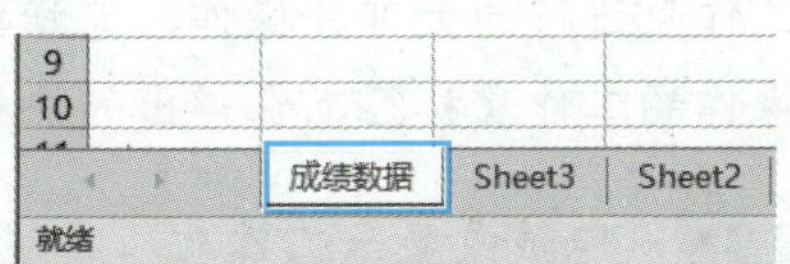

图 4-9　重命名工作表

步骤 5▶ 移动工作表。要在同一工作簿中移动工作表，可单击要移动的工作表标签，然后按住鼠标左键不放，将其拖到所需位置即可。若在拖动的过程中按住“Ctrl”键，则为复制工作表操作，源工作表依然保留。将复制过来的工作表重命名为“分类汇总”，如图 4-10 所示。

图 4-10　在同一工作簿中复制工作表

步骤 6▶ 若要在不同的工作簿之间移动或复制工作表，可选中要移动或复制的工作表，然后单击功能区“开始”选项卡“单元格”组中的“格式”按钮，在展开的下拉列表中选择“移动或复制工作表”选项，打开“移动或复制工作表”对话框，如图 4-11 所示。

步骤 7▶ 在“将选定工作表移至工作簿”下拉列表中选择目标工作簿（需要将该工作簿打开），在“下列选定工作表之前”列表框中设置工作表移动的目标位置，然后单击

“确定”按钮，即可将所选工作表移动到目标工作簿的指定位置；若选中对话框中的“建立副本”复选框，则为复制工作表。

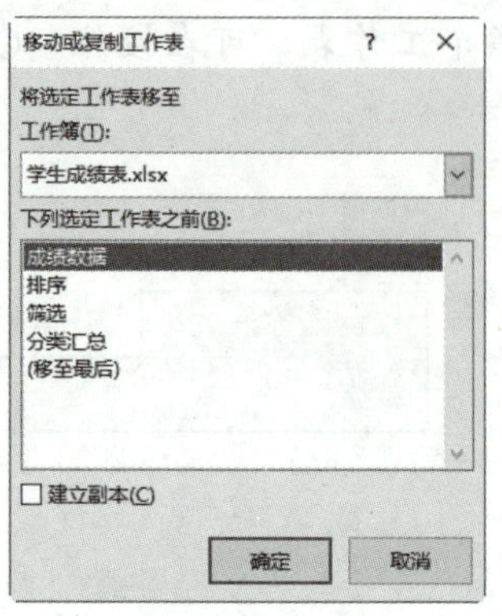

图 4-11 “移动或复制工作表”对话框

步骤 8▶ 删除工作表。对于不再需要的工作表可以将其删除，方法是：单击要删除的工作表标签，单击功能区“开始”选项卡“单元格”组中的“删除”按钮，在展开的下拉列表中选择“删除工作表”选项；如果工作表中有数据，将弹出一个提示对话框，单击“删除”按钮即可。

提 示

> 对工作表进行的大部分操作，包括插入、重命名、移动、复制和删除等，都可通过右击要操作的工作表标签，在弹出的快捷菜单中选择相应的选项来实现。

步骤 9▶ 隐藏或显示工作表。隐藏工作表的目的是避免对工作表数据执行误操作，或防止他人查看工作表中的重要数据和公式。当隐藏工作表时，数据虽然从视图中消失，但并没有从工作簿中删除。这里选中要隐藏的工作表“成绩数据”。

步骤 10▶ 单击“开始”选项卡“单元格”组中的“格式”按钮，在展开的下拉列表中选择“隐藏和取消隐藏”/“隐藏工作表”选项，或在右键菜单中选择“隐藏”选项，即可看到所选工作表从视图中消失，如图 4-12 所示。

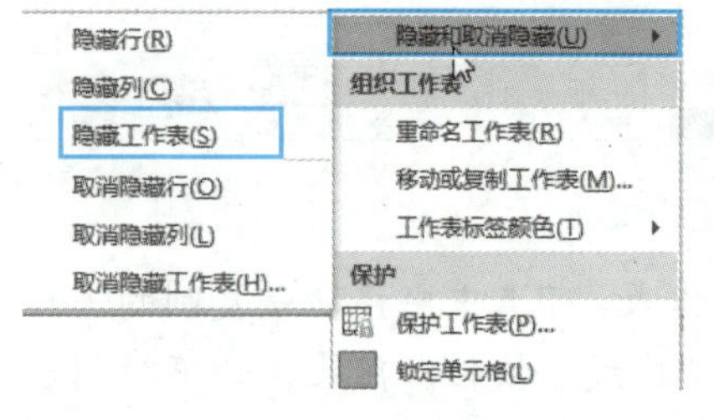

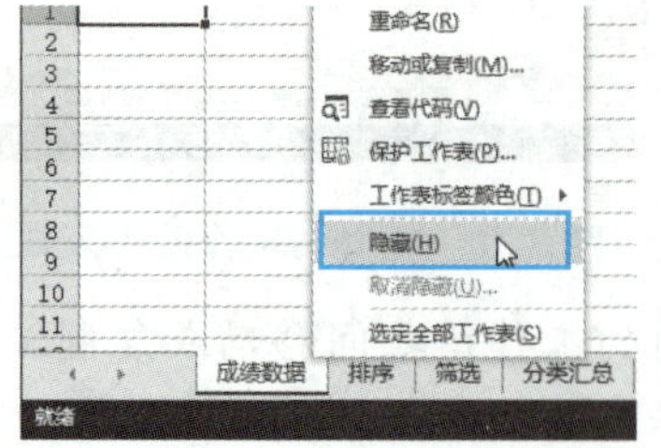

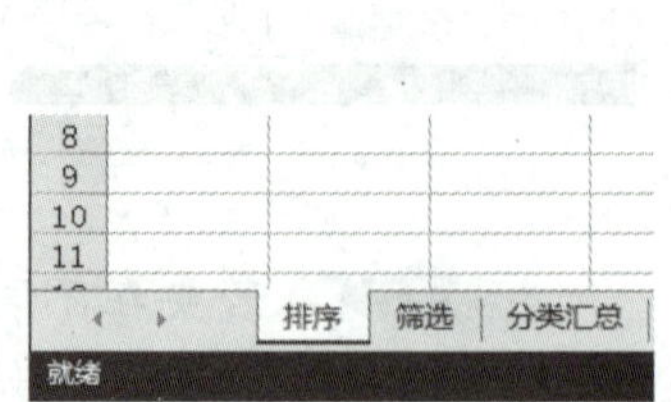

图 4-12 隐藏工作表

步骤 11▶ 要显示被隐藏的工作表，可在“格式”下拉列表中选择“隐藏和取消隐藏”/“取消隐藏工作表”选项，打开“取消隐藏”对话框，在“取消隐藏工作表”列表框中选择要显示的工作表，单击“确定”按钮，如图 4-13 所示。

步骤 12▶ 设置工作表标签颜色。重命名是识别工作表的一种方式，而将工作表标签设置为不同的颜色是一种更加直观的区别不同工作表的方式。要设置工作表标签颜色，可右击工作表标签，在弹出的快捷菜单中选择“工作表标签颜色”选项，再在打开的颜色列表中选择需要的颜色，如红色，即可将该颜色应用于工作表标签，如图 4-14 所示。

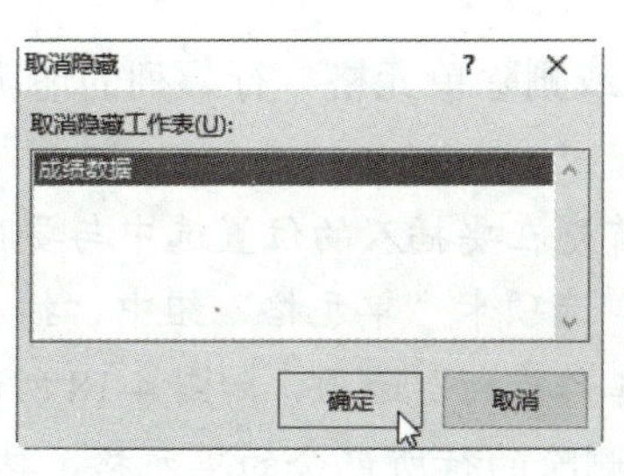

图 4-13 “取消隐藏”对话框

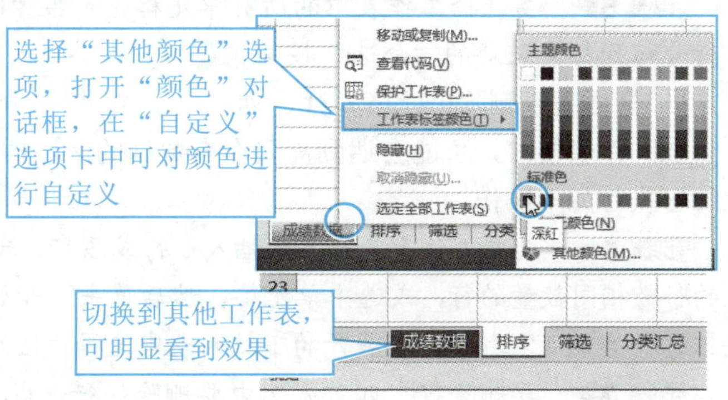

图 4-14 设置工作表标签颜色

3．单元格的基本操作

（1）选择单元格或单元格区域。

在 Excel 中进行的大多数操作，都需要先将要操作的单元格或单元格区域选定，常用选择方法如下。

步骤 1▶ 将鼠标指针移至要选择的单元格上方后单击，即可选中该单元格。此外，还可使用键盘上的方向键选择当前单元格的前、后、左、右单元格。

步骤 2▶ 如果要选择相邻的单元格区域，可按下鼠标左键拖过希望选择的单元格，然后释放鼠标即可；或单击要选择区域的第一个单元格，然后按住“Shift”键单击最后一个单元格，此时即可选择它们之间的所有单元格，如图 4-15 所示。

步骤 3▶ 若要选择不相邻的多个单元格或单元格区域，可首先利用前面介绍的方法选定第一个单元格或单元格区域，然后按住“Ctrl”键再选择其他单元格或单元格区域，如图 4-16 所示。

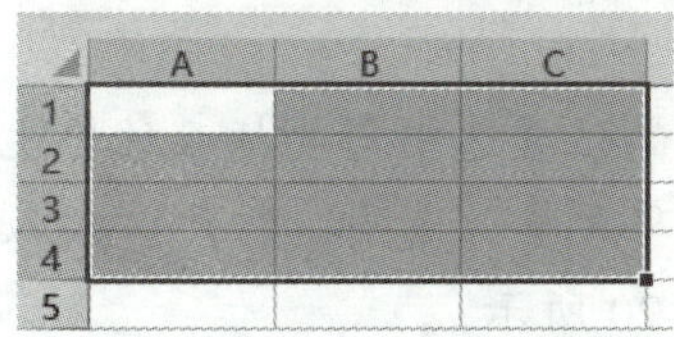

图 4-15 选择相邻的单元格区域

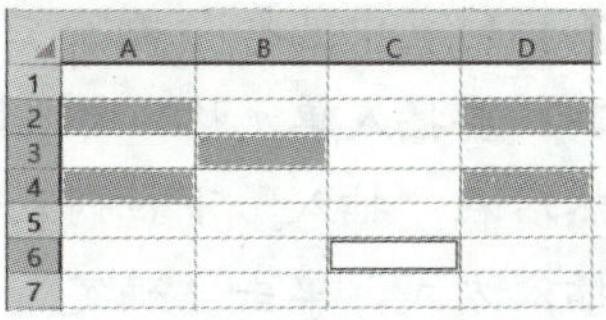

图 4-16 选择不相邻的多个单元格

步骤 4▶ 要选择工作表中的一整行或一整列，可将鼠标指针移到该行左侧的行号或该列顶端的列标上方，当鼠标指针变成“➡”或“⬇”黑色箭头形状时单击即可，如图 4-17 所示。若要选择连续的多行或多列，可在行号或列标上按住鼠标左键并拖动；若要选择不相邻的多行或多列，可配合“Ctrl”键进行选择。

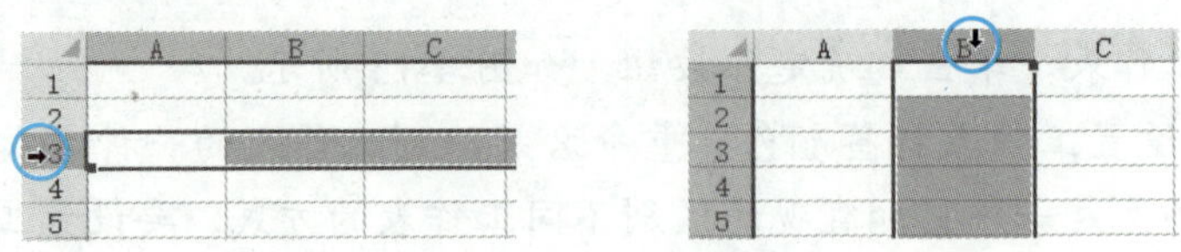

图 4-17　选择整行或整列

步骤 5▶ 要选择工作表中的所有单元格，可按“Ctrl+A”组合键或单击工作表左上角行号与列标交叉处的“全选”按钮。

（2）插入或删除单元格、行、列。

在制作表格时，可能会遇到需要在有数据的区域插入或删除单元格、行、列的情况，此时可执行如下操作。

步骤 1▶ 要在工作表某行上方插入一行或多行，可首先在要插入的位置选中与要插入的行数相同数量的行，或选中单元格，然后单击“开始”选项卡“单元格”组中“插入”按钮下方的下拉按钮，在展开的下拉列表中选择“插入工作表行”选项，如图 4-18 所示。

步骤 2▶ 要删除行，可首先选中要删除的行，或要删除的行所包含的单元格，然后单击“单元格”组“删除”按钮下方的下拉按钮，在展开的下拉列表中选择“删除工作表行”选项，如图 4-19 所示。若选中的是整行，则直接单击“删除”按钮即可。

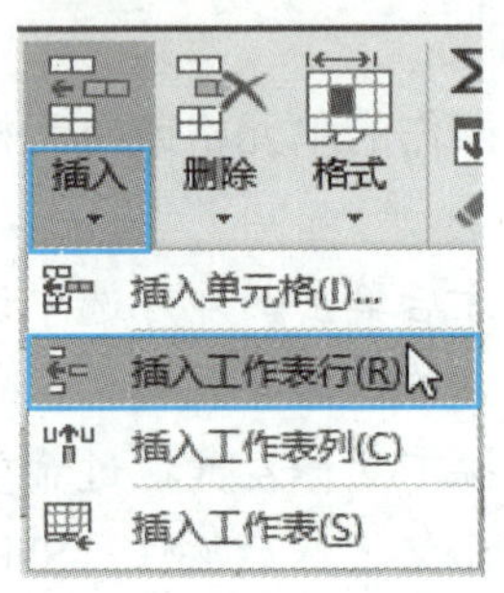

图 4-18　插入行

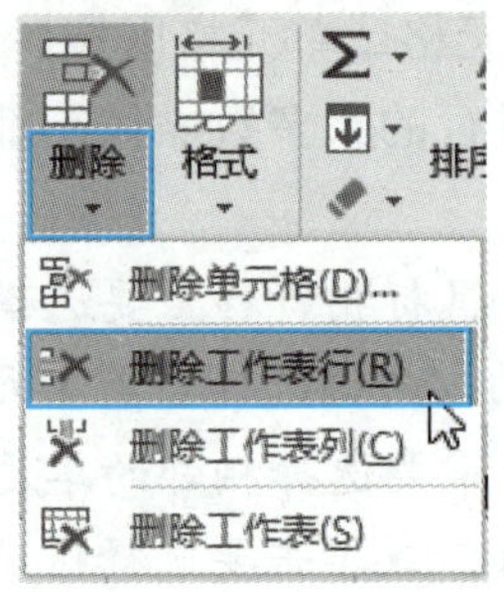

图 4-19　删除工作表行

步骤 3▶ 要在工作表某列左侧插入一列或多列，可在要插入的位置选中与要插入的列数相同数量的列，或选中单元格，然后在“插入”下拉列表中选择“插入工作表列”选项。

步骤 4▶ 要删除列，可首先选中要删除的列，或要删除的列所包含的单元格，然后在“删除”下拉列表中选择“删除工作表列”选项。

步骤 5▶ 要插入单元格，可在要插入单元格的位置选中与要插入的单元格数量相同的单元格，然后在“插入”下拉列表中选择“插入单元格”选项，打开“插入”对话框，在其中设置插入方式，单击“确定”按钮，如图 4-20 所示。

- 活动单元格右移：在当前所选单元格处插入单元格，当前所选单元格右移。
- 活动单元格下移：在当前所选单元格处插入单元格，当前所选单元格下移。
- 整行：插入与当前所选单元格行数相同的整行，当前所选单元格所在的行下移。
- 整列：插入与当前所选单元格列数相同的整列，当前所选单元格所在的列右移。

步骤 6▶ 要删除单元格，可选中要删除的单元格或单元格区域，然后在“单元格”

组的“删除”下拉列表中选择“删除单元格”选项，打开“删除”对话框，设置一种删除方式，单击“确定”按钮，如图 4-21 所示。

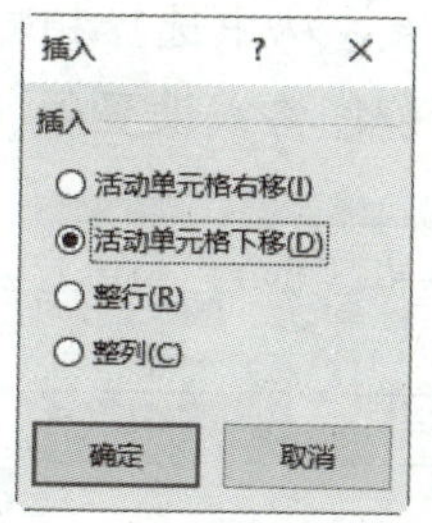

图 4-20　“插入”对话框

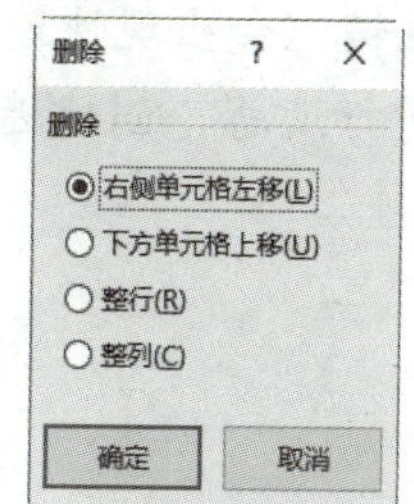

图 4-21　“删除”对话框

- **右侧单元格左移：**删除所选单元格，所选单元格右侧的单元格左移。
- **下方单元格上移：**删除所选单元格，所选单元格下方的单元格上移。
- **整行：**删除所选单元格所在的整行。
- **整列：**删除所选单元格所在的整列。

（3）合并与拆分单元格。

合并单元格是指将相邻的多个单元格合并为一个单元格。合并后，将只保留所选单元格区域左上角单元格中的内容。

步骤 1▶ 选择要进行合并的单元格区域。

步骤 2▶ 单击“开始”选项卡“对齐方式”组中的“合并后居中”按钮，或单击该按钮右侧的下拉按钮，在展开的下拉列表中选择“合并后居中”选项（见图 4-22），即可将该单元格区域合并为一个单元格且单元格数据居中对齐。

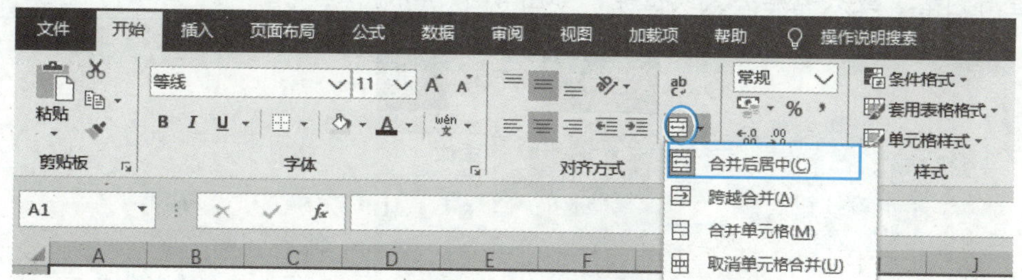

图 4-22　合并单元格

在进行合并单元格操作时，若在上述下拉列表中选择“跨越合并”选项，会将所选单元格按行合并；若选择“合并单元格”选项，合并后单元格中的文字不居中对齐。要想将合并后的单元格拆分开，只需选中该单元格，然后再次单击“合并后居中”按钮即可。

（4）移动、复制、查找与替换、删除单元格数据。

编辑工作表时，可以将单元格或单元格区域中的数据移动或复制到其他单元格或单元格区域，或在工作表中查找和替换数据，还可以清除单元格或单元格区域中的数据等。

步骤 1▶ 如果要移动单元格内容，需首先选中要移动内容的单元格或单元格区域，再将鼠标指针移至所选单元格区域的边缘。待鼠标指针变成十字形状时，按住鼠标左键并拖动鼠标指针到目标位置后释放鼠标左键即可。

步骤 2▶ 若在拖动过程中按住“Ctrl”键，则拖动操作为复制操作。移动或复制单元格区域时，松开鼠标左键，会出现快速分析选项列表，从中选择相应选项，可快速把数据处理成图表、对数据进行汇总、创建迷你图或进行条件格式设置等，如图 4-23 所示。

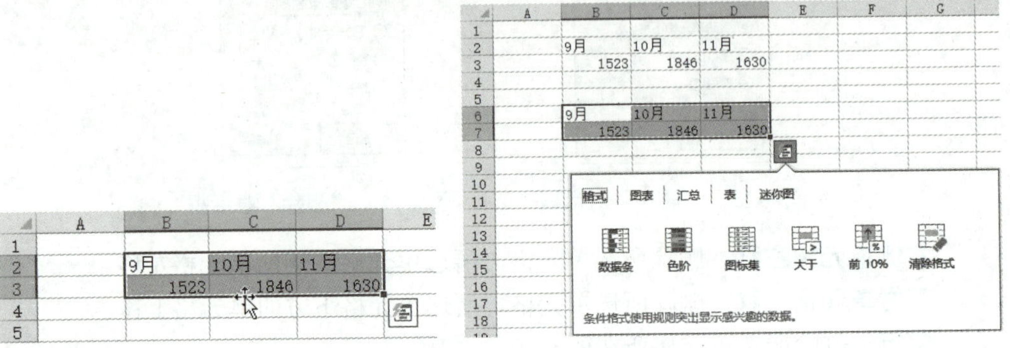

图 4-23 复制单元格内容

提 示

将数据移动到有内容的单元格区域时，会弹出对话框提示用户是否替换目标单元格区域中的内容。若是复制数据，则不会弹出任何提示。

选中单元格后，也可使用“开始”选项卡“剪贴板”组中的按钮，或利用快捷键“Ctrl+C”“Ctrl+X”和“Ctrl+V”来复制、剪切和粘贴所选单元格的内容，操作方法与在 Word 中的操作相似。与 Word 中的粘贴操作不同的是，在 Excel 中可以有选择地粘贴全部内容，或只粘贴公式或值等，如图 4-24 所示。

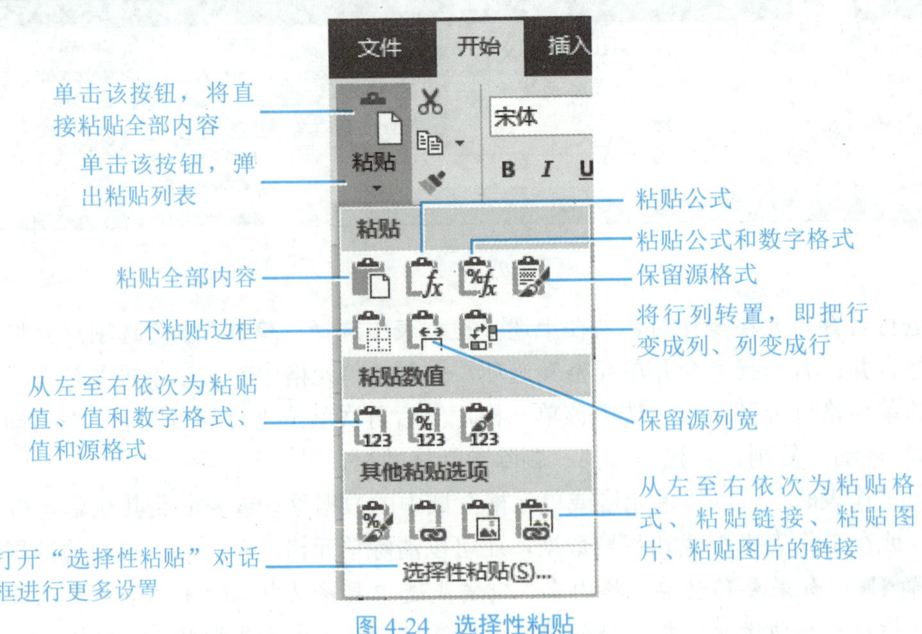

图 4-24 选择性粘贴

步骤 3▶ 对于一些大型的表格，如果需要查找或替换表格中的指定内容，可利用 Excel 的查找和替换功能实现。操作方法与在 Word 中查找和替换文档中的指定内容相同。

步骤 4▶ 若要删除单元格内容或格式，可选中要清除内容或格式的单元格或单元格区域，然后单击“开始”选项卡“编辑”组中的“清除”按钮，在展开的下拉列表中选择相应选项，可清除单元格中的内容、格式或批注等，如图 4-25 所示。

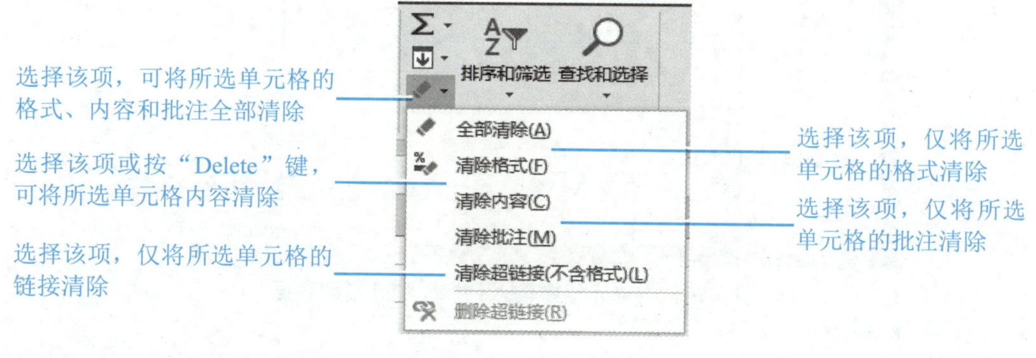

图 4-25 “清除”下拉列表

任务二 在学生成绩表中输入与填充数据

工作簿创建好后，就可以向其中的工作表中输入数据了。

1. 手动输入数据

步骤 1▶ 在“学生成绩表”工作簿的“成绩数据”工作表中单击 A1 单元格，然后输入“第一学年第二学期成绩单”，输入的内容会同时显示在编辑栏中（也可选中单元格后，直接在编辑栏中输入数据），如图 4-26 所示。若发现输入错误，可按“Backspace”键删除。

A1 | 第一学年第二学期成绩单

	A	B	C	D	E	F
1	第一学年第二学期成绩单					
2						

图 4-26 输入表格标题

步骤 2▶ 按“Enter”键、“Tab”键，或单击编辑栏上的“√”按钮确认输入。其中，按“Enter”键时，当前单元格下方的单元格被选中；按“Tab”键时，当前单元格右边的单元格被选中；单击“√”按钮时，当前单元格不变。

步骤 3▶ 在 A2 至 L2 单元格中输入各列标题，再在“班级”和“姓名”列单元格输入数据，效果如图 4-27 所示。

步骤 4▶ 可以看到，输入的数值型数据沿单元格右侧对齐，文本型数据沿单元格左侧对齐。

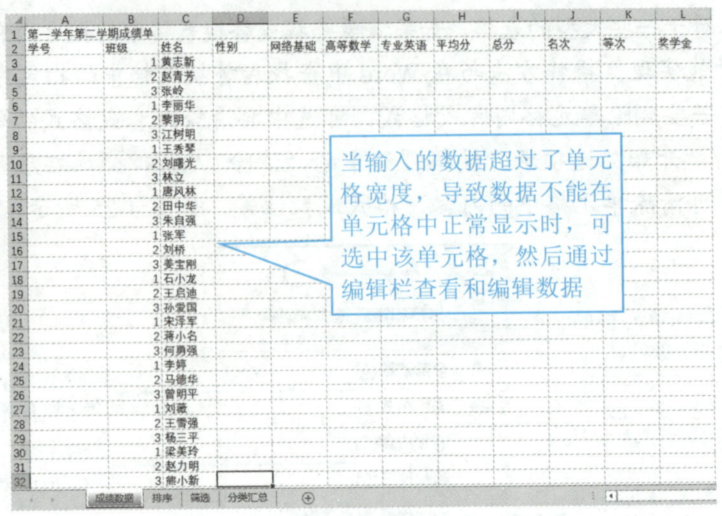

图 4-27　在单元格中输入列标题和姓名列数据

2．自动填充数据

在 Excel 工作表的活动单元格的右下角有一个小黑方块，称为填充柄，通过拖动填充柄可以自动在其他单元格填充与活动单元格内容相关的数据，如序列数据或相同数据。其中，序列数据是指有规律地变化的数据，如日期、时间、月份、等差或等比数列。此处以输入“学号”数据为例，介绍自动填充数据的方法。

步骤 1▶ 单击“学号”列中的 A3 单元格，输入数据“17100401001”，如图 4-28 所示。

步骤 2▶ 将鼠标指针移到 A3 单元格右下角的填充柄上，此时鼠标指针变成实心的十字形，如图 4-28 所示。按住鼠标左键并向下拖动，至单元格 A32 后释放鼠标左键，然后单击右下角的“自动填充选项”按钮，在展开的列表中选中“填充序列”单选钮，系统就会自动以升序填充选中的单元格，效果如图 4-29 所示。

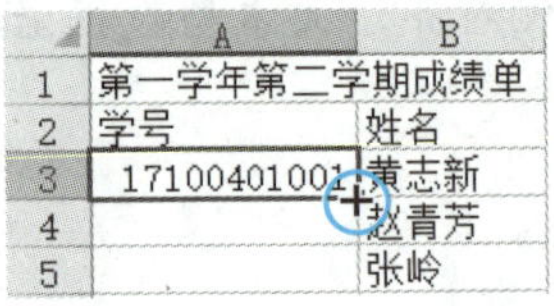

图 4-28　输入示例数据

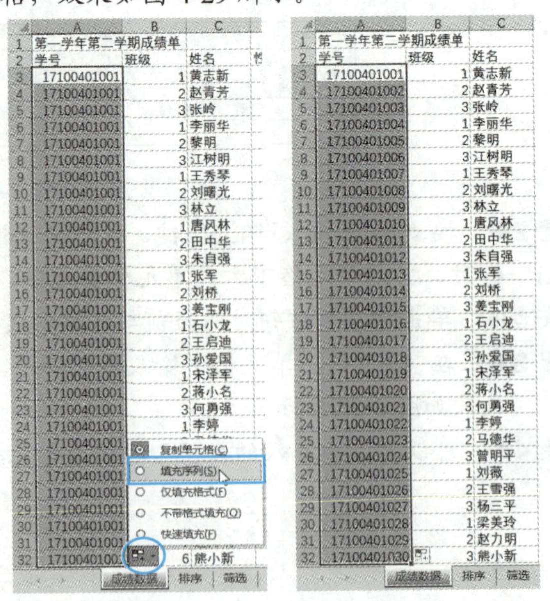

图 4-29　使用填充柄输入数据

提 示

当在“自动填充选项”列表中选择“复制单元格”时，可填充相同数据和格式；选择“仅填充格式”或“不带格式填充”时，则只填充相同格式或数据。

要填充指定步长的等差或等比序列，可在前两个单元格中输入序列的前两个数据，如在 A1，A2 单元格中分别输入 1 和 3，然后选定这两个单元格，并拖动所选单元格区域的填充柄至要填充的区域，释放鼠标左键即可。

单击“开始”选项卡“编辑”组中的“填充”按钮，在展开的填充列表中选择相应选项也可填充数据。但该方式需要提前选择要填充的区域，如图 4-30 所示。

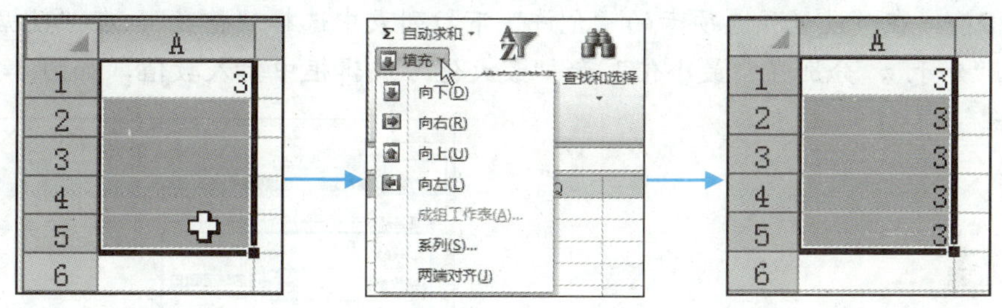

图 4-30 利用“填充”列表填充数据

3. 快捷键输入数据

若要一次性在所选单元格区域填充相同数据，可以使用快捷键来完成。此处以输入“性别”数据为例，介绍使用快捷键输入数据的操作。

步骤 1▶ 配合“Ctrl”键选中要填充数据的单元格，然后输入要填充的数据“男”，输入完毕按“Ctrl+Enter”组合键，如图 4-31 所示。

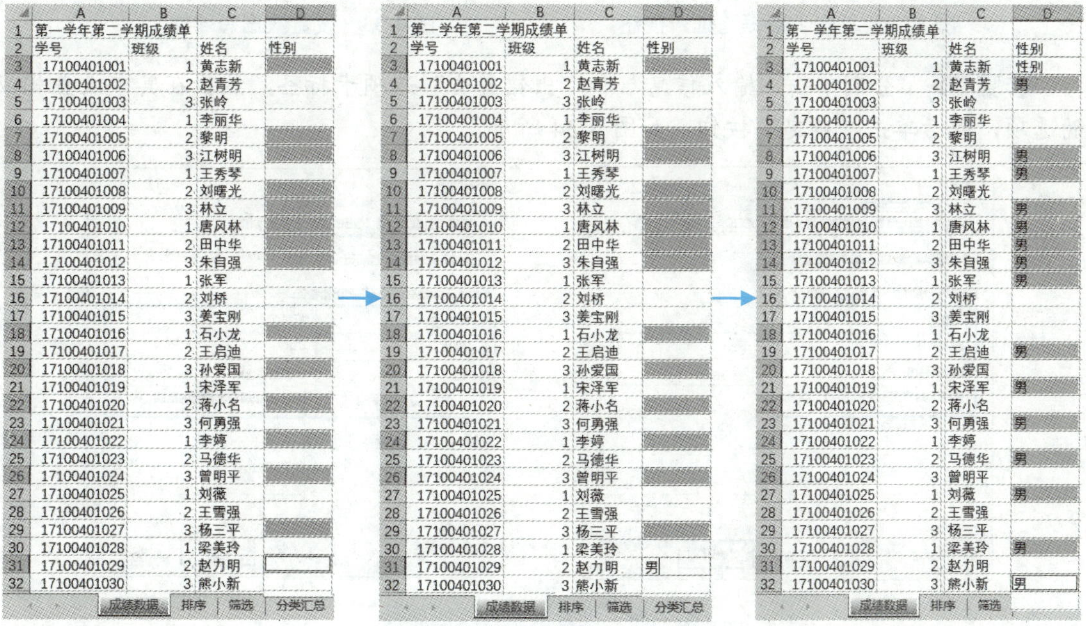

图 4-31 使用快捷键填充相同数据

步骤 2▶ 使用同样的方法，在该列中输入性别“女”。

4. 设置数据有效性

在建立工作表的过程中，有时为了保证输入的数据都在其有效范围内，用户可以使用 Excel 提供的“有效性”命令为单元格设置条件，以便在出错时得到提醒，从而快速、准确地输入数据。此处以为“成绩数据”工作表中的各课程成绩设置输入限制条件，将数据大小控制在 0～100 为例，介绍设置数据有效性的方法。

步骤 1▶ 使用鼠标拖动方式选中要设置数据有效性的单元格区域 E3:G32（或单击 E3 单元格后按住“Shift”键单击 G32 单元格），然后单击“数据”选项卡“数据工具”组中的“数据验证”按钮（见图 4-32），打开“数据验证”对话框。

步骤 2▶ 在“设置”选项卡的“允许”下拉列表中选择“整数”，在“数据”下拉列表中选择“介于”，分别在“最小值”和“最大值”编辑框中输入数值，如图 4-33 所示。

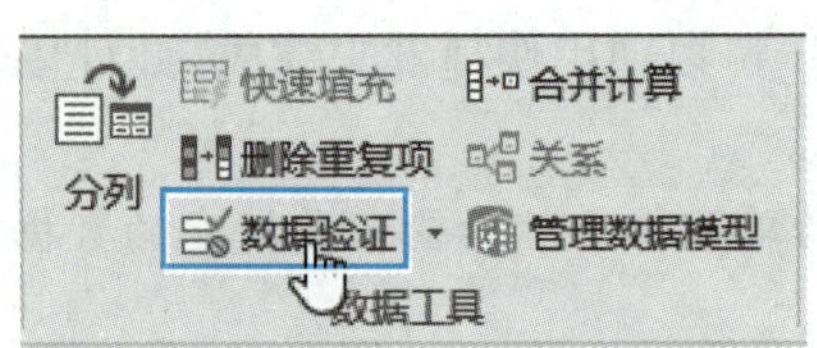

图 4-32　单击“数据验证”按钮

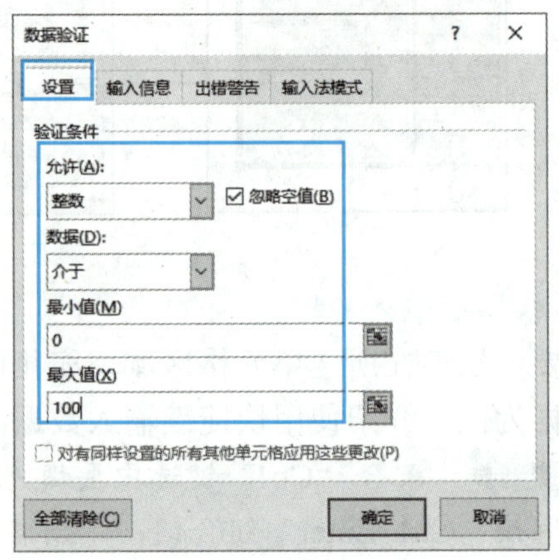

图 4-33　设置数据有效性

步骤 3▶ 分别单击“输入信息”和“出错警告”选项卡标签，然后在其中设置相应的选项，最后单击“确定”按钮，如图 4-34 所示。

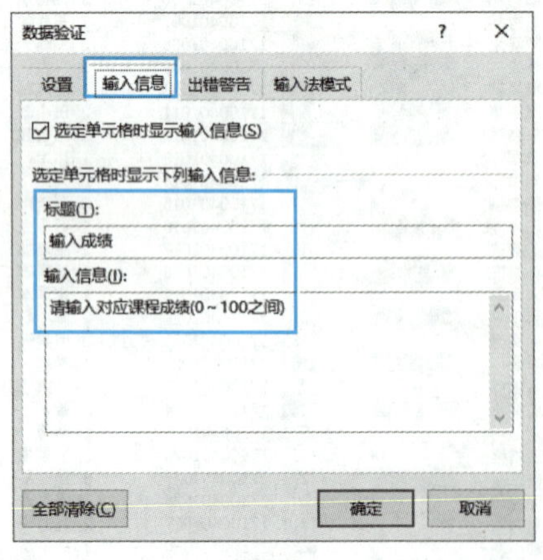

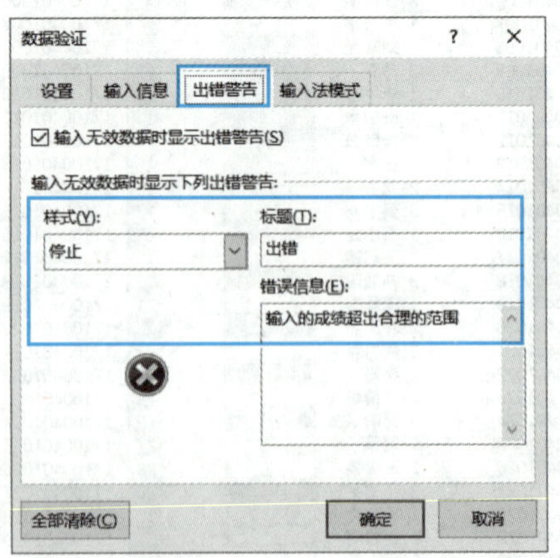

图 4-34　设置数据有效性选项

步骤 4▶ 单击设置了数据有效性的单元格，会显示输入信息提示，然后就可以输入各课程成绩数据了，如图 4-35 所示。

步骤 5▶ 当在设置了数据有效性的单元格中输入了不符合条件的数据时，会出现出错警告，如图 4-36 所示。单击“重试”按钮，重新输入；若单击“取消”按钮，则取消用户当前的操作。

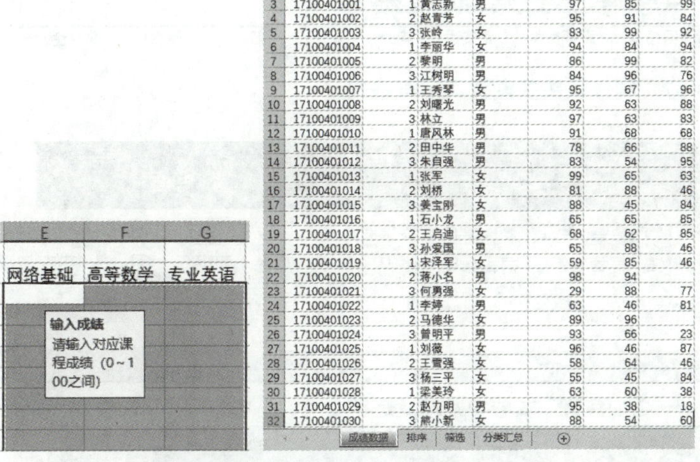

图 4-35 利用数据有效性输入数据

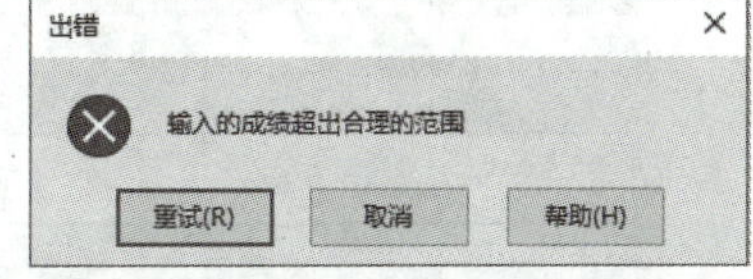

图 4-36 错误信息提示

提 示

如果需要清除单元格的有效性设置，只需选中设置了数据有效性的单元格区域，然后在“数据验证”对话框中单击“全部清除”按钮即可。

任务三 美化学生成绩表

1. 设置单元格格式

（1）设置字符格式。

在 Excel 中设置表格内容的字符格式的操作与在 Word 中的设置相似。

步骤 1▶ 选中 A1:L1 单元格区域，然后在“开始”选项卡的“对齐方式”组中单击“合并后居中”按钮，将所选单元格区域合并制作表头。

步骤 2▶ 在“开始”选项卡的“字体”组中选择“字体”为“隶书”，字号为“24”，字体颜色为“蓝色”，效果如图 4-37 所示。

步骤 3▶ 选中 A2:L32 单元格区域，在“开始”选项卡“字体”组的“字体”下拉列表中依次选择宋体和 Times New Roman，再设置字号为 12，如图 4-38 所示。

步骤 4▶ 设置 A2:L2 单元格区域的字符格式为微软雅黑、13、紫色。

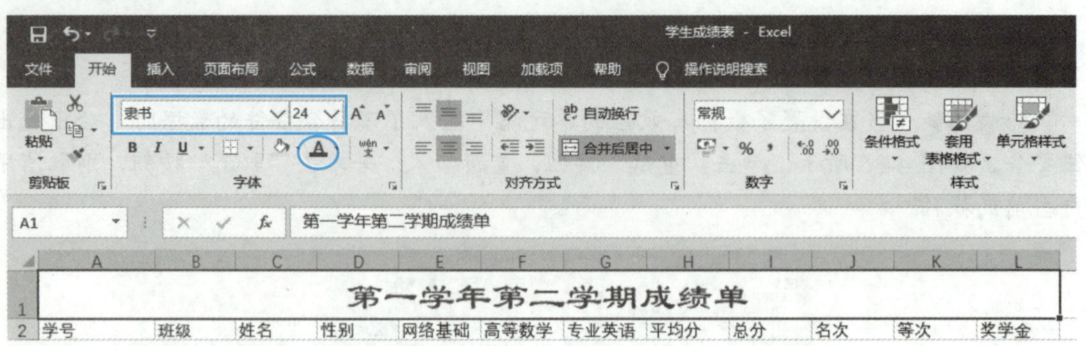

图 4-37 制作表头并设置其字符格式

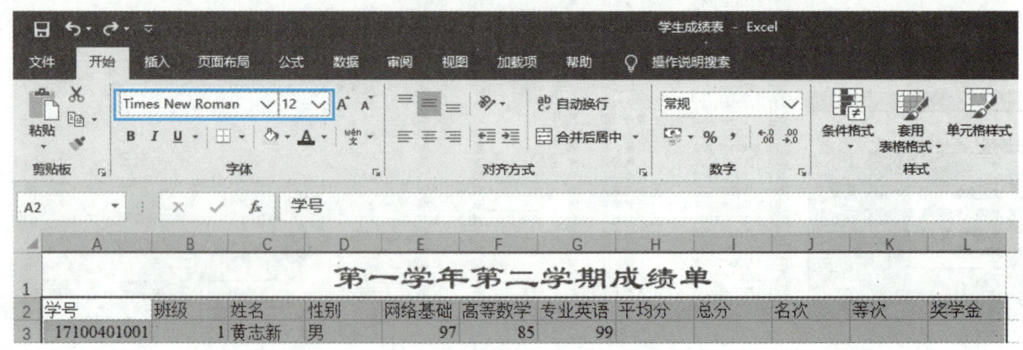

图 4-38 设置单元格区域的字符格式

（2）设置对齐方式。

通常情况下，输入到单元格中的文本为左对齐，数字为右对齐，逻辑值和错误值为居中对齐。用户可以通过设置单元格的对齐方式，使整个表格看起来更整齐。

要设置单元格内容的对齐方式，可在选中单元格或单元格区域后直接单击“开始”选项卡“对齐方式”组中的相应按钮。

步骤 1▶ 选中 A2:L2 单元格区域后，在“开始”选项卡的“对齐方式”组中单击“底端对齐”和“居中”按钮，使所选单元格中的数据在单元格的中部底端对齐。

步骤 2▶ 选中 A3:L32 单元格区域，然后在“开始”选项卡的“对齐方式”组中单击“居中”按钮，使所选单元格中的数据在单元格中居中对齐，如图 4-39 所示。

第 1 排按钮用来设置垂直对齐，第 2 排用来设置水平对齐

对齐方式

第一学年第二学期成绩单

学号	班级	姓名	性别	网络基础	高等数学	专业英语	平均分	总分
17100401001	1	黄志新	男	97	85	99		
17100401002	2	赵青芳	女	95	91	84		
17100401003	3	张岭	女	83	99	92		
17100401004	1	李丽华	女	94	84	94		
17100401005	2	黎明	男	86	99	82		
17100401006	3	江树明	男	84	96	76		
17100401007	1	王秀琴	女	95	67	96		
17100401008	2	刘曙光	男	92	63	88		
17100401009	3	林立	男	97	63	83		
17100401010	1	唐风林	男	91	68	68		

图 4-39 设置单元格内容的对齐

提　示

也可单击“字体”组或“对齐方式”组右下角的对话框启动器按钮，在打开的“设置单元格格式”对话框中设置字符格式和对齐方式等。

（3）设置数字格式。

Excel 提供了多种数字格式，如数值格式、货币格式、日期格式、百分比格式、会计专用格式等，灵活地利用这些数字格式，可使制作的表格更加专业和规范。

步骤 1▶ 选择要设置格式的单元格区域 H3:H32，然后单击“开始”选项卡“数字”组右下角的对话框启动器按钮，打开“设置单元格格式”对话框的“数字”选项卡。

步骤 2▶ 在“分类”列表中选择数字类型，如“数值”，在右侧设置相关格式，如小数位数等，单击“确定”按钮，如图 4-40 所示。由于本例还没有在“平均分”列中计算出数据，因此暂时还看不到设置效果。

用户也可直接在功能区“开始”选项卡“数字”组的“数字格式”下拉列表中选择数字类型，以及单击相关按钮来设置数字格式，如图 4-41 所示。

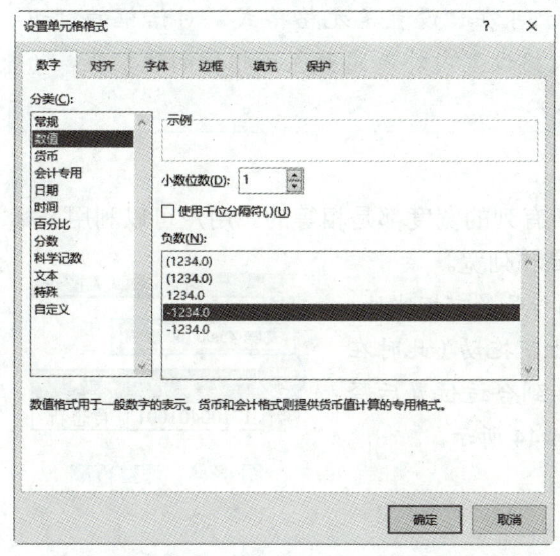

图 4-40　使用对话框设置数字格式

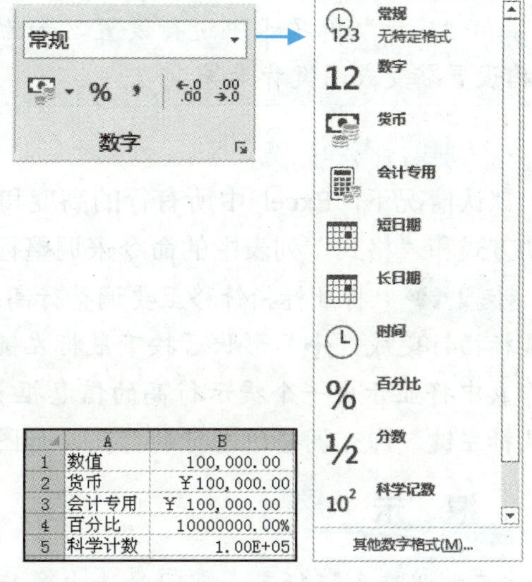

图 4-41　使用“数字”组设置数字格式

（4）设置边框和底纹。

在 Excel 工作表中，虽然从屏幕上看每个单元格都带有浅灰色的边框线，但是实际打印时不会出现任何线条。为了使表格中的内容更为清晰明了，可以为表格添加边框。此外，通过为某些单元格添加底纹，可以衬托或强调这些单元格中的数据，同时使表格显得更美观。

步骤 1▶ 选定要添加边框的单元格区域 A2:L32，然后单击“开始”选项卡“字体”组中“边框”按钮右侧的下拉按钮，在展开的下拉列表中选择“所有框线”选项（见

图 4-42)，为选中的单元格区域添加边框线。

步骤 2▶ 选中 A2:L2 单元格区域，然后单击“开始”选项卡“字体”组中“填充颜色”按钮右侧的下拉按钮，在展开的下拉列表中选择“橙色”，如图 4-43 所示。

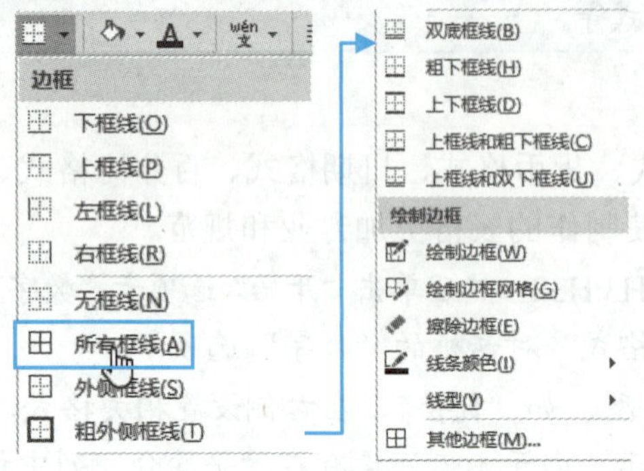

图 4-42 选择“所有框线”选项

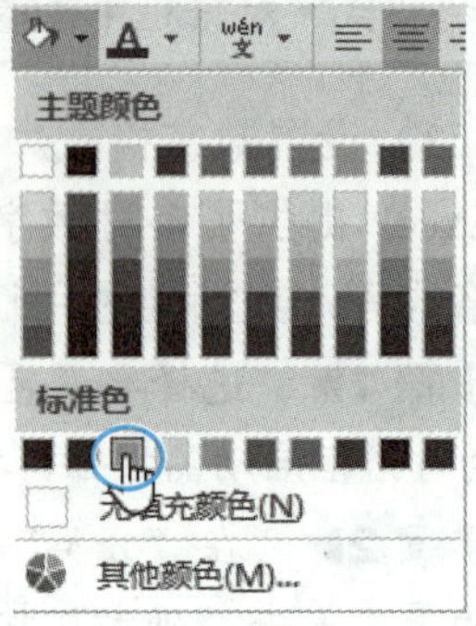

图 4-43 选择“橙色”

提 示

> 如果要为工作表设置的复杂边框和底纹，可在“设置单元格格式”对话框的“边框”和“底纹”选项卡中进行设置，如为表格设置内外不同颜色和粗细的边框线，为表格设置渐变或图案背景等。

2．调整行高和列宽

默认情况下，Excel 中所有行的高度和所有列的宽度都是相等的。用户可以利用鼠标拖动方式和“格式”列表中的命令来调整行高和列宽。

步骤 1▶ 将鼠标指针移至要调整行高的行号的下框线处，待鼠标指针变成“✛”形状后按下鼠标左键上下拖动（此时在工作表中将显示出一个提示行高的信息框），到合适位置后释放鼠标左键，即可调整所选行的行高，如图 4-44 所示。

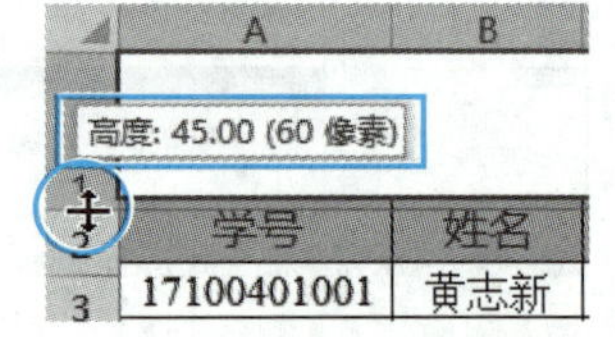

图 4-44 调整行高

提 示

> 若要调整多行行高，可同时选中多行，然后再使用以上方法调整。此外，若要调整某列或多列单元格的宽度，只需将鼠标指针移至要调整列的列标右边线处，待指针变成“✛”形状后按下鼠标左键左右拖动，到合适位置后释放鼠标左键即可。

步骤 2▶ 要精确调整行高，可先选中要调整行高的单元格或单元格区域，本例同时选中第 2 行至第 32 行，然后右击所选行，在弹出的快捷菜单中选择“行高”选项，或单击“开始”选项卡“单元格”组中的“格式”按钮，在展开的下拉列表中选择“行高”选项，接着在打开的“行高”对话框中设置行高值，单击“确定”按钮，如图 4-45 所示。

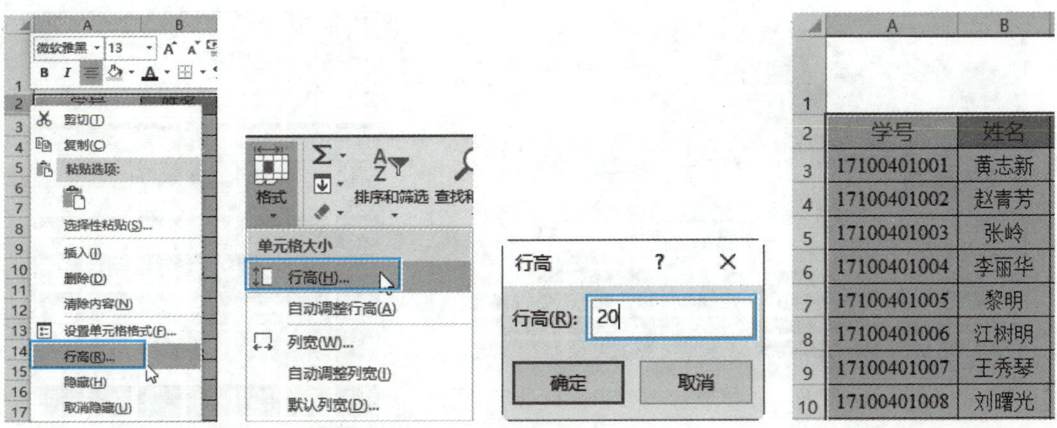

图 4-45　精确调整多行行高

步骤 3▶　拖动鼠标选中 E:G 列，然后将鼠标指针移到选中的任意列右侧的边框线，待鼠标指针变成“✚”形状后双击，将选中多列的列宽调整为最合适，如图 4-46 所示。

第一学年第二学期成绩单

性别	网络基础	高等数学	专业英语	平均分
男	97	85	99	
女	95	91	84	
女	83	99	92	

图 4-46　将列宽调整为最合适

提　示

要精确调整列宽，可在选中要调整的单元格或单元格区域后，在“格式”下拉列表中选择“列宽”选项，然后在打开的对话框中进行设置。

此外，将鼠标指针移至行号下方的边线上，待指针变成“✚”形状后双击边线，系统会根据单元格中数据的高度自动调整行高；也可在选中要调整的单元格或单元格区域后，在“格式”下拉列表中选择“自动调整行高”或“自动调整列宽”选项，自动调整行高和列宽。

3．自动套用格式

除了利用前面介绍的方法美化表格外，Excel 2016 还提供了许多内置的单元格样式和表样式，利用它们可以快速对表格进行美化。

步骤 1▶　应用单元格样式。选中要套用单元格样式的单元格区域，如 A2:L2，然后单击“开始”选项卡“样式”组中的“其他”按钮，在展开的下拉列表中选择要应用的样式，如“标题 3”，如图 4-47 所示。

步骤 2▶　应用表样式。选中要应用表样式的单元格区域，然后单击“开始”选项卡“样式”组中的“套用表格格式”按钮，在展开的下拉列表中单击要使用的表格样式（见图 4-48），再在打开的“套用表格式”对话框中单击“确定”按钮。

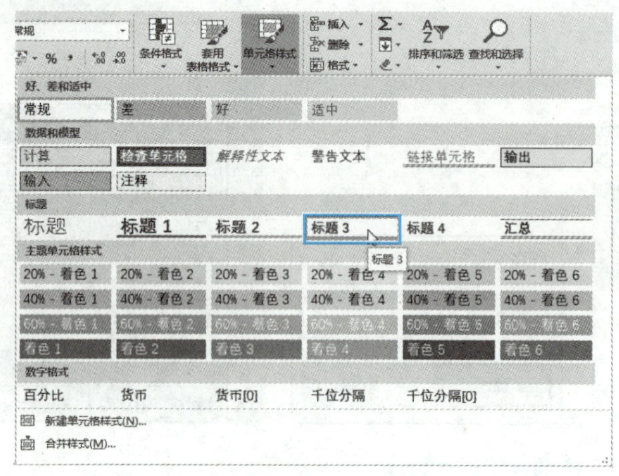

图 4-47　系统内置单元格样式列表

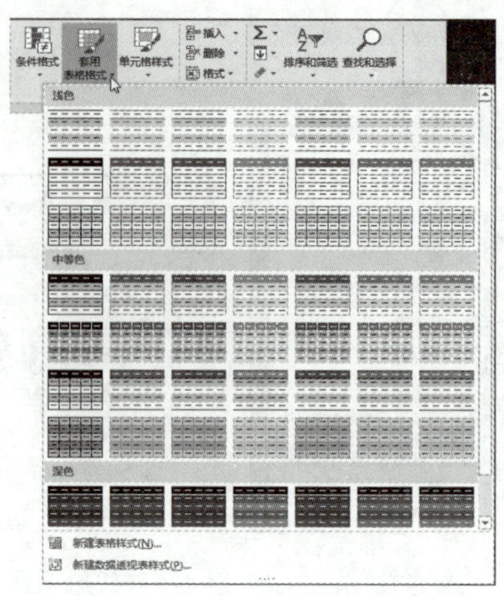

图 4-48　系统内置表格样式列表

步骤 3▶　将工作簿另存为“学生成绩表（美化）”。

项目二　处理学生成绩表数据

【情景描述】

Excel 强大的计算功能主要依赖于其公式和函数，利用它们可以对表格中的数据进行各种计算和处理。下面，我们与李老师和小谭一起，利用公式和函数快速计算出学生成绩表中每个学生的平均分、总分，根据总成绩由高分到低分排出名次，根据平均分判断成绩等次等，效果如图 4-49 所示。

第一学年第二学期成绩单

学号	班级	姓名	性别	网络基础	高等数学	专业英语	平均分	总分	名次	等次	奖学金
18100401001	1	黄志新	男	97	85	99	93.7	281	1	优	200
18100401002	2	赵青芳	女	95	91	84	90.0	270	4	良	150
18100401003	3	张岭	女	83	99	92	91.3	274	2	优	200
18100401004	1	李丽华	女	94	84	94	90.7	272	3	优	200
18100401005	2	黎明	男	86	99	82	89.0	267	5	良	150
18100401006	3	江树明	男	84	96	76	85.3	256	7	中	100
18100401007	1	王秀琴	女	95	67	96	86.0	258	6	优	200
18100401008	2	刘曙光	男	92	63	88	81.0	243	8	良	150
18100401009	3	林立	男	97	63	83	81.0	243	8	良	150
18100401010	1	唐风林	男	91	68	68	75.7	227	13	及格	50
18100401011	2	田中华	男	78	66	88	77.3	232	10	良	150
18100401012	3	朱自强	男	83	54	95	77.3	232	10	优	200
18100401013	1	张军	女	99	65	63	75.7	227	13	及格	50
18100401014	2	刘桥	女	81	88	46	71.7	215	16	不及格	0
18100401015	3	姜宝刚	女	88	45	84	72.3	217	15	良	150
18100401016	1	石小龙	男	65	65	85	71.7	215	16	良	150
18100401017	2	王启迪	女	68	62	85	71.7	215	16	良	150
18100401018	3	孙爱国	男	65	88	46	66.3	199	20	不及格	0
18100401019	1	宋泽军	女	59	85	46	63.3	190	23	不及格	0
18100401020	2	蒋小名	男	98	94		96.0	192	22	不及格	0
18100401021	3	何勇强	女	29	88	77	64.7	194	21	中	100
18100401022	1	李婷	男	63	46	81	63.3	190	23	良	150
18100401023	2	马德华	女	89	96		92.5	185	25	不及格	0
18100401024	3	曾明平	男	93	66	23	60.7	182	27	不及格	0
18100401025	1	刘薇	女	96	46	87	76.3	229	12	良	150
18100401026	2	王雪强	女	58	64	46	56.0	168	28	不及格	0
18100401027	3	杨三平	女	55	45	84	61.3	184	26	良	150
18100401028	1	梁美玲	女	63	60	38	53.7	161	29	不及格	0
18100401029	2	赵力明	男	95	38	18	50.3	151	30	不及格	0
18100401030	3	熊小新	女	88	54	60	67.3	202	19	及格	50

总分最高分	281	等次	奖金标准
总分最低分	151	优	200
高等数学的及格人数	26	良	150
专业英语的实考人数	30	中	100
女生奖学金总额	1550	及格	50
		不及格	0

成绩数据　排序　筛选　分类汇总

图 4-49　处理后学生成绩表数据效果

【项目要求】

- 了解公式和函数的概念，并认识公式中的运算符。
- 了解单元格引用的作用和类型。
- 掌握利用公式和函数对工作表数据进行计算与分析的操作。
- 掌握利用条件格式对满足特定条件的单元格以醒目方式突出显示的方法。
- 掌握保护工作表数据的方法。

【相关知识】

一、认识公式、函数和公式中的运算符

1．公式和函数

公式由运算符和参与运算的操作数组成。运算符可以是算术运算符、比较运算符、文本运算符和引用运算符；操作数可以是常量、单元格引用和函数等。要输入公式必须先输入“=”，然后在其后输入运算符和操作数，否则 Excel 会将输入的内容作为文本型数据处理。图 4-50 所示分别是在某个单元格中输入的未使用函数和使用函数的公式。

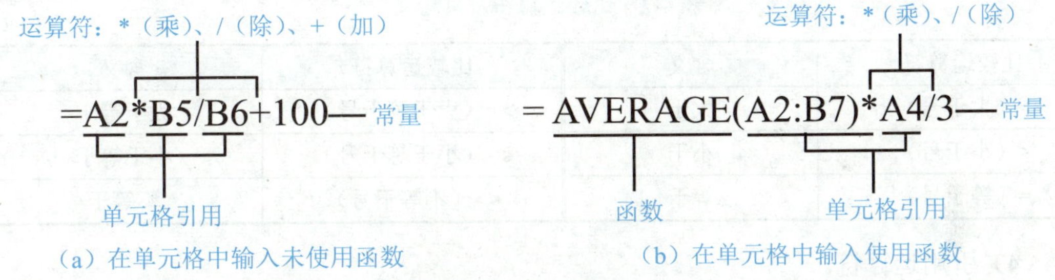

图 4-50 公式组成元素

图 4-50（a）所示公式的意义是：求 A2 单元格与 B5 单元格之积再除以 B6 单元格后加 100 的值；图 4-50（b）所示公式的意义是：使用函数 AVERAGE 求 A2:B7 单元格区域的平均值，并将求出的平均值乘以 A4 单元格后再除以 3。计算结果将显示在输入公式的单元格中。

函数是预先定义好的表达式，它必须包含在公式中。每个函数都由函数名和参数组成，其中函数名表示将执行的操作（如求平均值函数 AVERAGE），参数表示函数将使用的值的单元格地址，通常是一个单元格区域，也可以是更为复杂的内容。在公式中合理地使用函数，可以完成诸如求和、求平均值、逻辑判断等数据处理操作。

2．公式中的运算符

运算符是用来对公式中的元素进行运算而规定的特殊符号。Excel 包含 4 种类型的运算符：文本运算符、算术运算符、比较运算符和引用运算符。

（1）文本运算符。

使用文本运算符“&”（与号）可将两个或多个文本值串起来产生一个连续的文本值。例如：输入“祝你”&“快乐、开心！”会生成“祝你快乐、开心！”。

（2）算术运算符。

算术运算符如表 4-1 所示，其作用是完成基本的数学运算，并产生数值结果。

表 4-1　算术运算符及其含义

算术运算符	含义	实例
+（加号）	加法	A1+A2
-（减号）	减法或负数	A1-A2
*（星号）	乘法	A1*2
/（正斜杠）	除法	A1/3
%（百分号）	百分比	50%
^（脱字号）	乘方	2^3

（3）比较运算符。

比较运算符如表表 4-2。它们的作用是比较两个值，并得出一个逻辑值，即“TRUE”（真）或“FALSE”（假）。

表 4-2　比较运算符及其含义

比较运算符	含义	比较运算符	含义
>（大于号）	大于	>=（大于等于号）	大于等于
<（小于号）	小于	<=（小于等于号）	小于等于
=（等于号）	等于	<>（不等于号）	不等于

（4）引用运算符。

引用运算符如表 4-3 所示。它们的作用是对单元格区域中的数据进行合并计算。

表 4-3　引用运算符及其含义

引用运算符	含义	实例
:（冒号）	区域运算符，用于引用单元格区域	B5:D15
,（逗号）	联合运算符，用于引用多个单元格区域	B5:D15,F5:I15
（空格）	交叉运算符，用于引用两个单元格区域的交叉部分	B7:D7 C6:C8

二、单元格引用

单元格引用用来指明公式中所使用的数据的位置，它可以是一个单元格地址，也可以是单元格区域。通过单元格引用，可以在一个公式中使用工作表不同部分的数据，或者在多个公式中使用一个单元格中的数据；还可以引用同一个工作簿的不同工作表中的数据。当公式中引用的单元格数值发生变化时，公式的计算结果也会自动更新。

1. 相同或不同工作簿、工作表间的引用

对于同一工作表中的单元格引用，直接输入单元格或单元格区域地址即可。

在当前工作表中引用同一工作簿、不同工作表中的单元格的表示方法为

工作表名称!单元格或单元格区域地址

例如，Sheet2!F8:F16，表示引用 Sheet2 工作表，F8:F16 单元格区域中的数据。

在当前工作表中引用不同工作簿中的单元格的表示方法为

[工作簿名称.xlsx]工作表名称!单元格（或单元格区域）地址

当引用某个单元格区域时，应先输入单元格区域起始位置的单元格地址，然后输入引用运算符，再输入单元格区域结束位置的单元格地址。

2. 相对引用、绝对引用和混合引用

公式中的引用分为相对引用、绝对引用和混合引用，下面分别说明。

- 相对引用：Excel 默认的单元格引用方式。它直接用单元格的列标和行号表示单元格，如 B5；或用引用运算符表示单元格区域，如 B5:D15。在移动或复制公式时，系统会根据移动的位置自动调整公式中相对引用的单元格地址。
- 绝对引用：指在单元格的列标和行号前面都加上“$”符号，如$B$5。不论将公式复制或移动到什么位置，绝对引用的单元格地址都不会改变。
- 混合引用：指引用中既包含绝对引用又包含相对引用，如 A$1 或$A1 等，用于表示列变行不变或列不变行变的引用。

三、Excel 中的常用函数

Excel 提供了大量的函数，表 4-4 列出了常用的函数类型和使用范例。

表 4-4 常用的函数类型和使用范例

函数类型	函数	使用范例
常用	SUM（求和）、AVERAGE（求平均值）、MAX（求最大值）、MIN（求最小值）、COUNT（计数）等	=AVERAGE(F2:F7) 表示求 F2:F7 单元格区域中数字的平均值
财务	DB（资产的折扣值）、IRR（现金流的内部报酬率）、PMT（分期偿还额）等	=PMT(B4,B5,B6) 表示在输入利率、周期和规则作为变量时，计算周期支付值
日期与时间	DATA（日期）、HOUR（小时数）、SECOND（秒数）、TIME（时间）等	=DATA(C2,D2,E2) 表示返回 C2,D2,E2 所代表的日期
数学与三角	ABS（求绝对值）、EXP（求指数）、SIN（求正弦值）、ACOSH（求反双曲余弦值）、INT（求整数）、LOG（求对数）等	=ABS(E4) 表示得到 E4 单元格中数值的绝对值，即不带负号的绝对值
统计	AVERAGE（求平均值）、RANK.EQ（求大小排名）、COUNTIF（统计单元格区域中符合指定条件的单元格数）	=COUNTIF(H3:H13,">=120") 表示求 H3:H13 单元格区域中数据大于等于 120 的单元格数

续表

函数类型	函数	使用范例
逻辑	AND（与）、OR（或）、FALSE（假）、TRUE（真）、IF（如果）、NOT（非）	=IF(A3>=B5,A3*2,A3/B5) 表示使用条件测试 A3 是否大于等于 B5，条件结果要么为真，要么为假

四、保护数据的方法

工作簿制作好后，用户可以利用 Excel 提供的保护功能，通过设置密码的方式，对其结构和窗口进行保护，或对整个工作表及工作表中的部分单元格进行保护，以防止他人进行修改。

依法治国

2021 年 6 月 10 日，第十三届全国人民代表大会常务委员会第二十九次会议通过《中华人民共和国数据安全法》，自 2021 年 9 月 1 日起施行。这是我国第一部以数据为保护对象的法律，作为全球数据安全综合立法的首创性探索，对于全球数据安全、利用安全具有引领和示范意义。

【项目实施】

任务一　使用求和按钮计算平均分

步骤 1▶ 打开本书配套素材“模块四”/“项目一”/“学生成绩表（美化）”工作簿，将其以“学生成绩表（处理）”为名另存到“模块四”/“项目二”文件夹中。

步骤 2▶ 单击要计算平均分的单元格 H3，然后单击“开始”选项卡“编辑”组中的“求和”按钮右侧的下拉按钮，在展开的下拉列表中选择“平均值”选项，如图 4-51 所示。

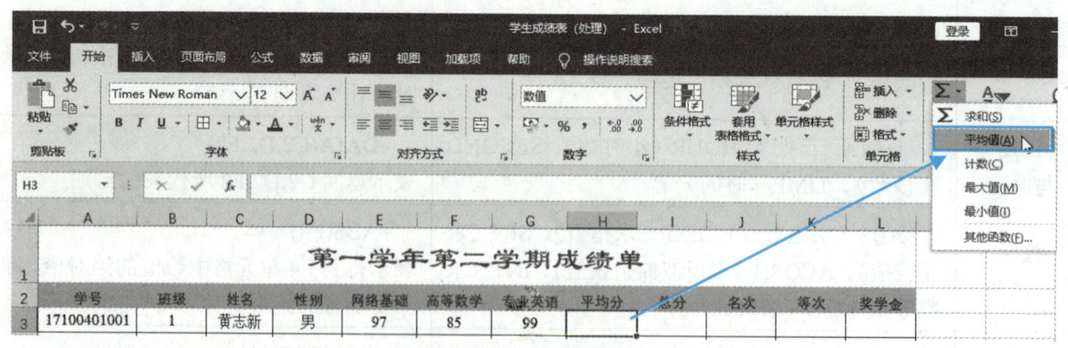

图 4-51　选择“平均值”选项

步骤 3▶ 此时，可看到单元格和编辑栏中自动显示要计算平均值的单元格区域（见

图 4-52），对该区域进行确认。如果不正确的话，可以在工作表中拖动鼠标重新选择，这里保持默认。

步骤 4▶ 按“Enter”键，即可计算出第一个学生的平均分，如图 4-53 所示。

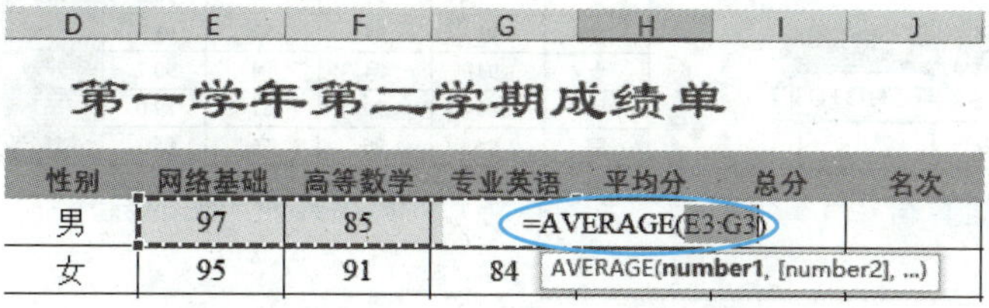

D	E	F	G	H	I	J
第一学年第二学期成绩单						
性别	网络基础	高等数学	专业英语	平均分	总分	名次
男	97	85	=AVERAGE(E3:G3)			
女	95	91	84	AVERAGE(number1, [number2], ...)		

图 4-52 显示要计算平均值的单元格区域

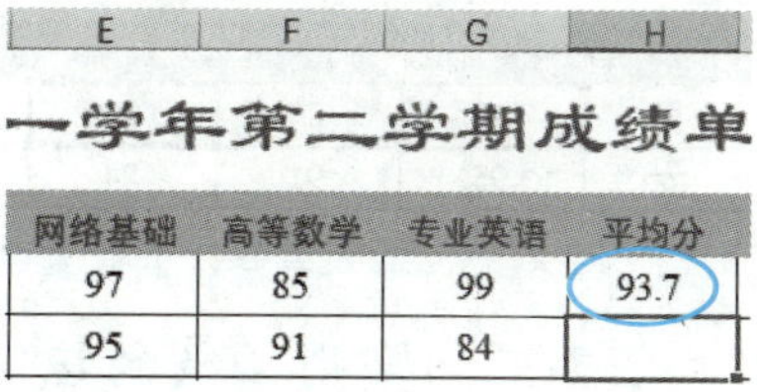

E	F	G	H
一学年第二学期成绩单			
网络基础	高等数学	专业英语	平均分
97	85	99	93.7
95	91	84	

图 4-53 计算出第一个学生的平均分

步骤 5▶ 选中含有公式的单元格 H3，将鼠标指针移到该单元格右下角的填充柄处，此时鼠标指针由空心十字形变成实心的十字形，按住鼠标左键向下拖动，至目标位置后释放鼠标，将求平均值公式复制到同列的其他单元格中，计算出其他学生的平均分，如图 4-54 所示。

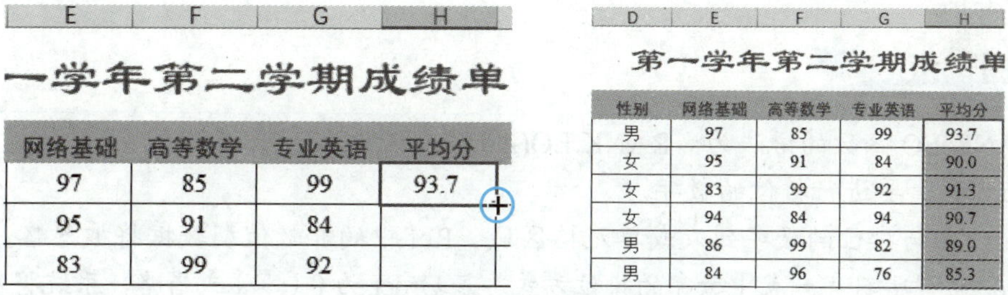

网络基础	高等数学	专业英语	平均分
97	85	99	93.7
95	91	84	
83	99	92	

D	E	F	G	H
第一学年第二学期成绩单				
性别	网络基础	高等数学	专业英语	平均分
男	97	85	99	93.7
女	95	91	84	90.0
女	83	99	92	91.3
女	94	84	94	90.7
男	86	99	82	89.0
男	84	96	76	85.3

图 4-54 利用填充柄计算所有学生的平均分

提 示

创建公式后，若需要修改公式，可双击包含公式的单元格，然后修改公式中引用的单元格地址或运算符等。此外，也可以单击包含公式的单元格，然后通过编辑栏修改公式。除了利用拖动填充柄的方式复制公式外，也可利用复制、剪切和粘贴命令等方式来复制和移动公式。

任务二 使用公式计算总分

步骤 1▶ 单击要计算总分的单元格 I3，输入等号“=”，然后输入要参与运算的单元格和运算符 E3+F3+G3，如图 4-55 所示。也可以直接单击要参与运算的单元格，将其添加到公式中。

步骤 2▶ 按“Enter”键或单击编辑栏中的“输入”按钮✔结束公式编辑，计算出第一个学生的总分。

步骤 3▶ 将鼠标指针移到 I3 单元格右下角的填充柄处，待鼠标指针变成实心的十字形时，按住鼠标左键向下拖动，至目标位置后释放鼠标，将求和公式复制到同列的其他单元格中，计算出其他学生的总分，如图 4-56 所示。

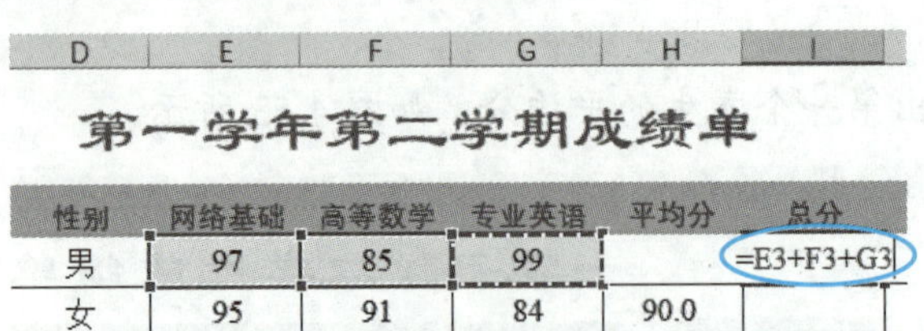

图 4-55　输入等号、公式参数和运算符

第一学年第二学期成绩单

性别	网络基础	高等数学	专业英语	平均分	总分
男	97	85	99	93.7	281
女	95	91	84	90.0	270
女	83	99	92	91.3	274
女	94	84	94	90.7	272
男	86	99	82	89.0	267
男	84	96	76	85.3	256

图 4-56　计算出其他学生的总分

任务三　常用函数的应用

1. 使用 RANK.EQ 函数计算总分排名

下面使用 RANK.EQ 函数根据总分计算每个学生的名次。该函数的作用是返回一个数字在数字列表中的排位。

步骤 1▶ 单击“名次”列中的单元格 J3，然后单击编辑栏左侧的“插入函数”按钮 *fx*，打开“插入函数”对话框，选择“统计”类别，然后选择“RANK.EQ”函数，如图 4-57 所示。

提　示

RANK.EQ 函数的语法为：RANK.EQ(Number,Ref,Order)。其中：

Number：要进行排位的数字。

Ref：参与排位的数字列表或单元格区域。Ref 中的非数值型数据将被忽略。

Order：设置数字列表中数字的排位方式。若 Order 为 0（零）或省略，系统将基于 Ref 按降序对数字进行排位；若 Order 不为 0，系统将基于 Ref 按升序对数字进行排位。

函数 RANK.EQ 对重复数的排位相同，但重复数的存在将影响后续数值的排位。

步骤 2▶ 单击“确定”按钮，打开“函数参数”对话框，单击第一个参数编辑框，然后在工作表中选择要进行排位的单元格 I3，如图 4-58 所示。

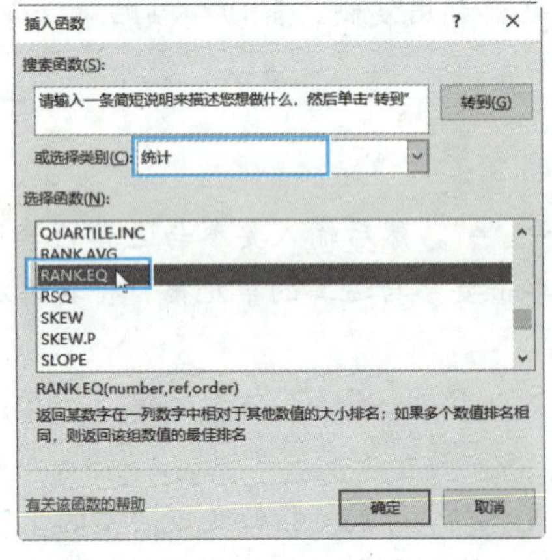

图 4-57　选择“RANK.EQ”函数

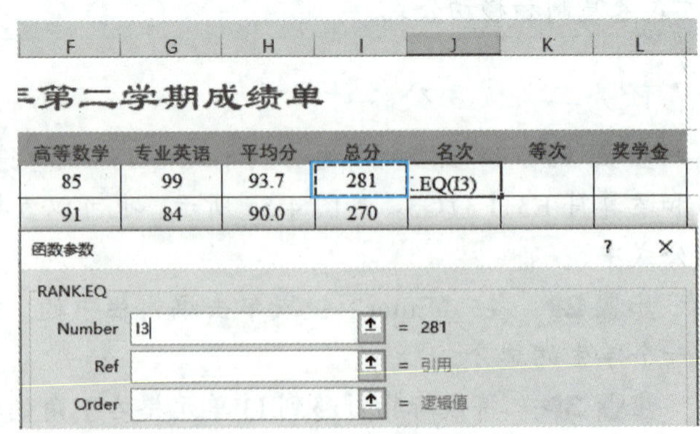

图 4-58　选择要排位的单元格 H3

步骤 3▶ 单击第 2 个参数编辑框，然后在工作表中拖动鼠标选择参与排位的单元格区域 I3:I32，松开鼠标可在编辑框中看到选择的单元格区域。

步骤 4▶ 按键盘上的“F4”键将选择的单元格区域转换为绝对引用，这样可以保证后面复制排序公式时，公式内容不变，从而使返回的排名准确，此时的“函数参数”对话框如图 4-59 所示。

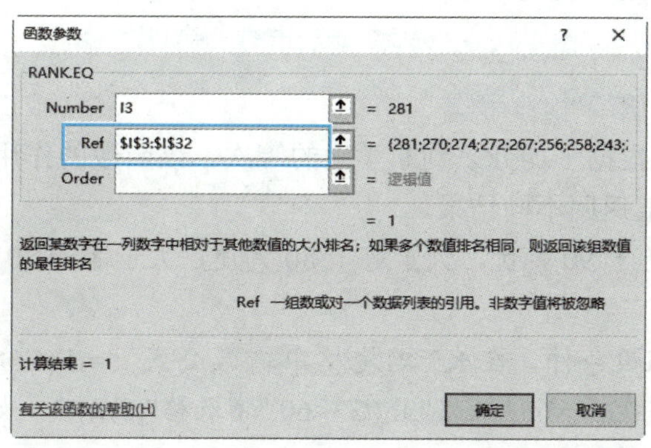

图 4-59　在所选单元格区域的行号和列标前加“$”符号

步骤 5▶ 单击“确定”按钮，计算出第一个学生的排名名次，即 J3 单元格在单元格区域 I3:I32 中的排名。拖动 J3 单元格的填充柄到单元格 J32，计算出其他学生的名次，结果如图 4-60 所示。

J3　=RANK.EQ(I3,$I$3:$I$32)

	A	B	C	D	E	F	G	H	I	J
26	17100401024	4	曾明平	男	93	66	23	60.7	182	27
27	17100401025	1	刘薇	女	96	46	87	76.3	229	12
28	17100401026	2	王雪强	女	58	64	46	56.0	168	28
29	17100401027	3	杨三平	女	55	45	84	61.3	184	26
30	17100401028	1	梁美玲	女	63	60	38	53.7	161	29
31	17100401029	2	赵力明	男	95	38	18	50.3	151	30
32	17100401030	3	熊小新	女	88	54	60	67.3	202	19

成绩数据　排序　筛选　分类汇总

图 4-60　复制公式计算其他学生的名次

提　示

也可以使用“公式”选项卡“函数库”组中的按钮来输入函数，方法是单击相应函数类型下方的下拉按钮，在展开的下拉列表中选择要插入的函数，如图 4-61 所示。

此外，还可手工输入函数，方法是首先在单元格中输入“=”，即进入公式编辑状态，然后输入函数名称，再紧跟着输入一对括号，括号内为一个或多个参数（如单元格引用），参数之间要用逗号来分隔。

图 4-61 “公式”选项卡的“函数库”组

2．使用 IF 函数判断平均分等次

下面使用 IF 函数根据平均分来判断学生的等次。该函数的作用是执行真假值判断，根据逻辑计算的真假值返回不同结果。

假设平均分大于等于 90 为优，大于等于 80 为良，大于等于 70 为中，大于等于 60 为及格，其他为不及格。

步骤 1▶ 根据假设条件，在 K3 单元格中输入公式“=IF(G3>=90,"优",IF(G3>=80,"良",IF(G3>=70,"中",IF(G3>=60,"及格",IF(G3<60,"不及格",0)))))”，如图 4-62 所示。

K3 =IF(G3>=90,"优",IF(G3>=80,"良",IF(G3>=70,"中",IF(G3>=60,"及格",IF(G3<60,"不及格",0)))))

	A	B	C	D	E	F	G	H	I	J	K	L
1	第一学年第二学期成绩单											
2	学号	班级	姓名	性别	网络基础	高等数学	专业英语	平均分	总分	名次	等次	奖学金
3	17100401001	1	黄志新	男	97	85	99	93.7	281	1	优	
4	17100401002	2	赵青芳	女	95	91	84	90.0	270	4		

图 4-62 输入公式

提 示

IF 函数的语法格式为：IF(logical_test,value_if_true,value_if_false)。其中：

logical_test：表示要选取的条件，可以为任意值或表达式。

value_if_true：表示条件为真时返回的值。

value_if_false：表示条件为假时返回的值。

步骤 2▶ 向下拖动 K3 单元格的填充柄到 K32 单元格后释放鼠标，可依据平均分判断出所有学生的等次。

3．使用 MAX 和 MIN 函数计算总分最高分和最低分

下面使用 MAX 和 MIN 函数来计算总分最高分和最低分，这两个函数的作用是计算一组数值中的最大值或最小值。

步骤 1▶ 在工作表数据的下方创建计算表格，如图 4-63 所示。

32	17100401030	3	熊小新	女	88	54	60	67.3
33								
34				总分最高分			等次	奖金标准
35				总分最低分			优	200
36				高等数学的及格人数			良	150
37				专业英语的实考人数			中	100
38				女生 奖学金总额			及格	50
39							不及格	0

成绩数据 排序 筛选 分类汇总

图 4-63 创建计算表格

步骤 2▶ 在单元格 F34 输入公式“=MAX(I3:I32)”，按“Enter”键得到总分最高分，如图 4-64 所示。

步骤 3▶ 在单元格 F35 输入公式“=MIN(I3:I32)”，按“Enter”键得到总分最低分，如图 4-65 所示。

总分最高分	281
总分最低分	
高等数学的及格人数	
专业英语的实考人数	
女生 奖学金总额	

图 4-64 计算总分最高分

总分最高分	281
总分最低分	151
高等数学的及格人数	
专业英语的实考人数	
女生 奖学金总额	

图 4-65 计算总分最低分

4. 使用 COUNTIF 和 COUNT 函数统计人数

下面使用 COUNTIF 和 COUNT 函数统计高等数学课程的及格人数与专业英语的实考人数。COUNTIF 函数的作用是统计单元格区域中满足给定条件的单元格的个数；COUNT 的作用是统计单元格区域中含有数字的单元格的个数。

步骤 1▶ 在单元格 F36 输入公式“=COUNTIF(E3:E32,">=60")”，按“Enter”键得到高等数学课程的及格人数，如图 4-66 所示。

总分最高分	281	等次	奖金标准
总分最低分	151	优	200
高等数学的及格人数	26	良	150
专业英语的实考人数		中	100
女生 奖学金总额		及格	50
		不及格	0

图 4-66 统计高等数学的及格人数

提 示

COUNTIF 函数的语法格式为：COUNTIF(range,criteria)。其中：

range：表示用于条件判断的单元格区域。

criteria：表示求和判断的条件，其形式可以为数字、表达式或文本。

步骤 2▶ 在单元格 F37 输入公式“=COUNT(F3:F32)”，按“Enter”键得到专业英语课程的实际参加考试人数，如图 4-67 所示。

总分最高分	281	等次	奖金标准
总分最低分	151	优	200
高等数学的及格人数	26	良	150
专业英语的实考人数	30	中	100
女生 奖学金总额		(Ctrl)	50
		不及格	0

图 4-67 统计专业英语的实考人数

提 示

COUNT 函数的语法格式为：COUNT(value1,value2,…)。其中：

value1，value2 等为包含或引用各种类型数据的参数（1～255 个），但只有数字类型的数据才被计算。至少要有一个参数。

5. 使用 REPLACE 函数替换学号

下面使用 REPLACE 函数将学号中的前两位数字“17”替换为“18”。该函数的作用是用新字符串替换旧字符串，而且替换的位置和数量都是指定的。

步骤 1▶ 在“学号”列的右侧插入一个辅助列。右击 B 列，在弹出的快捷菜单中选择“插入”选项，如图 4-68 所示。

步骤 2▶ 在辅助列的 B3 单元格输入公式“=REPLACE(A3,1,2,"18")”，按“Enter”键得到替换结果，如图 4-69 所示。

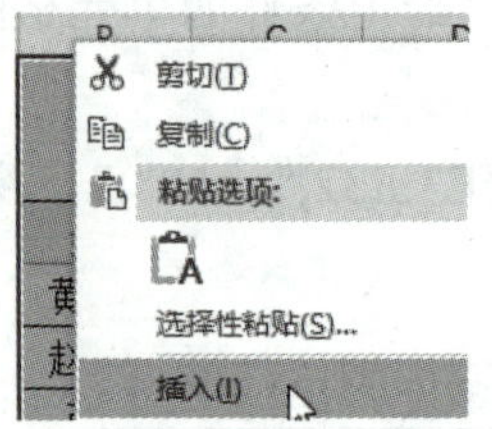

图 4-68 选择“插入”选项

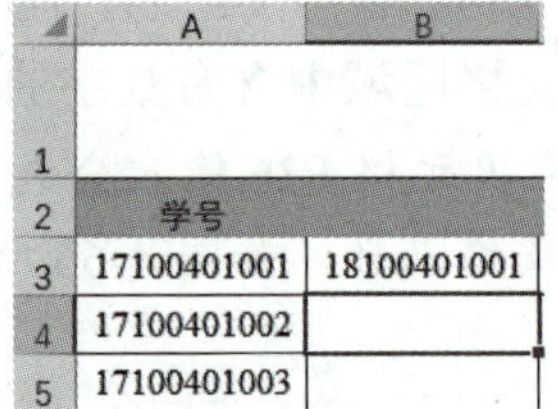

图 4-69 输入公式得到结果

提 示

REPLACE 函数的语法格式为：REPLACE(old_text,start_num,num_chars,new_text)。其中：

old_text：表示要替换其部分字符的文本。

start_num：表示要用 new_text 替换的 old_text 中字符的位置。

num_chars：表示使用 new_text 替换 old_text 中字符的个数。

new_text：表示用于替换 old_text 中字符的文本。

步骤 3▶ 向下拖动 B3 单元格的填充柄，到 B32 单元格后释放鼠标，可看到所有学号的替换效果。

步骤 4▶ 选中 B3:B32 单元格区域，然后按“Ctrl+C”组合键，将选择的单元格区域数据复制，单击 A3 单元格，然后单击“开始”选项卡“剪贴板”组中“粘贴”按钮下方的下拉按钮，在展开的下拉列表中选择“值”选项（见图 4-70），即可将所选数据以值方式粘贴。

步骤 5▶ 右击辅助列 B，在弹出的快捷菜单中选择“删除”选项，将辅助列删除，效果如图 4-71 所示。

图 4-70　选择“值”选项

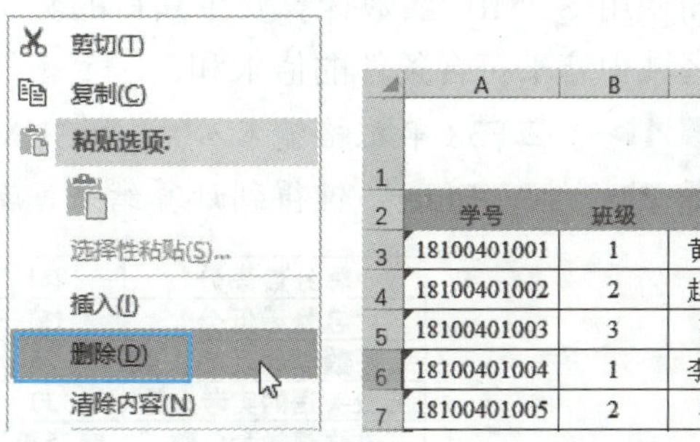

	A	B	C
1			
2	学号	班级	姓名
3	18100401001	1	黄志新
4	18100401002	2	赵青芳
5	18100401003	3	张岭
6	18100401004	1	李丽华
7	18100401005	2	黎明

图 4-71　选择“删除”选项删除辅助列

6. 使用 VLOOKUP 函数奖励不同等次的学生

下面使用 VLOOKUP 函数奖励不同等次的学生。该函数的作用在数据源区域中根据给定的查找值进行他项对应数据查找。假设等次为优的奖励 200，为良的 150，为中的 100，及格的 50，其他为 0。

步骤 1▶ 根据假设条件，在 L3 单元格输入公式“=VLOOKUP(K3,{"优",200;"良",150;"中",100;"及格",50;"不及格",0},2,)”，如图 4-72 所示。

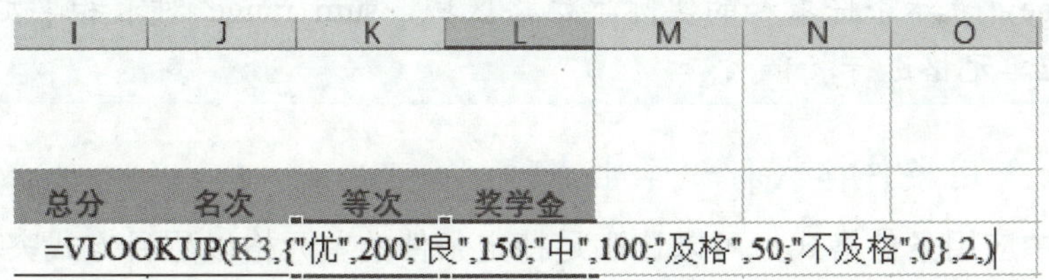

图 4-72　输入公式

步骤 2▶ 按“Enter”键得到查找结果，向下拖动 L3 单元格的填充柄到 L32 单元格后释放鼠标，可看到所有学生的奖学金。

提　示

VLOOKUP 函数的语法格式为：VLOOKUP(lookup_value,table_array,col_index_num,range_lookup)。其中：

lookup_value：表示在数据源区域中要查找的值，可以是具体值或单元格引用。

table_array：表示查找范围，即供给查找的数据源区域引用，其第一列数据必须是查找值搜索的数据。

col_index_num：表示查找后返回值所在的列，即通过关键字查找后需要返回他项对应数据所在的列号。该列号必须以数据源区域第一列为自然数“1”起的计数类推。

range_lookup：表示查找方式，即精确查找或模糊查找，为逻辑值 True 或 False。True 为模糊或近似查找，False 为精确查找。在实际工作中，经常使用精确查找。

7. 使用 SUMIF 函数计算女生获得的奖学金总额

下面使用 SUMIF 函数计算女生获得的奖学金总额。该函数的作用是根据指定条件对单元格区域中若干符合条件的值求和。

步骤 1▶ 在 F38 单元格输入公式“=SUMIF(D3:D32,"女",L3:L32)”。

步骤 2▶ 按“Enter”键得到计算结果，如图 4-73 所示。

总分最高分	281	等次	奖金标准
总分最低分	151	优	200
高等数学的及格人数	26	良	150
专业英语的实考人数	30	中	100
女生奖学金总额	1550	及格	50
		不及格	0

图 4-73 计算女生获得的奖学金总额

提 示

SUMIF 函数的语法格式为：SUMIF(range, criteria, sum_range)。其中：

range：表示用于条件判断的单元格区域。

criteria：表示求和判断的条件，其形式可以为数字、表达式或文本。

sum_range：表示条件求和的实际单元格区域，sum_range 对求和单元格区域中符合条件的相应单元格进行求和。

任务四 使用条件格式标识学生成绩

在 Excel 中应用条件格式，可以让满足特定条件的单元格以醒目方式突出显示，便于对工作表数据进行更好的比较和分析。

此处以将各课程成绩大于 80 分的单元格用浅红填充色深红色文本突出显示，大于 70 小于 80 的用绿填充色深绿色文本突出显示，大于 60 小于 70 的单元格用黄填充色深黄色文本突出显示，介绍条件格式的使用方法。

步骤 1▶ 选择要添加条件格式的单元格区域，本例选择 E3:G32 单元格区域。

步骤 2▶ 单击“开始”选项卡“样式”组中的“条件格式”按钮，在展开的下拉列表中选择“突出显示单元格规则”选项，再在展开的子列表中选择一种具体的条件，如“大于”选项，如图 4-74 所示。

步骤 3▶ 打开“大于”对话框，参照图 4-75 所示设置“大于”对话框中的参数。

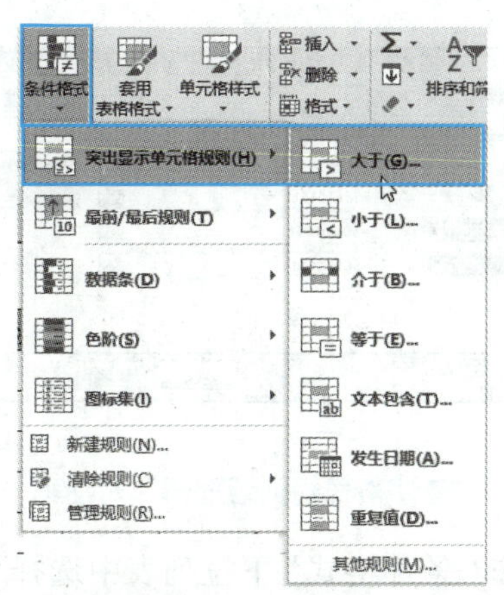

图 4-74　选择“大于”选项

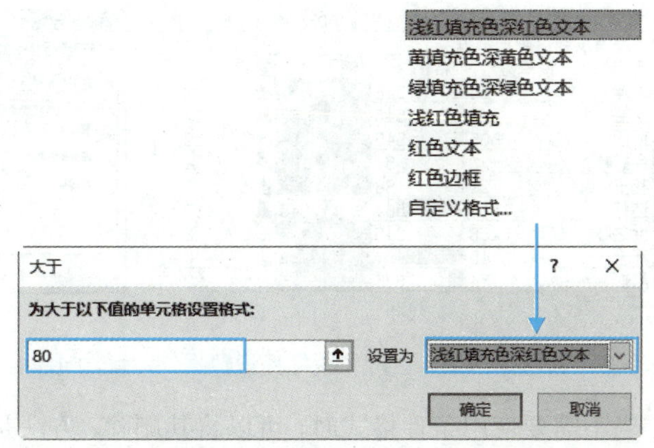

图 4-75　设置大于选项

步骤 4▶　单击“确定”按钮。此时，各课程成绩大于 80 的单元格，背景为浅红色，字体颜色为深红色显示。

步骤 5▶　保持单元格区域的选中，在“条件格式”下拉列表中选择“突出显示单元格规则”/“介于”选项，打开“介于”对话框，设置突出显示参数，如图 4-76 所示。最后单击“确定”按钮。

步骤 6▶　保持单元格区域的选中，使用同样的方法打开“介于”对话框，设置突出显示参数，如图 4-77 所示。最后单击“确定”按钮，即可将成绩数据工作表中各分数段突出显示。

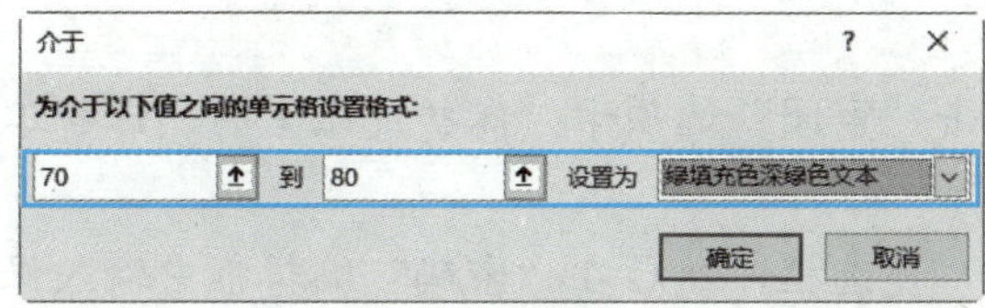

图 4-76　设置介于选项（1）

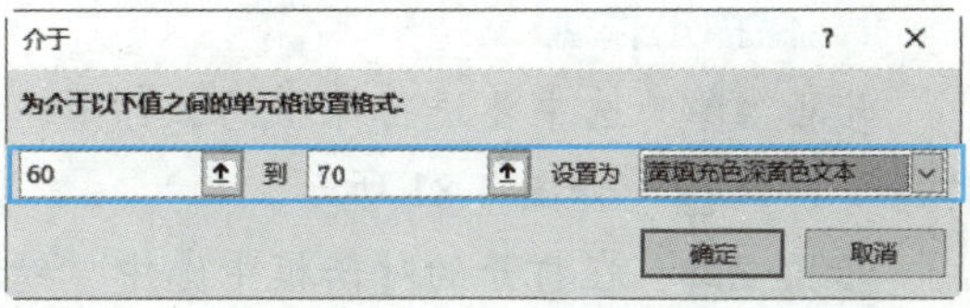

图 4-77　设置介于选项（2）

从图 4-74 可看出，Excel 2016 提供了 5 种条件规则，各规则的意义如下：

- **突出显示单元格规则：**突出显示所选单元格区域中符合特定条件的单元格。
- **最前/最后规则：**其作用与突出显示单元格规则相同，只是设置条件的方式不同。
- **数据条、色阶和图标集：**使用数据条、色阶（颜色的种类或深浅）和图标集来标识各单元格中数据值的大小，从而方便查看和比较数据，效果如图 4-78 所示。设置时，只需在相应的子列表中选择需要的图标即可。

提　示

用户可对已应用的条件格式进行修改，方法是在“条件格式”下拉列表中选择“管理规则”选项，打开“条件格式规则管理器”对话框，在“显示其格式规则”下拉列表中选择“当前工作表”选项，此时对话框下方将显示当前工作表中设置的所有条件格式规则（见图 4-79），在其中修改条件格式并确定即可。

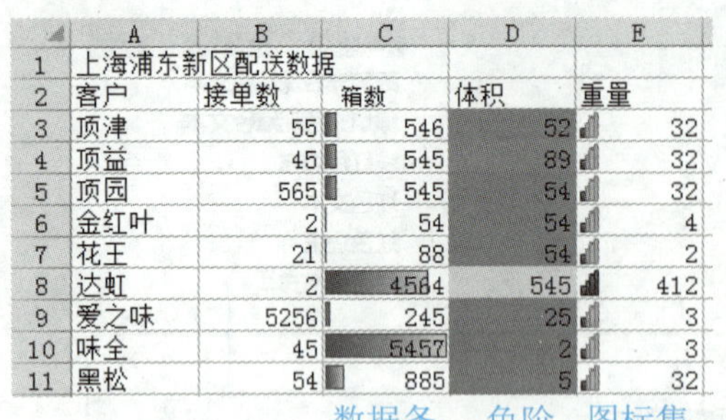

	A	B	C	D	E
1	上海浦东新区配送数据				
2	客户	接单数	箱数	体积	重量
3	顶津	55	546	52	32
4	顶益	45	545	89	32
5	顶园	565	545	54	32
6	金红叶	2	54	54	4
7	花王	21	88	54	2
8	达虹	2	4564	545	412
9	爱之味	5256	245	25	3
10	味全	45	5457	2	3
11	黑松	54	885	5	32

图 4-78　利用数据条、色阶和图标标识数据

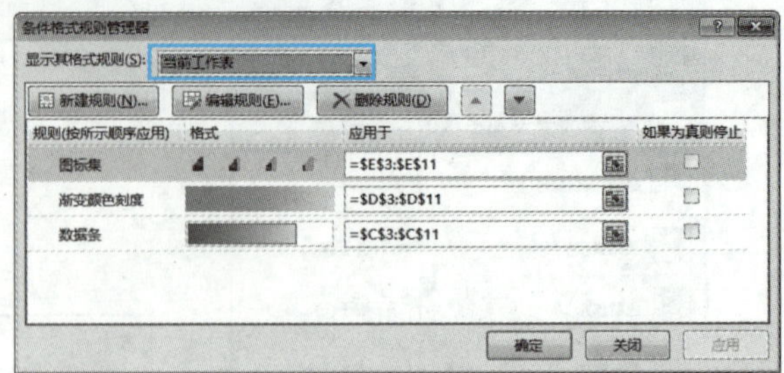

图 4-79　“条件格式规则管理器”对话框

当不需要应用条件格式时，可以将其删除，方法是在“条件格式”下拉列表中选择“清除规则”选项中相应的子项，如图 4-80 所示。

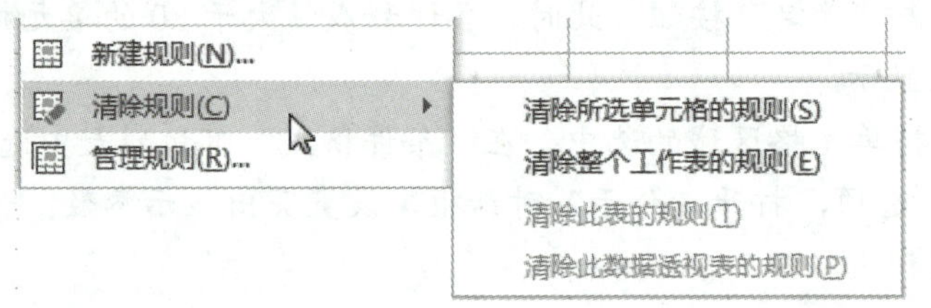

图 4-80　清除条件格式

任务五　保护数据

1．保护工作簿

步骤 1▶ 选中要进行保护的工作簿，单击“审阅”选项卡“保护”组中的“保护工作簿”按钮，如图 4-81 所示。

步骤 2▶ 在打开的对话框中选中“结构”复选框，然后在“密码”编辑框中输入保护密码并单击“确定”按钮（见图 4-82），再在打开的对话框中输入同样的密码并确定。

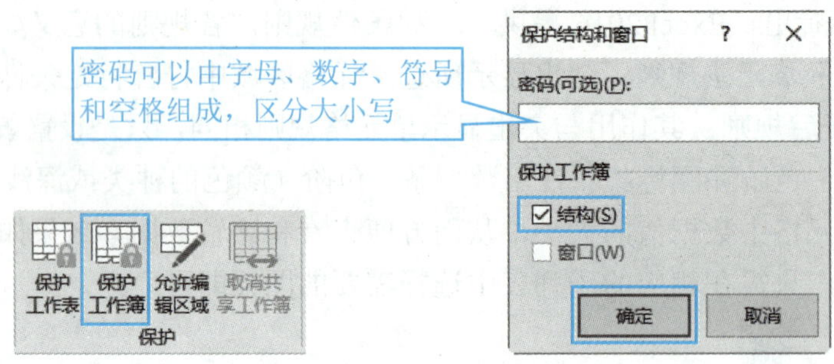

图 4-81　单击“保护工作簿”按钮　　图 4-82　保护工作簿

步骤 3▶ 对工作簿执行保存操作后，删除、移动、复制、重命名、隐藏工作表或插入新的工作表等操作均无效（但允许对工作表内的数据进行操作）。

步骤 4▶ 要撤销工作簿的保护，可单击“审阅”选项卡“保护”组中的“保护工作簿”按钮，在打开的对话框中输入保护工作簿时设置的密码然后保存，即可撤销工作簿的保护。

2. 保护工作表

保护工作簿只能防止工作簿的结构不被修改，如果要使工作表中的数据不被别人修改，还需对工作表进行保护，为此可执行如下操作。

步骤 1▶ 在工作簿中选择要进行保护的工作表，如“成绩数据”，然后单击“审阅”选项卡“保护”组中的“保护工作表”按钮，或在右键菜单中选择“保护工作表”选项，打开“保护工作表”对话框，如图 4-83 所示。

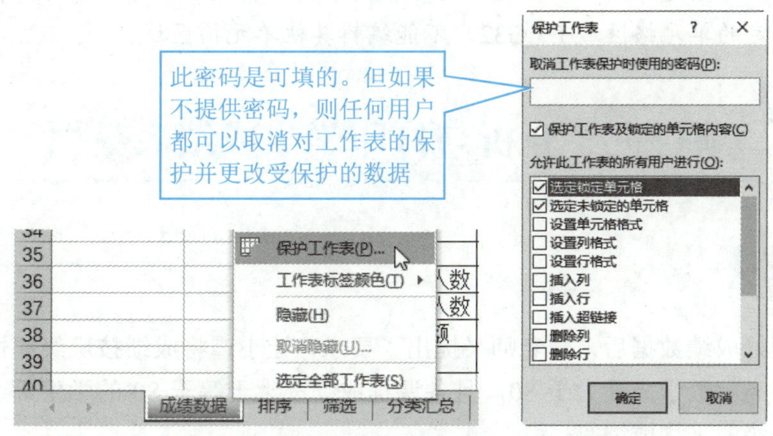

图 4-83　打开“保护工作表”对话框

步骤 2▶ 在“取消工作表保护时使用的密码”编辑框中输入密码；在“允许此工作表的所有用户进行”列表框中选择允许操作的选项，然后单击“确定”按钮，并在随后打开的对话框中输入同样的密码后单击“确定”按钮。

步骤 3▶ 此时，工作表中的所有单元格都被保护起来，不能进行在“保护工作表”对话框中没有选择的操作。如果试图进行这些操作，系统会弹出提示对话框，提示用户该工作表是受保护。

步骤 4▶ 要撤销工作表的保护，只需单击“审阅”选项卡“保护”组中的“撤销工作表保护”按钮。若设置了密码保护，此时会打开“撤销工作表保护”对话框，输入保护时的密码，方可撤销工作表的保护。

3. 保护单元格

用户也可以只对工作表中的部分单元格实施保护，其他部分可以编辑修改，为此可执行以下操作。

步骤 1▶ 在“成绩数据”工作表中选中不需要保护的单元格区域，如 E3:G32 单元格区域，然后在“设置单元格格式”对话框的“保护”选项卡取消“锁定”复选框，如图 4-84 所示。

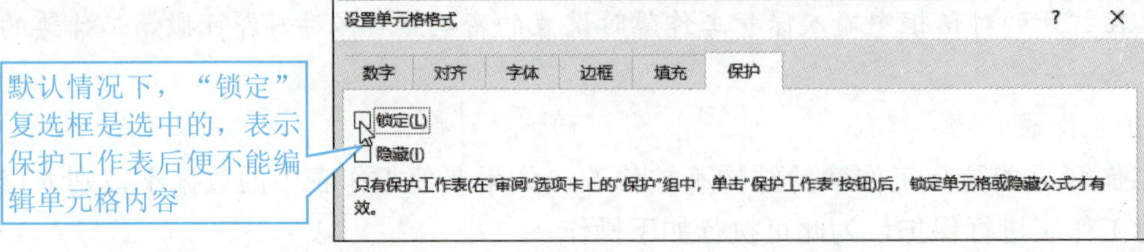

图 4-84　清除“锁定”复选框

步骤 2▶ 打开“保护工作表”对话框，设置保护密码，取消“选定锁定单元格”复选框，然后单击“确定”按钮，在打开的对话框中输入密码并确定。此时，在工作表中只能编辑前面指定的单元格区域 E3:G32，不能编辑其他单元格区域。

项目三　分析与打印学生成绩表数据

【情景描述】

小谭处理好成绩数据后，李老师又提出了要求，让小谭将成绩按班级和性别进行多关键字排序，将高等数学成绩大于 80，且各课程成绩都大于等于 80 的学生筛选出来，以及分类汇总各班级的平均成绩等。

【项目要求】

- 掌握利用排序、筛选和分类汇总处理与分析工作表数据的方法。
- 掌握利用图表、数据透视表和透视图对工作表数据进行处理与分析的操作。
- 掌握设置工作表页面、打印区域等，以及打印工作表的方法。

【相关知识】

一、排序、筛选和分类汇总

除了可以利用公式和函数对工作表数据进行计算和处理外，还可以利用 Excel 提供的数据排序、筛选、分类汇总等功能来管理和分析工作表中的数据。

- **数据排序**：Excel 可以对整个数据表或选定的单元格区域中的数据按文本、数字或日期和时间等进行升序或降序排序。
- **数据筛选**：使用筛选可使数据表中仅显示那些满足条件的行，不符合条件的行将被隐藏。Excel 提供了两种筛选命令——自动筛选和高级筛选。无论使用哪种方式，要进行筛选操作，数据表中必须有列标签。

➢ 分类汇总：分类汇总是把数据表中的数据分门别类地进行统计处理，不需建立公式，Excel 会自动对各类别的数据进行求和、求平均值等多种计算。

二、图表、数据透视表和数据透视图

利用 Excel 图表可以直观地反映工作表中的数据，方便用户进行数据的比较和预测。

要创建和编辑图表，首先需要认识图表的组成元素（称为图表项）。以柱形图为例，它主要由图表区、标题、绘图区、坐标轴、图例、数据系列等组成，如图 4-85 所示。

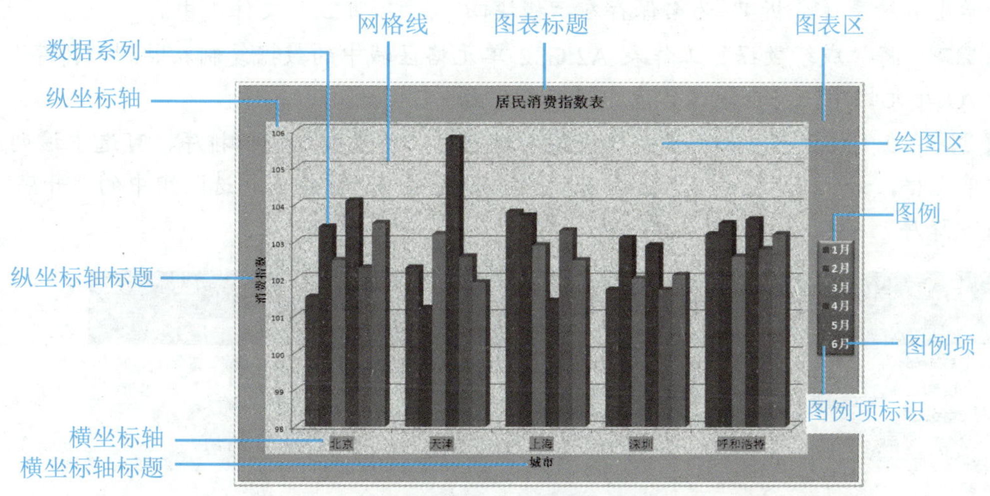

图 4-85　图表组成元素

Excel 2016 支持创建各种类型的图表，如柱形图、折线图、饼图、条形图、面积图、散点图等，如图 4-86 所示。例如，可以用柱形图反应一段时间内数据的变化或各项之间的比较情况；可以用折线图反映数据的变化趋势；可以用饼图表现数据间的比例分配关系。

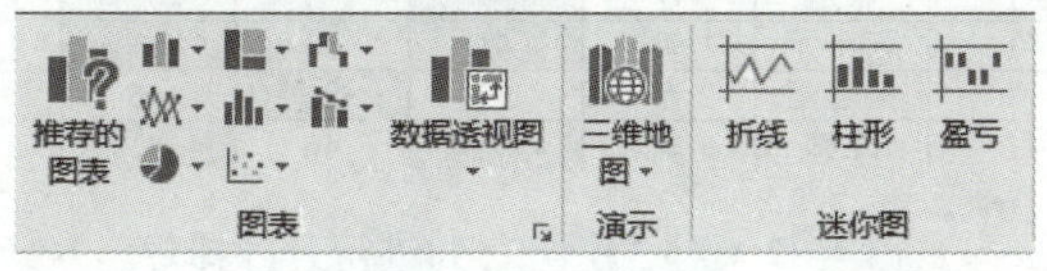

图 4-86　图表类型

在 Excel 2016 中，选择要创建图表的数据区域，然后选择一种图表类型，即可创建图表。创建图表后，可利用“图表工具/设计（格式）”选项卡对图表进行编辑和美化操作。

数据透视表是一种对大量数据快速分类汇总的交互式表格，用户可通过调整其行或列以查看对数据源的不同汇总，还可利用筛选器或通过显示不同的行、列标签来筛选数据。

数据透视图的作用与数据透视表相似，不同的是它可将数据以图形方式表示出来。数据透视图通常有一个使用相同布局的相关联的数据透视表，两个报表中的字段相互对应。

三、设置工作表打印选项

在打印工作表前，需要对要打印的工作表进行页面设置，如打印纸张的大小、页边距、打印方向、页眉、页脚和打印区域等，然后便可预览工作表打印效果并打印了。

【项目实施】

任务一 对学生成绩表数据进行分析

1. 排序数据

步骤 1▶ 打开本书配套素材“模块四”/“项目二”/“学生成绩表（处理）”工作簿，将其以“学生成绩表（分析）”为名保存在“模块四”/“项目三”文件夹中。

步骤 2▶ 将“成绩数据”工作表 A2:G32 单元格区域中的数据复制粘贴到“排序”工作表的 A1 单元格中，将在该工作表中进行排序操作。

步骤 3▶ 在 Excel 中，如果只是根据某列数据对工作表数据进行排序，可选中该列中的任意单元格，如“班级”列，然后单击“数据”选项卡“排序和筛选”组中的“升序”按钮 A↓Z 或“降序”按钮 Z↓A，如图 4-87 所示。

	A	B	C	D	E	F	G
1	学号	班级	姓名	性别	网络基础	高等数学	专业英语
2	18100401001	1	黄志新	男	97	85	99
3	18100401004	1	李丽华	女	94	84	94
4	18100401007	1	王秀琴	女	95	67	96
5	18100401010	1	唐风林	男	91	68	68
6	18100401013	1	张军	女	99	65	63
7	18100401016	1	石小龙	男	65	65	85
8	18100401019	1	宋泽军	女	59	85	46
9	18100401022	1	李婷	男	63	46	81

图 4-87 对“班级”列进行升序排序

步骤 4▶ 若要根据多列数据（多关键字）对工作表中的数据进行排序，如对班级进行升序、性别进行降序排序，可在数据区域的任意单元格中单击，然后单击“数据”选项卡“排序和筛选”组中的“排序”按钮，打开“排序”对话框，在其中选择主要关键字“班级”，并选择排序依据和排序次序，如图 4-88 所示。

步骤 5▶ 单击对话框中的“添加条件”按钮，添加一个次要条件，并参照图 4-88 所示设置次要关键字的条件。

步骤 6▶ 如果需要的话，可参照步骤 5 所述操作，为排序添加多个次要关键字，最后单击“确定”按钮。此时，系统先按照主要关键字条件对工作表中的数据进行排序；若主要关键字数据相同，则将数据相同的行按照次要关键字进行排序，如图 4-89 所示。

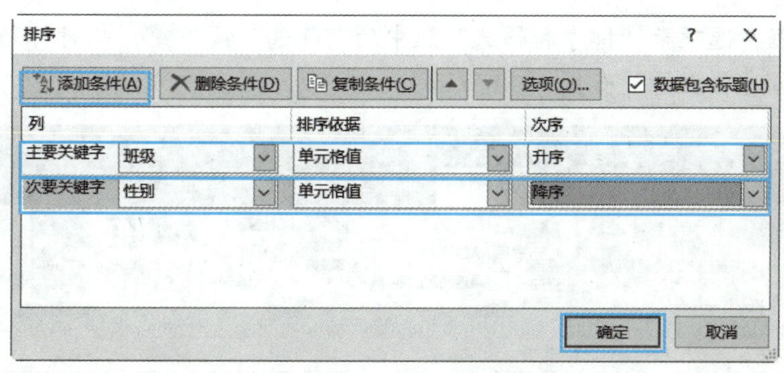

图 4-88　设置主要关键字和次要关键字条件

	A	B	C	D	E	F	G
1	学号	班级	姓名	性别	网络基础	高等数学	专业英语
2	18100401004	1	李丽华	女	94	84	94
3	18100401007	1	王秀琴	女	95	67	96
4	18100401013	1	张军	女	99	65	63
5	18100401019	1	宋泽军	女	59	85	46
6	18100401025	1	刘薇	女	96	46	87
7	18100401028	1	梁美玲	女	63	60	38
8	18100401001	1	黄志新	男	97	85	99
9	18100401010	1	唐风林	男	91	68	68
10	18100401016	1	石小龙	男	65	65	85
11	18100401022	1	李婷	男	63	46	81
12	18100401002	2	赵青芳	女	95	91	84
13	18100401014	2	刘桥	女	81	88	46
14	18100401017	2	王启迪	女	68	62	85
15	18100401023	2	马德华	女	89	96	
16	18100401026	2	王雪强	女	58	64	46
17	18100401005	2	黎明	男	86	99	82

图 4-89　多关键字排序结果（部分）

提　示

需要注意的是，在进行数据管理的数据表中必须有列标题。此外，数据表中最好不要包含合并单元格、多重列标题或不规则数据区域等。

2．筛选数据

使用 Excel 的数据筛选功能可使数据表中仅显示满足条件的记录，不符合条件的记录将被隐藏。在 Excel 2016 中可以使用两种方式筛选数据——自动筛选和高级筛选。

（1）自动筛选。

自动筛选适用于简单条件的筛选。自动筛选有 3 种筛选类型：按列表值、按格式或按条件。这 3 种筛选类型是互斥的，用户只能选择其中的一种进行数据筛选。例如，要将“成绩数据”表中“高等数学”课程成绩大于 80 的学生筛选出来，可执行如下操作。

步骤 1▶　继续在打开的工作簿进行操作。将“成绩数据”工作表 A2:G32 单元格区域中的数据复制粘贴到“筛选”工作表的 A1 单元格中，将在该工作表中进行筛选操作。

步骤 2▶　单击有数据的任意单元格，或选中要参与数据筛选的单元格区域 A1:G32，然后单击“数据”选项卡“排序和筛选”组中的“筛选”按钮，此时标题行单元格的右侧将出现三角筛选按钮，如图 4-90 所示。

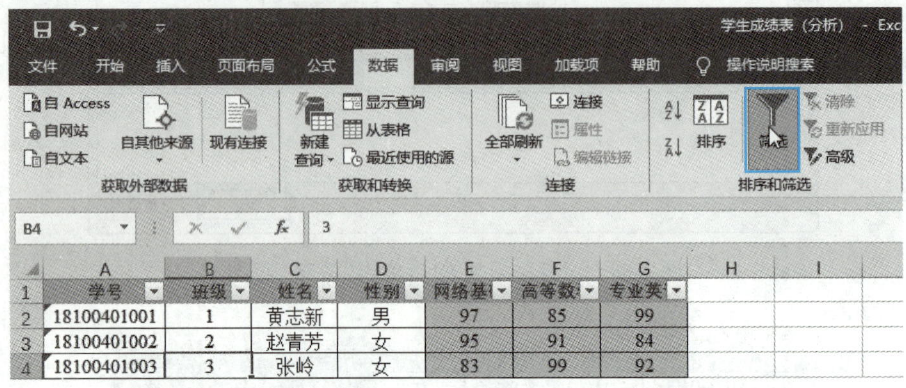

图 4-90　启用自动筛选

步骤 3▶ 单击“高等数学”列标题右侧的三角筛选按钮，在展开的下拉列表中选择“数字筛选”/“大于”选项，在打开的“自定义自动筛选方式”对话框中输入 80，如图 4-91 所示。

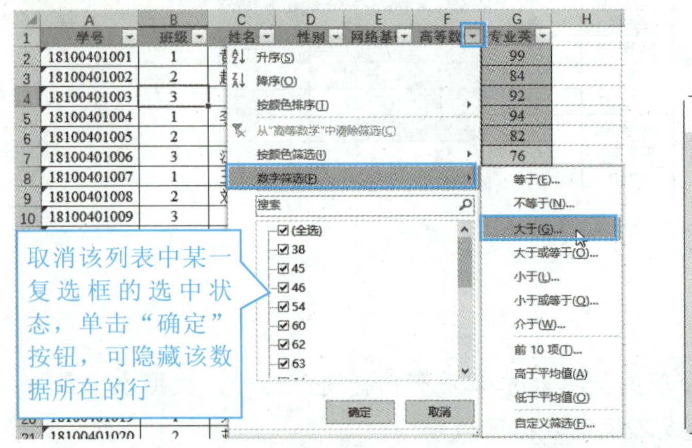

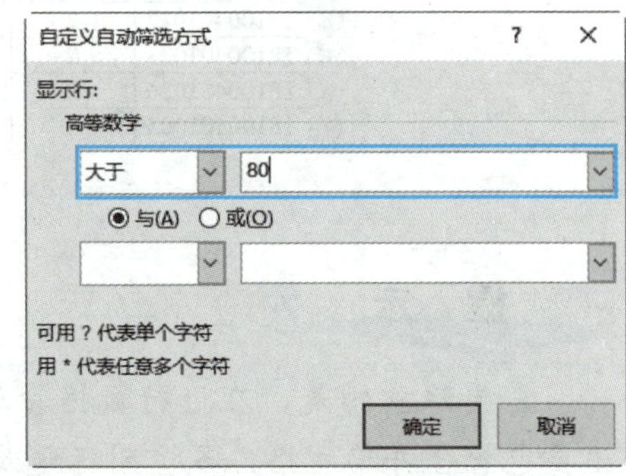

图 4-91　按条件进行筛选

步骤 4▶ 单击“确定”按钮，此时，高等数学小于等于 80 的学生记录将被隐藏，如图 4-92 所示。

	A	B	C	D	E	F	G
1	学号	班级	姓名	性别	网络基	高等数	专业英
2	18100401001	1	黄志新	男	97	85	99
3	18100401002	2	赵青芳	女	95	91	84
4	18100401003	3	张岭	女	83	99	92
5	18100401004	1	李丽华	女	94	84	94
6	18100401005	2	黎明	男	86	99	82
7	18100401006	3	江树明	男	84	96	76
15	18100401014	2	刘桥	女	81	88	46
19	18100401018	3	孙爱国	男	65	88	46
20	18100401019	1	宋泽军	女	59	85	46
21	18100401020	2	蒋小名	男	98	94	
22	18100401021	3	何勇强	女	29	88	77
24	18100401023	2	马德华	女	89	96	

图 4-92　自动筛选结果

（2）高级筛选。

这种筛选方法用于通过复杂的条件来筛选满足条件的记录。使用时，首先在工作表中的指定区域创建筛选条件，然后选择参与筛选的数据区域和筛选条件以进行筛选。例如，要将“成绩数据”表中各课程成绩大于等于 80 的学生筛选出来，可执行以下操作。

步骤 1▶ 继续在打开的工作簿中进行操作。在“筛选”工作表的右侧新建“高级筛选”工作表，然后将“成绩数据”工作表 A2:G32 单元格区域中的数据复制粘贴到该工作表的 A1 单元格中，将在该工作表中进行高级筛选操作。

步骤 2▶ 在工作表的空白单元格中输入筛选条件的列标题和对应的值，然后单击数据区域中任一单元格，再单击“数据”选项卡“排序和筛选”组中的“高级”按钮（见图 4-93），打开“高级筛选”对话框。

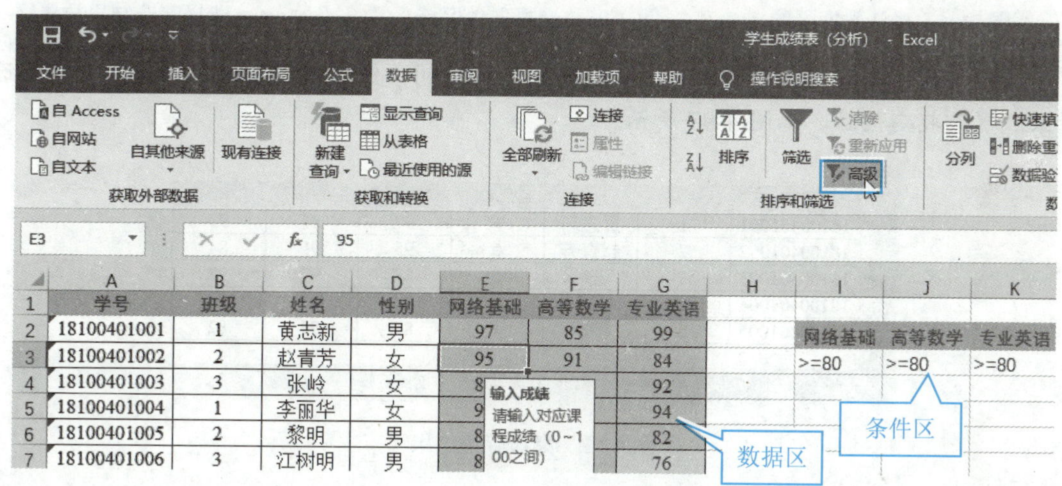

	A	B	C	D	E	F	G
1	学号	班级	姓名	性别	网络基础	高等数学	专业英语
2	18100401001	1	黄志新	男	97	85	99
3	18100401002	2	赵青芳	女	95	91	84
4	18100401003	3	张岭	女	8		92
5	18100401004	1	李丽华	女	9		94
6	18100401005	2	黎明	男	8		82
7	18100401006	3	江树明	男	8		76

图 4-93 输入列标题和筛选条件

提 示

条件区域与数据区域之间至少要有一个空列或空行，条件可以是两列或两列以上，也可以是单列中的多个条件。此外，筛选条件的列标题要和数据表中的列标题一致，当筛选条件的值位于一行时表示“且”的关系，位于不同行时表示“或”的关系。

步骤 3▶ 在“高级筛选”对话框中确认“列表区域”（即数据区域）中显示的单元格区域是否正确（若不正确，可单击其右侧的按钮，然后在工作表中重新选择要进行筛选操作的单元格区域），然后设置筛选结果的显示方式，如图 4-94 所示。

步骤 4▶ 单击“条件区域”编辑框，然后在工作表中拖动鼠标选择步骤 2 设置的条件区域，松开鼠标，可在“条件区域”编辑框中看到选择的条件，如图 4-95 所示。

步骤 5▶ 单击“复制到”编辑框，然后在工作表中单击某一单元格，将其设置为筛选结果放置区左上角的单元格，如图 4-96 所示。

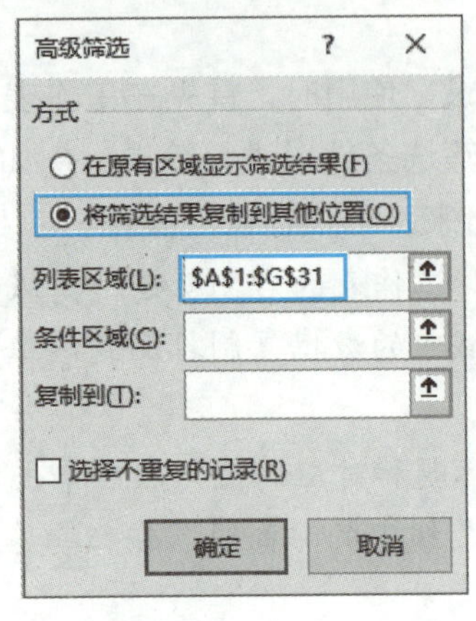

图 4-94　确认数据区域

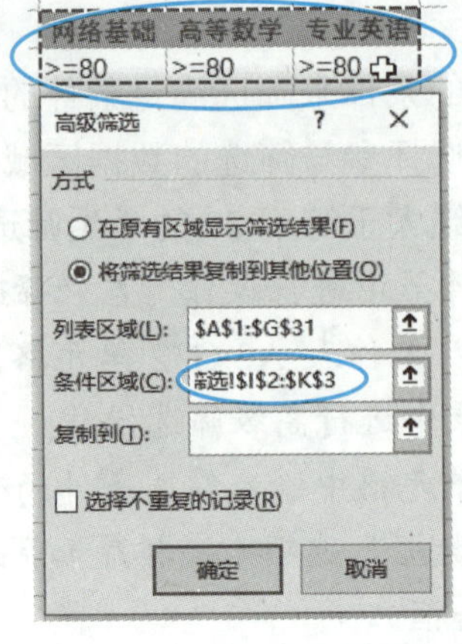

图 4-95　选择条件区域

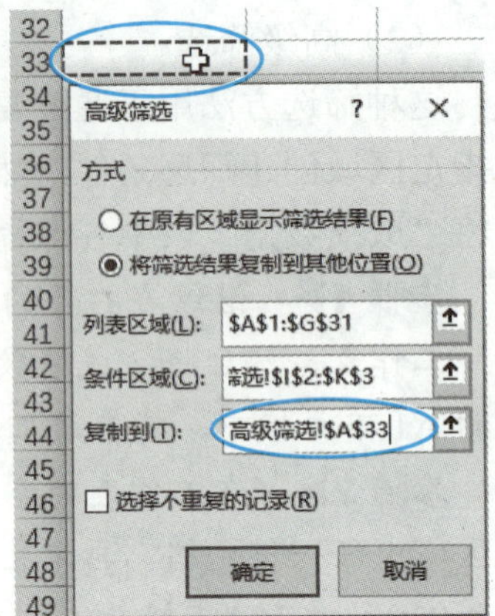

图 4-96　选择筛选结果放置区

步骤 6▶　单击“确定”按钮，系统将根据指定的条件对工作表进行筛选，并将筛选结果放置到指定区域，如图 4-97 所示。

学号	班级	姓名	性别	网络基础	高等数学	专业英语
18100401001	1	黄志新	男	97	85	99
18100401002	2	赵青芳	女	95	91	84
18100401003	3	张岭	女	83	99	92
18100401004	1	李丽华	女	94	84	94
18100401005	2	黎明	男	86	99	82

成绩数据　排序　筛选　高级筛选　分类汇总

图 4-97　高级筛选结果

3．取消筛选

对于自动筛选，如果要取消对某列进行的筛选，可单击该列列标签单元格右侧的下拉按钮，在展开的下拉列表中选中“全选”复选框，再单击“确定”按钮；如果要删除数据表中的三角筛选按钮，可单击“数据”选项卡“排序和筛选”组中的“筛选”按钮。

要取消对所有列进行的筛选（包括将筛选结果放在原区域的高级筛选），可单击“数据”选项卡“排序和筛选”组中的“清除”按钮。

4．分类汇总数据

分类汇总有简单分类汇总和嵌套分类汇总之分，无论哪种汇总方式，进行分类汇总的数据表的第一行必须有列标签，而且在分类汇总前必须对作为分类字段的列进行排序。

（1）简单分类汇总。

简单分类汇总是指以数据表中的某列作为分类字段进行汇总。例如，要将“成绩数据”表以“班级”作为分类字段，对各课程进行求平均值汇总，可执行以下操作。

步骤 1▶　继续在打开的工作簿进行操作。将“成绩数据”工作表 A2:G32 单元格区域中的数据复制粘贴到“分类汇总”工作表的 A1 单元格中，将在该工作表中进行分类汇总操作。

步骤 2▶ 对“班级”列数据进行降序排列，效果如图 4-98 所示。

步骤 3▶ 单击工作表中有数据的任一单元格，然后单击“数据”选项卡“分级显示”组中的“分类汇总”按钮，打开“分类汇总”对话框。在“分类字段”下拉列表中选择要分类的字段“班级”；在“汇总方式”下拉列表中选择汇总方式“平均值”；在“选定汇总项”列表中选择要汇总的各课程，如图 4-99 所示。

	A	B	C	D	E	F	G
1	学号	班级	姓名	性别	网络基础	高等数学	专业英语
2	18100401003	3	张岭	女	83	99	92
3	18100401006	3	江树明	男	84	96	76
4	18100401009	3	林立	男	97	63	83
5	18100401012	3	朱自强	男	83	54	95
6	18100401015	3	姜宝刚	女	88	45	84
7	18100401018	3	孙爱国	男	65	88	46
8	18100401021	3	何勇强	女	29	88	77
9	18100401024	3	曾明平	男	93	66	23
10	18100401027	3	杨三平	女	55	45	84
11	18100401030	3	熊小新	女	88	54	60
12	18100401002	2	赵青芳	女	95	91	84
13	18100401005	2	黎明	男	86	99	82

图 4-98 按班级对数据进行降序排序

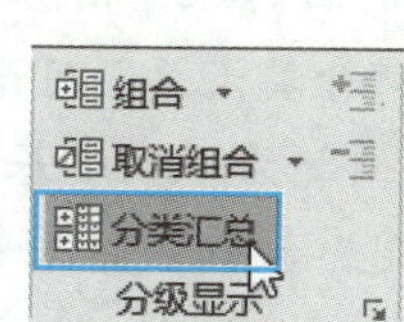

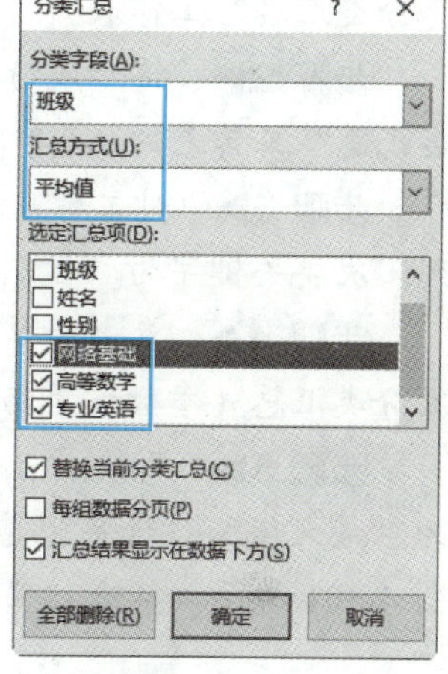

图 4-99 设置简单分类汇总的参数

步骤 4▶ 单击“确定”按钮，即可将工作表中的数据按班级对各课程成绩进行平均值汇总，如图 4-100 所示。

	A	B	C	D	E	F	G
1	学号	班级	姓名	性别	网络基础	高等数学	专业英语
2	18100401003	3	张岭	女	83	99	92
3	18100401006	3	江树明	男	84	96	76
4	18100401009	3	林立	男	97	63	83
5	18100401012	3	朱自强	男	83	54	95
6	18100401015	3	姜宝刚	女	88	45	84
7	18100401018	3	孙爱国	男	65	88	46
8	18100401021	3	何勇强	女	29	88	77
9	18100401024	3	曾明平	男	93	66	23
10	18100401027	3	杨三平	女	55	45	84
11	18100401030	3	熊小新	女	88	54	60
12		3 平均值			76.5	69.8	72
13	18100401002	2	赵青芳	女	95	91	84
14	18100401005	2	黎明	男	86	99	82
15	18100401008	2	刘曙光	男	92	63	88
16	18100401011	2	田中华	男	78	66	88
17	18100401014	2	刘桥	女	81	88	46
18	18100401017	2	王启迪	女	68	62	85
19	18100401020	2	蒋小名	男	98	94	
20	18100401023	2	马德华	女	89	96	
21	18100401026	2	王雪强	女	58	64	46
22	18100401029	2	赵力明	男	95	38	18
23		2 平均值			84	76.1	67.125
24	18100401001	1	黄志新	男	97	85	99
25	18100401004	1	李丽华	女	94	84	94
26	18100401007	1	王秀琴	女	95	67	96
27	18100401010	1	唐风林	男	91	68	68
28	18100401013	1	张军	女	99	65	63
29	18100401016	1	石小龙	男	65	65	85
30	18100401019	1	宋泽军	女	59	85	46
31	18100401022	1	李婷	男	63	46	81
32	18100401025	1	刘薇	女	96	46	87
33	18100401028	1	梁美玲	女	63	60	38
34		1 平均值			82.2	67.1	75.7
35		总计平均值			80.9	71	71.92857

成绩数据 | 排序 | 筛选 | 高级筛选 | 分类汇总 | 嵌套分类汇总

图 4-100 按班级对各课程成绩进行求平均值汇总

提 示

若希望对该表继续以“班级”作为分类字段，选择其他“汇总方式”“汇总项”进行分类汇总，可再次打开“分类汇总”对话框，在“汇总方式”下拉列表中选择其他汇总方式，如“求和”，在“选定汇总项”列表框中选择各课程，取消“替换当前分类汇总”复选框，单击“确定”按钮。该方式也被称为多重分类汇总。

（2）嵌套分类汇总。

嵌套分类汇总用于对多个分类字段进行汇总。例如，若希望将各课程成绩分别以“班级”和“性别”作为分类字段，对各课程成绩进行求平均值及对网络基础求最大值汇总，可执行以下操作。

步骤 1▶ 继续在打开的工作簿中进行操作。在“分类汇总”工作表的右侧新建“嵌套分类汇总”工作表。

步骤 2▶ 将“成绩数据”工作表 A2:G32 单元格区域中的数据复制粘贴到“嵌套分类汇总”工作表的 A1 单元格中，将在该工作表中进行嵌套分类汇总操作。

步骤 3▶ 对工作表数据进行多关键字排序。其中，主要关键字为“班级”，按升序排列；次要关键字为“性别”，按降序排列。

步骤 4▶ 参考简单分类汇总的操作，以“班级”作为分类字段，对工作表进行第一次分类汇总（参数设置与前面的操作相同）。

步骤 5▶ 再次打开“分类汇总”对话框，设置“分类字段”为“性别”，“汇总方式”为“最大值”，“选定汇总项”为“网络基础”，并取消“替换当前分类汇总”复选框，如图 4-101 所示。单击“确定”按钮，结果如图 4-102 所示。

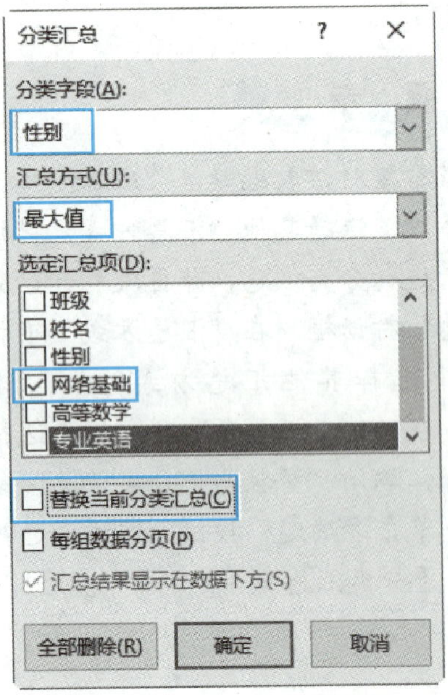

分类汇总　?　×
分类字段(A):
性别
汇总方式(U):
最大值
选定汇总项(D):
☐ 班级
☐ 姓名
☐ 性别
☑ 网络基础
☐ 高等数学
☐ 专业英语
☐ 替换当前分类汇总(C)
☐ 每组数据分页(P)
☑ 汇总结果显示在数据下方(S)
全部删除(R)　确定　取消

图 4-101　第二次分类汇总的参数

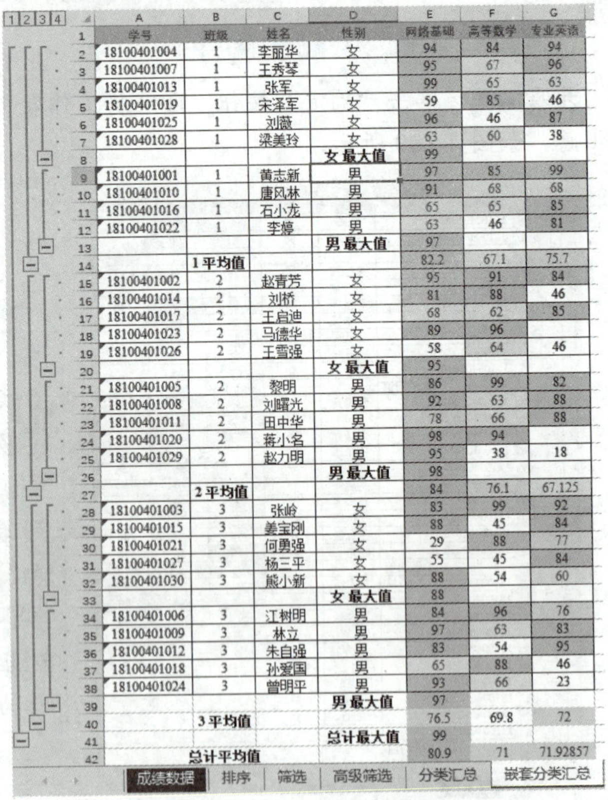

	A	B	C	D	E	F	G
1	学号	班级	姓名	性别	网络基础	高等数学	专业英语
2	18100401004	1	李丽华	女	94	84	94
3	18100401007	1	王秀琴	女	95	67	96
4	18100401013	1	张军	女	99	65	63
5	18100401019	1	宋泽军	女	59	85	46
6	18100401025	1	刘薇	女	96	46	87
7	18100401028	1	梁美玲	女	63	60	38
8				女 最大值	99		
9	18100401001	1	黄志新	男	97	85	99
10	18100401010	1	唐风林	男	91	68	68
11	18100401016	1	石小龙	男	65	65	85
12	18100401022	1	李婷	男	63	46	81
13				男 最大值	97		
14		1 平均值			82.2	67.1	75.7
15	18100401002	2	赵青芳	女	95	91	84
16	18100401014	2	刘桥	女	81	88	46
17	18100401017	2	王启迪	女	68	62	85
18	18100401023	2	马德华	女	89	96	
19	18100401026	2	王雪强	女	58	64	46
20				女 最大值	95		
21	18100401005	2	黎明	男	86	99	82
22	18100401008	2	刘曙光	男	92	63	88
23	18100401011	2	田中华	男	78	66	88
24	18100401020	2	蒋小名	男	98	94	
25	18100401029	2	赵力明	男	95	38	18
26				男 最大值	98		
27		2 平均值			84	76.1	67.125
28	18100401003	3	张岭	女	83	99	92
29	18100401015	3	姜宝刚	女	88	45	84
30	18100401021	3	何勇强	女	29	88	77
31	18100401027	3	杨三平	女	55	45	84
32	18100401030	3	熊小新	女	88	54	60
33				女 最大值	88		
34	18100401006	3	江树明	男	84	96	76
35	18100401009	3	林立	男	97	63	83
36	18100401012	3	朱自强	男	83	54	95
37	18100401018	3	孙爱国	男	65	88	46
38	18100401024	3	曾明平	男	93	66	23
39				男 最大值	97		
40		3 平均值			76.5	69.8	72
41				总计最大值	99		
42		总计平均值			80.9	71	71.92857

成绩数据　排序　筛选　高级筛选　分类汇总　嵌套分类汇总

图 4-102　嵌套分类结果

5. 分级显示数据

对工作表中的数据进行分类汇总后，在工作表的左侧将显示一些符号，如[1][2][3]、[-]等，它们的作用如下。

- **分级显示明细数据：** 单击分级显示符号[1][2][3]可显示相应级别的数据，较低级别的明细数据会隐藏起来。
- **隐藏与显示明细数据：** 单击折叠按钮[-]可以隐藏对应汇总项的原始数据，此时该按钮变为[+]，单击该按钮将显示原始数据。

6. 取消分类汇总

要取消分类汇总，可打开“分类汇总”对话框，然后单击“全部删除”按钮。

任务二 创建和修饰图表

下面针对成绩表中前 5 名与后 5 名学生的平均分和总分创建柱形图。

1. 创建图表

步骤 1▶ 打开本书配套素材“模块四”/“项目三”/“学生成绩表(分析)”，将其以“学生成绩表(图表)”为名保存到“模块四”/“项目四”文件夹中，再将“成绩数据”工作表 A2:I32 单元格区域的数据复制粘贴到新建的“图表”工作表的 A1 单元格中。

步骤 2▶ 对工作表数据按“总分”进行降序排序。

步骤 3▶ 在“图表”工作表中选中要创建图表的数据区域，本例选择前 5 名和后 5 名学生及其平均分和总分成绩，如图 4-103 所示。

	A	B	C	D	E	F	G	H	I
1	学号	班级	姓名	性别	网络基础	高等数学	专业英语	平均分	总分
2	810040100	1	黄志新	男	97	85	99	93.7	281
3	810040100	3	张岭	女	83	99	92	91.3	274
4	810040100	1	李丽华	女	94	84	94	90.7	272
5	810040100	2	赵青芳	女	95	91	84	90.0	270
6	810040100	2	黎明	男	86	99	82	89.0	267
26	810040102	2	马德华	女	89	96		92.5	185
27	810040102	3	杨三平	女	55	45	84	61.3	184
28	810040102	3	曾明平	男	93	66	23	60.7	182
29	810040102	2	王雪强	女	58	64	46	56.0	168
30	810040102	1	梁美玲	女	63	60	38	53.7	161
31	810040102	2	赵力明	男	95	38	18	50.3	151

成绩数据 | 排序 | 筛选 | 高级筛选 | 分类汇总 | 嵌套分类汇总 | 图表

图 4-103 选择数据区域

步骤 4▶ 单击“插入”选项卡“图表”组中的“柱形图”按钮，在展开的下拉列表中选择“簇状柱形图”选项，此时，系统将在工作表中插入一张簇状柱形图，如图 4-104 所示。

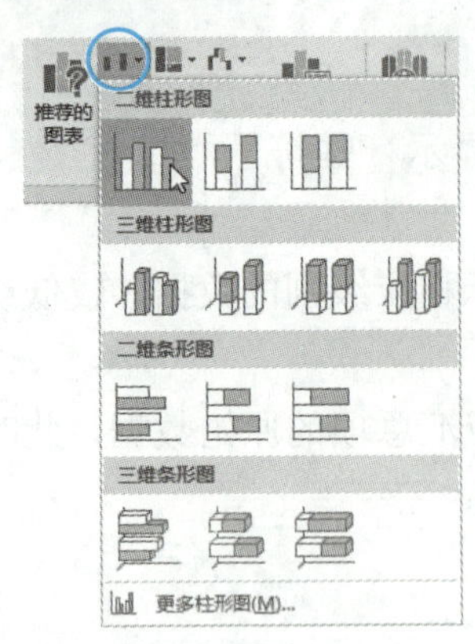

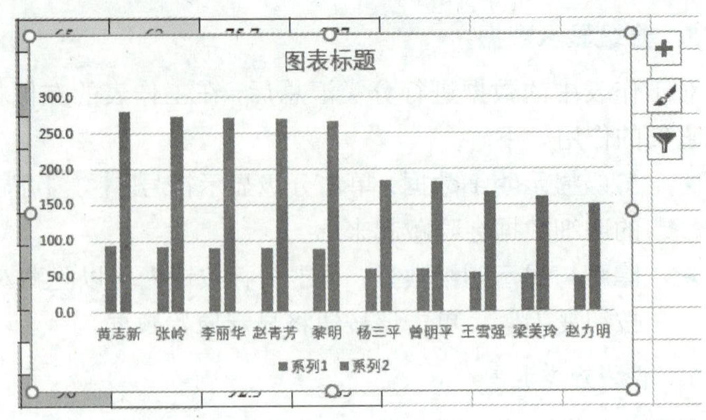

图 4-104 选择图表类型并插入图表

2. 编辑、美化图表

创建图表后，用户可根据需要对其进行编辑和美化操作，如添加坐标轴标题、显示数据标签，编辑图例名称，为其应用系统内置的图表样式等。

步骤 1▶ 单击图表右上角的“图表元素”按钮，在弹出的列表中选中“坐标轴标题”，可为图表添加横坐标轴和纵坐标轴标题，如图 4-105 所示。将鼠标指针移至“图例”上方，单击出现的▸按钮，在弹出的子列表中选择“顶部”选项（见图 4-106），即可将图例置于图表上方。

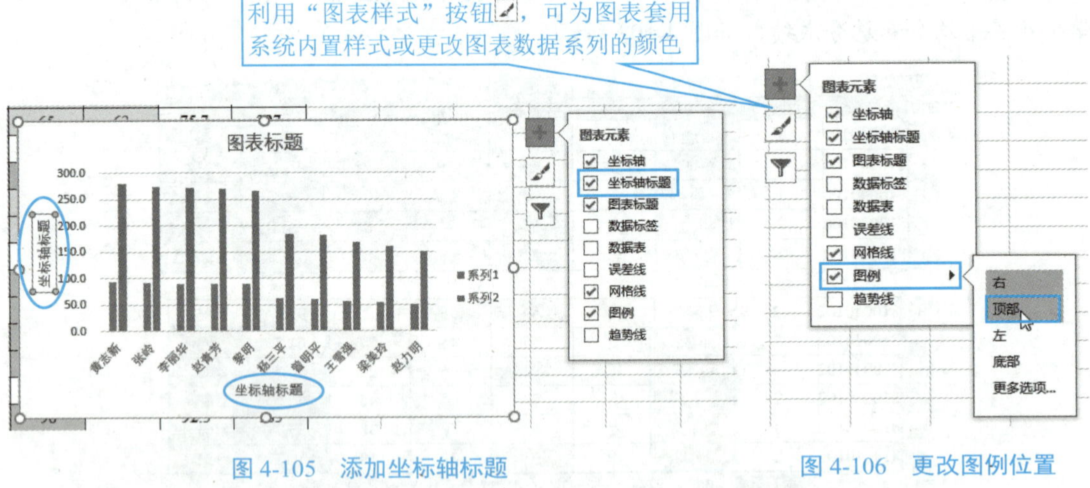

图 4-105 添加坐标轴标题　　图 4-106 更改图例位置

提 示

除了利用上述方法添加、删除或更改图表组成元素的位置外，也可在“图表工具/设计”选项卡“图表布局”组中单击“添加图表元素”按钮，在展开的下拉列表中选择相应选项来更改图表组成元素，如图 4-107 所示。此外，若单击该组中的“快速布局”按钮，从展开的下拉列表中选择一种布局类型，可快速完成对图表组成元素的布局。

步骤 2▶ 将“图表标题”文本改为“前后 5 名平均分和总分比较图”，将纵坐标轴标题改为“分数值”，将横坐标轴标题改为“姓名”，如图 4-108 所示。

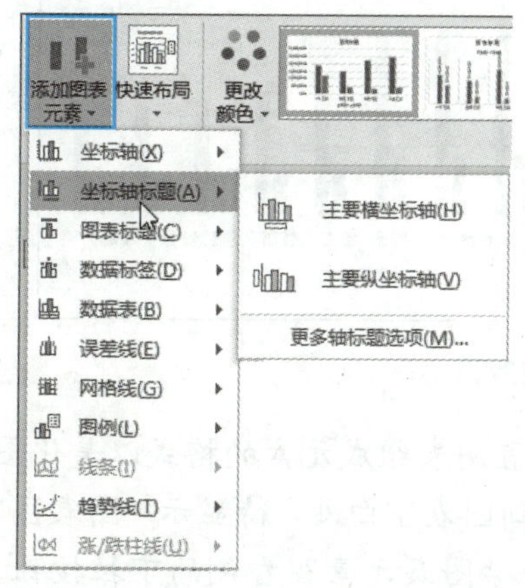

图 4-107　设置图表组成元素

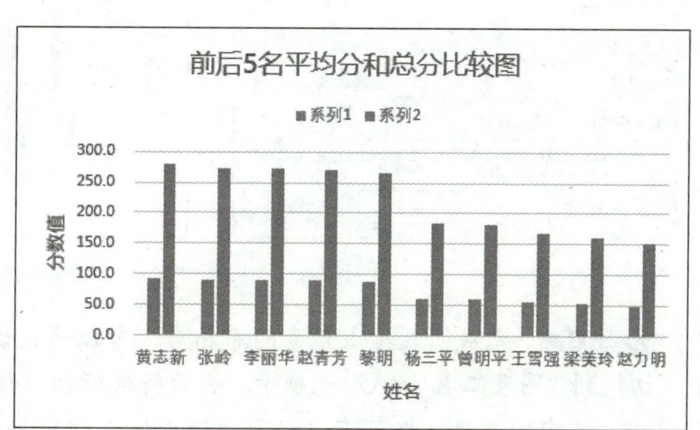

图 4-108　输入图表标题和坐标轴标题

步骤 3▶ 选中图例项，然后单击“图表工具/设计”选项卡“数据”组中的“选择数据”按钮（见图 4-109），打开“选择数据源”对话框。

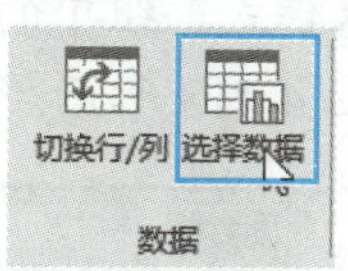

图 4-109　选择图例项后单击“选择数据”按钮

步骤 4▶ 在对话框左侧的列表中选择“系列 1”后单击“编辑”按钮，打开“编辑数据系列”对话框，在“系列名称”编辑框中输入“平均分”，如图 4-110 所示。

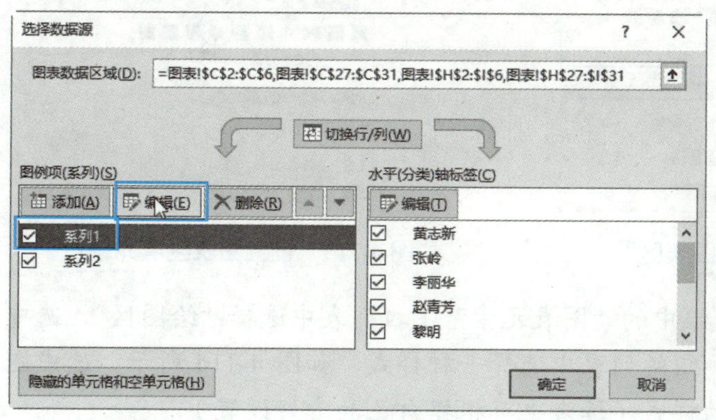

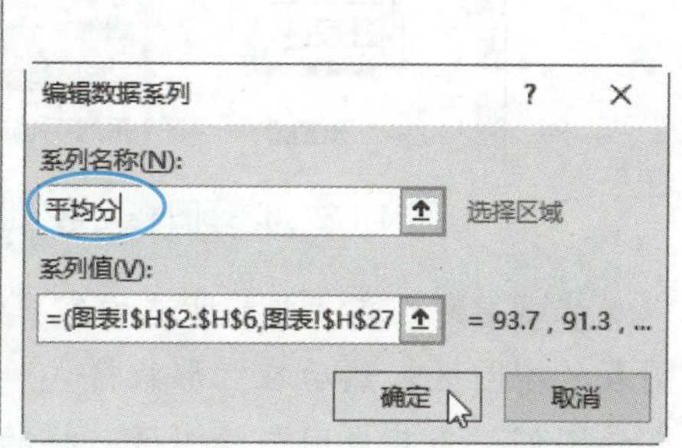

图 4-110　输入系列 1 的名称

步骤 5▶ 单击“确定”按钮返回“选择数据源”对话框。使用同样的方法将“系列 2”的名称改为“总分”，单击两次“确定”按钮，即可看到编辑好的系列名称，如图 4-111 所示。

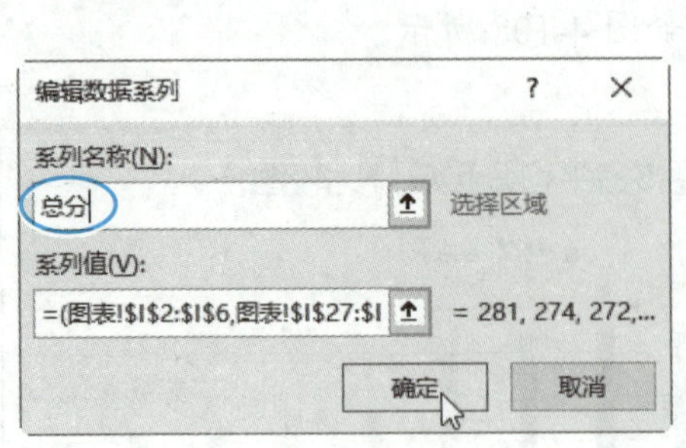

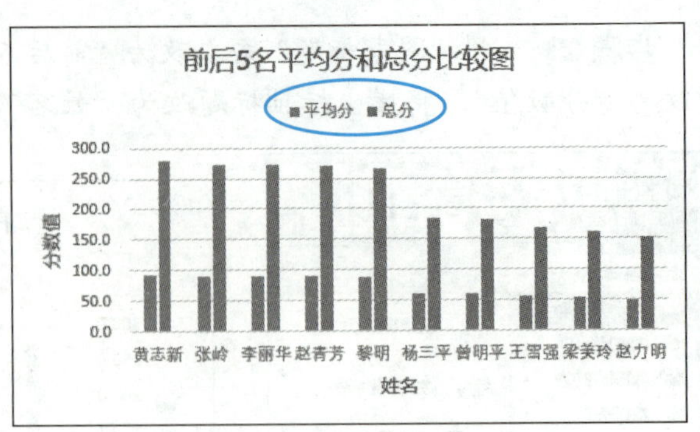

图 4-111 编辑“系列 2”的名称及效果

步骤 6▶ 完成图表组成元素的布局后，可以通过设置图表组成元素的格式以美化图表。切换到“图表工具/格式”选项卡，然后将鼠标指针移到图表空白处，待显示“图表区”时单击，选中图表区；也可在“当前所选内容”组中单击“图表元素”右侧的下拉按钮，在展开的下拉列表中选择图表组成元素，如图 4-112 所示。在对图表的各组成元素进行设置时，都需要选中要设置的元素，用户可参考选择图表区的方法来选择图表的其他组成元素。

步骤 7▶ 单击“形状样式”组中的“形状填充”按钮，在展开的颜色列表中为图表区设置颜色，如浅蓝，如图 4-113 所示。

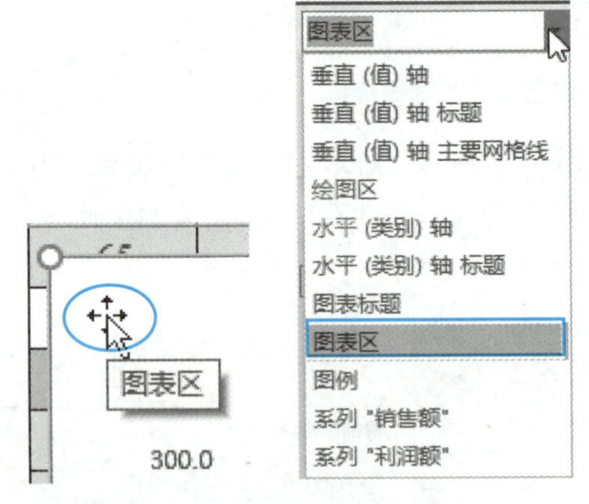

图 4-112 选择图表元素“图表区”

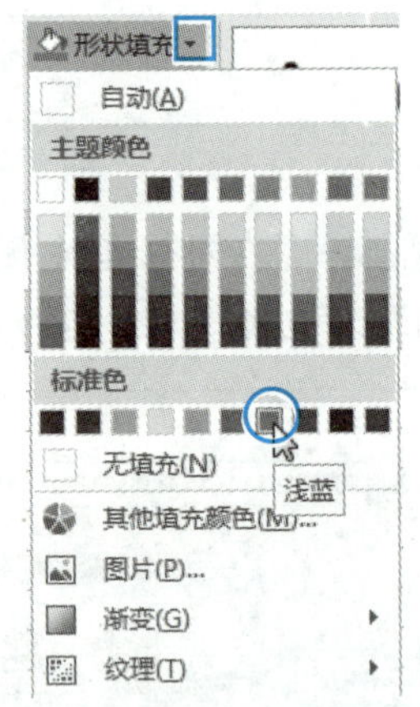

图 4-113 设置图表区填充颜色

步骤 8▶ 在“当前所选内容”组中的“图表元素”下拉列表中选择“绘图区”，选中图表的绘图区，然后在“形状样式”组的列表中选择一种样式，如图 4-114 所示；选中图表的图例，为其应用与绘图区一样的样式（读者也可根据自己的喜好设置）。

步骤 9▶ 选中图表的标题，利用“开始”选项卡的“字体”组设置其字体为微软雅黑，字号为 16，字体颜色为白色；分别选中图表的横、纵坐标轴标题，设置其字体为微软雅黑，字号为 12，字体颜色为白色；分别选中图表的横、纵坐标轴，设置其字体颜色为白色。

步骤 10▶ 将鼠标指针移到图表的边框线上，待其变为十字箭头形状时按住鼠标左键不放，将其移到数据的下方，然后拖动图表边框上的控制点适当调整图表大小，效果如图 4-115 所示。

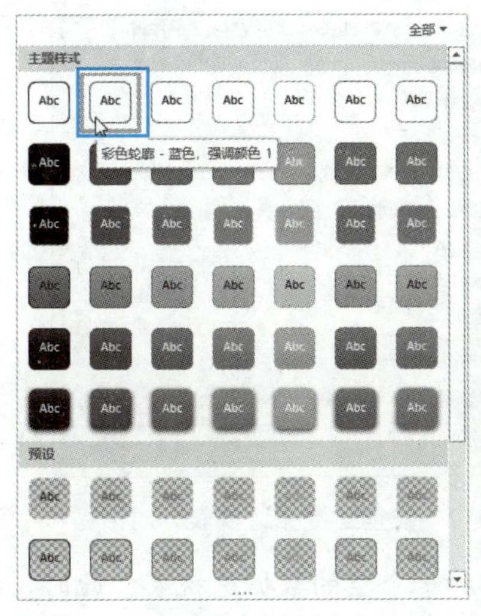

图 4-114　为绘图区应用系统内置样式

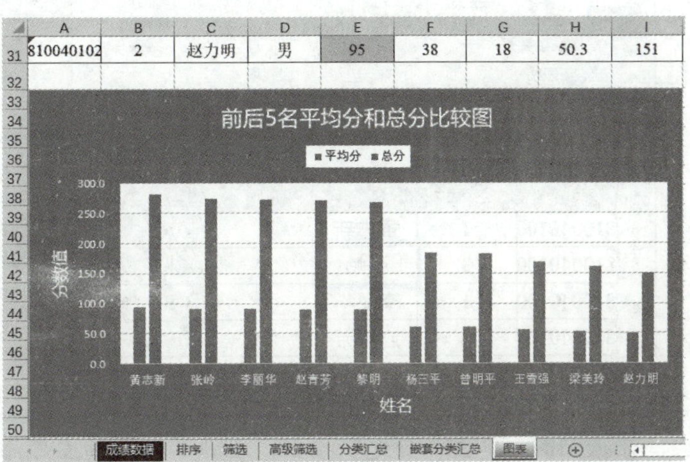

图 4-115　美化后的图表

任务三　创建并编辑数据透视表和数据透视图

1. 创建并编辑数据透视表

下面利用数据透视表以“班级”为“行”字段，以“性别”为“列”字段，将“值”字段的汇总方式设为“网络基础”课程的平均值，来汇总各班男女生该课程的平均成绩。

步骤 1▶ 继续在打开的工作簿中进行操作。将“学生成绩表（图表）”工作表复制一份，重命名为“数据透视表和数据透视图”，并将其中的图表删除。

步骤 2▶ 单击数据表中的任意非空单元格，然后单击“插入”选项卡“表格”组中的“数据透视表”按钮，如图 4-116 所示。

为确保数据可用于数据透视表，在创建数据源时需要做到以下几方面：

- 删除所有空行或空列。
- 删除所有自动小计。
- 确保第一行包含列标签。
- 确保各列只包含一种类型的数据，而不能是文本与数字的混合。

步骤 3▶ 打开“创建数据透视表”对话框，在“表/区域”编辑框中自动显示了工作表名称和数据源区域。如果显示的数据源区域引用不正确，可以将插入点光标置于该编辑框中，然后在工作表中重新选择；选中“现有工作表”单选钮（表示将数据透视表放在现有工作表中），这里保持默认，如图 4-117 所示。

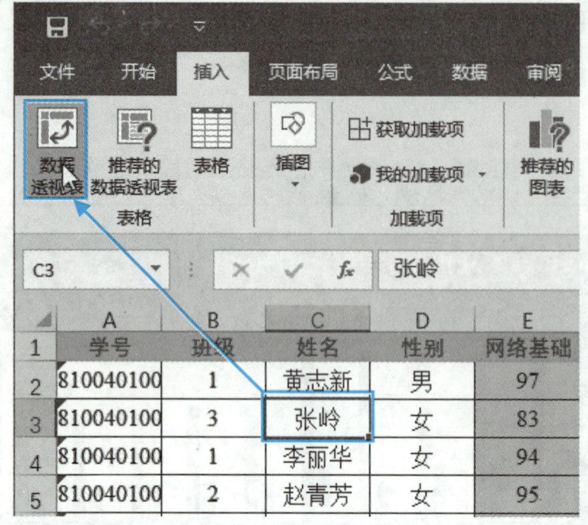

图 4-116　单击“数据透视表”按钮

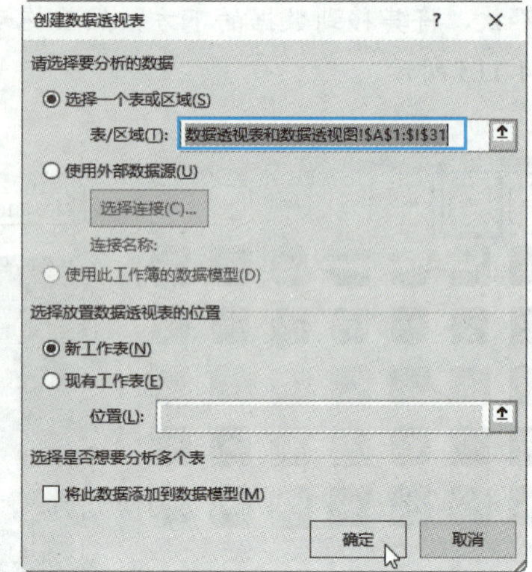

图 4-117　“创建数据透视表”对话框

步骤 4▶　单击“确定”按钮，在源工作表的左侧添加一个空的数据透视表。此时，Excel 2016 的功能区自动显示“数据透视表工具”选项卡，且工作表编辑区的右侧显示“数据透视表字段”窗格，供用户为数据透视表添加字段，创建数据透视表布局，如图 4-118 所示。

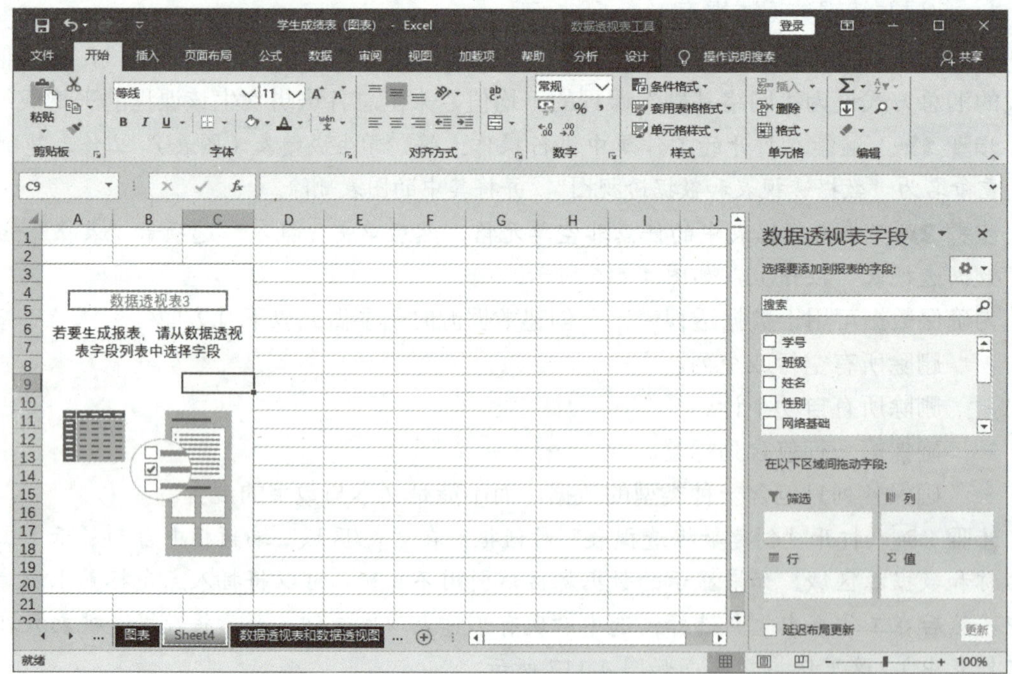

图 4-118　数据透视表框架

提　示

默认情况下，“数据透视表字段”窗格显示两部分：上方的字段列表区是源数据表中包含的字段（列标签），将其拖入下方字段布局区域中的“筛选”“列”“行”和“值”等列表框中，即可在报表区域（工作表编辑区）显示相应的字段和汇总结果。“数据透视表字段”窗格下方各选项的含义如下：

筛选：用于筛选整个报表。

列：用于将字段显示为报表顶部的列。

行：用于将字段显示为报表侧面的行。

值：用于显示需要汇总的数值数据。

步骤 5▶ 在“数据透视表字段”窗格中将所需字段拖到字段布局区域的相应位置。本例将“班级”字段拖到“行”区域，将“性别”字段拖到“列”区域，将“网络基础”字段拖到“值”区域，如图 4-119 所示。

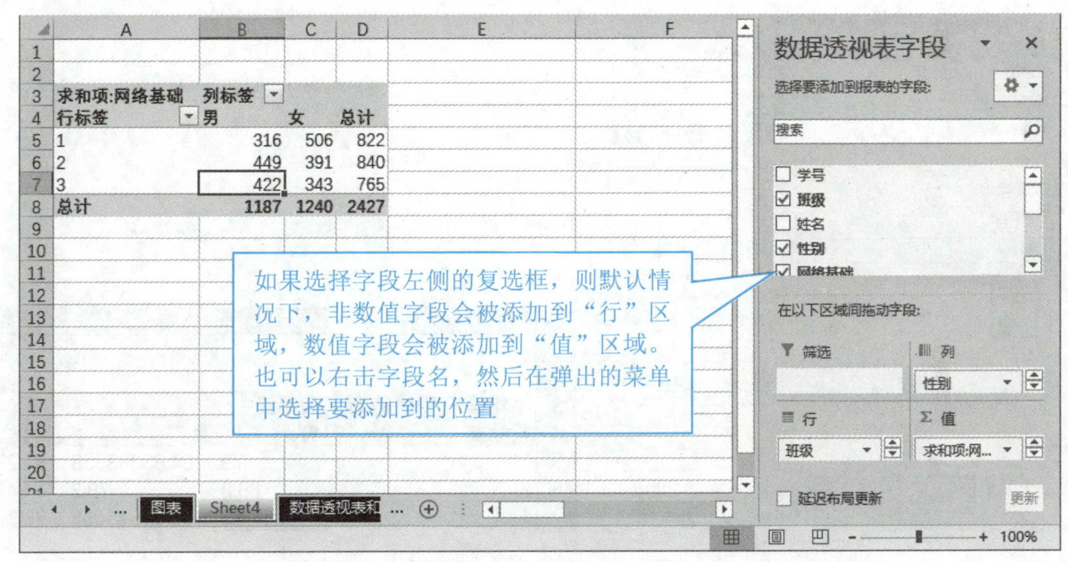

图 4-119　对数据透视表进行布局

步骤 6▶ 更改计算类型。单击“求和项:网络基础”字段，在弹出的快捷菜单中选择“值字段设置”选项，打开“值字段设置”对话框，将汇总方式改为“平均值”，单击“确定”按钮，即可看到数据透视表中的汇总方式已改变，如图 4-120 所示。

步骤 7▶ 除了更改计算类型外，用户还可以根据需要随时调整字段布局区域的字段对工作表中的数据进行更多分析。例如，向各字段区域添加或删除字段，将行列字段互换等。

步骤 8▶ 若要查看指定班级的汇总数据，可单击“行标签”右侧的筛选按钮，在展开的列表中取消“全选”复选框的选中，然后选择要查看的班级，如 1 班和 2 班，单击“确定”按钮，如图 4-121 所示。利用“列标签”筛选按钮，可查看指定性别的汇总数据。

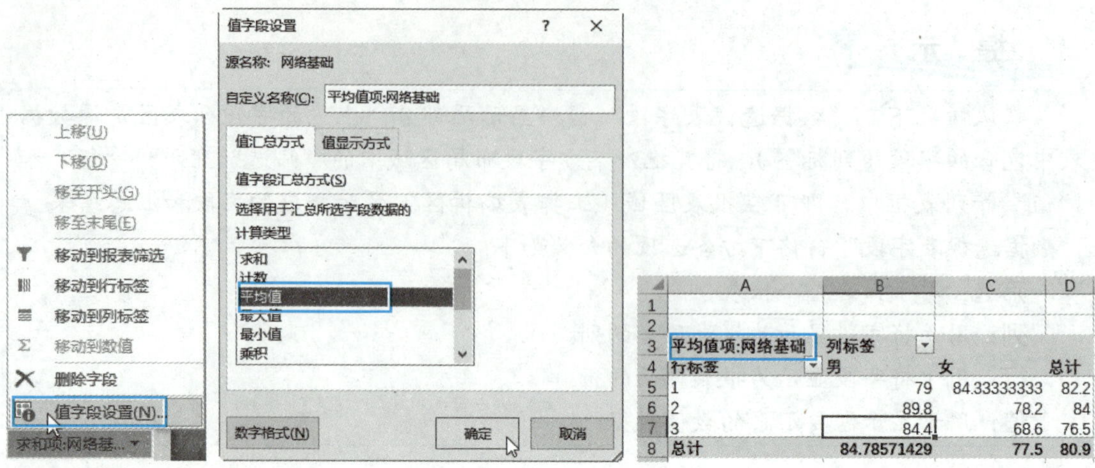

图 4-120　更改汇总方式

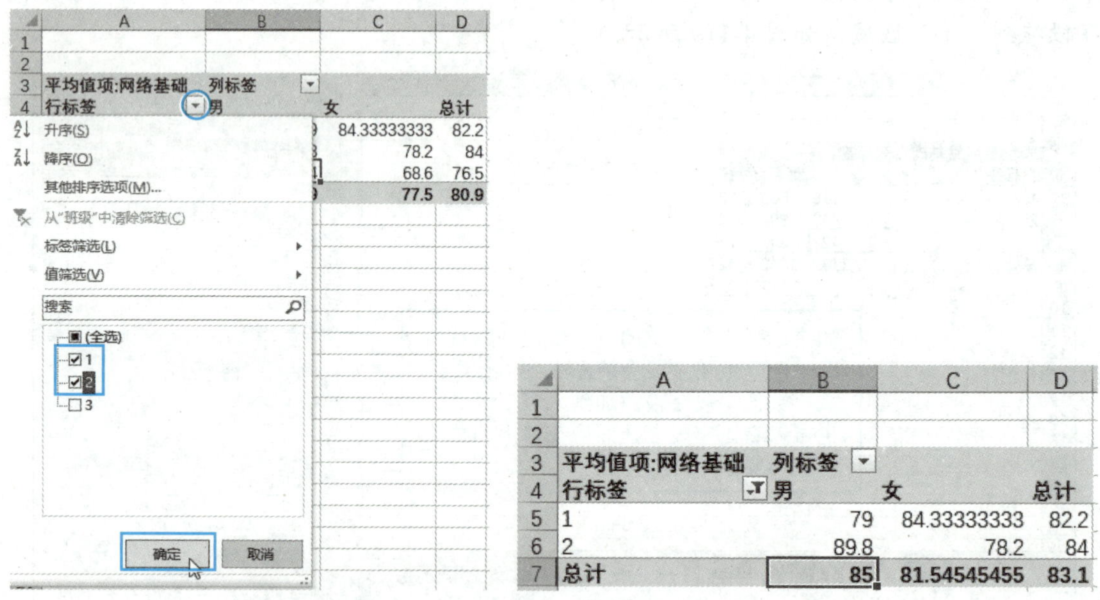

图 4-121　筛选汇总数据

2. 创建并编辑数据透视图

创建数据透视图的方法与创建数据透视表类似。例如，要创建按班级查看各课程成绩的数据透视图，可执行以下操作。

步骤 1▶ 继续在打开的工作簿中进行操作。单击“数据透视表和数据透视图”工作表中的任意单元格，然后单击“插入”选项卡“图表”组中的“数据透视图”按钮，在打开的对话框中确认要创建数据透视图的数据区域和数据透视图的放置位置。这里保持“表/区域”编辑框中数据区域的选中，然后选中“现在工作表”单选钮，再在工作表单击K2单元格，如图 4-122 所示。

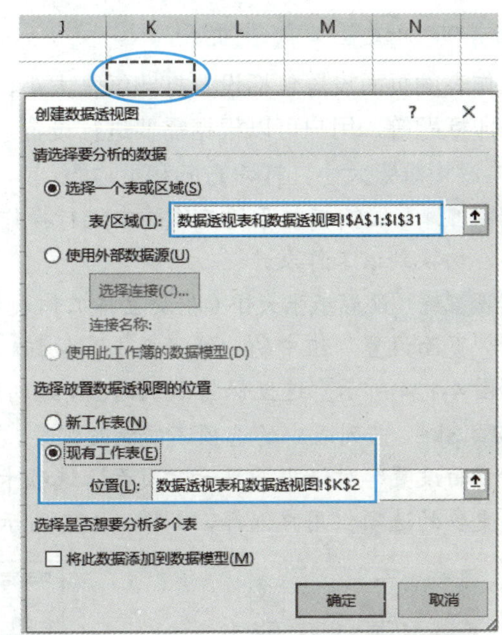

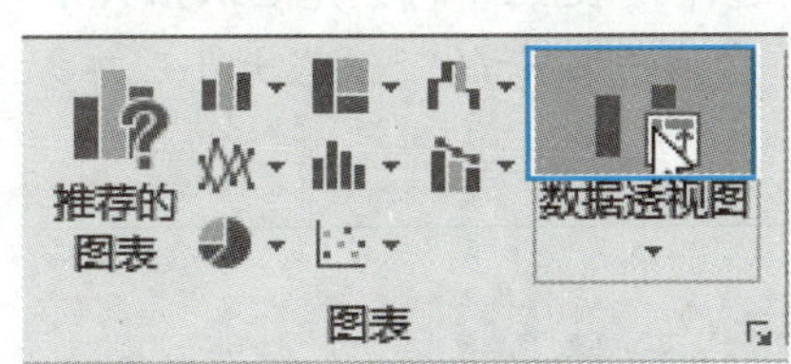

图 4-122　确认要创建数据透视图的数据区域和数据透视图的放置位置

步骤 2▶　单击“确定”按钮，系统自动在选定位置放置数据透视表和数据透视图。接下来在“数据透视表字段列表”窗格布局字段，如将“班级”字段拖到“轴（类别）”区域，各课程字段拖到“值”区域，然后单击数据透视表或数据透视图外的任意位置，结果如图 4-123 所示。从中可看到工作表中包括一个数据透视表和一个数据透视图。

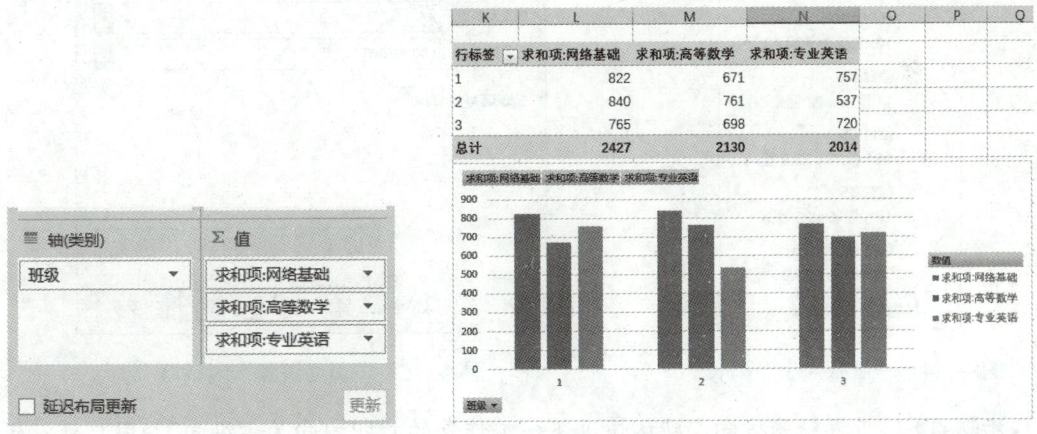

行标签	求和项:网络基础	求和项:高等数学	求和项:专业英语
1	822	671	757
2	840	761	537
3	765	698	720
总计	2427	2130	2014

图 4-123　创建的数据透视图

步骤 3▶　创建数据透视图后，用户可根据需要利用“数据透视图工具”选项卡中的各子选项卡对数据透视图进行各种编辑操作。如更改图表类型、设置图表布局、套用图表样式、添加图表和坐标轴标题、对图表进行格式化等的操作方法与编辑图表类似，此处不再赘述。

任务四 设置工作表页面

工作表的页面设置包括设置打印纸张大小、页边距、打印方向、页眉和页脚、打印区域和打印标题等，用户可以根据需要进行设置。

1. 设置纸张大小、打印方向和页边距

步骤 1▶ 继续在打开的工作簿中进行操作。单击“数据透视表和数据透视图”工作表标签，切换到该工作表。

步骤 2▶ 设置纸张大小（即设置将工作表打印到什么规格的纸上）。单击“页面布局”选项卡“页面设置”组中的“纸张大小”按钮，在展开的下拉列表中选择某种规格的纸张，如图 4-124 所示。这里保持默认的 A4 纸的选中。

步骤 3▶ 若列表中的选项不能满足需要，可选择列表底部的“其他纸张大小”选项，打开“页面设置”对话框并显示“页面”选项卡，在该选项卡的“纸张大小”下拉列表中提供了更多的选项供用户选择，如图 4-125 所示。

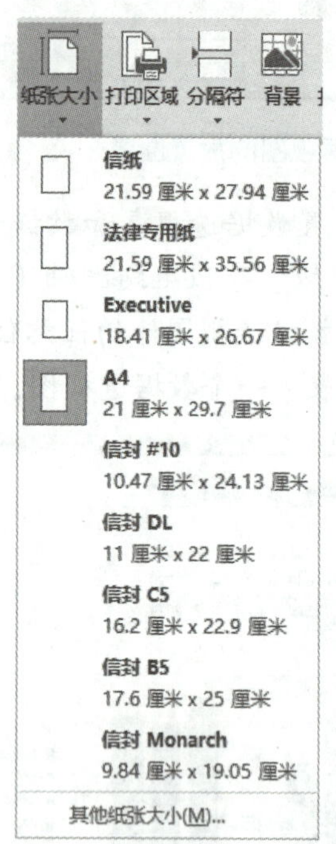

图 4-124 “纸张大小”列表

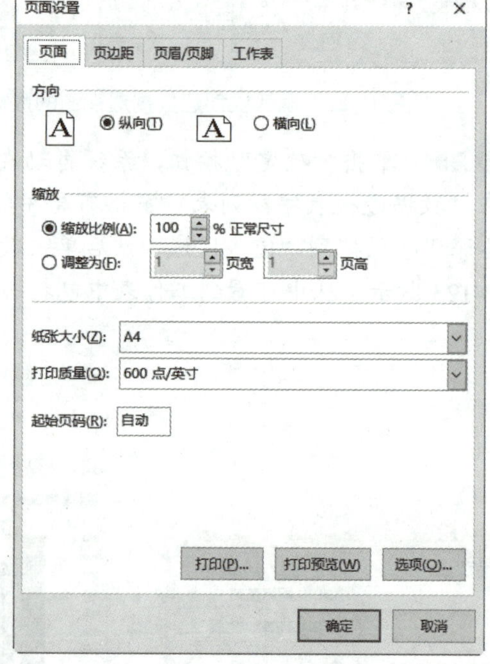

图 4-125 “页面设置”对话框

步骤 4▶ 设置纸张方向。默认情况下，工作表的打印方向为“纵向”，用户可以根据需要改变打印方向。为此，可单击“页面布局”选项卡“页面设置”组中的“纸张方向”按钮，在展开的下拉列表中进行选择，如图 4-126 所示（或在“页面设置”对话框“页面”选项卡的“方向”设置区中进行选择）。

步骤 5▶ 设置页边距。页边距是指页面上打印区域之外的空白区域。要设置页边距，可单击“页面布局”选项卡“页面设置”组中的“页边距”按钮，在展开的下拉列表中选择“常规”“宽”或“窄”样式，如图 4-127 所示。

步骤 6▶ 若列表中没有合适的样式，可选择列表底部的“自定义页边距”选项，打开“页面设置”对话框并显示“页边距”选项卡，然后在其中的上、下、左、右页边距中直接输入数值，或单击微调按钮进行调整，居中方式设为“垂直”和“水平”，如图 4-128 所示。

图 4-126　设置纸张方向

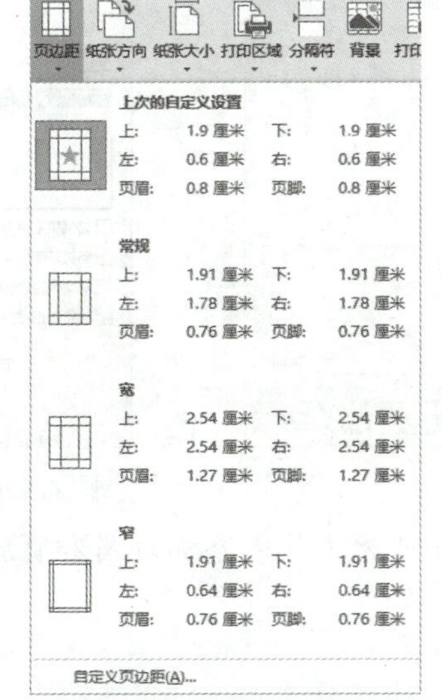

图 4-127　“页边距”列表

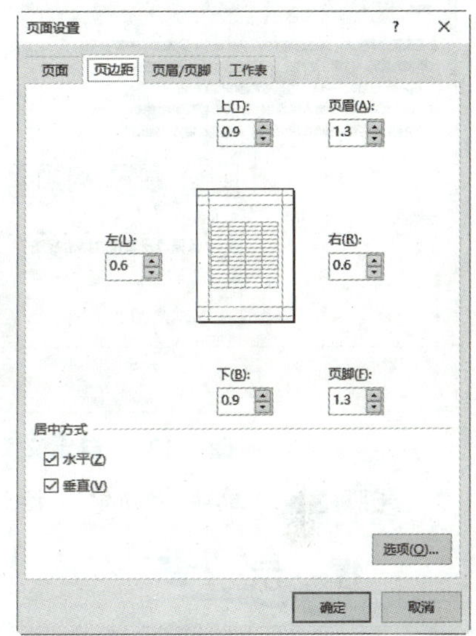

图 4-128　设置页边距

提　示

在“页边距”选项卡中选择“水平”和“垂直”复选框，可使打印的表格在打印纸上水平和垂直居中。在设置打印方向时，当要打印的表格高度大于宽度时，通常选择“纵向”；当宽度大于高度时，通常选择“横向”。

2. 设置页眉和页脚

页眉和页脚分别位于打印页的顶端和底端，通常用来打印表格名称、页号、作者名称或时间等。如果工作表有多页，为其设置页眉和页脚可方便用户查看。用户可为工作表添加系统预定义的页眉或页脚，也可以添加自定义的页眉或页脚。

要为工作表设置页眉和页脚，操作步骤如下。

步骤 1▶ 打开“页面设置”对话框的“页眉/页脚”选项卡，在“页眉”下拉列表中可选择系统自带的页眉。这里单击“自定义页眉”按钮，打开“页眉”对话框，在“中”编辑框（表示插入的页眉的位置）输入页眉文本“数据透视表和数据透视图”，如图 4-129 所示。单击“确定”按钮返回“页面设置”对话框，可看到设置的页眉。

步骤 2▶ 在“页眉/页脚”选项卡的“页脚”下拉列表中可选择系统自带的页脚，如选择“第 1 页，共？页”选项，如图 4-130 所示。

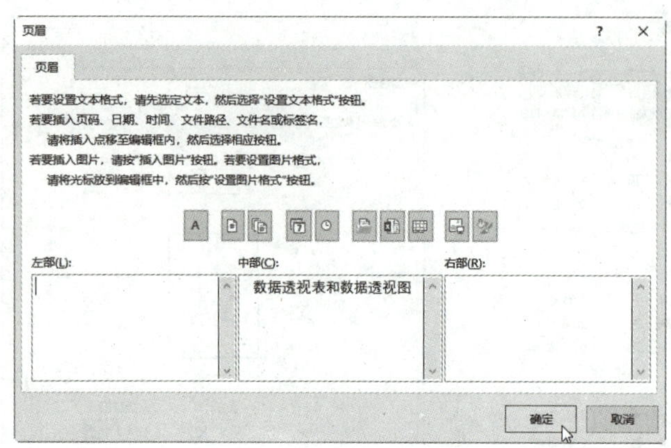

图 4-129　自定义页眉

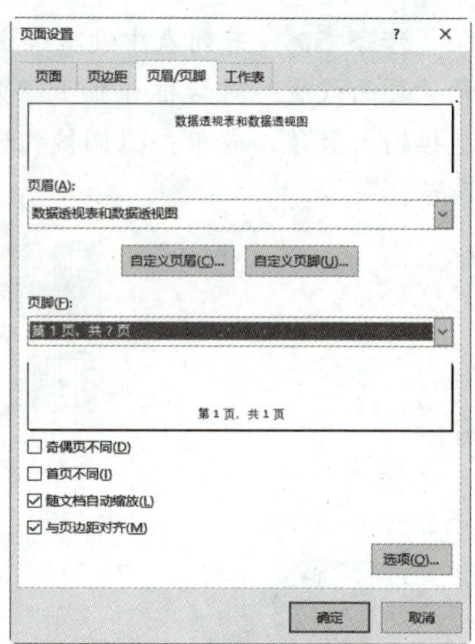

图 4-130　选择系统内置的页脚

步骤 3▶　单击"确定"按钮，即可为工作表添加页眉和页脚。

提　示

因为页眉和页脚独立于工作表数据，所以只有在预览打印效果或打印工作表时才会显示出来。

3．设置打印区域和打印标题

默认情况下，Excel 会自动选择有文字的最大行和列作为打印区域。如果只需要打印工作表的部分数据，可以为工作表设置打印区域，仅将需要的部分打印。此外，如果工作表有多页，正常情况下，只有第一页能打印出标题行或标题列，为方便查看后面的打印稿件，通常需要为工作表的每页都加上标题行或标题列。

步骤 1▶　设置打印区域。继续在打开的工作表中进行操作。选中要打印的单元格区域，此处选择 A1:R32 单元格区域。

步骤 2▶　单击"页面布局"选项卡"页面设置"组中的"打印区域"按钮，在展开的下拉列表中选择"设置打印区域"选项，如图 4-131 所示。此时所选区域四周出现虚线框，未被框选的部分不会被打印。

提　示

要取消设置的打印区域，可单击工作表的任意单元格，然后在"打印区域"下拉列表中选择"取消打印区域"选项，此时，Excel 又自动恢复到系统默认设置的打印区域。

步骤 3▶　设置打印标题。单击"页面布局"选项卡"页面设置"组中的"打印标题"按钮，打开"页面设置"对话框并显示"工作表"选项卡（见图 4-132）。在"顶端标题行"

或“从左侧重复的列数”编辑框中单击，然后在工作表中选中要作为标题的行或列，最后确定即可。

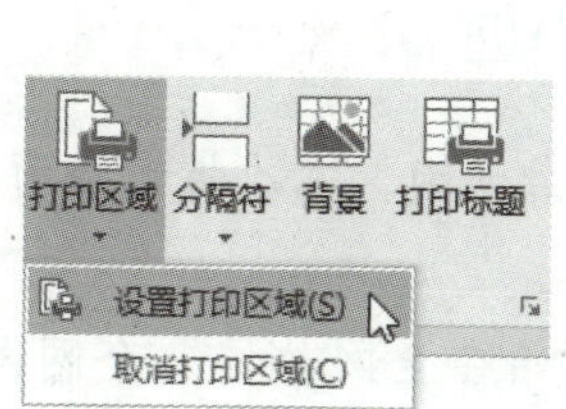

图 4-131　设置打印区域

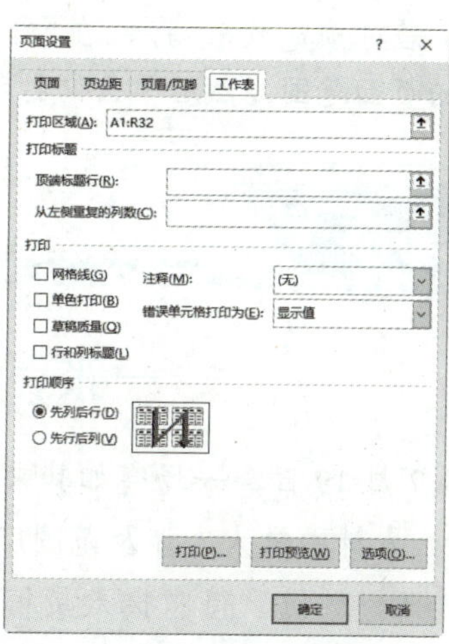

图 4-132　设置打印标题行

任务五　预览与打印工作表

设置好工作表的页面和打印选项后，就可以将工作表按要求打印出来，为此可执行以下操作。

步骤 1▶ 选择“文件”界面中的“打印”选项，可以在其右侧的窗格中查看打印前的实际打印效果，如图 4-133 所示。从中可看到设置的页眉和页脚及在每页打印标题等。

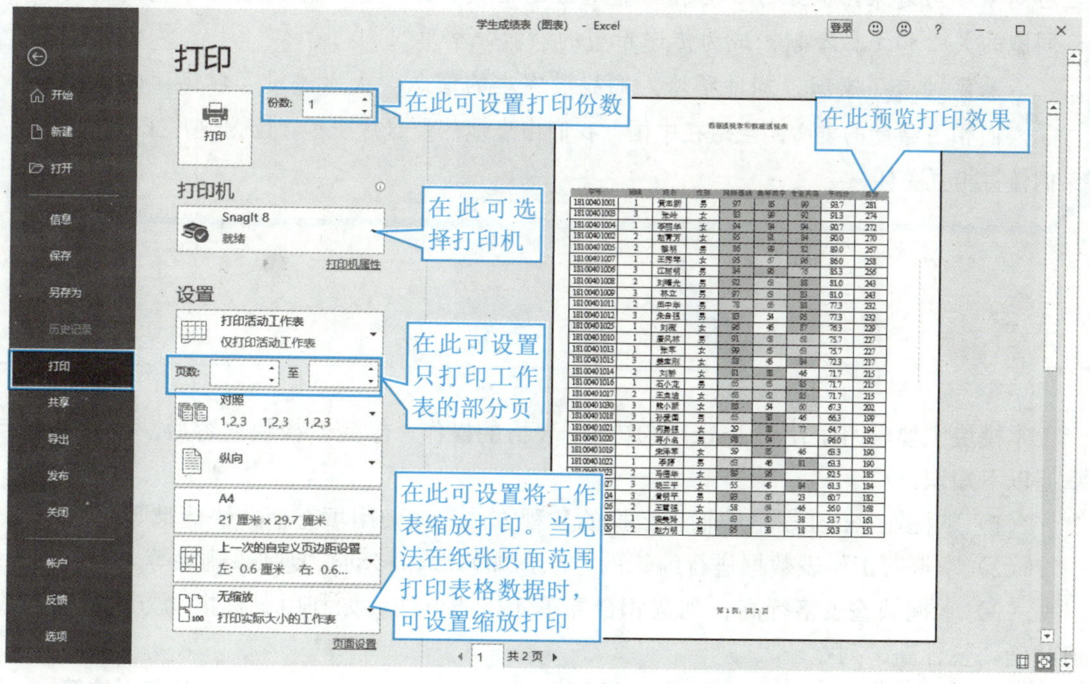

图 4-133　打开工作表的打印预览模式

步骤 2▶ 单击右侧窗格左下角的“上一页”按钮◀和“下一页”按钮▶，可查看上一页或下一页的预览效果。

步骤 3▶ 若对预览效果满意，在“份数”编辑框中输入打印份数，在“页数……至……”编辑框中打印的页面范围，然后单击“打印”按钮，即可按设置打印工作表。

拓展阅读

一张表格的 24 小时

2021 年 7 月 19 日，一场突如其来的强降雨突袭河南。本次特大暴雨历史罕见，持续时间长、累计雨量大、涉及范围广、极端性强。

7 月 20 日，一份“待救援人员信息”表格开始在全网热传。全网网友围绕表格展开了一场无声的救援接力赛。表格创建后的 24 小时内，已由网友自发在线编辑 2 万多次，更新超过 450 个版本，访问量达 250 多万次。在这段时间，一名发高烧的女生、一位 84 岁的老人得到了救援；被困一天没喝水的婴儿得到了救助；一名待产的孕妇被送到了医院……

这张被网友称作“救命文档”的表格最初由上海财经大学的一名河南籍大学生创建，在灾情发生后，她在朋友圈发布了这件“想为家乡做的事”，随即就有 30 多名同学参与进来，大家分工合作，整理了这份文档。这张小小的表格，也因网友对同胞的关心和无私奉献，成为传递希望的“救命稻草”！

暴雨冲垮了家园，却冲不垮人们战胜灾难的信念；大水淹没了农田，却淹没不了人们相互帮助的爱心。生活在中国，我们由衷地热爱这片土地，因为这片土地上的人们懂得相互关怀。

小　结

本模块主要学习了使用 Excel 制作电子表格的操作，学完本模块内容后，读者应重点掌握以下知识：

（1）掌握在 Excel 表格中输入数据的各种方法，如使用填充柄、快捷键等。

（2）掌握对工作表数据进行编辑的方法，如修改、移动、复制、删除等。

（3）掌握调整表格行高、列宽和合并单元格的方法，如利用鼠标拖动方式或输入数值精确调整行高、列宽。

（4）掌握美化表格的方法，包括设置字符格式、对齐方式，添加边框和底纹等。

（5）掌握对工作表的编辑操作，以及对工作表和重要数据设置密码进行保护的方法。

（6）掌握利用公式和函数对工作表数据进行计算的操作，熟悉常用函数意义和用法。

（7）掌握对工作表数据进行排序、筛选和分类汇总的操作，能熟练利用高级筛选功能筛选数据。

（8）掌握制作图表的操作，能够利用数据透视表和数据透视图综合分析工作表中的数据。

（9）掌握对工作表设置页面并进行打印的操作。

课后练习

1. 选择题

（1）在 Excel 中，工作表的列标表示为（　　）。

A．1，2，3　　B．A，B，C

C．甲，乙，丙　　D．Ⅰ，Ⅱ，Ⅲ

（2）在 Excel 的工作表中，每个单元格都有其固定的地址，如“A5”表示（　　）。

A．“A”代表“A”列，“5”代表第“5”行

B．“A”代表“A”行，“5”代表第“5”列

C．“A5”代表单元格的数据

D．以上都不是

（3）在 Excel 中，为当前单元格输入数值型数据时，默认为（　　）。

A．居中　　B．左对齐　　C．右对齐　　D．随机

（4）在 Excel 中，A1 单元格设定其数字格式为整数，当输入 33.51 时，显示为（　　）。

A．33.51　　B．33　　C．34　　D．ERROR

（5）在 Excel 中，A5 单元格的内容是“A5”，拖动填充柄至 C5 单元格，则 B5，C5 单元格的内容分别为（　　）。

A．B5，C5　　B．B6，C7　　C．A6，A7　　D．A5，A5

（6）在打印学生成绩单时，对不及格的成绩用不同的格式显示（如用红色表示等），下列可用的是（　　）。

A．查找　　B．条件格式　　C．数据筛选　　D．定位

（7）在 Excel 工作表中，要同时选择多个不相邻的工作表，可以在按住（　　）键的同时依次单击各个工作表的标签。

A．Ctrl　　B．Alt　　C．Shift　　D．Tab

（8）引用单元格时，“A1:F5”表示（　　）。

A．“A1”和“F5”单元格

B．“A1”或“F5”单元格

C.“A1”和“F5”单元格及它们之间的所有单元格

D. 以上都不是

(9) 若要对单元格进行绝对引用，需要在单元格的列标和行号前加上（　　）符号。

A. $　　B. ?　　C. !　　D. ^

(10) 下列函数中用于求平均值的函数是（　　）。

A. SUM　　B. AVERAGE　　C. MIN　　D. COUNT

(11) 在 Excel 表格中，在对数据表进行分类汇总前，必须做的操作是（　　）。

A. 排序　　B. 筛选　　C. 合并计算　　D. 指定单元格

(12) 若在 Excel 的 A2 单元中输入“=8^2”，则显示结果为（　　）。

A. 16　　B. 64　　C. =8^2　　D. 8^2

(13) Excel 的筛选功能包括高级筛选和（　　）。

A. 直接筛选　　B. 自动筛选　　C. 简单筛选　　D. 间接筛选

(14) 若在 Excel 的 A2 单元中输入“=56>=57”，则显示结果为（　　）。

A. 56<57　　B. =56<57　　C. TRUE　　D. FALSE

(15) 用筛选条件“数学>70 与总分>350”对考生成绩数据表进行筛选后，在筛选结果中显示的是（　　）。

A. 所有数学>70的记录　　B. 所有数学>70且总分>350的记录

C. 所有总分>250的记录　　D. 所有数学>70或者总分>350的记录

(16) 下列选项中，属于对 Excel 工作表单元格绝对引用的是（　　）。

A. B2　　B. ¥B¥2　　C. $B2　　D. $B$2

2. 操作题

(1) 制作如图 4-134 所示的产品销售情况统计表。

产品销售情况统计表

产品型号	单价（元）	上月销售量	上月销售额(万元)	本月销售量	本月销售额（万元）	销售额同比增长
P-1	654	123		156		
P-2	1652	84		93		
P-3	4567	213		198		
P-4	2341	66		151		
P-5	780	101		121		
P-6	394	79		97		
P-7	391	89		215		
P-8	189	68		189		
P-9	282	91		129		
P-10	196	156		145		
	合计:					

图 4-134　产品销售情况统计表

① 新建“产品销售情况统计表”工作簿，然后在“Sheet1”工作表中按图 4-134 所示输入数据。

② 合并单元格制作表头，设置其格式为微软雅黑、18 磅、紫色，沿底端对齐；合并单元格制作“合计”项并右对齐；设置列标题所在行的字形为加粗，除“合计”项外的其他所有数据为居中对齐。

③ 为表格添加边框，并为列标题和要进行计算的单元格添加底纹。

④ 分别调整表头、列标题、其他行的行高为 50、30、20 像素。

⑤ 调整各列列宽为最合适。

（2）打开本书配套素材“模块四”/“操作题”/“竞赛成绩表”工作簿，然后进行如下操作：

① 根据成绩表中的数据计算出各参赛学生的“总分”和“平均分”，并以“平均分”由高到低排列出各学生的名次。

② 以“平均分”为关键字排出各参赛学生的等级，等级确定条件为：平均分≥90 则等级为“优”、90＞平均分≥76 等级为“良”、75＞平均分≥60 等级为“中”、平均分＜60 则等级为“差”。

③ 将含以上结果的数据表分别复制到 Sheet2 和 Sheet3 工作表中。

④ 在 Sheet2 工作表中汇总出各班各队各科的平均分。

⑤ 在 Sheet3 工作表中汇总出各班男女参赛学生各科的总分。

⑥ 在 Sheet1 工作表中汇总出所有男女生参赛学生各科的平均分。

⑦ 用一嵌入式图表表示出参赛的男女生比例。

（3）打开本书配套素材“模块四”/“操作题”/“7 班期末考试成绩表”工作簿，然后进行如下操作：

① 根据成绩表的数据计算出各位学生的“总分”和“平均分”。

② 根据“总分”由高到低排列出各学生的“名次”。

③ 根据以下规则计算出各位学生的“奖学金”：

条件 1：每科成绩均大于或等于 85 分，则奖学金为 50 元。

条件 2：每科成绩均大于或等于 60 分但不满足条件 1，则奖学金为 20 元。

条件 3：不满足条件 1 或条件 2 的奖学金为 0 元。

④ 根据数据表中的数据计算出各科目的及格率。

⑤ 根据数据表中的数据以成绩“≥85”分为条件，统计各科目的优生率。

⑥ 将数据表中成绩低于 60 分的数据用红色字符形式显示。

⑦ 用嵌入式图表反映出每位学生各科成绩的对比关系。

⑧ 筛选出姓“刘”且其各科成绩均大于或等于 60 分，或者英语≥60 的所有记录并存放在本工作表 A30 开始的单元格中。

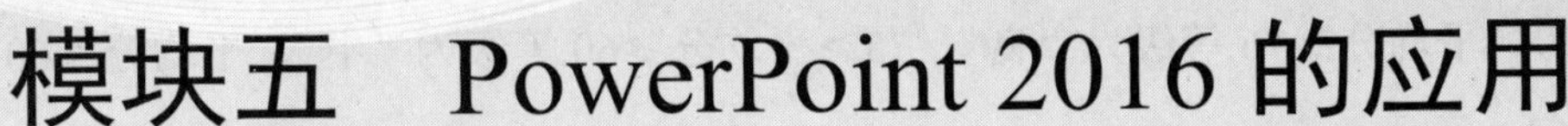

模块五　PowerPoint 2016 的应用

【模块导读】

PowerPoint 2016 是 Office 2016 办公套装软件的另一个重要组件，它是一款专业的演示文稿制作工具，可以用来制作各种用途的演示文稿，如讲义、课件、公司宣传、产品介绍等。制作者可以在演示文稿中设置各种引人入胜的视觉、听觉效果。

利用 PowerPoint 2016 设置演示文稿内容的操作与利用 Word 2016 处理文档有许多相同之处，因此，对于前面已经学习过的知识，本模块将不再具体讲解。本模块将以演示文稿的制作流程和应用为主线，学习演示文稿的制作方法。

【素质目标】

制作旅游演示文稿，加强实践练习的意识，了解中国丰富的旅游资源，激发热爱祖国大好河山的情感，坚定绿水青山就是金山银山的理念；深入理解生态文明建设的原则，增强尊重自然，热爱自然的意识。

项目一　新建并制作爱嘉途旅游演示文稿

【情景描述】

小李在爱嘉途旅行社上班。旅行社的张经理要参加全国旅行社的推介会，为了在会上宣传旅行社的旅游项目，要求小李做一个旅行社旅游项目宣传演示文稿。

由于小李对 PowerPoint 2016 不是很精通，因此接到任务后心里很着急，于是找到了小胡，请小胡帮她制作该演示文稿。小胡告诉小李，要制作演示文稿，首先需要了解演示文稿与幻灯片的关系，熟悉 PowerPoint 2016 的工作界面和视图模式，并了解设置演示文稿的版式、背景和主题等知识，然后再着手制作演示文稿。下面我们和小胡一起帮小李完成爱嘉途旅游演示文稿的制作，效果如图 5-1 所示。

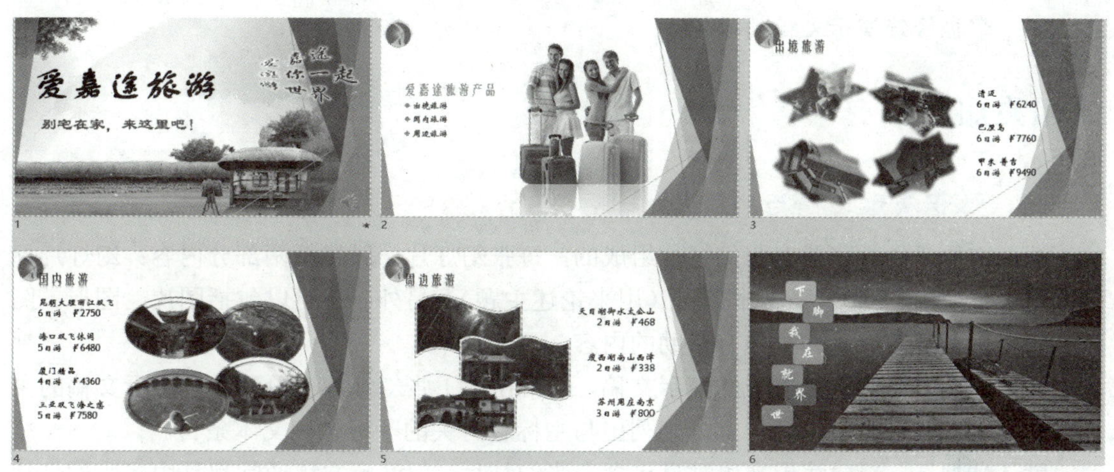

图 5-1　爱嘉途旅游演示文稿效果

辉煌中国

中国是世界上旅游资源最丰富的国家之一，资源种类繁多，类型多样；中国旅游资源不仅种类多样，而且每种资源的积淀丰厚，拥有各种规模、年代、形态、规制、品类的资源特征；中国是古人类的发源地之一，也是世界文明的发祥地之一，流传至今的宝贵遗产构成了极为珍贵的旅游资源，其中许多资源以历史久远、文化古老、底蕴深厚而著称。

中国世界遗产总数达到 56 处，其中世界文化遗产 38 项、世界文化与自然双重遗产 4 项、世界自然遗产 14 项，是世界上拥有世界遗产类别最齐全的国家之一，也是世界文化与自然双重遗产数量最多的国家之一，还是世界自然遗产数量最多的国家。

原生态是旅游的资本，发展旅游不能牺牲生态环境；发展旅游要以保护为前提，不能过度商业化；要抓住乡村旅游兴起的时机，把资源变资产，实践好绿水青山就是金山银山的理念。这些重要论述科学地回答了新时代旅游业发展的根本性、方向性问题。

【项目要求】

- 了解演示文稿的基本概念，熟悉 PowerPoint 2016 的工作界面，认识其视图模式。
- 掌握演示文稿的基本操作和内容设置。
- 掌握修饰演示文稿的操作。

【相关知识】

一、认识演示文稿与幻灯片

演示文稿是由一张或多张幻灯片组成的，每张幻灯片一般包括两部分内容：幻灯片标题（用来表明主题）、若干文本条目（用来论述主题）。另外，还可以包括图片、图形、图表、表格等其他对于论述主题有帮助的内容。

如果是由多张幻灯片组成的演示文稿，通常在第 1 张幻灯片上单独显示演示文稿的主标题和副标题，在其余幻灯片上分别列出与主标题有关的子标题和文本条目。

默认情况下，新建演示文稿时只包含一张幻灯片，但演示文稿通常都是由多张幻灯片组成的，因此，用户可以根据需要插入、复制、删除和移动幻灯片。

二、熟悉 PowerPoint 2016 的工作界面

启动 PowerPoint 2016 的方法与启动 Word 2016 和 Excel 2016 一样。默认情况下进入其开始界面，选择“空白演示文稿”选项后，PowerPoint 2016 会创建一个空白演示文稿，其中会有一张包含标题占位符和副标题占位符的空白幻灯片，如图 5-2 所示。

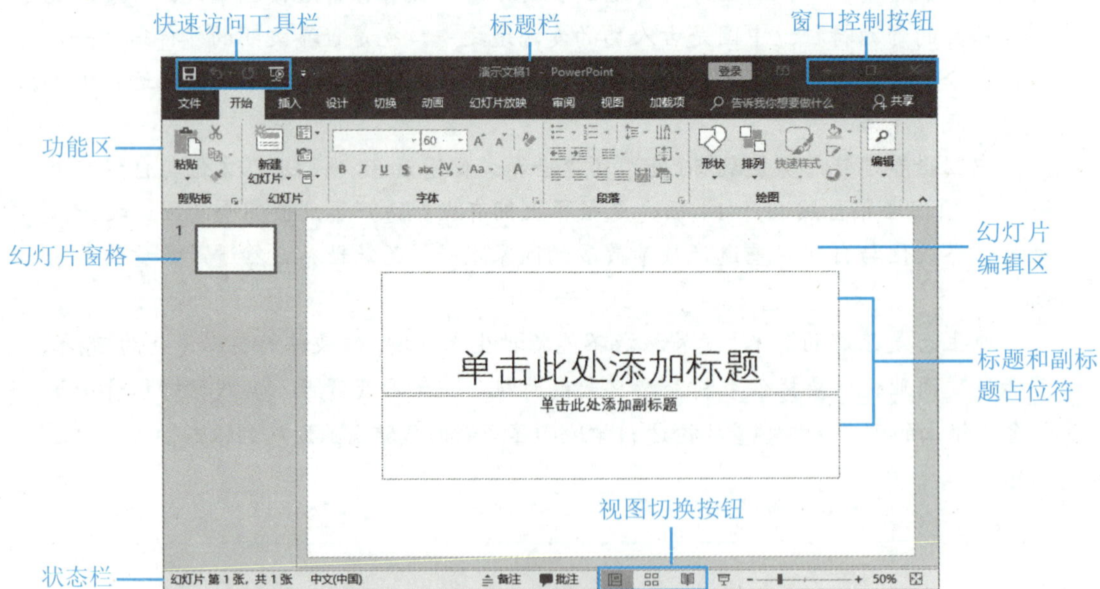

图 5-2　PowerPoint 2016 的工作界面

- **幻灯片窗格：** 其中显示了幻灯片的缩略图，单击某张幻灯片的缩略图可选中该幻灯片，此时即可在右侧的幻灯片编辑区编辑该幻灯片内容。
- **幻灯片编辑区：** 是编辑幻灯片的主要区域，在其中可以为当前幻灯片添加文本、图片、图形、声音和影片等，还可以创建超链接或设置动画。

提 示

幻灯片编辑区中带有虚线边框的编辑框被称为占位符，用于指示可在其中输入标题文本（标题占位符）、正文文本（文本占位符），或者插入图表、表格和图片（内容占位符）等对象。幻灯片版式不同，占位符的类型和位置也不同。

三、认识 PowerPoint 2016 的视图

PowerPoint 2016 主要提供了普通视图、大纲视图、幻灯片浏览视图、阅读视图和备注页视图几种视图模式。其中，普通视图是 PowerPoint 2016 默认的视图模式，主要用于制作演示文稿；在幻灯片浏览视图中，幻灯片以缩略图的形式显示，从而方便用户浏览演示文稿中所有幻灯片的整体效果；阅读视图是以窗口的形式来查看演示文稿的放映效果。

用户可利用“视图”选项卡“演示文稿视图”组中的相应按钮，或者利用状态栏中的视图模式切换按钮来切换演示文稿视图模式。

四、认识幻灯片版式、主题和背景

- **幻灯片版式：** 它是 PowerPoint 的一项非常实用的功能，它通过占位符的方式为用户规划好了幻灯片中内容的布局，用户只需选择一个符合需要的版式，然后在其规划好的占位符中输入或插入内容，便可快速制作出符合要求的幻灯片。默认情况下，添加的幻灯片的版式为“标题和内容”，用户可以根据需要改变其版式。
- **主题：** 它是主题颜色、主题字体、主题效果等格式的集合。PowerPoint 2016 内置了许多主题，这些主题不仅造型精美，而且颜色搭配非常合理，灵活地使用它们，可以快速制作出具有专业品质的演示文稿。
- **背景：** 默认情况下，演示文稿中的幻灯片使用主题规定的背景，用户也可重新为幻灯片设置纯色、渐变色、图案、纹理和图片等背景，使制作的演示文稿更美观。

五、幻灯片基本操作

- **添加幻灯片：** 在“幻灯片”窗格中选中幻灯片，然后单击“开始”选项卡“幻灯片”组中“新建幻灯片”按钮，或在选择幻灯片后按“Enter”键或“Ctrl+M”组合键，均可在所选幻灯片的后面添加一张新幻灯片。
- **选择幻灯片：** 要选择单张幻灯片，直接在“幻灯片”窗格中单击该幻灯片即可；要选择连续的多张幻灯片，可单击要选择的第 1 张，按住“Shift”键再单击最后一张幻灯片；要选择不连续的多张幻灯片，可按住“Ctrl”键依次单击要选择的幻灯片。
- **复制幻灯片：** 在“幻灯片”窗格中右击要复制的幻灯片，在弹出的快捷菜单中选

择“复制”选项，再在“幻灯片”窗格中要插入复制的幻灯片的位置右击鼠标，在弹出的快捷菜单中选择一种粘贴选项，即可将复制的幻灯片插到该位置。

- **调整幻灯片的排列顺序：**在“幻灯片”窗格中单击选中要调整顺序的幻灯片，然后按住鼠标左键将其拖到需要的位置即可。
- **删除幻灯片：**在“幻灯片”窗格中单击要删除的幻灯片，然后按“Delete”键，或右击要删除的幻灯片，在弹出的快捷菜单中选择“删除幻灯片”选项。

六、在幻灯片中插入对象

制作幻灯片时，为了丰富演示文稿内容，用户可以根据需要在幻灯片中插入和编辑图片、图形、艺术字和声音等对象。其中，在幻灯片中插入和编辑图片、图形、艺术字等对象的方法与在 Word 文档中的操作相同。此外，在演示文稿中插入声音和影片后还可对插入的声音和影片进行编辑，如设置播放方式。

七、认识幻灯片母版

幻灯片母版是幻灯片层次结构中的顶层幻灯片，用于存储有关演示文稿的主题和幻灯片版式的信息，包括背景、颜色、字体、效果、占位符大小和位置。由于幻灯片母版影响整个演示文稿的外观，因此可以利用它统一设置演示文稿中各张幻灯片的内容和格式。

【项目实施】

任务一　应用主题并保存演示文稿

下面将启动 PowerPoint 2016 时新建的空白演示文稿应用“平面”主题并保存。

步骤 1▶ 单击“设计”选项卡“主题”组右侧的“其他”按钮，如图 5-3 所示。

步骤 2▶ 在展开的主题列表中单击选择要应用的主题，如“平面”（见图 5-4），即可为演示文稿中的所有幻灯片应用该主题。

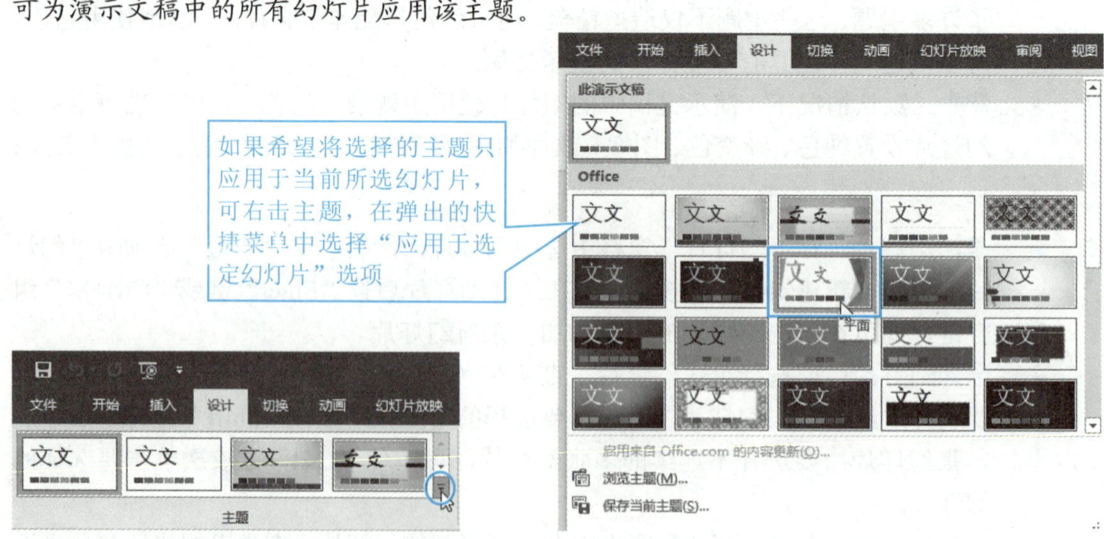

图 5-3　单击“其他”按钮　　图 5-4　选择“平面”主题

步骤 3▶ 单击“快速访问工具栏”中的“保存”按钮，在打开的“另存为”界面中单击“浏览”按钮，打开“另存为”对话框，在左侧的导航窗格中选择文件的保存位置，在“文件名”编辑框中输入文件名“爱嘉途旅游”（见图 5-5），单击“保存”按钮保存演示文稿。

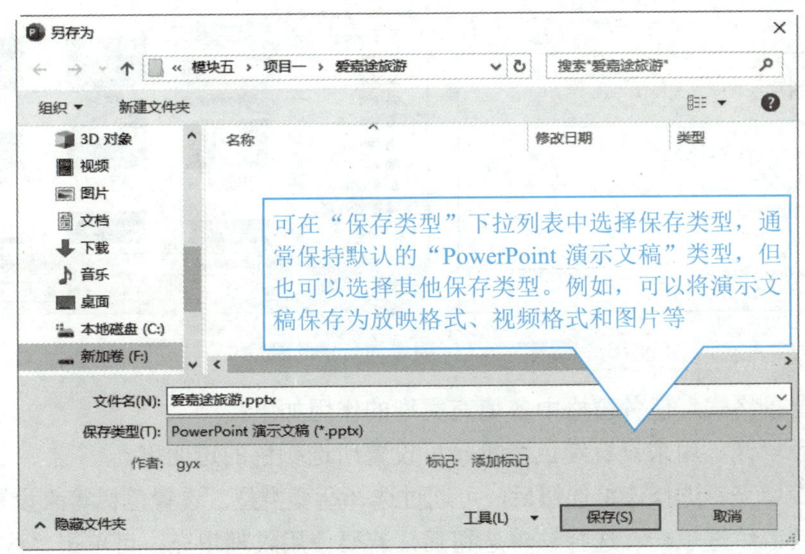

图 5-5 保存演示文稿

任务二 设置演示文稿背景

下面使用素材图片作为第 1 张幻灯片的背景。

步骤 1▶ 单击“设计”选项卡“自定义”组中的“设置背景格式”按钮（见图 5-6），打开“设置背景格式”任务窗格。

步骤 2▶ 在“填充”分类中选择一种填充类型（纯色填充、渐变填充、图片或纹理填充等），本例选择“图片或纹理填充”单选钮，如图 5-7 所示。

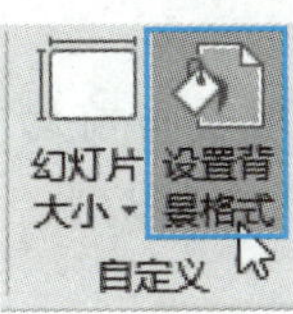

图 5-6 单击“设置背景格式”按钮

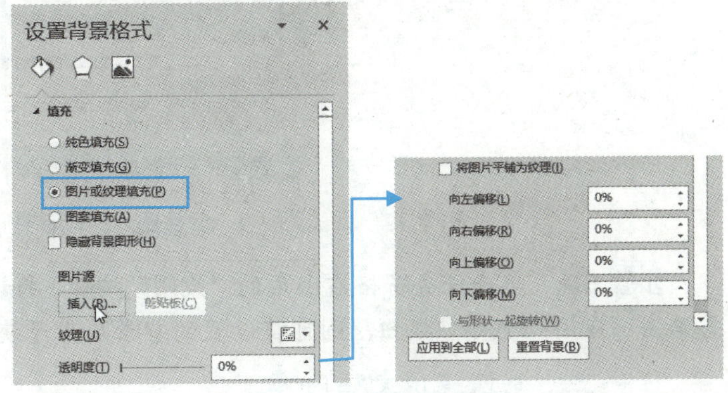

图 5-7 选择“图片或纹理填充”单选钮

步骤 3▶ 单击“插入”按钮，在打开的“插入图片”窗口选择“从文件”选项，打开“插入图片”对话框，从中选择本书配套素材文件夹“模块五”/“项目一”/“爱嘉途旅游”/“旅游背景”文件，然后单击“插入”按钮，如图 5-8 所示。

图 5-8 选择要作为背景的图片

“设置背景格式”任务窗格中各填充类型的作用如下：

- 纯色填充：用来设置纯色背景，可设置所选颜色的透明度。
- 渐变填充：选择该单选钮后，可通过选择渐变类型，设置色标等来设置渐变填充。
- 图片或纹理填充：选择该单选钮后，若要使用纹理填充，可单击“纹理”右侧的按钮，在展开的下拉列表中选择一种纹理即可。
- 图案填充：使用图案填充背景。设置时，只需选择需要的图案，并设置图案的前景色、背景色即可。

若选择“隐藏背景图形”复选框，设置的背景将覆盖幻灯片母版中的图形、图像和文本等对象，也将覆盖主题中自带的背景。

步骤 4▶ 在“设置背景格式”任务窗格调整图片的向左和向右偏移量，参数如图 5-9 所示。

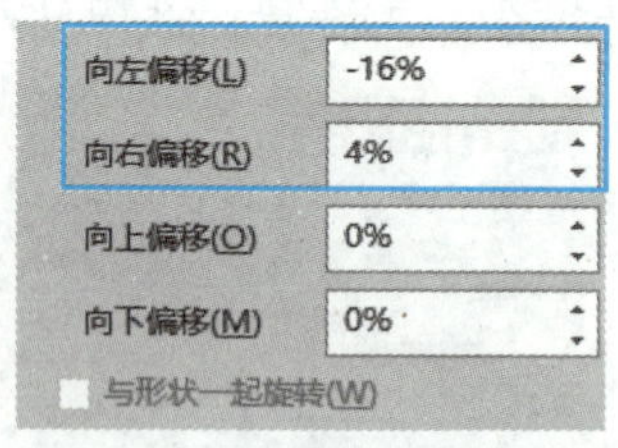

图 5-9 调整图片的偏移量

步骤 5▶ 单击任务窗格右上角的“关闭”按钮，将设置的背景应用于当前幻灯片中。若单击“应用到全部”按钮，则可将设置的背景应用于演示文稿中的所有幻灯片。

任务三 制作演示文稿内容

在 PowerPoint 2016 中，用户可以使用占位符或文本框在幻灯片中输入文本，并可根据需要在幻灯片中插入图片、图形、艺术字和声音等。下面来制作演示文稿内容。

1．制作第 1 张幻灯片

步骤 1▶ 在第 1 张幻灯片的标题占位符中单击，输入标题文本“爱嘉途旅游”，再在占位符中选中输入的文本，利用“开始”选项卡的“字体”组设置标题的字体为方正舒体，字号为 100，字体颜色为黑色，字形为加粗、阴影。

步骤 2▶ 在副标题占位符中输入文本“别宅在家，来这里吧!”，并设置其字体为隶书，字号为 44，字体颜色为蓝色。

步骤 3▶ 将两个占位符向左移动，使其效果如图 5-10 所示。选择占位符、调整占位符大小以及移动占位符等操作与在 Word 文档中调整文本框相同。

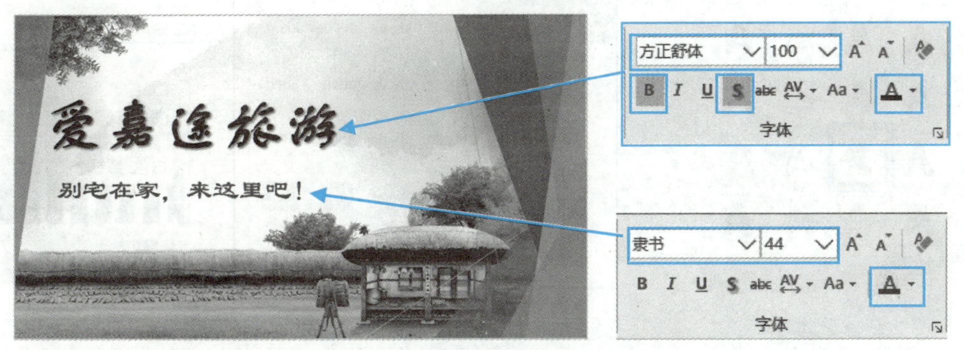

图 5-10　输入标题和副标题文本

步骤 4▶ 单击“开始”选项卡“绘图”组中的“文本框”按钮，在幻灯片的右侧拖动鼠标绘制一个横排文本框，然后输入段落文本“爱嘉途”“邀你一起”“游世界”，并设置其字体为华文行楷，字号为 24，如图 5-11 所示。

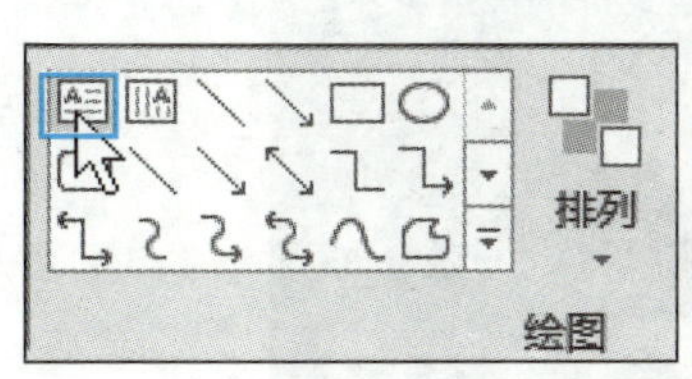

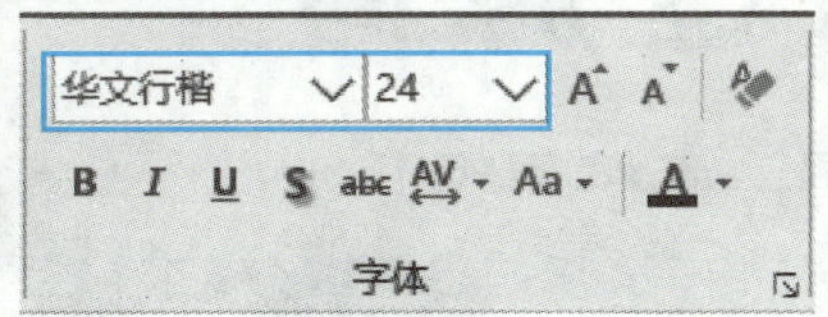

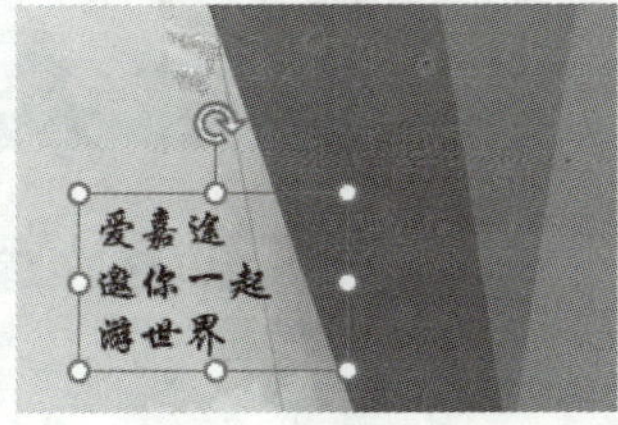

图 5-11　绘制文本框并输入文本

提　示

与 Word 中的文本框不同的是，在 PowerPoint 中拖动鼠标绘制的文本框没有固定高度，其高度会随输入的文本自动调整。若选择文本框工具后在幻灯片中单击，则绘制的文本框没有固定宽度，其宽度将随输入的文本自动调整。

步骤 5▶ 切换到“绘图工具/格式”选项卡，在“艺术字样式”组中为文本框中的文字选择一种艺术字样式，如图 5-12 所示。

步骤 6▶ 在“文本效果”下拉列表中选择“转换”/“弯曲”/“左远右近”和“发光”/

“发光变体”/“橙色，8 pt 发光，主题色 4”，并设置发光颜色为“白色，背景 1”，如图 5-13 所示。

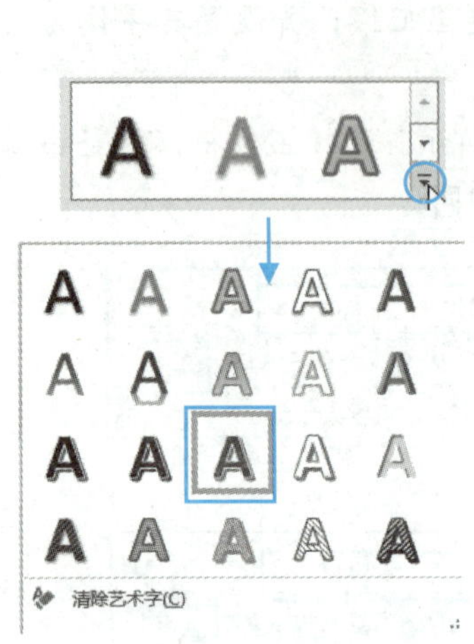

图 5-12 选择艺术字样式

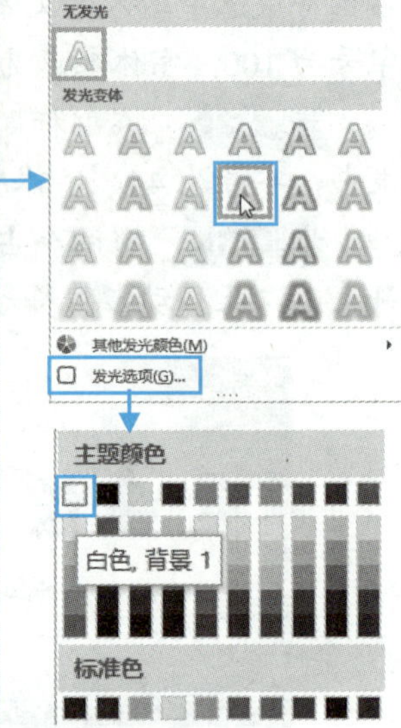

图 5-13 设置艺术字效果

步骤 7▶ 调整文本框的大小和位置，使其效果如图 5-14 所示。至此，第 1 张幻灯片制作完成。

图 5-14 第 1 张幻灯片效果

2. 制作其他幻灯片

步骤 1▶ 单击“开始”选项卡“幻灯片”组中“新建幻灯片”按钮下方的下拉按钮，在展开的下拉列表中选择一种幻灯片版式，如选择“内容与标题”版式（见图 5-15），即可应用该版式新建幻灯片（要为已有幻灯片重新选择版式，可选中幻灯片后单击“开始”选项卡“幻灯片”组中的“版式”按钮，在展开的下拉列表中进行选择）。

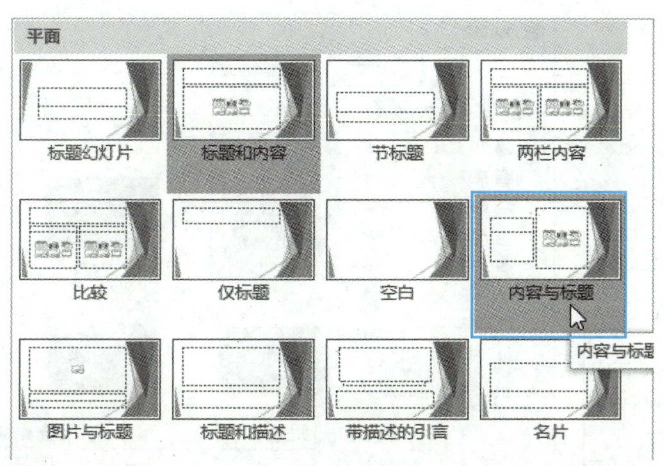

图 5-15 设置幻灯片版式

步骤 2▶ 在第 2 张幻灯片左侧的标题占位符中输入“爱嘉途旅游产品”文本；在文本占位符中输入“出境旅游”“国内旅游”和“周边旅游”文本，各文本均为独立的段落。

步骤 3▶ 选中文本占位符中的文本，然后单击“开始”选项卡“段落”组中“项目符号”按钮右侧的下拉按钮，在展开的下拉列表中选择一种项目符号，如图 5-16 所示。若选择下拉列表中的“项目符号和编号”选项，可在打开的对话框中自定义项目符号，或使用图片作为项目符号。

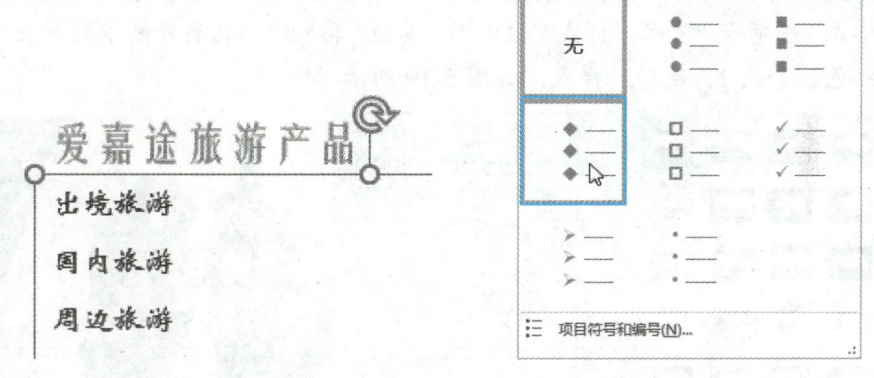

图 5-16 为文本设置项目符号

步骤 4▶ 单击第 2 张幻灯片右侧的“图片”图标，打开“插入图片”对话框，从中选择本书配套素材“模块五”/“项目一”/“爱嘉途旅游”/“旅行”图片（见图 5-17），然后单击“插入”按钮，即可在该占位符中插入一张图片。

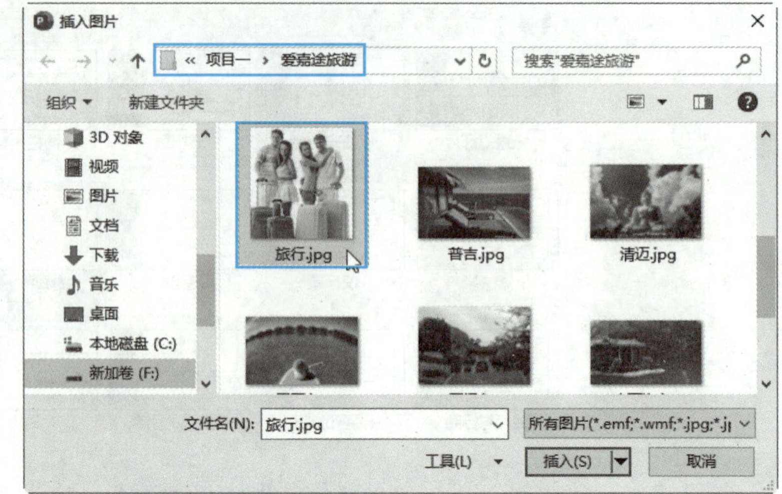

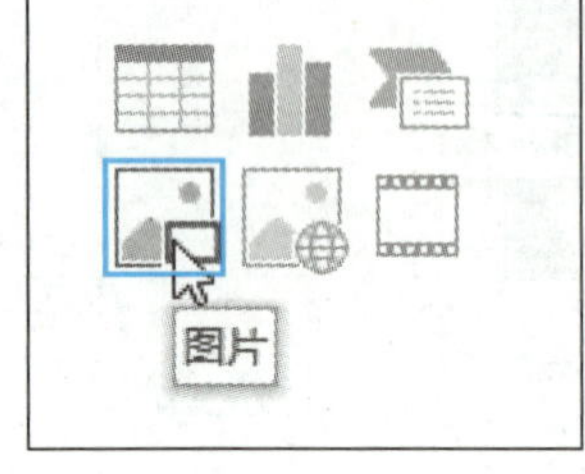

图 5-17　利用图片占位符插入图片

步骤 5▶　保持图片的选中状态，然后在“图片工具/格式”选项卡的“图片样式”组中单击“其他”按钮▾，在展开的下拉列表中选择“映像圆角矩形”。至此，第 2 张幻灯片便制作好了，如图 5-18 所示。

步骤 6▶　单击“开始”选项卡“幻灯片”组中“新建幻灯片”按钮下方的下拉按钮，在展开的幻灯片版式列表中选择“仅标题”版式，在第 2 张幻灯片后添加一张幻灯片。

步骤 7▶　在新幻灯片中输入标题文本“出境旅游”，然后选中输入的文本，单击“绘图工具/格式”选项卡“艺术字样式”组中的“其他”按钮▾，在展开的下拉列表中选择“渐变填充-红色，着色 1，反射”样式，如图 5-19 所示。

图 5-18　设置图片样式及幻灯片效果

步骤 8▶　单击“插入”选项卡“文本”组中“文本框”按钮下方的下拉按钮，在展开的下拉列表中选择“横排文本框”选项，然后在幻灯片编辑区右侧绘制一个文本框，并输入文本，如图 5-20 所示。

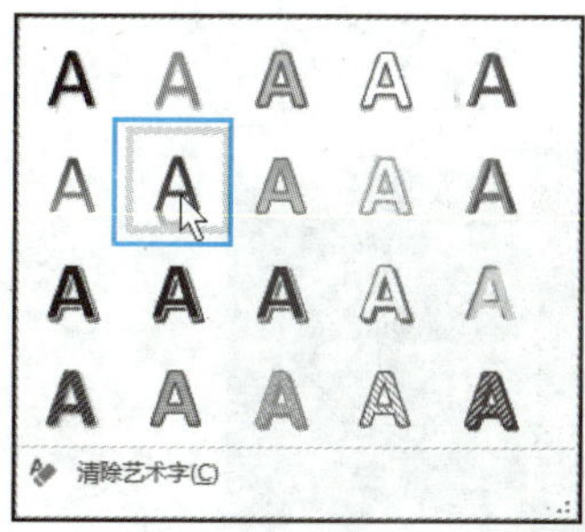

图 5-19 为标题其添加艺术字样式

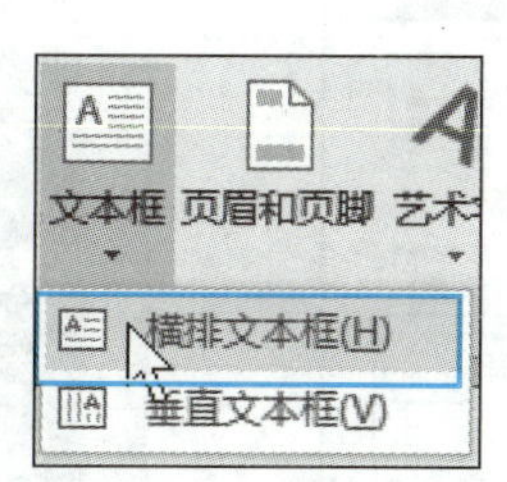

图 5-20 添加文本框并输入文本

步骤 9▶ 输入完成后选中文本框，单击“开始”选项卡“段落”组中的“文本右对齐”按钮，使文本框中的文本右对齐，然后设置其字号为 26（保持每条行程及报价以 2 行显示）。

步骤 10▶ 保持文本框的选中状态，然后单击“绘图工具/格式”选项卡“艺术字样式”组中的“其他”按钮，在展开的下拉列表中选择“填充:黑色，文本色 1；阴影”样式，如图 5-21 所示。

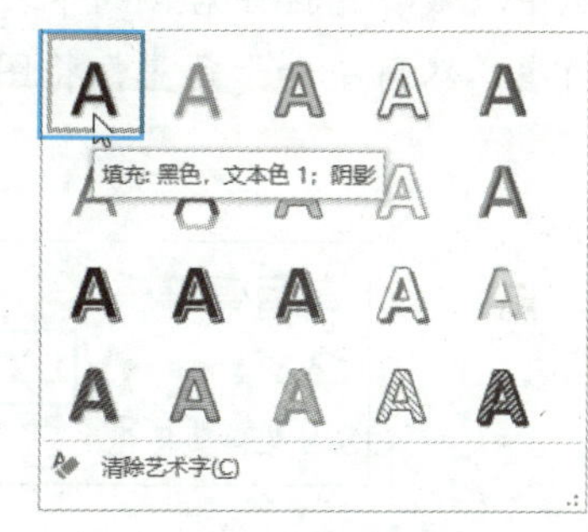

图 5-21 为文本添加艺术字样式

步骤 11▶ 单击“插入”选项卡“图像”组中的“图片”按钮，打开“插入图片”对话框，依次选择本书配套素材“爱嘉途旅游”文件夹中与旅游行程相关的图片，单击“插入”按钮插入图片，如图 5-22 所示。

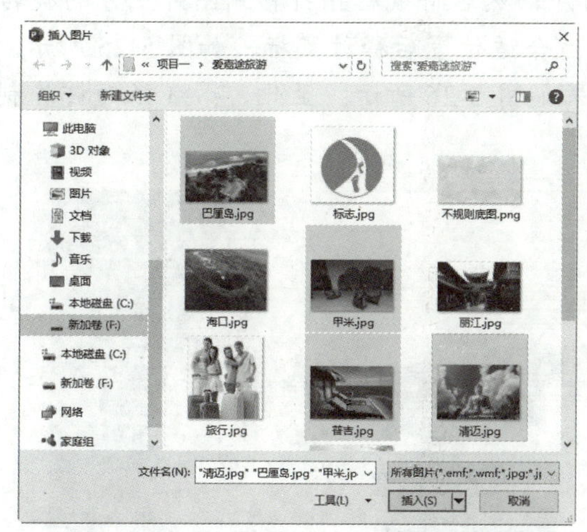

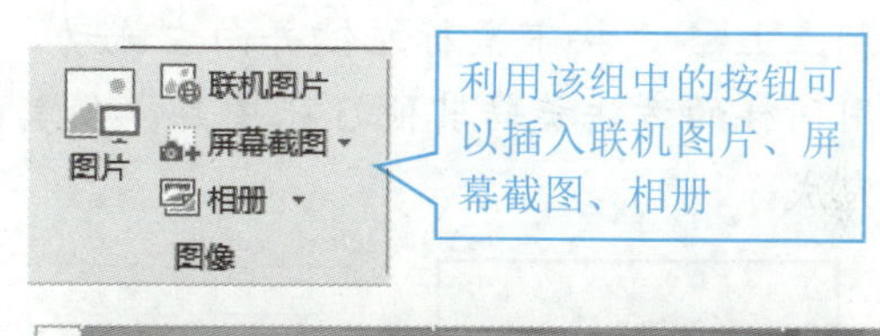

图 5-22 插入图片

步骤 12▶ 保持图片的选中状态，然后在“图片工具/格式”选项卡的“图片样式”下拉列表中选择“柔化边缘矩形”，再将 4 张图片的高度都调整为 6.5 厘米，并将图片移动到幻灯片的左侧，按如图 5-23 所示摆放。

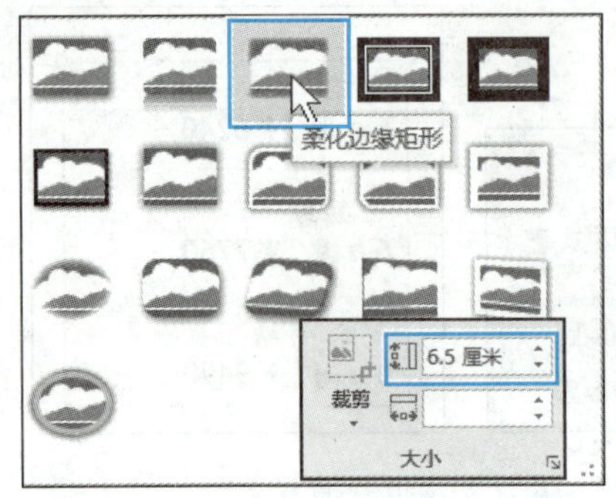

图 5-23 对图片应用样式、调整大小和位置

步骤 13▶ 分别选中应用样式后的图片，然后单击“图片工具/格式”选项卡“大小”组中“裁剪”按钮右侧的下拉按钮，在展开的“裁剪为形状”列表中依次选择六角星、七角星、八角星和十角星，将图片裁剪为所选星形，如图 5-24 所示。

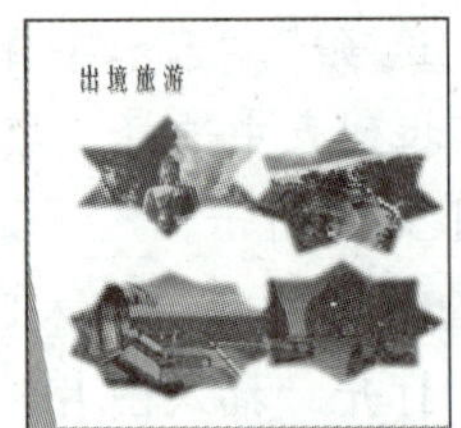

图 5-24 将图片裁剪为形状

步骤 14▶ 旋转图片。单击左上角的图片，然后将鼠标指针移到图片上方的旋转控制点上，按下鼠标左键并向左拖动，到适合适位置后释放鼠标，如图 5-25 所示。使用同样的方法旋转其他 3 张图片，使其效果如图 5-26 所示。至此，第 3 张幻灯片制作完成。

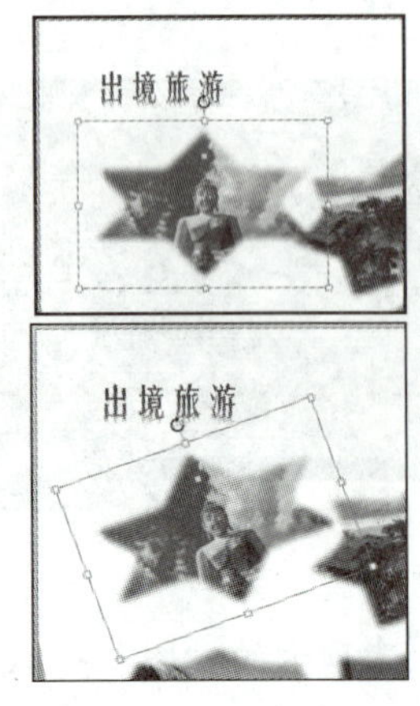

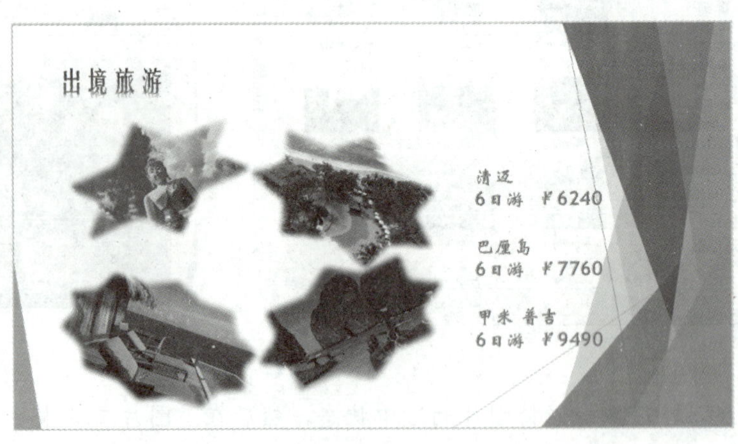

图 5-25 旋转第 1 张图片

图 5-26 旋转其他图片

步骤 15▶ 在“幻灯片”窗格中右击第 3 张幻灯片，在弹出的快捷菜单中选择“复制幻灯片”选项(见图 5-27)，在所选幻灯片的后面复制一张内容相同的幻灯片，然后修改文本内容。

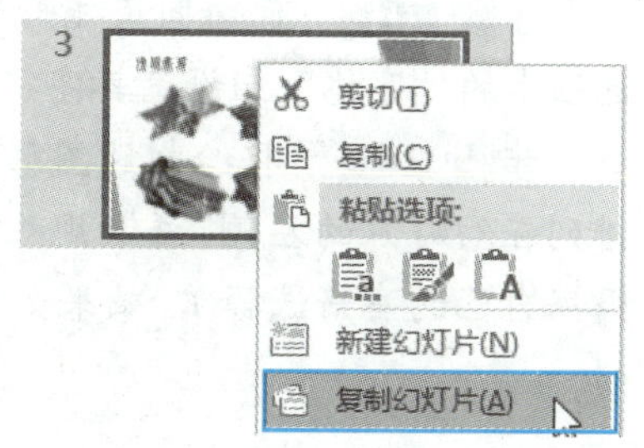

图 5-27　选择“复制幻灯片”选项

步骤 16▶ 替换图片。右击要替换的图片，在弹出的快捷菜单中选择“更改图片”/“来自文件”选项（见图 5-28），在打开的对话框中选择素材文件夹中的“丽江”图片，再利用“图片工具/格式”选项卡为其套用“金属椭圆”样式后设置图片边框的粗细为 6 磅，如图 5-29 所示。

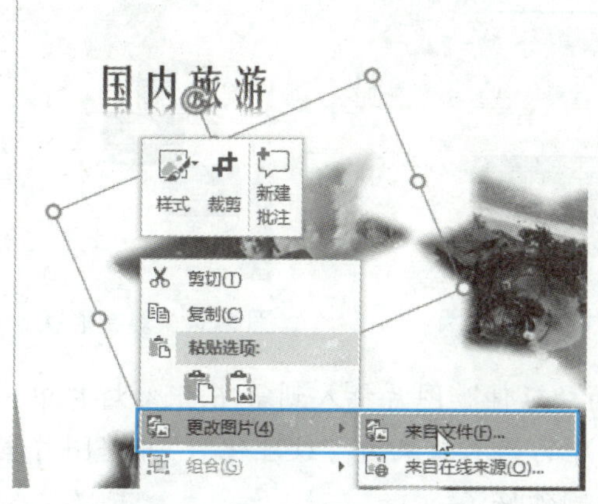

图 5-28　选择“来自文件”选项

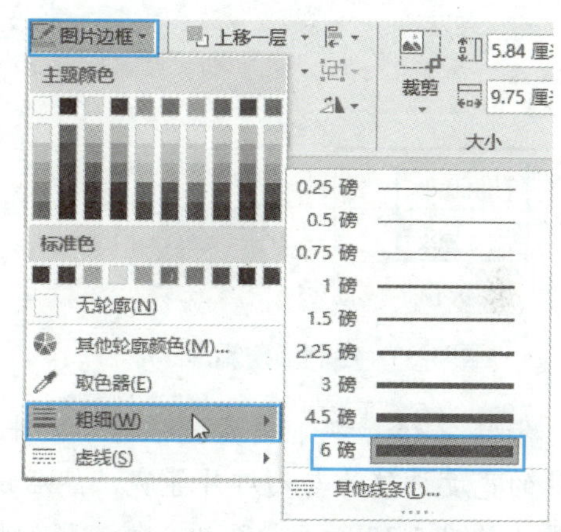

图 5-29　设置图片边框的粗细

步骤 17▶ 使用同样的方法将其他 3 张图片进行替换操作，替换为与旅程相关的素材图片，再将图片放置在幻灯片的右侧，文本置于幻灯片左侧，如图 5-30 所示。

步骤 18▶ 使用同样的方法制作第 5 张幻灯片，效果如图 5-31 所示。

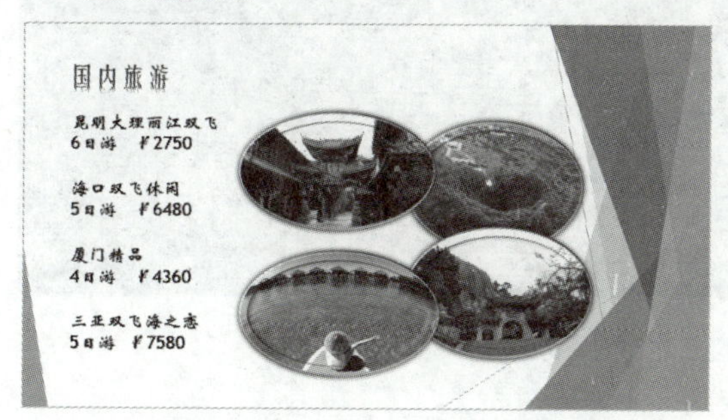

图 5-30　第 4 张幻灯片效果

图 5-31　第 5 张幻灯片效果

步骤 19▶ 在第 5 张幻灯片后添加一张“空白”版式的幻灯片，然后单击“插入”选项卡“插图”组中的“形状”按钮，在展开的下拉列表中选择“矩形”分类中的“圆角矩形”，在幻灯片中按下鼠标左键并拖动，绘制一个高度为 2 厘米、宽度为 3 厘米的圆角矩形，如图 5-32 所示。

步骤 20▶ 保持圆角矩形的选中状态，输入“世”字。选中输入的文本，利用“开始”选项卡的“字体”组设置其字符格式为华文行楷、40 磅，如图 5-33 所示。

步骤 21▶ 将绘制的图形复制 6 份并修改其中的文本内容，然后将它们错落有致地排列在幻灯片的左侧，并利用“绘图工具/格式”选项卡分别为每个形状填充不同的颜色（可根据自己的喜好选择），效果如图 5-34 所示。

图 5-32　绘制圆角矩形　　图 5-33　输入文本　　图 5-34　复制形状

步骤 22▶ 将“爱嘉途旅游”文件夹中的“延伸”图片插入到第 6 张幻灯片中。将图片的宽度调整为与幻灯片等宽，然后设置图片的艺术效果为“纹理化”，并将图片置于底层，如图 5-35 所示。至此，第 6 张幻灯片就制作好了。

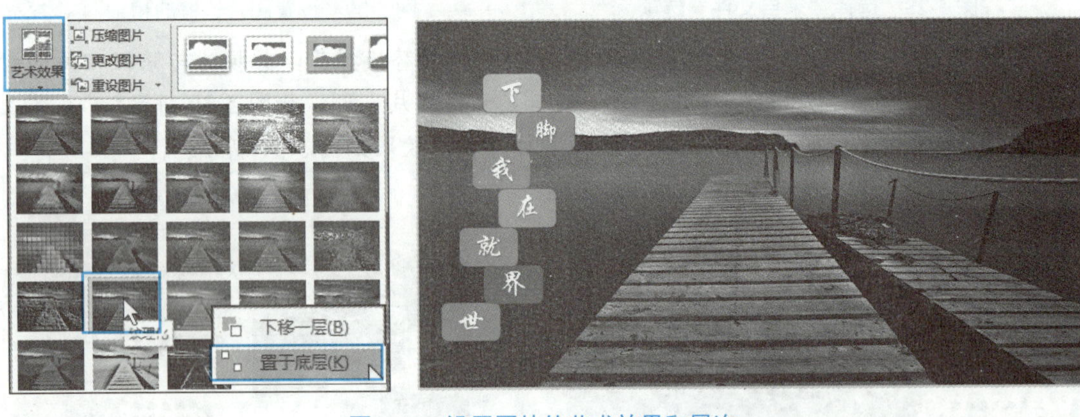

图 5-35　设置图片的艺术效果和层次

3．在幻灯片中插入声音

步骤 1▶ 在“幻灯片”窗格中单击第 1 张幻灯片切换到该幻灯片，然后单击“插入”选项卡“媒体”组中“音频”按钮，在展开的下拉列表中选择“PC 上的音频”选项，如图 5-36 所示。

步骤 2▶ 在打开的“插入音频”对话框中选择声音所在的文件夹，然后选择所需的声音文件（本书配套素材“项目一”/“爱嘉途旅游”/“背景音乐.mp3”），单击“插入”

按钮，如图 5-37 所示。

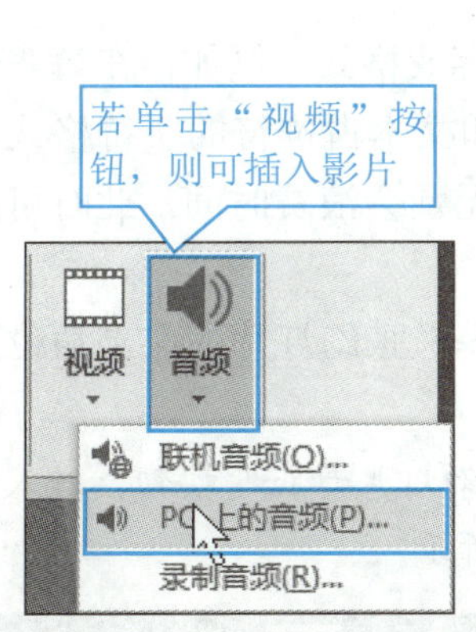

图 5-36 选择“PC 上的音频”选项

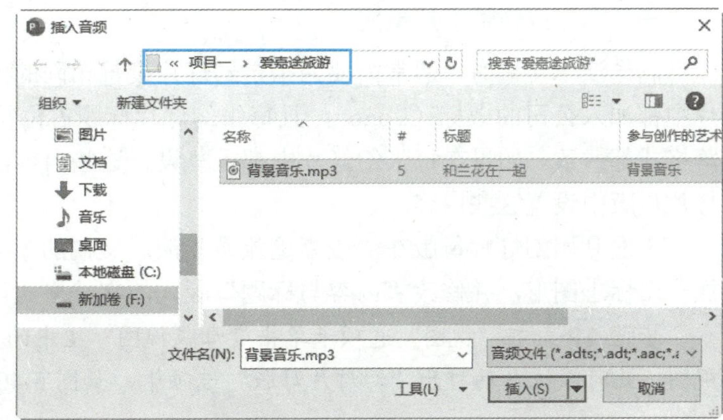

图 5-37 选择要插入的声音

步骤 3▶ 插入声音文件后，系统将在幻灯片的中间位置添加一个声音图标，用户可以用操作图片的方法调整该图标的位置及大小，如图 5-38 所示。

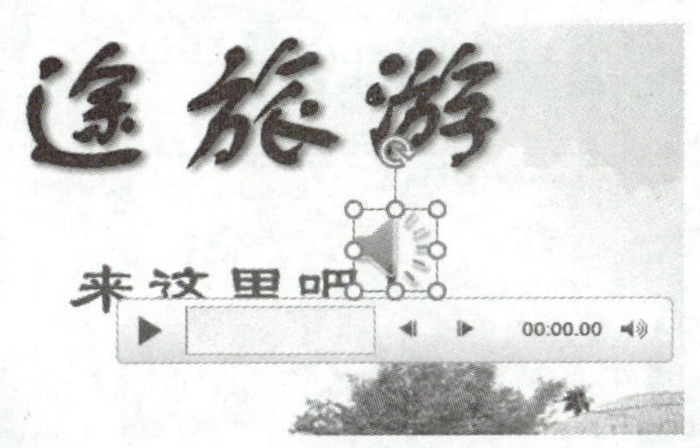

图 5-38 插入声音并调整其位置

步骤 4▶ 选择“声音”图标后，自动出现“音频工具”选项卡，它包括“格式”和“播放”两个子选项卡。单击“播放”选项卡“预览”组中的“播放”按钮可以试听声音；在“音频选项”组中可设置放映时声音的开始方式，这里选中“跨幻灯片播放”复选框，表示声音自动且跨多张幻灯片播放；还可设置播放时的音量高低及是否循环播放声音等，这里选中“放映时隐藏”和“循环播放，直到停止”复选框，如图 5-39 所示。

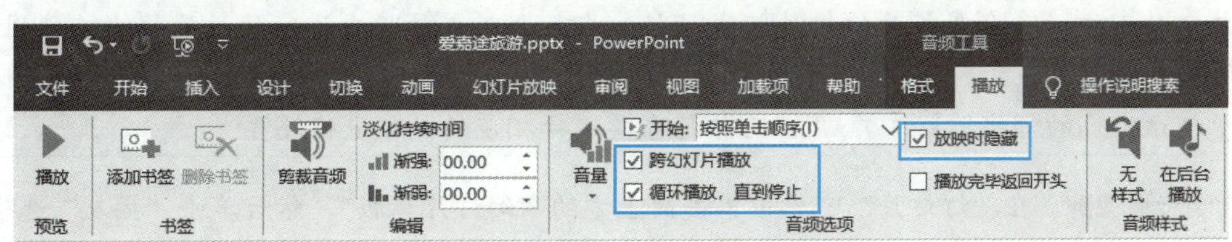

图 5-39 “音频工具/播放”选项卡

在“开始”下拉列表中选择“自动”选项表示放映幻灯片时自动播放声音；选择“单

击时”选项表示单击声音图标才能开始播放声音。

任务四　编辑幻灯片母版

制作演示文稿时，通常需要为指定幻灯片设置相同的内容或格式。例如，在每张幻灯片中都加入公司的徽标（Logo），且每张幻灯片标题占位符和文本占位符的字符格式及段落格式都一致。如果在每张幻灯片中都重复设置这些内容，无疑会浪费时间，此时可在幻灯片母版中设置这些内容。

下面利用幻灯片母版在“爱嘉途旅游”演示文稿的第 2～6 张幻灯片的左上角位置添加一个标志图形，并修改“内容与标题”版式的字符格式。

步骤 1▶ 在“视图”选项卡单击“母版视图”组中的“幻灯片母版”按钮，进入母版视图，此时系统自动打开“幻灯片母版”选项卡，如图 5-40 所示。

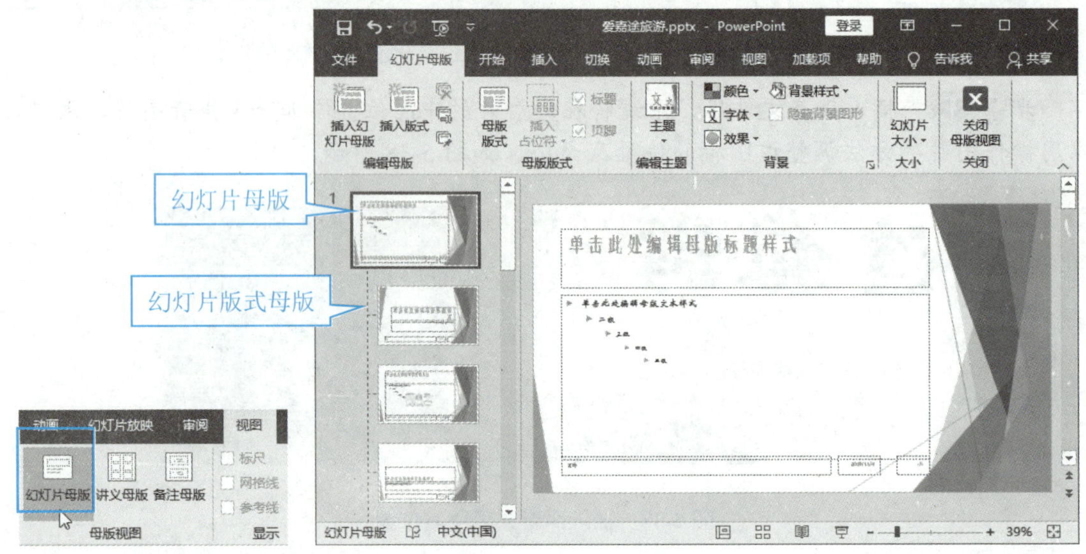

图 5-40　幻灯片母版视图

提　示

默认情况下，在“幻灯片母版”视图左侧任务窗格中的第 1 个母版（比其他母版稍大）称为“幻灯片母版”，在其中设置的内容和格式将影响当前演示文稿中的所有幻灯片；其下方的多个母版为幻灯片版式母版，在某个版式母版中进行的设置将影响使用了对应幻灯片版式的幻灯片（将鼠标指针移至母版上方，将显示母版名称，以及其应用于演示文稿的哪些幻灯片）。用户可根据需要选择相应的母版进行设置。

步骤 2▶ 在“灯灯片”窗格中单击最上方的“幻灯片母版”，然后单击“插入”选项卡“图像”组中的“图片”按钮，在打开的“插入图片”对话框中找到“爱嘉途旅游”/“标志”图片，单击“插入”按钮将其插入到幻灯片中。

步骤 3▶ 在“图片工具/格式”选项卡的“调整”组中单击“颜色”按钮，在展开的下拉列表中选择“设置透明色”选项，然后将鼠标指针移到图片的白色区域上单击，去掉图片的背景颜色，如图 5-41 所示。

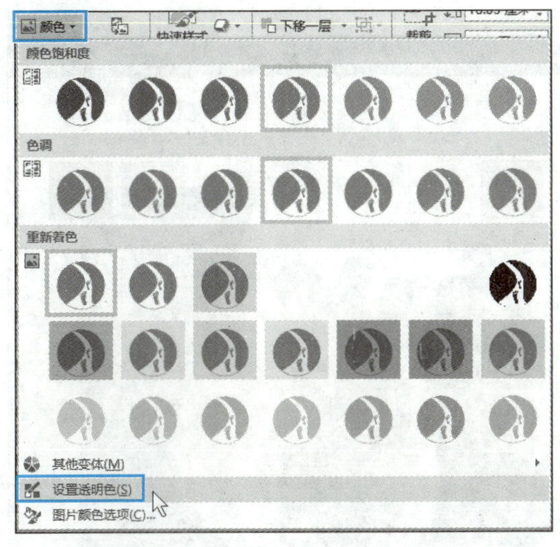

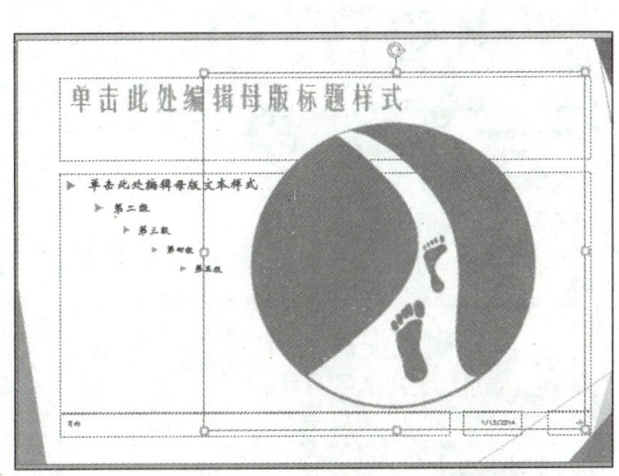

图 5-41 去掉图片的背景颜色

步骤 4▶ 在“图片工具/格式”选项卡的“大小”组中将标志图片的高度调整为 3 厘米，并移动至幻灯片编辑区的左上角，如图 5-42 所示。

步骤 5▶ 在“图片工具/格式”选项卡的“调整”组中单击“艺术效果”按钮，在展开的下拉列表中选择“塑封”效果，如图 5-43 所示。

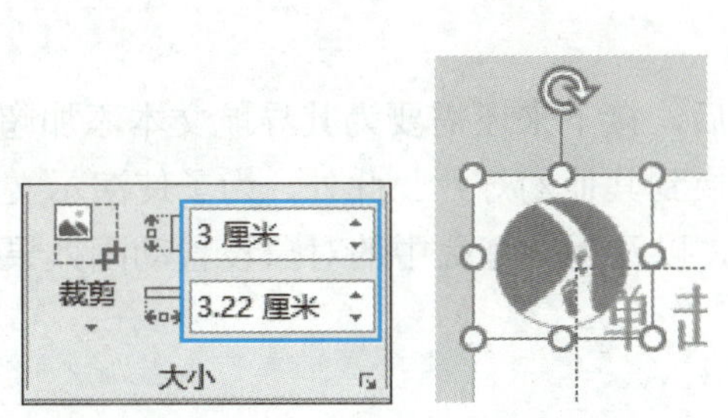

图 5-42 缩小、移动图片

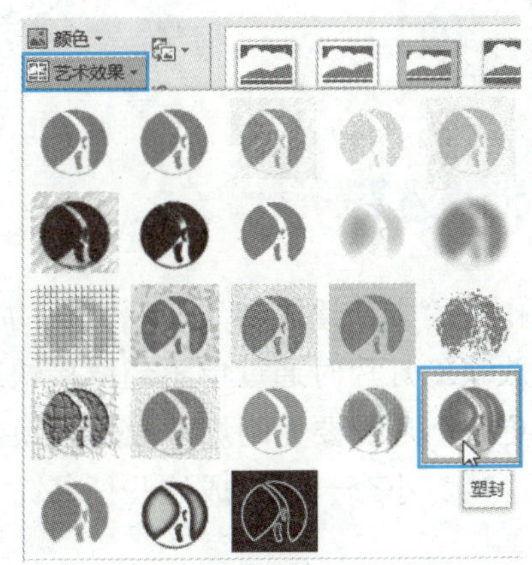

图 5-43 设置图片的艺术效果

步骤 6▶ 将标志图片右侧的标题占位符向右调整其宽度，使文本不被图片遮盖。

步骤 7▶ 切换到“内容与标题”版式母版，分别将标题占位符和文本占位的字号调整为 36 和 24。

步骤 8▶ 单击“幻灯片母版”选项卡“关闭”组中的“关闭母版视图”按钮，退出幻灯片母版的编辑模式。可看到演示文稿的第 2～6 张幻灯片都加上了标志图片（第 6 张幻灯片中的标志图片被另一图片覆盖了)，“内容与标题”版式的幻灯片的字号也改变了，如图 5-44 所示。

图 5-44　编辑幻灯片母版后的效果

项目二　为爱嘉途旅游演示文稿设置交互和动画效果

【情景描述】

制作好“爱嘉途旅游”演示文稿的内容后，接下来还需要为其导航文本添加超链接，以便在放映幻灯片时通过单击超链接快速切换到其他幻灯片。此外，为了使演示文稿的放映效果更好，还需要为幻灯片设置切换效果，以及为幻灯片中的对象设置动画效果。下面我们与小胡、小李一起完成这些任务。

【项目要求】

- 掌握为幻灯片中的对象设置超链接的方法。
- 掌握为幻灯片及幻灯片中的对象设置动画的方法。

【相关知识】

- **设置超链接**：放映演示文稿时，通过单击超链接可以切换幻灯片、打开网页或文档、发送电子邮件等。
- **为幻灯片设置切换效果**：幻灯片切换效果是指放映演示文稿时从一张幻灯片过渡到下一张幻灯片时的动画效果。默认情况下，各幻灯片之间的切换是没有任何效果的。可以通过设置，为每张幻灯片添加具有动感的切换效果以丰富其放映过程，还可以控制每张幻灯片切换的速度，以及添加切换声音等。
- **为幻灯片中的对象设置动画效果**：可以为幻灯片中的文本、图片和图形等对象应用各种动画效果，使演示文稿的播放更加精彩。

【项目实施】

任务一 设置超链接

为“爱嘉途旅游”演示文稿中的导航文本设置超链接。

步骤 1▶ 在“幻灯片”窗格中选择第 2 张幻灯片，然后拖动鼠标选中“出境旅游”文本，再单击“插入”选项卡“链接”组中的“链接”按钮，如图 5-45 所示。

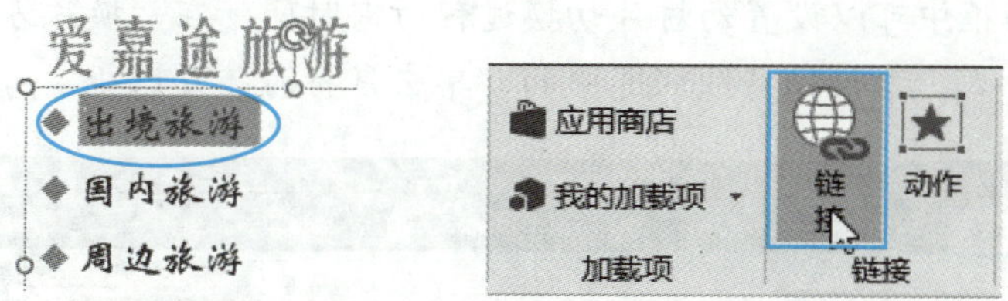

图 5-45 选中文本并单击“链接”按钮

步骤 2▶ 在打开的“插入超链接”对话框的“链接到”列表中选择“本文档中的位置”选项，然后在“请选择文档中的位置”列表中选择第 3 张幻灯片，如图 5-46 所示。

- 选择“现有文件或网页”选项，并在“地址”编辑框中输入要链接到的网址，可将所选对象链接到网页。
- 选择“新建文档”选项，可新建一个演示文稿文档并将所选对象链接到该文档。
- 选择“电子邮件地址”选项，可将所选对象链接到一个电子邮件地址。

步骤 3▶ 单击“确定”按钮，即可为所选文本添加超链接，效果如图 5-47 所示。放映演示文稿时，单击该超链接文本，将切换到第 3 张幻灯片。

步骤 4▶ 参考前面的操作，将“国内旅游”文本链接到第 4 张幻灯片，将“周边旅游”文本链接到第 5 张幻灯片。

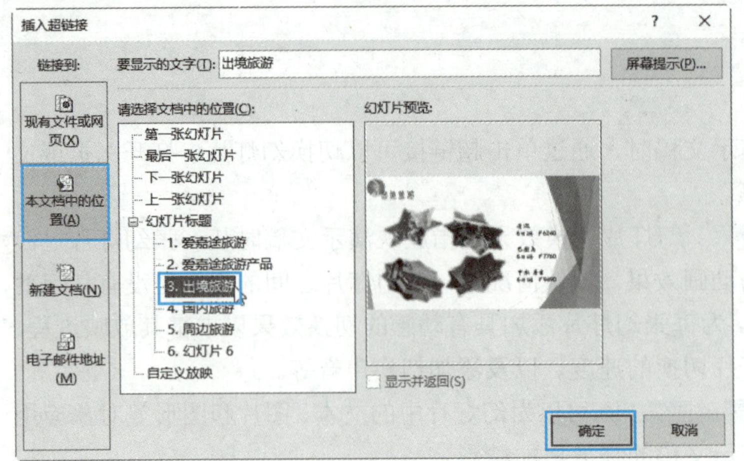

图 5-46 选择链接选项

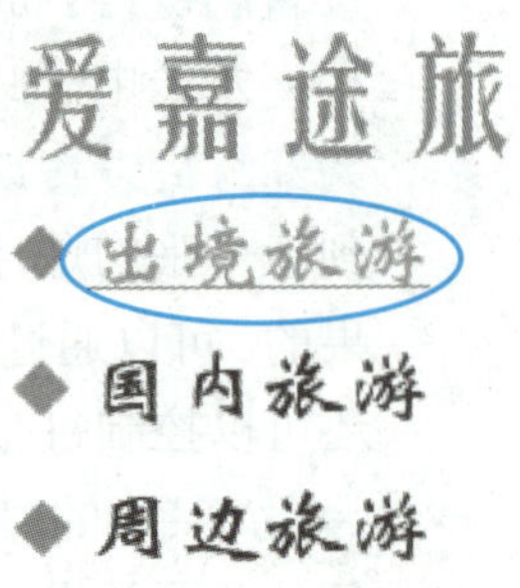

爱嘉途旅

◆出境旅游

◆国内旅游

◆周边旅游

图 5-47 为文本插入超链接的效果

任务二 为幻灯片设置切换效果

为演示文稿中的幻灯片添加切换效果。

步骤 1▶ 在“幻灯片”窗格中选中要设置切换效果的幻灯片，然后单击“切换”选项卡“切换到此幻灯片”组中的“其他”按钮，在展开的下拉列表中选择一种幻灯片切换方式，例如，选择“飞机”，如图 5-48 所示。

步骤 2▶ 在“计时”组的“声音”下拉列表中可选择切换幻灯片时的声音效果；在“持续时间”编辑框中可以设置幻灯片切换过程所需时间；在“换片方式”设置区中可设置幻灯片的换片方式，本例保持默认选中的“单击鼠标时”复选框。

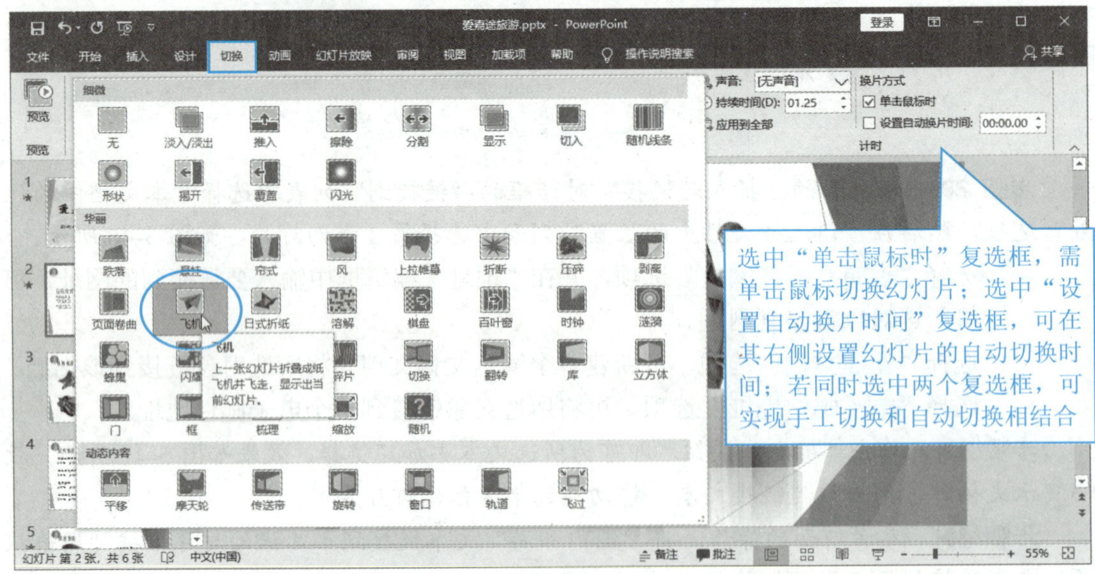

图 5-48 设置幻灯片切换方式

步骤 3▶ 要想将设置的幻灯片切换效果应用于全部幻灯片，可单击“计时”组中的“应用到全部”按钮。否则，当前的设置将只应用于当前所选的幻灯片。

任务三　为幻灯片中的对象设置动画效果

利用 PowerPoint 2016 的“动画”选项卡可以为幻灯片中的对象设置各种动画效果，利用“动画窗格”可以对添加的动画效果进行管理。

步骤 1▶ 切换到第 2 张幻灯片，选中要添加动画效果的对象，如右侧的图片，然后单击“动画”选项卡“高级动画”组中的“动画窗格”按钮，打开“动画窗格”，如图 5-49 所示。

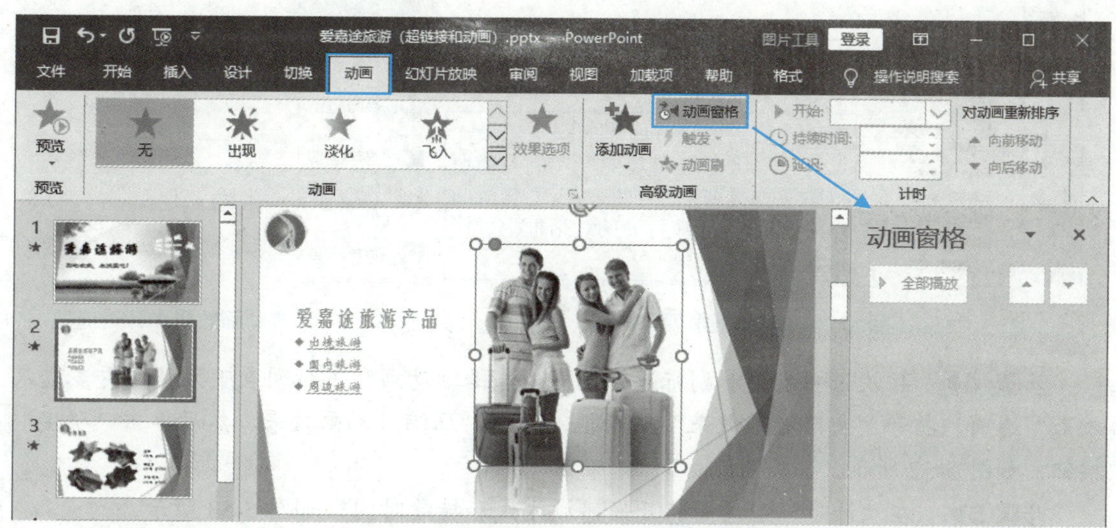

图 5-49　打开“动画窗格”

步骤 2▶ 在“动画”组的动画列表中选择一种动画类型，以及该动画类型下的效果。例如，选择“进入”类型的“飞入”动画效果，如图 5-50 所示。各动画类型的含义如下：

- **进入**：设置放映幻灯片时对象进入放映界面时的动画效果。
- **强调**：为已进入幻灯片的对象设置强调动画效果。
- **退出**：设置对象离开幻灯片的动画效果，让对象离开放映的幻灯片。

步骤 3▶ 在“动画”组的“效果选项”下拉列表中设置动画的运动方向，如选择“自左侧”；在“计时”组中设置动画的开始播放方式和动画在屏幕上的持续时间等，本例设置如图 5-51 所示。“开始”下拉列表中各选项的含义如下：

- **单击时**：在放映幻灯片时，需单击鼠标才开始播放动画。
- **与上一动画同时**：在放映幻灯片时，自动与上一动画效果同时播放。
- **上一动画之后**：在放映幻灯片时，播放完上一动画效果后自动播放该动画效果。

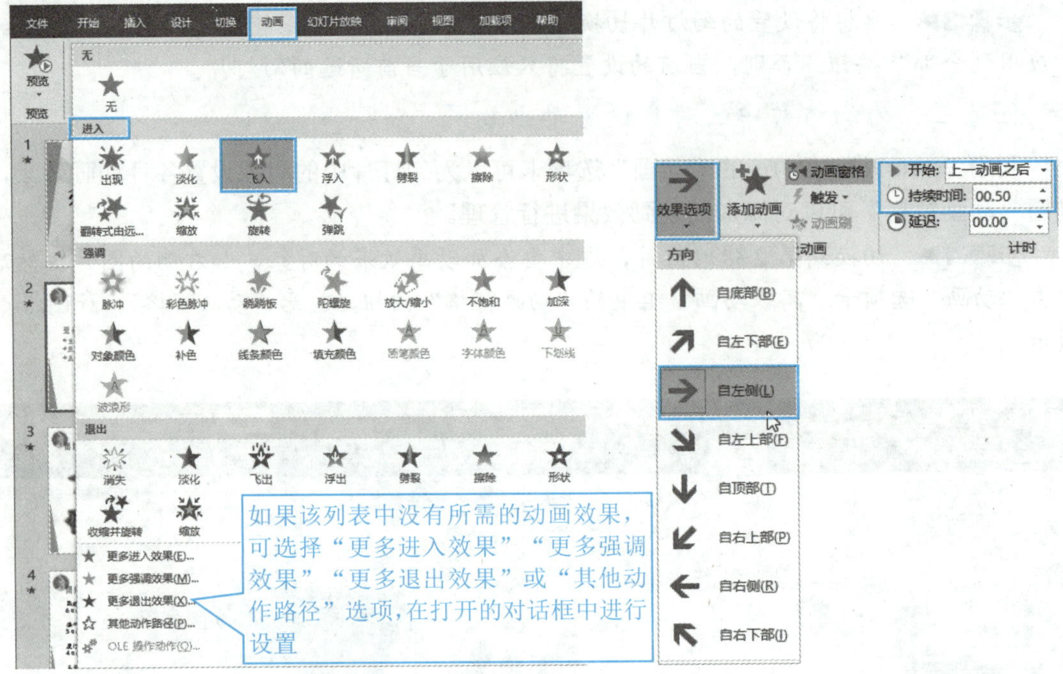

图 5-50　选择动画效果　　　　图 5-51　设置动画效果和计时选项

步骤 4▶ 依次选中标题和副标题占位符，选择“动画”下拉列表下方的“更多进入效果”选项，打开“更改进入效果”对话框，选择“压缩”动画效果，然后单击“确定”按钮，如图 5-52 所示。

步骤 5▶ 在“计时”组设置其开始播放方式和持续时间，如图 5-53 所示。

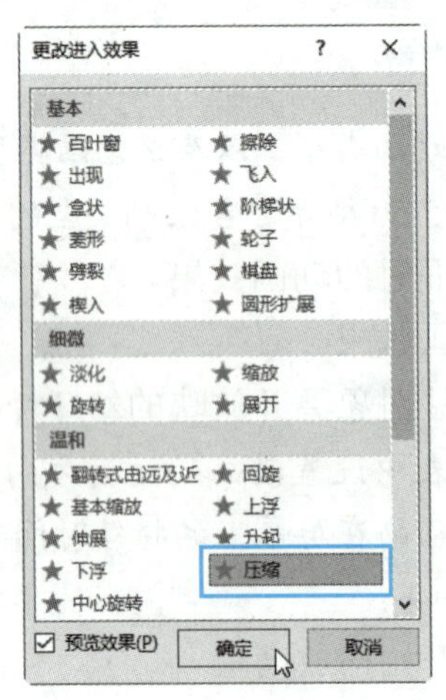

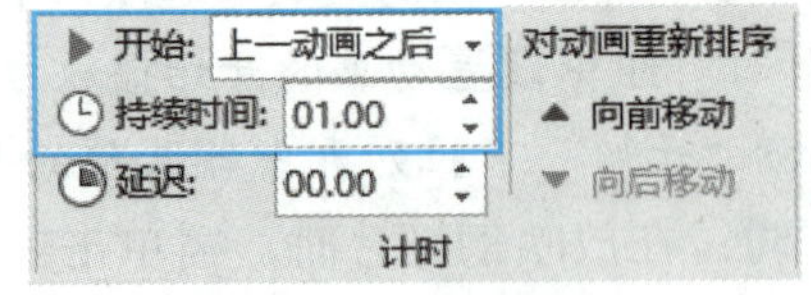

图 5-52　选择动画效果　　　　图 5-53　设置动画

步骤 6▶ 选中“爱嘉途旅游产品”标题占位符，单击“高级动画”组中的“添加动画”按钮，在展开的动画列表中选择“强调”类的“波浪形”动画效果，如图 5-54 所示。

提 示

与利用“动画”组中的动画列表添加动画效果不同的是，利用“添加动画”列表可以为同一对象添加多个动画效果；而利用“动画”组只能为同一对象添加一个动画效果，后添加的效果将替换前面添加的效果。

步骤 7▶ 在窗口右侧的“动画窗格”中可以查看和编辑为当前幻灯片中的对象添加的所有动画效果。这里在“动画窗格”中单击选中上一步添加的强调类动画，然后单击右侧的下拉按钮，在展开的下拉列表中选择“效果选项”，如图 5-55 所示。

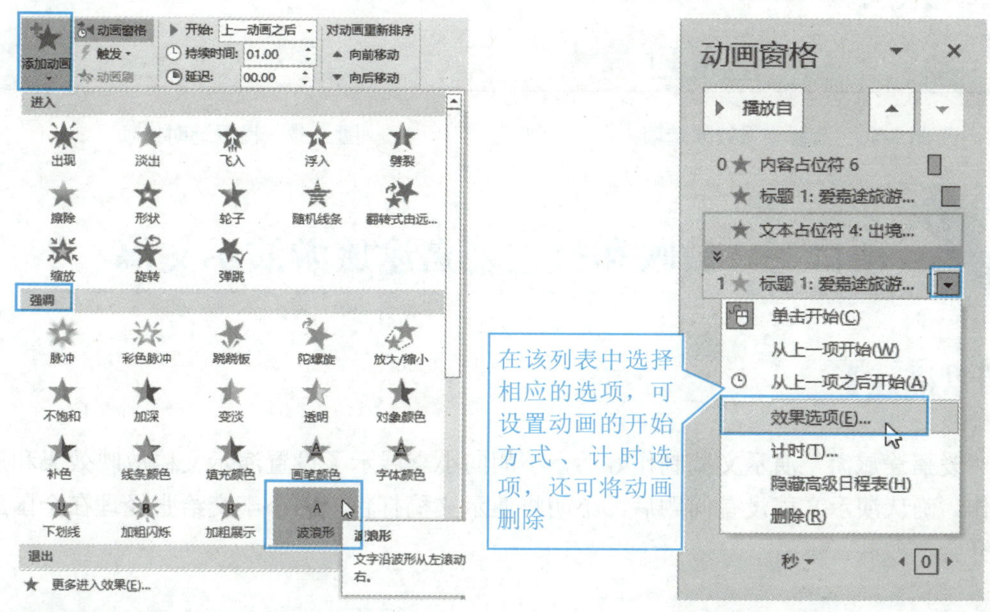

图 5-54 添加“强调”类动画效果

图 5-55 选择“效果选项”

步骤 8▶ 弹出动画属性对话框，在“效果”选项卡中设置动画的声音效果，动画播放结束后对象的状态，以及动画文本的出现方式，本例保持默认设置，如图 5-56 所示。

步骤 9▶ 切换到“计时”选项卡，可以设置动画的开始播放方式、延迟时间和动画重复次数等。这里将动画的开始播放方式设置为“上一动画之后”，期间设为“中速”，动画重复次数设为 3，然后单击“确定”按钮，如图 5-57 所示。

提 示

如果要将设置的动画效果应用于幻灯片中的其他对象或其他幻灯片，可利用“高级动画”组中的“动画刷”按钮，其使用方法与 Word 中的“格式刷”类似。

步骤 10▶ 放映幻灯片时，各动画效果将按在“动画窗格”中的排列顺序进行播放，用户也可以通过拖动方式调整动画的播放顺序，或在选中动画效果后，单击“动画窗格”上方的▲▼按钮来重新排列动画的播放顺序。

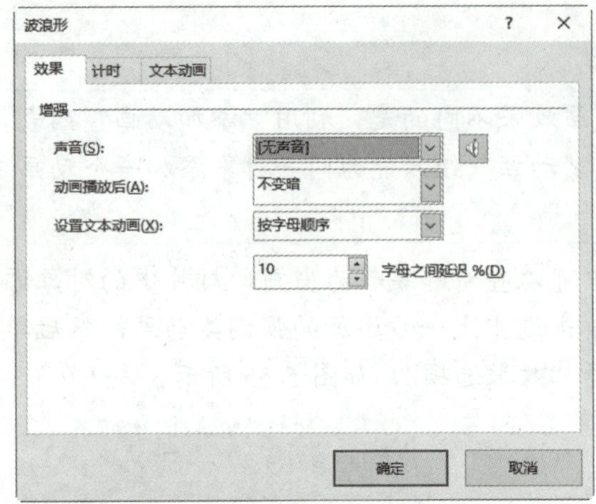

图 5-56　设置增强效果选项

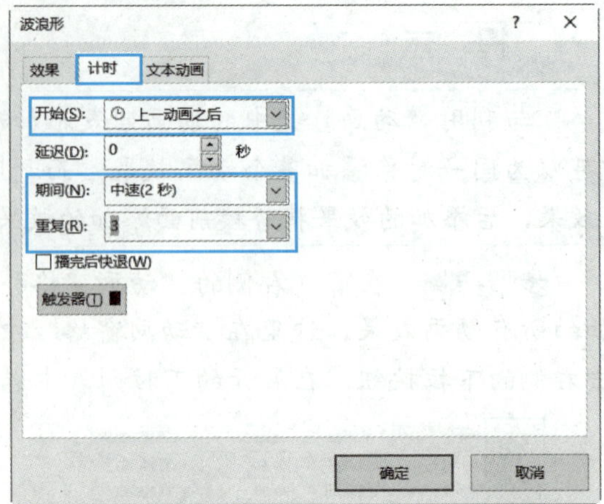

图 5-57　设置计时选项

项目三　放映和打包爱嘉途旅游演示文稿

【情景描述】

“爱嘉途旅游”演示文稿制作好后，小胡向小李展示了设置演示文稿放映效果和放映的操作。确认演示文稿没有问题后，小胡将演示文稿打包，由小李交给张经理在全国旅行社推介会上放映。

【项目要求】

- 掌握设置演示文稿放映类型的方法。
- 掌握设置演示文稿排练计时的方法。
- 掌握放映和打包演示文稿的方法。

【相关知识】

- 放映前的设置：在放映幻灯片前，用户可以根据不同的场合，为演示文稿设置不同的放映类型，或控制幻灯片的播放，或进行排练计时等。
- 放映幻灯片：放映幻灯片时，可以通过鼠标和键盘对放映过程进行控制。
- 打包演示文稿：为了方便在其他计算机中放映演示文稿，可以将演示文稿打包。

【项目实施】

任务一　设置幻灯片的放映方式

根据不同的场所，可对演示文稿设置不同的放映方式，如可以由演讲者控制放映，也可以由观众自行浏览，或使演示文稿自动运行。此外，对于每一种放映方式，还可以控制是否循环播放，指定播放哪些幻灯片，以及确定幻灯片的换片方式等。

步骤 1▶ 单击“幻灯片放映”选项卡“设置”组中的“设置幻灯片放映”按钮，打开“设置放映方式”对话框，如图 5-58 所示。

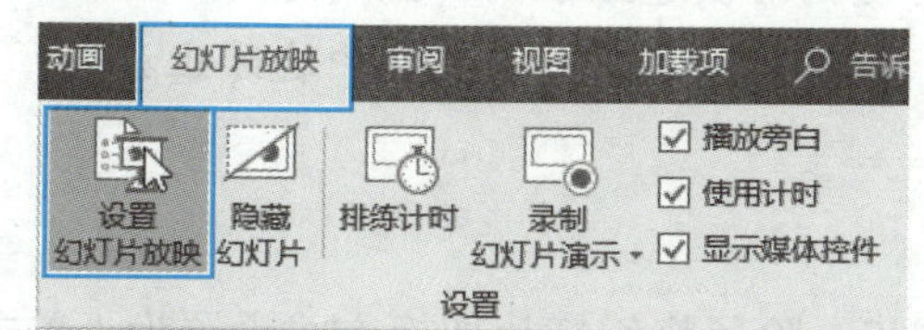

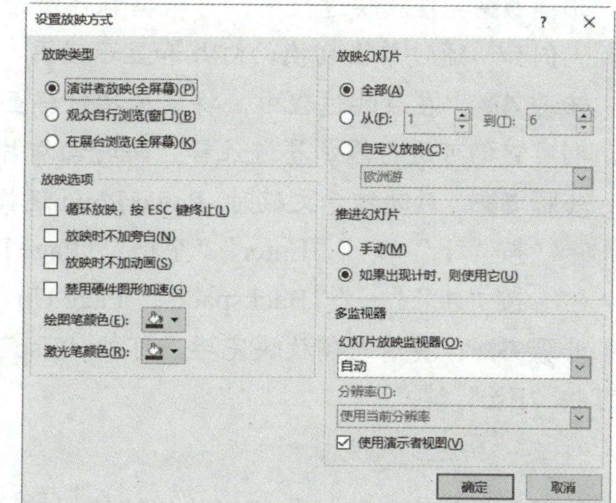

图 5-58　设置放映方式

各放映类型的含义如下：

- **演讲者放映：**这是最常用的放映类型。放映时幻灯片将全屏显示，演讲者对演示文稿的播放具有完全的控制权。例如，切换幻灯片、播放动画、添加墨迹注释等。
- **观众自行浏览：**放映时在标准窗口中显示幻灯片，显示菜单栏和 Web 工具栏，方便用户对幻灯片进行切换、编辑、复制和打印等操作。
- **在展台浏览：**该放映方式不需要专人来控制幻灯片的播放，适合在展览会等场所全屏放映演示文稿。

步骤 2▶ 在“放映选项”设置区选择是否循环播放幻灯片，是否不播放动画效果等。

步骤 3▶ 在“放映幻灯片”设置区选择放映演示文稿中的幻灯片。用户可根据需要选择是放映演示文稿中的全部幻灯片，还是只放映其中的一部分幻灯片，或者只放映自定义放映中的幻灯片。

步骤 4▶ 在“推进幻灯片”设置区选择切换幻灯片的方式。如果设置了间隔一定的时间自动切换幻灯片，应选择第 2 种方式。该方式同时也适用于单击鼠标切换幻灯片。

步骤 5▶ 单击“确定”按钮，完成放映方式的设置。

任务二 隐藏与放映幻灯片

步骤 1▶ 要隐藏幻灯片，可在“幻灯片”窗格中选择希望在放映时隐藏的幻灯片，然后单击“幻灯片放映”选项卡“设置”组中的“隐藏幻灯片”按钮。再次执行该操作可显示隐藏的幻灯片。

步骤 2▶ 用户可利用以下几种方法来启动幻灯片放映：

- 在“幻灯片放映”选项卡的“开始放映幻灯片”组中单击“从头开始”按钮，或者按“F5”键，可从第 1 张幻灯片开始放映演示文稿。
- 在“开始放映幻灯片”组中单击“从当前幻灯片开始”按钮，或者按“Shift+F5”组合键，可从当前幻灯片开始放映演示文稿。

步骤 3▶ 在放映过程中，可根据制作演示文稿时的设置来切换幻灯片或显示幻灯片内容。例如，通过单击切换幻灯片和显示动画，通过单击超链接跳转到指定的幻灯片。

步骤 4▶ 在放映过程中，将鼠标指针移至放映画面左下角位置，会显示一组控制按钮，利用它们可进行添加墨迹注释、跳转幻灯片等操作。

步骤 5▶ 放映演示文稿时，PowerPoint 还提供了许多控制播放进程的技巧，归纳如下：

- 按“↓”“→”“Enter”“空格”“Page Down”键均可快速显示下一张幻灯片。
- 按“↑”“←”“Backspace”“Page Up”键均可快速显示前一张幻灯片。

步骤 6▶ 演示文稿放映完毕，可按“Esc”键结束放映。如果想在中途终止放映，也可按“Esc”键。

任务三 排练计时

为了使演讲者的讲述与幻灯片的切换保持同步，除了将幻灯片切换方式设置为“单击鼠标时”外，还可以使用 PowerPoint 提供的“排练计时”功能，预先排练好每张幻灯片的播放时间，为此，可执行以下操作。

步骤 1▶ 打开要设置排练计时的演示文稿，然后单击“幻灯片放映”选项卡“设置”组中“排练计时”按钮，此时从第 1 张幻灯片开始进入全屏放映状态，并在右上角显示“录制”工具栏，如图 5-59 所示。这时，演讲者可以对自己要讲述的内容进行排练，以确定当前幻灯片的放映时间。

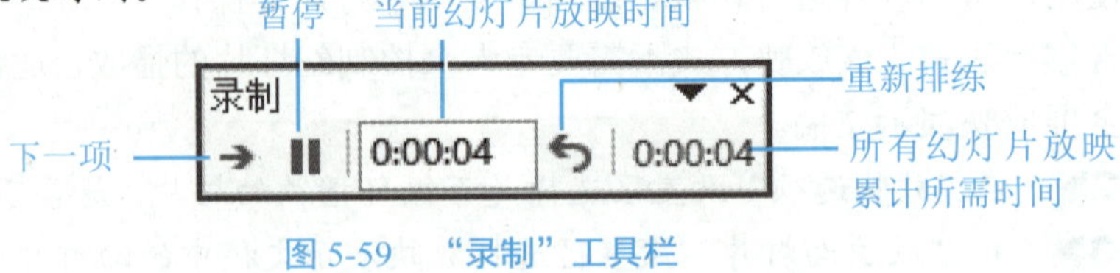

图 5-59 “录制”工具栏

步骤 2▶ 放映时间确定好之后，单击幻灯片的任意位置，或单击“录制”对话框中的“下一项”按钮，切换到下一张幻灯片，可以看到“录制”工具栏中间的时间重新开始计时，而右侧的演示文稿总放映时间将继续计时。

步骤 3▶ 当演示文稿中所有幻灯片的放映时间排练完毕(若希望在中途结束排练，可按“Esc”键)，屏幕上会出现对话框。如果单击“是”按钮，可将排练结果保存起来，以后播放演示文稿时，每张幻灯片的自动切换时间就会与设置的一样；如果想放弃刚才的排练结果，可以单击“否”按钮。

步骤 4▶ 上述操作完成后，PowerPoint 2016 会自动切换到“幻灯片浏览”视图下，在每张幻灯片的左下角可看到幻灯片的播放时间。

任务四 打包演示文稿

当用户将演示文稿拿到其他计算机中播放时，如果该计算机没有安装 PowerPoint 程序，或者没有演示文稿中所链接的文件及所采用的字体，那么演示文稿将不能正常放映。此时，可利用 PowerPoint 提供的“打包成 CD”功能，将演示文稿及与其关联的文件、字体等打包，这样即使其他计算机中没有安装 PowerPoint 程序也可以正常播放演示文稿。为此，可执行以下操作。

步骤 1▶ 在“文件”界面中依次单击“导出”/“将演示文稿打包成 CD”/“打包成 CD”按钮，如图 5-60 所示。

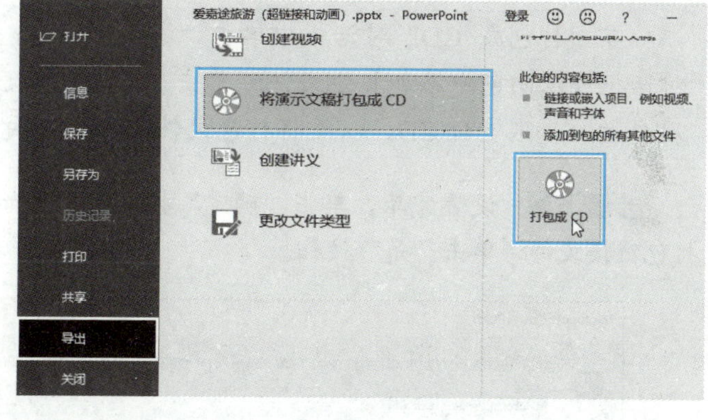

图 5-60 单击“打包成 CD”按钮

步骤 2▶ 打开“打包成 CD”对话框，如果要将演示文稿打包到 CD，可在“将 CD 命名为”编辑框中输入 CD 的名称，如图 5-61 所示。

步骤 3▶ 单击“选项”按钮，打开“选项”对话框，如图 5-62 所示。利用该对话框可为打包文件设置包含文件及打开和修改文件的密码等，完成后单击“确定”按钮。

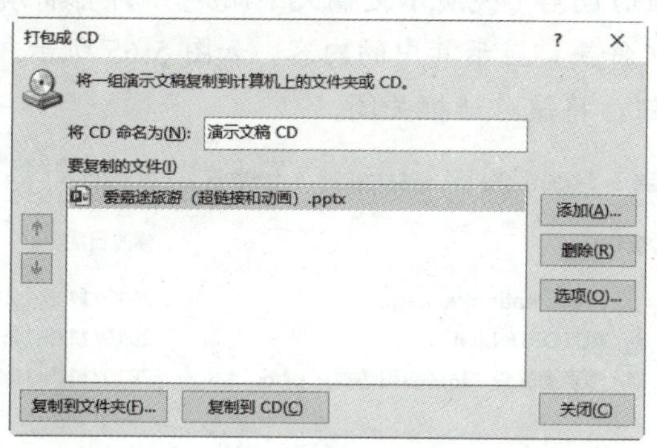

图 5-61 命名打包文件

步骤 4▶ 若单击“复制到文件夹”按钮，将打开“复制到文件夹”对话框，在其中可设置打包的文件夹名称及保存位置，如图 5-63 所示。

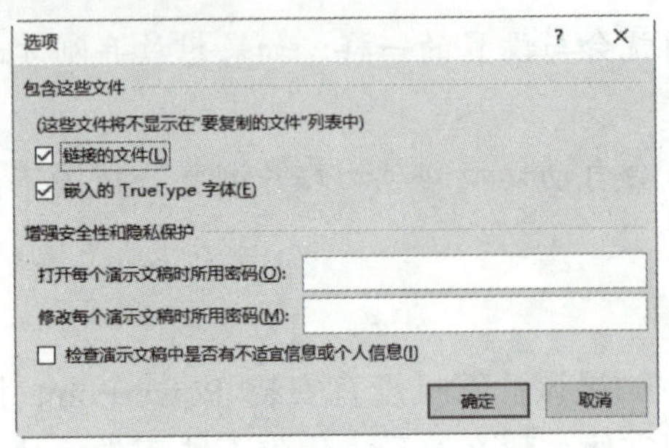

图 5-62 设置打包选项

图 5-63 设置打包文件的位置

提 示

在“打包成 CD”对话框中单击“添加”按钮，打开“添加文件”对话框，利用该对话框可以向包中添加其他文件；单击“复制到 CD”按钮，会弹出提示对话框，提示用户插入一张空白 CD，以便将打包文件复制到空白 CD 中。

步骤 5▶ 设置完毕，单击“确定”按钮，弹出如图 5-64 所示的提示对话框，询问是否打包链接文件，单击“是”按钮。

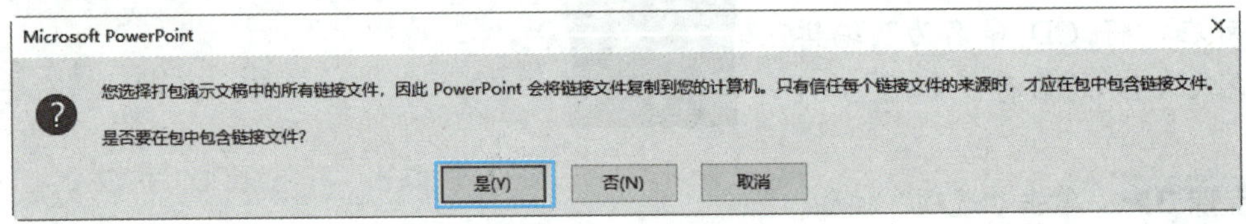

图 5-64 提示对话框

步骤 6▶ 等待一段时间后（视演示文稿大小而定），即可将演示文稿打包到指定的文件夹中，并自动打开该文件夹，显示其中的内容，如图 5-65 所示。最后单击“打包成 CD”对话框中的“关闭”按钮，将该对话框关闭。

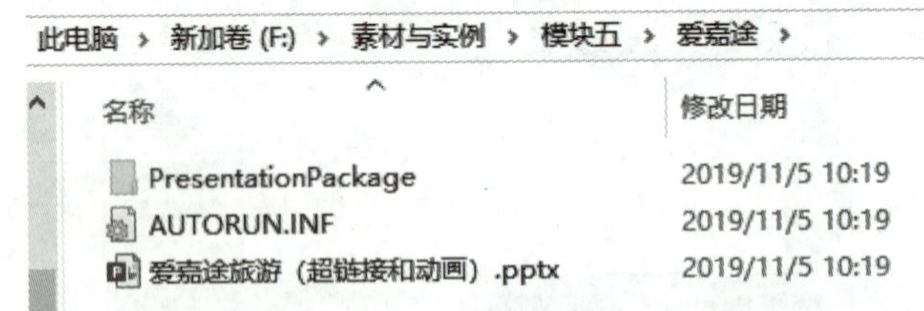

图 5-65 打包文件夹中的内容

步骤 7▶ 将演示文稿打包后，可找到存放打包文件的文件夹，然后利用 U 盘或网络等方式，将其拷贝或传输到别的计算机中进行播放。

拓展阅读

环境就是民生，青山就是美丽，蓝天也是幸福

生态文明建设是关系中华民族永续发展的根本大计。中华民族向来尊重自然、热爱自然，绵延 5 000 多年的中华文明孕育着丰富的生态文化。生态兴则文明兴，生态衰则文明衰。

新时代推进生态文明建设，必须坚持好以下原则。

一是坚持人与自然和谐共生，坚持节约优先、保护优先、自然恢复为主的方针，像保护眼睛一样保护生态环境，像对待生命一样对待生态环境，让自然生态美景永驻人间，还自然以宁静、和谐、美丽。

二是绿水青山就是金山银山，贯彻创新、协调、绿色、开放、共享的发展理念，加快形成节约资源和保护环境的空间格局、产业结构、生产方式、生活方式，给自然生态留下休养生息的时间和空间。

三是良好生态环境是最普惠的民生福祉，坚持生态惠民、生态利民、生态为民，重点解决损害群众健康的突出环境问题，不断满足人民日益增长的优美生态环境需要。

四是山水林田湖草是生命共同体，要统筹兼顾、整体施策、多措并举，全方位、全地域、全过程开展生态文明建设。

五是用最严格制度最严密法治保护生态环境，加快制度创新，强化制度执行，让制度成为刚性的约束和不可触碰的高压线。

六是共谋全球生态文明建设，深度参与全球环境治理，形成世界环境保护和可持续发展的解决方案，引导应对气候变化国际合作。

小 结

本模块主要学习了使用 PowerPoint 2016 制作演示文稿的方法。学完本模块内容后，读者应重点掌握以下知识：

（1）掌握在演示文稿中新建和复制幻灯片，设置幻灯片版式、主题和背景的方法，以及使用幻灯片母版统一设置演示文稿版式和内容的方法。

（2）掌握在幻灯片中利用占位符和文本框输入文本并设置其格式的方法。

（3）掌握根据需要在幻灯片中插入并编辑图形、图片、文本框、艺术字和声音等对象的方法，其中插入并编辑图形、图片、文本框、艺术字的方法与在 Word 中相同，插入

声音后可根据需要设置其播放方式。

（4）掌握为幻灯片中的对象创建超链接的方法，以便在播放演示文稿时单击该超链接跳转到相应的幻灯片。

（5）掌握为幻灯片和幻灯片中的对象设置动画效果的方法，如幻灯片间的切换效果，以及幻灯片中各对象的进入、强调和退出效果。

（6）掌握对演示文稿进行排练计时的方法，以便精确控制每张幻灯片的播放时间。

（7）掌握根据不同场合设置不同放映方式及放映幻灯片的方法。

（8）掌握将演示文稿打包到其他计算机中进行正常放映的方法。

课后练习

1．选择题

（1）在 PowerPoint 2016 的（　　）窗格可显示幻灯片缩略图。

A．幻灯片　　B．备注页

C．大纲　　D．任务

（2）以下不能输入文本的方法是（　　）。

A．利用占位符输入　　B．利用文本框输入

C．利用备注栏输入　　D．利用幻灯片窗格输入

（3）如果希望对幻灯片进行统一修改，可通过（　　）来快速实现。

A．应用主题　　B．修改母版

C．设置背景　　D．修改每张幻灯片

（4）要将幻灯片中的文本链接到某个网页，可在“插入超链接”对话框选择（　　）选项。

A．现有文件或网页　　B．新建文档

C．电子邮件地址　　D．链接到网页

（5）如果想在中途终止幻灯片的播放，可按（　　）键。

A．Home　　B．End

C．Esc　　D．Page Down

（6）要在幻灯片中插入保存在计算机中的声音文件，可在“插入”选项卡的“媒体”组中单击“音频”按钮，在展开的下拉列表中选择（　　）。

A．PC 上的音频　　B．剪贴画音频

C．录制音频　　D．以上答案都不对

（7）下面关于动画效果的描述，正确的是（　　）。

A．一个对象不能添加多种动画效果

B．添加动画效果后不能再修改动画

C．添加动画效果后不可再将其删除

D．可以为幻灯片的任何对象添加动画

（8）要从头开始放映幻灯片，可按（　　）键。

A．F8　　　　B．F5

C．Shift+F5　　　　D．Shift

（9）PowerPoint 2016 演示文稿的扩展名是（　　）。

A．psdx　　　　B．ppsx

C．pptx　　　　D．ppsm

（10）在幻灯片的切换中，不可以设置幻灯片切换的是（　　）。

A．换片方式　　　　B．颜色

C．效果　　　　D．声音

2．操作题

（1）制作幼儿识图演示文稿。

新建一空白演示文稿，参考如图 5-66 所示制作幼儿识图演示文稿，并保存为“幼儿识图”。各幻灯片中用到的图片均位于本书配套素材“模块五”/“操作题”/“幼儿识图”文件夹中。

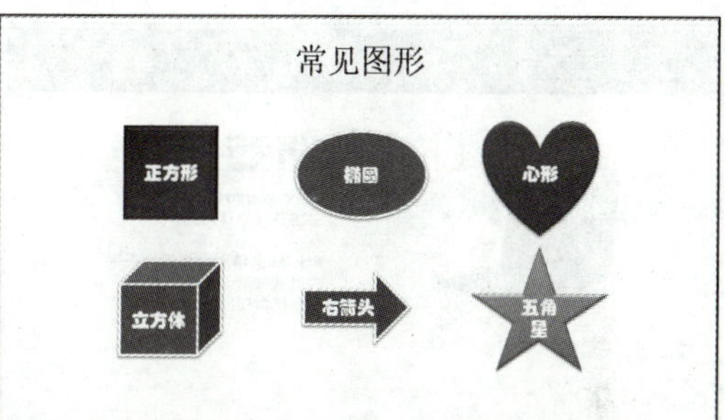

图 5-66　幼儿识图演示文稿效果

提　示

制作时要注意对输入的文本、插入的图片和绘制的图形进行美化。此外，应为幻灯片设置切换效果，以及为幻灯片中的各对象设置动画效果。

（2）制作电脑产品宣传演示文稿。

按以下提示制作如图 5-67 所示的电脑产品宣传演示文稿，并保存为“电脑产品宣传”。

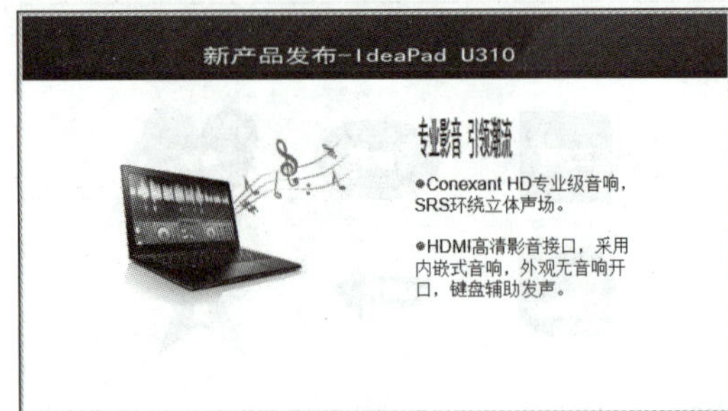

图 5-67 电脑产品宣传演示文稿效果

① 新建一空白演示文稿，进入母版视图，将本书配套素材“模块五”/“操作题”/“电脑产品宣传”/“背景 1”图片插入“幻灯片母版”，参考图 5-67 第 2 张幻灯片的上方图案进行设置，以及输入需要在除标题幻灯片之外的幻灯片中显示的文本。

② 将“背景 2”图片插入幻灯片母版视图的“标题幻灯片 版式”中，并设置该母版中标题占位符和副标题占位符的字符格式。

③ 退出母版视图后，参考图 5-67 制作各张幻灯片，以及设置动画效果。

模块六　计算机网络基础知识

【模块导读】

计算机网络是计算机科学技术与通信技术相互结合的产物，是计算机应用中的一个重要领域，它给人类的生活和工作带来了巨大的便利。如今，人们足不出户就可以在线预订酒店和火车票，进行生活缴费和话费充值，还可以实时查看股市行情并进行买卖交易，以及在电商平台购买家电、服装、日用品等，这些现代人习以为常的生活方式，全都离不开计算机网络的支持。本模块将主要介绍计算机网络的基础知识。

【素质目标】

了解我国光纤网络和移动网络的快速发展，以及我国在一些核心技术领域的突破，增强民族自豪感，培养追求卓越、勇于拼搏的奋斗精神。

项目一　了解计算机网络基础知识

【情景描述】

小吴所在的公司有十几台计算机，领导让他组建一个小型的有线/无线混合局域网，以便共享彼此的资源。例如，共享文件和打印机，方便传送资料，协同办公。小吴知道，要组建局域网，首先要了解相关的网络基础知识，然后才能动手操作。下面，我们和小吴一起完成这项任务。

【项目要求】

- 了解计算机网络的概念、组成、功能和分类。
- 掌握网络构建的方法。
- 掌握设置与访问共享资源的方法。

【相关知识】

一、计算机网络的概念

计算机网络是把分布在不同地点且具有独立功能的多台计算机，通过通信设备和通信线路连接起来，并通过功能完善的网络软件实现资源共享的系统。计算机网络中各计算机之间的互连主要有两种方式：一种是有线方式，即通过双绞线、电话线和光纤等有形介质连接；另一种是无线方式，即通过微波等无形介质连接。

辉煌中国

根据《数字中国发展报告（2020年）》，我国已建成全球规模最大的光纤网络和4G网络，固定宽带家庭普及率由2015年底的52.6%提升到2020年底的96%，移动宽带用户普及率由2015年底的57.4%提升到2020年底的108%。5G网络建设速度和规模位居全球第一，已建成5G基站达到71.8万个，5G终端连接数超过2亿。移动互联网用户接入流量由2015年底的41.9亿GB增长到2020年的1656亿GB。国家域名数量保持全球第一位。互联网协议第六版（IPv6）规模部署取得明显成效，固定宽带和移动LTE网络IPv6升级改造全面完成，截至2020年底，IPv6活跃用户数达4.62亿。北斗三号全球卫星导航系统开通，全球范围定位精度优于10米。

二、计算机网络的组成

计算机网络系统由网络硬件和网络软件两部分组成。

1. 网络硬件

计算机网络硬件是计算机网络的物质基础，包括可独立工作的计算机、网络设备和传输介质等。

（1）可独立工作的计算机。可独立工作的计算机是计算机网络的核心，也是主要的网络资源。根据用途不同，可将其分为服务器和网络工作站。

- 服务器一般由功能强大的计算机担任，如小型计算机、专用PC服务器或高档微机。它向网络用户提供服务，并负责对网络资源进行管理。一个计算机网络系统有一台或多台服务器，根据服务器所担任的功能不同，又可将其分为文件服务器、通信服务器和打印服务器等。

- 网络工作站是一台供用户使用网络的本地计算机。工作站作为独立的计算机为用户服务，同时又可以按照被授予的一定权限访问服务器。各工作站之间可以相互通信，也可以共享网络资源。

（2）网络设备。网络设备是构成计算机网络的部件，如网卡、调制解调器、中继器、网桥、交换机、路由器和网关等。独立工作的计算机可通过网络设备访问网络上的其他计算机。

- 网卡是计算机与传输介质的接口。一方面，它负责接收网络上传过来的数据包，解包后将数据通过主板上的总线传输给本地计算机；另一方面，它将本地计算机上的数据打包后送入网络。
- 调制解调器是利用调制解调技术实现数字信号与模拟信号在通信过程中相互转换的设备。确切地说，调制解调器的主要工作是，将数据设备送来的数字信号转换成能在模拟信道（如电话交换网）传输的模拟信号；反之，它也能将来自模拟信道的模拟信号转换为数字信号。
- 中继器是最简单的局域网延伸设备，其主要作用是放大传输介质上传输的信号，以便在网络上传输得更远。不同类型的局域网采用不同的中继器。
- 网桥用于连接使用相同通信协议、传输介质和寻址方式的网络。
- 交换机有多个端口，每个端口都具有桥接功能，可连接一个局域网或一台计算机。交换机的所有端口由专用处理器控制，并由控制总线转发信息。
- 路由器用于连接局域网和广域网，有判断网络地址和选择路径的功能。其主要工作是为经过路由器的报文寻找一条最佳路径，并将数据传送到目的站点。
- 网关不仅具有路由功能，而且还能实现不同网络协议之间的转换，并将数据重新分组后传送。

（3）传输介质。传输介质是网络通信用的信号线路，它提供了数据信号传输的物理通道。传输介质按其特征可分为有线传输介质和无线传输介质两大类。有线传输介质包括双绞线、同轴电缆和光缆等；无线传输介质包括无线电、微波和卫星通信等。它们具有不同的传输速率和传输距离，分别支持不同的网络类型。

2．网络软件

网络软件一般指网络操作系统、网络通信协议和提供网络服务功能的应用软件。

- 网络操作系统是用于管理网络软、硬件资源，提供简单网络管理功能的系统软件。常见的网络操作系统有 UNIX、Windows、Linux 等。
- 网络通信协议是网络中计算机交换信息时的约定，规定了计算机在网络中互通信息的规则。
- 提供网络服务功能的应用软件，是指在网络环境中能够为用户提供各种服务的软件。例如，浏览器软件 Internet Explorer、文件传输软件 CuteFTP、远程登录软件 Telnet、电子邮件管理软件 Foxmail、即时通信软件 QQ 和微信、下载工具软件迅雷、流媒体播放软件暴风影音等。

三、计算机网络的功能

计算机网络有很多用处，其中最重要的功能是数据通信、资源共享和分布处理等。

1. 数据通信

数据通信是计算机网络最基本的功能。使用它可以快速传送计算机与终端、计算机与计算机之间的各种信息，包括文字信件、咨询信息、图片资料等。

2. 资源共享

“资源”指的是网络中所有的软件、硬件和数据资源，“共享”指的是网络中的用户能够部分或全部地使用这些资源。例如，某些地区或单位的数据库（如机票信息、饭店客房信息等）可供全网使用；某些单位开发的软件可供需要的地方有偿使用或办理一定手续后使用；一些外部设备，如打印机，可供用户通过网络共享使用。

3. 分布处理

分布处理是指当某台计算机负担过重或该计算机正在处理某项工作时，网络可将新任务转交给空闲的计算机来完成，从而均衡各计算机的负载，提高处理问题的效率。对大型的综合性问题，可将问题的各部分交给不同的计算机分别处理，从而充分利用网络资源，提升计算机的处理能力。

四、计算机网络的分类

计算机网络按照不同的分类方法可以分为不同的类型。

1. 按覆盖范围分类

按照网络覆盖的地理范围大小，可以把计算机网络分为局域网、城域网和广域网 3 种类型，它们的关系如图 6-1 所示。

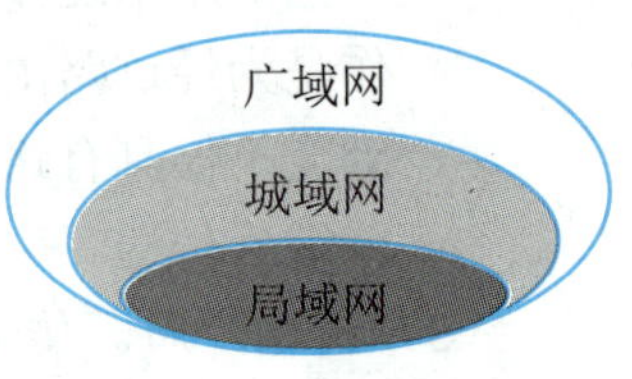

图 6-1　按覆盖范围分类

- 局域网（Local Area Network，LAN）：指局部范围内的网络。它将较小地理区域内的计算机或数据终端设备连接在一起，实现资源共享和数据通信。局域网覆盖的地理范围比较小，一般在几十米到几千米之间。它常用于组建一个办公室、一间机房、一栋楼、一个学校或一个企业的计算机网络。
- 城域网（Metropolitan Area Network，MAN）：指介于局域网和广域网之间的高速网络。最初的城域网是将城市的终端连接起来，因此城域网可以说是一种大型的局域网，它覆盖的地理范围一般为几千米到几十千米，范围通常在一个城市内。
- 广域网（Wide Area Network，WAN）：指覆盖广阔地理区域的网络。它的通信线路大多借用公用通信网络，数据传输速率相对较低。广域网能够实现远距离计算机之间的数据传输和信息共享，它可以覆盖一个国家、几个国家甚至于全球。人们常说的 Internet 就是世界上最大的广域网。

2. 按服务模式分类

按照服务模式进行划分，可将计算机网络分为对等网模式和客户机/服务器模式。

➢ 对等网模式：在计算机网络中，如果每台计算机的地位平等，都可以平等地使用其他计算机内部的资源，每台计算机磁盘上的空间和文件都成为公共资源，这种网络就称为对等局域网，简称对等网，如图 6-2 所示。

➢ 客户机/服务器模式：如果网络所连接的计算机较多，且共享资源较多时，就需要考虑专门设立一台计算机来存储和管理共享的资源，这台计算机称为服务器，其他的计算机称为客户机。服务器与客户机之间是主从关系，是一种一对多的模式，如图 6-3 所示。

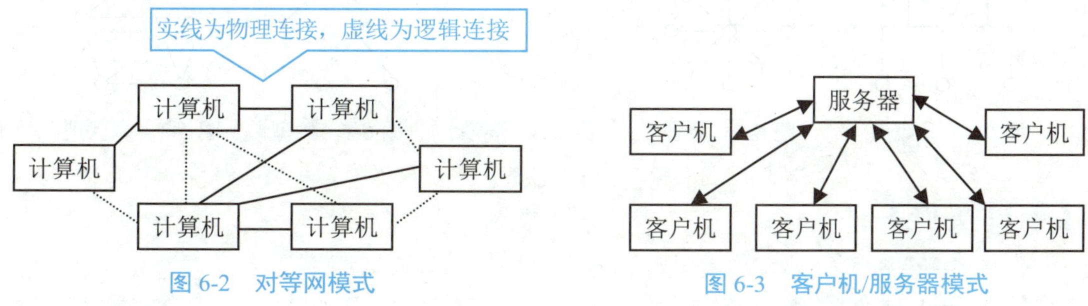

图 6-2　对等网模式　　图 6-3　客户机/服务器模式

3．按拓扑结构分类

在计算机网络中，把主机、终端和交换机等网络单元抽象为“点”，把网络中的电缆等通信介质抽象为“线”，这样从拓扑学的观点看计算机网络系统，就形成点和线组成的几何图形，从而抽象出了计算机的网络结构。这种采用拓扑学方法抽象出的网络结构称为计算机网络的拓扑结构。常见的网络拓扑结构主要有以下 5 大类：

➢ 总线型网络采用单根传输线路作为公共传输线路，可以双向传输，如图 6-4 所示。其优点是结构简单，布线容易，可靠性高，易于扩充，节点的故障不会殃及系统，适用于对实时性要求不高的局域网。缺点是出现故障后诊断困难，节点不宜过多。

➢ 星型网络是以中央节点为中心，把若干外围节点连接起来的辐射式互联结构，如图 6-5 所示。这种连接方式以双绞线或同轴电缆作为连接线路。其优点是结构简单，容易实现，便于管理，现在常以交换机作为中心节点，便于维护和管理。缺点是中心节点是全网络的可靠性瓶颈，中心节点出现故障会导致网络瘫痪。星型结构适用于局域网和广域网。

➢ 环型网络是各个节点通过通信线路组成的闭合线路，环中只能沿一个方向传输数据，如图 6-6 所示。对于这种网络，信息在每台设备上的延迟时间是固定的，特别适合实时控制的局域网系统。其优点是结构简单，控制简便，结构对称性好，传输速率高。缺点是任意节点出现故障都会造成网络瘫痪。环型结构适用于对实时性要求较高的局域网。

➢ 树型网络是从总线型网络演变而来的。它把星型和总线型结合起来，形状像一棵倒置的树，顶端有一个带分支的根，每个分支还可以延伸出子分支，如图 6-7 所示。其优点是分级结构易于扩展，易故障隔离，可靠性高。缺点是电缆成本高，根节点的依赖性大，一旦根节点出现故障会导致全网瘫痪。

➢ 网状型网络是指将各网络节点与通信线路互连成不规则的形状，每个节点至少与其他两个节点相连，或者说每个节点至少有两条链路与其他节点相连，如图 6-8 所示。大型互联网一般都采用这种结构，如 Internet 的主干网就采用网状结构。其优点是几乎每个节点都有冗余链路，可靠性高；可以选择最佳路径，减少时延，改善流量分配，提高网络性能。缺点是线路成本高，结构复杂，不易管理和维护。网状型结构适用于广域网。

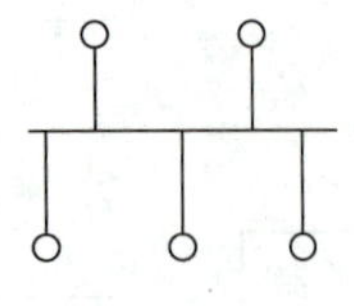
图 6-4 总线型

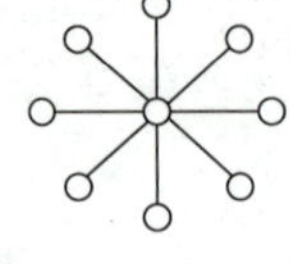
图 6-5 星型

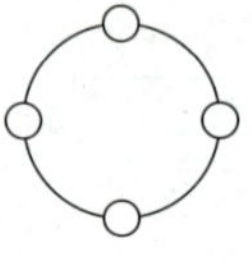
图 6-6 环型

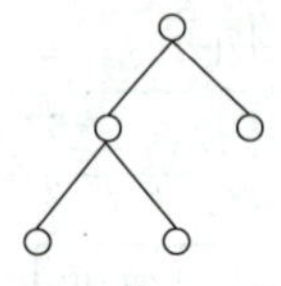
图 6-7 树型

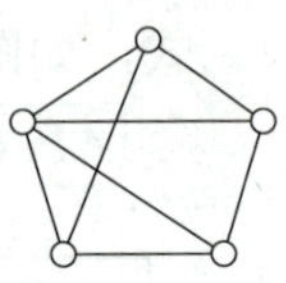
图 6-8 网状型

【项目实施】

任务一 硬件准备与连接

组建有线/无线混合局域网需要一台无线宽带路由器。此外，对于使用有线连接的计算机，还需要准备网线；对于使用无线连接的计算机，需要安装有无线网卡（一般笔记本电脑都内置有无线网卡，若没有，则需另行购买安装）。

组建有线/无线混合局域网的硬件连接如图 6-9 所示。

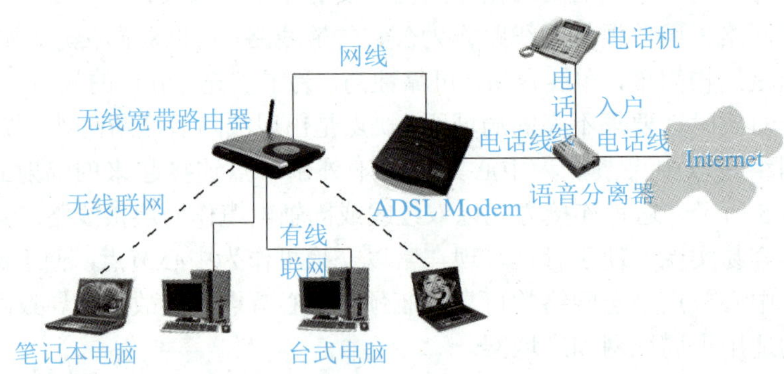

图 6-9 有线/无线混合局域网的硬件连接

其中有线部分的连接步骤如下：

步骤 1▶ 将网线的一端插入使用有线连接的计算机网络接口，另一端插入无线宽带路由器的普通接口（LAN 接口）。

步骤 2▶ 将 ADSL Modem 的网络接口与无线宽带路由器的 WAN 接口连接。如果是小区宽带，则将无线宽带路由器的 WAN 接口与宽带服务商提供的网络接口连接。

连接无线部分时应注意无线宽带路由器的摆放：无线宽带路由器的传输范围是一个球体，通常所说的传输距离是这个球体的半径，因此把无线宽带路由器放置在房屋中间，让球体直径覆盖各个房间，传输效果最理想。

任务二　设置计算机名称和工作组

硬件连接好后，还需要为有线/无线局域网中的各计算机设置网络名称和工作组，方便在网络中找到相应的计算机，为此，可执行以下操作。

步骤 1▶ 右击桌面上的“此电脑”图标，在弹出的快捷菜单中选择“属性”选项，在打开的“系统”窗口中选择“更改设置”选项，如图 6-10 所示。

步骤 2▶ 打开“系统属性”对话框，单击“更改”按钮，如图 6-11 所示。

图 6-10　选择“更改设置”选项　　图 6-11　单击“更改”按钮

步骤 3▶ 打开“计算机名/域更改”对话框，在“计算机名”编辑框中输入计算机名称，如输入使用者姓名的拼音（也可以使用汉字），在“工作组”编辑框中输入工作组名称，然后单击“确定”按钮，如图 6-12 所示。

步骤 4▶ 在打开的如图 6-13 所示的对话框中单击“确定”按钮，打开如图 6-14（a）所示的对话框，单击“确定”按钮，打开如图 6-14（b）所示的对话框，单击“立即重新启动”按钮，系统会自动重启，应用设置。

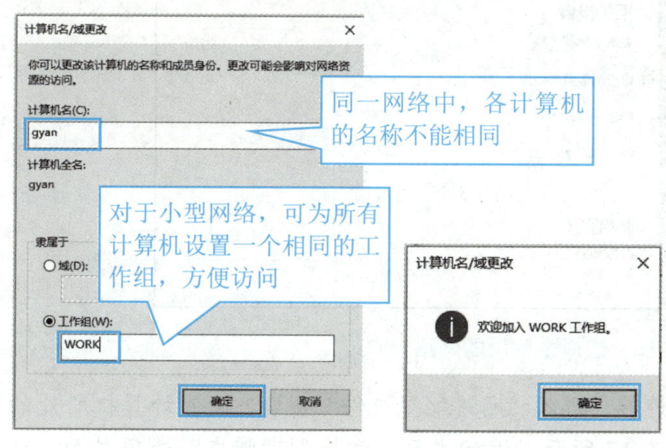

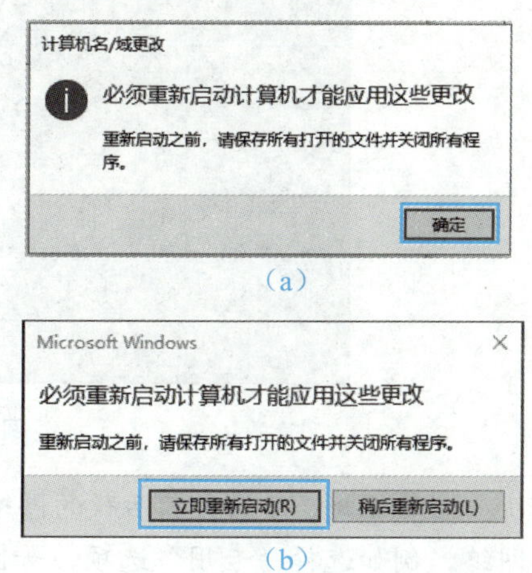

图 6-12　设置计算机名和工作组　　图 6-13　单击“确定”按钮　　图 6-14　重启计算机应用设置

步骤 5▶ 参考以上操作，为局域网中的其他计算机设置不同的名称，以及相同的工作组名称。

任务三　设置网络位置

在 Windows 10 中可以为计算机选择网络位置，系统将根据用户选择的网络位置（公用网络、专用网络）自动为计算机设置适当的防火墙设置，让计算机处于适当的安全级别，为此，可执行以下操作。

步骤 1▶ 在“开始”菜单列表中选择“设置”选项，或按“Win+I”组合键打开“设置”窗口，选择“网络和 Internet”选项，如图 6-15 所示。

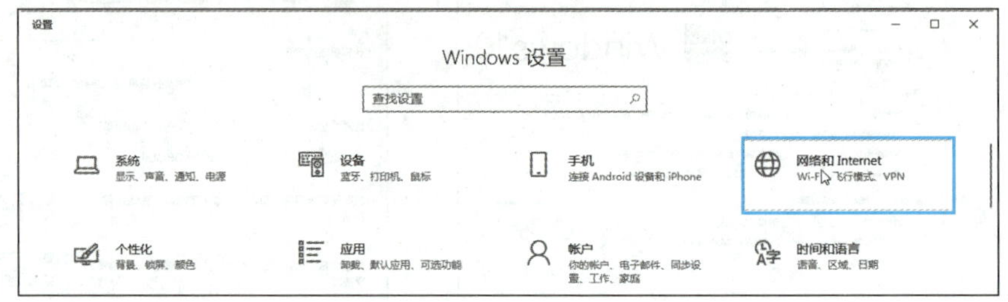

图 6-15　选择“网络和 Internet”选项

步骤 2▶ 在“网络和 Internet”设置区选择用户目前使用的网络。如果是有线网，就选择“以太网”选项（如果是无线网，就选择“WLAN”选项），如图 6-16 所示。

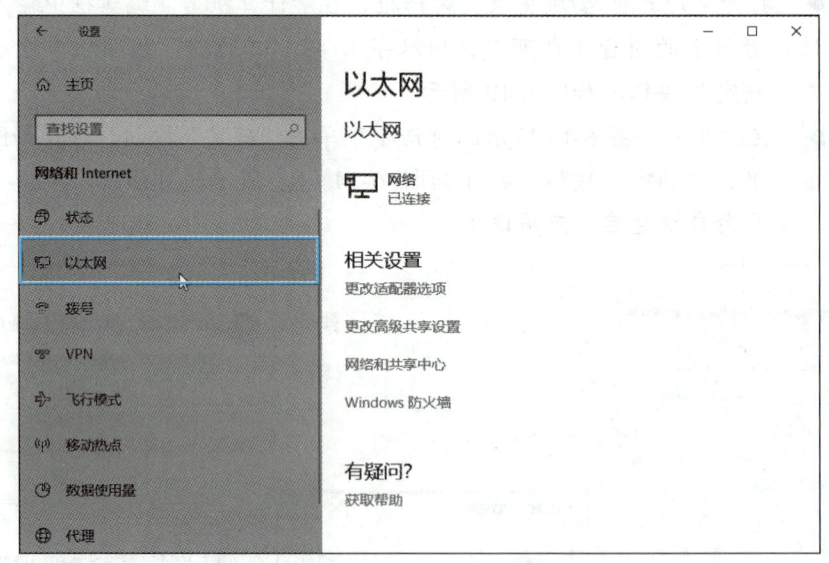

图 6-16　选择要使用的网络

步骤 3▶ 单击目前活跃的网络连接，进入“网络配置文件”窗口，设置计算机所处的网络，例如选择“专用”选项，如图 6-17 所示。返回主页，切换到“状态”选项界面，可查看网络状态，如图 6-18 所示。

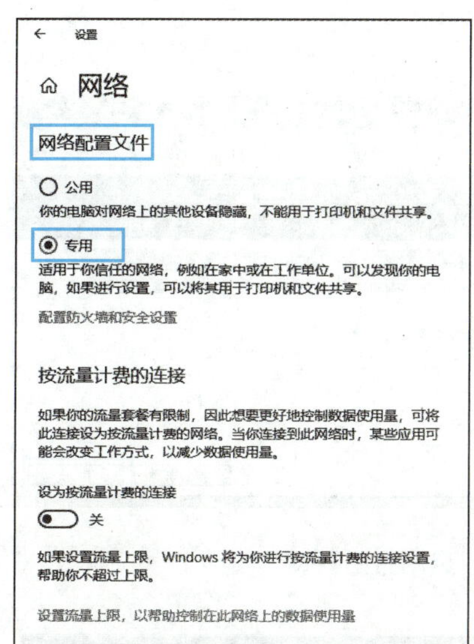

图 6-17　选择网络类型

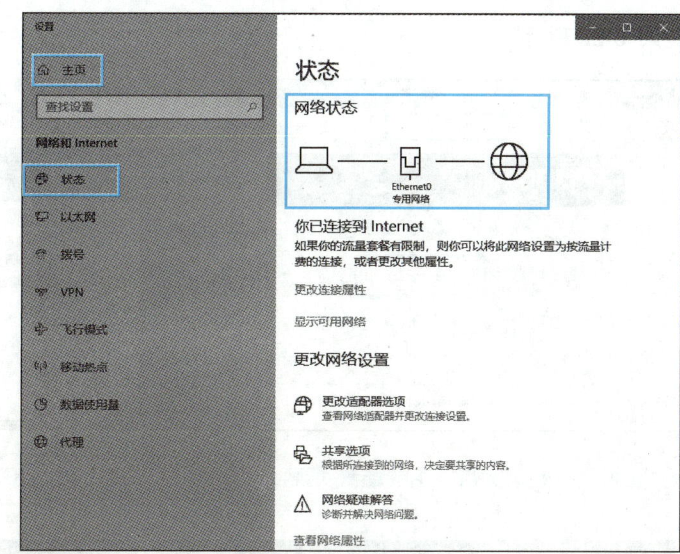

图 6-18　查看网络状态

提　示

“公用”网络安全性最高。如果需要经常访问局域网中的其他设备，可以设置成“专用”网络。

任务四　配置宽带路由器

要将局域网中的计算机连接到 Internet，需要在无线路由器的 Web 配置页面中配置 Internet 连接的用户名和密码，使路由器能够自动拨号连接到 Internet，为此，可执行以下操作。

步骤 1▶ 在局域网内任意一台有线连接的计算机中单击“开始”按钮，在展开的列表中选择“Microsoft Edge”选项，打开 Microsoft Edge 浏览器，在地址栏中输入无线路由器后台的管理地址，本例为 192.168.1.1（具体数值请参照产品使用手册），按“Enter”键，打开账户登录对话框。

步骤 2▶ 在打开的账户登录对话框中输入用户名：admin，密码：admin（具体数值请参照产品使用手册），然后单击“登录”按钮，如图 6-19 所示。

步骤 3▶ 进入无线路由器配置页面，选择“设置向导”或“快速安装”等相似选项，启动路由器设置向导（第一次操作时会自动启动设置向导），然后单击“下一步”按钮，如图 6-20 所示。

步骤 4▶ 在出现的页面中设置无线参数，其中，SSID 相当于无线网名称，用户可重新设置 SSID（可输入任意英文名称），本例选择“不加密”单选钮，暂时不加密网络，其他选项保持默认设置，然后单击“下一步”按钮，如图 6-21 所示。

步骤 5▶ 在出现的页面中根据实际情况选择上网方式，ADSL 和 PPPoE 拨号认证的小区宽带上网需要选中“PPPoE（xDSL 虚拟拨号）”单选钮，然后单击“下一步”按钮，如图 6-22 所示。

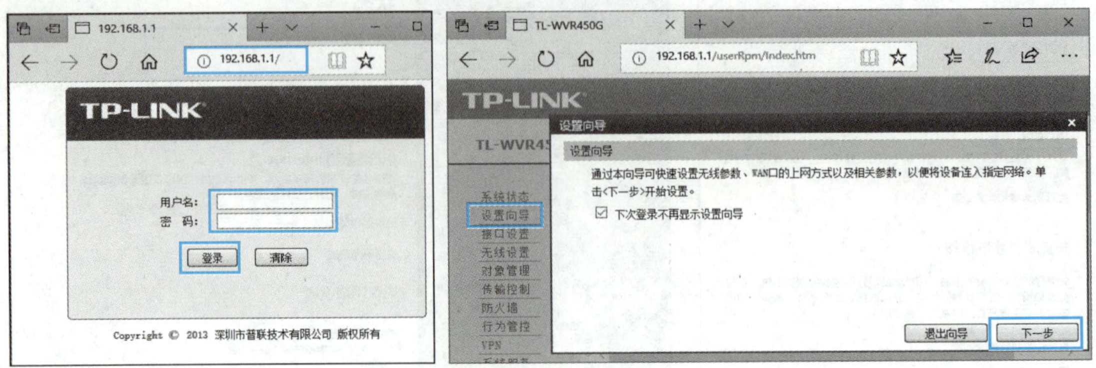

图 6-19 登录宽带路由器配置页面

图 6-20 启动路由器设置向导

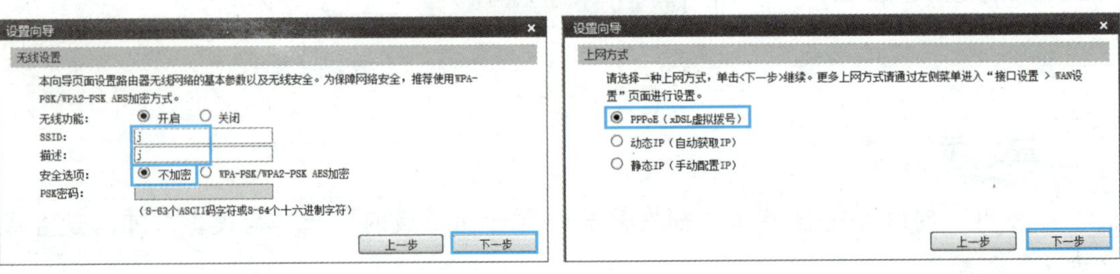

图 6-21 设置无线网络的基本参数及安全选项

图 6-22 选择上网方式

步骤 6▶ 在出现的页面中输入电信局提供的上网账号和密码，然后单击“下一步”按钮，如图 6-23 所示。

步骤 7▶ 在出现的页面中单击“完成”按钮，完成设置，如图 6-24 所示。

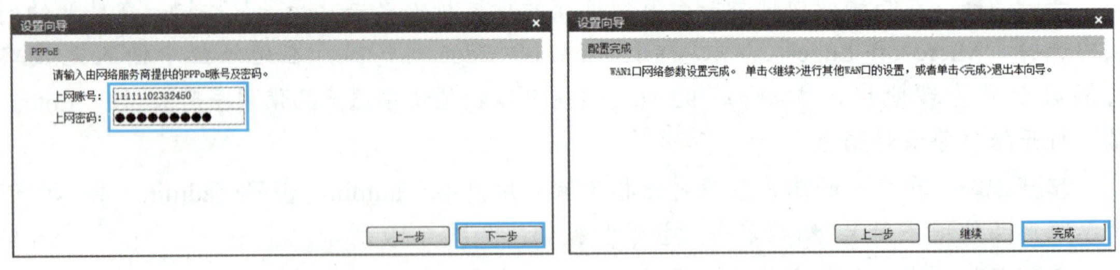

图 6-23 输入账号和密码

图 6-24 完成无线路由器设置

步骤 8▶ 完成以上设置后，稍微等一会，无线路由器会自动连接 Internet，此时局域网中的计算机便都可以上网了。用户可以在无线路由器配置页面中依次选择“接口设置”/“WAN 设置”选项，查看连接状态，在该页面中还可以断开或手动连接 Internet，也可以重设上网账号和密码，如图 6-25 所示。

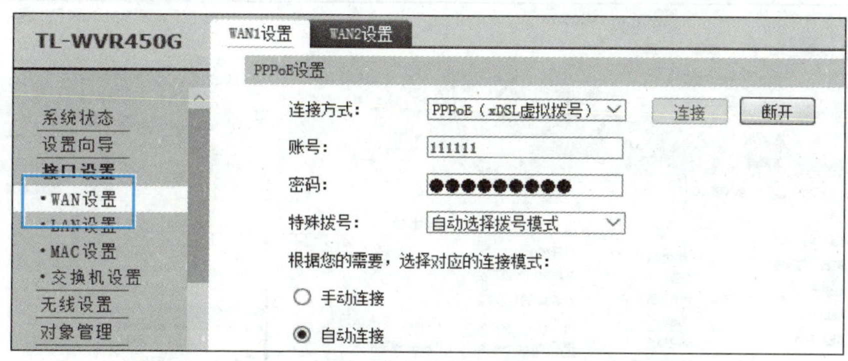

图 6-25　WAN 设置

任务五　将计算机连接到无线局域网

加密无线网后，无线网卡就无法与无线路由器正常连接了。要将安装有无线网卡的计算机连接到无线局域网，可执行以下操作。

步骤 1▶ 单击桌面右下角的无线网卡工作状态图标，打开无线网络连接菜单，如图 6-26 所示。

步骤 2▶ 在无线网络连接菜单中选择要连接的无线网络名称，单击“连接”按钮，这时会弹出图 6-27 所示界面，要求输入安全密钥，在“输入网络安全密钥”编辑框中输入密钥后单击“下一步”按钮，计算机就会连接到无线路由器，然后可以正常上网。

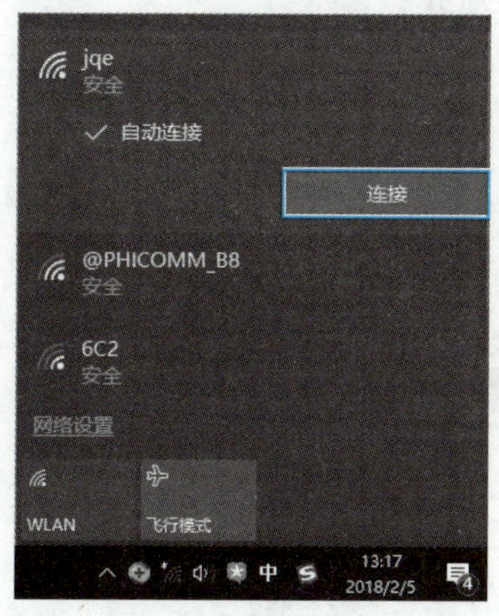

图 6-26　选择要连接的网络

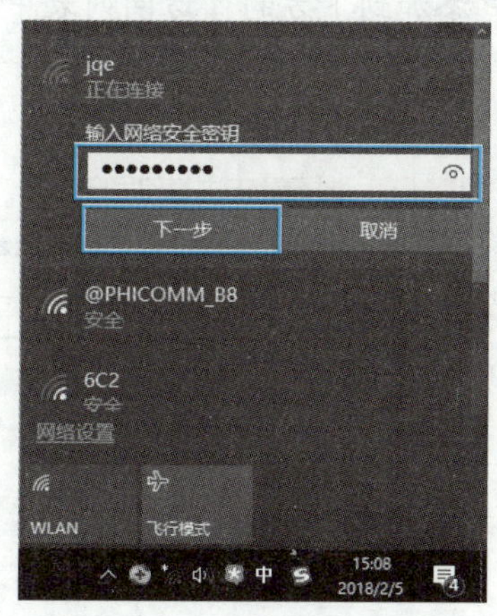

图 6-27　输入网络安全密钥

任务六　设置和访问共享资源

要将本计算机中的资源（文件夹或打印机）共享给局域网中的其他计算机使用，可执行以下操作。

步骤 1▶ 右击要共享的文件夹，在弹出的快捷菜单中选择“授予访问权限”/“特定用户”选项，如图 6-28 所示。

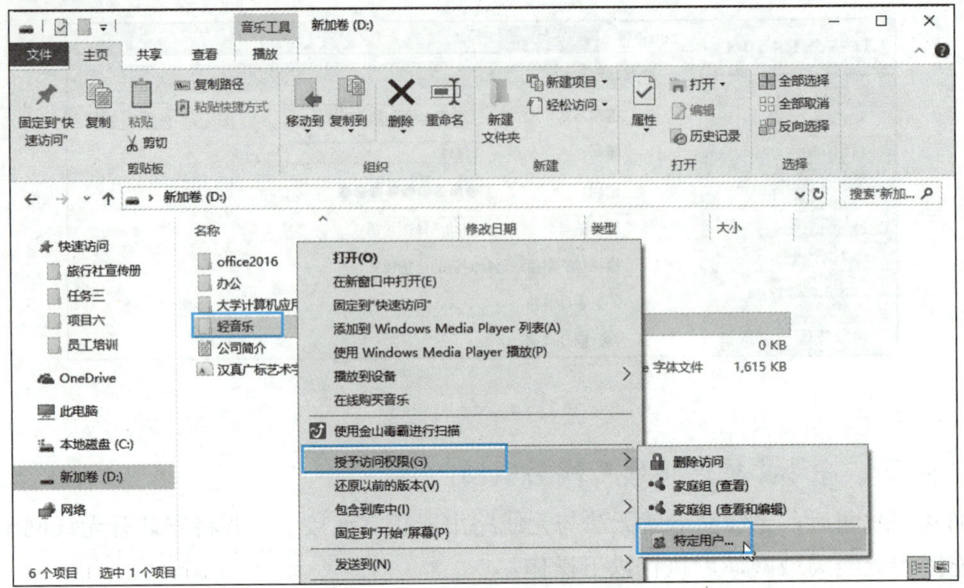

图 6-28 选择"特定用户"选项

步骤 2▶ 弹出"网络访问"界面，在"选择要与其共享的用户"编辑框中输入可以访问该文件夹的用户名，或单击编辑框右侧的下拉按钮，在展开的下拉列表中进行选择，例如选择"Everyone"选项，表示所有用户都可以访问该文件夹，再单击"添加"按钮，将所选用户添加到下方的可访问列表中，如图 6-29 所示。

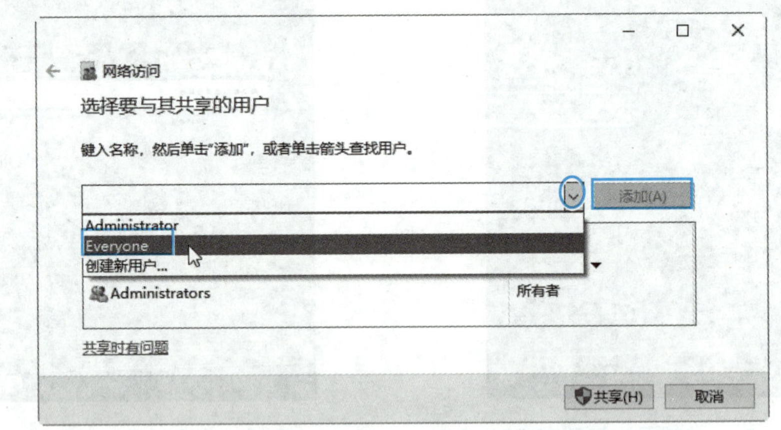

图 6-29 添加可以访问共享文件夹的用户

步骤 3▶ 单击所添加用户"权限级别"右侧的下拉按钮，在展开的下拉列表中选择该用户的访问权限，然后单击"共享"按钮，如图 6-30 所示。

共享时注意权限分配，以防文件被删除或者修改。

步骤 4▶　显示完成文件夹共享界面，单击“完成”按钮，如图 6-31 所示。此时，其他用户就可通过局域网来访问该文件夹了。图中，“读取”表示只能查看、打开和复制共享文件夹中的文件；“读取/写入”表示可以对共享文件夹中的文件进行任何操作；选择“删除”，可取消对该用户的共享。

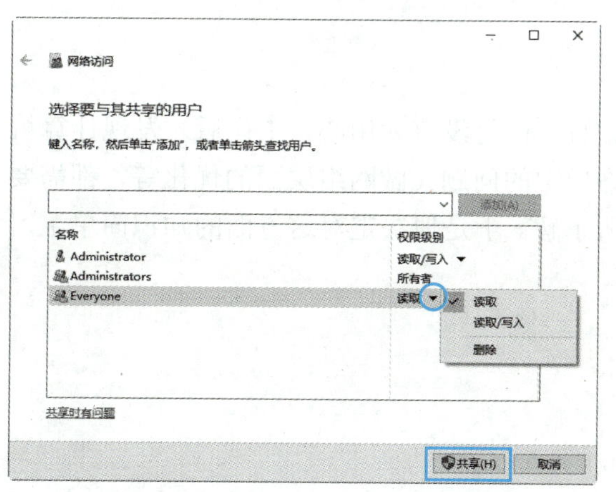

图 6-30　设置用户对共享文件夹的访问权限

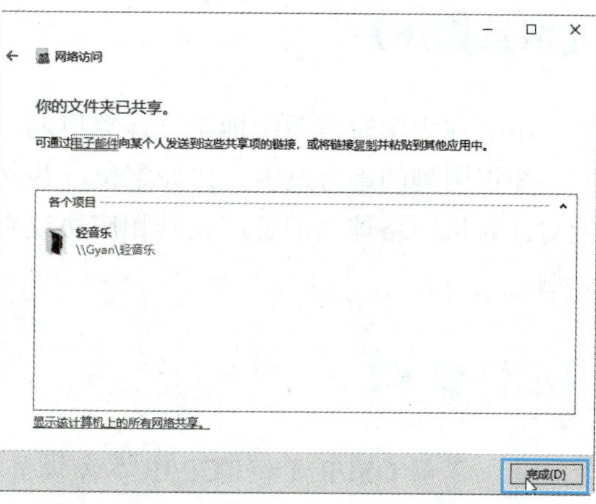

图 6-31　完成文件夹的共享

提　示

若要停用文件夹共享，可右击共享的文件夹，在弹出的快捷菜单中选择“授予访问权限”/“删除访问”选项。

步骤 5▶　要访问共享资源，可双击桌面上的“网络”图标，打开“网络”窗口，即可看到局域网中所有计算机的名称。

步骤 6▶　双击要访问的计算机，即可访问其共享的资源，如图 6-32 所示。

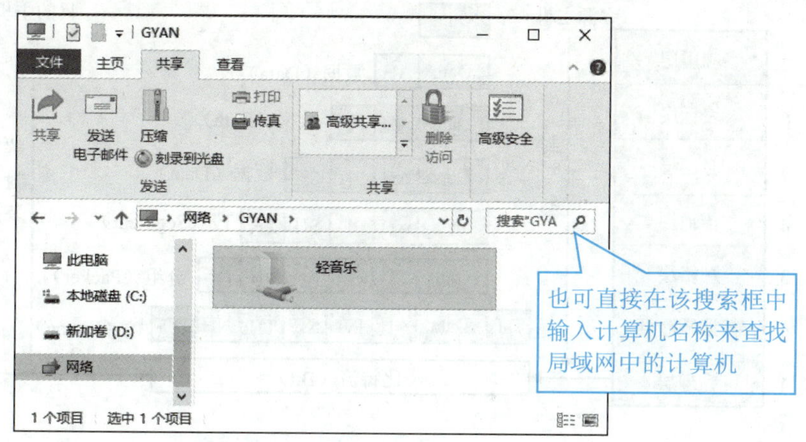

图 6-32　访问局域网中的共享资源

项目二　了解计算机网络体系结构

【情景描述】

小吴在大学时曾系统地学过计算机网络课程，但是没有太用心，工作后才发现计算机网络知识用到的地方挺多。比如定位一些网络异常的问题、做网络层面的优化等，都需要他对计算机网络体系的各层及其相应协议有所了解。于是他决定对这方面的知识简单温习一遍。

【项目要求】

➢ 了解 OSI/RM 和 TCP/IP 参考模型的相关知识。

【相关知识】

计算机网络体系结构是网络协议的层次划分与各层协议的集合，同一层中的协议根据该层所要实现的功能来确定。各对等层之间的协议功能由相应的底层提供服务完成。

一、OSI/RM 参考模型

OSI/RM 参考模型是国际标准化组织（ISO）为网络通信制定的模型。根据网络通信的功能要求，它把通信过程分为 7 层，从低到高分别为物理层、数据链路层、网络层、传输层、会话层、表示层和应用层，每层都规定了完成的功能及相应的协议，如图 6-33 所示。

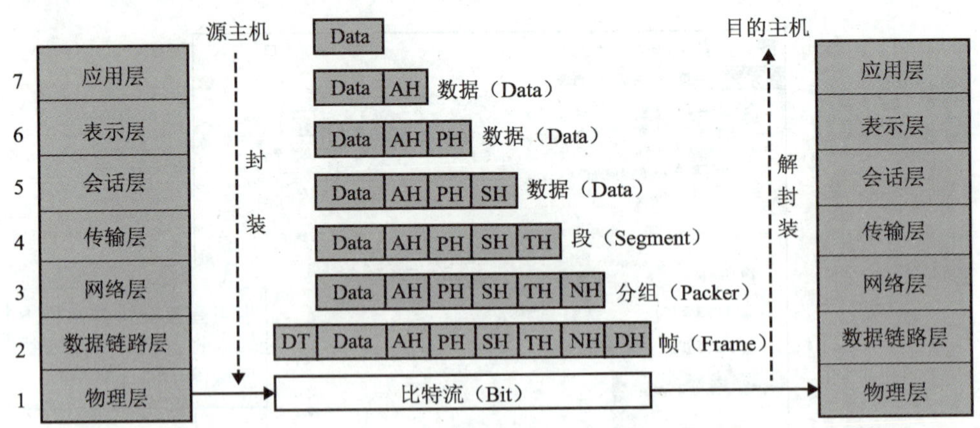

图 6-33　OSI/RM 参考模型

➢ **物理层：**提供机械、电气、功能和过程特性。例如，规定电缆和接头的类型，确定传送信号的电压等。在这一层，数据仅作为原始的位流或电气电压处理。

- **数据链路层：** 接收物理层的原始数据位流，将其组成帧（位组），并在网络设备之间传输。帧含有源站点和目的站点的物理地址。
- **网络层：** 允许分组通过路由器从一个网络发送到另一个网络，而用户不必关心网络的拓扑结构和所使用的通信介质。也就是说，网络层可以用于为两个不同网络或网段之间的计算机建立通信。
- **传输层：** 提供建立、维护和取消传输连接的功能，负责可靠地传输数据。
- **会话层：** 向会话的应用进程之间提供会话组织和同步服务，对数据的传送提供控制和管理，以协调会话过程，为表示层实体提供更好的服务。
- **表示层：** 提供格式化的表示和转换数据服务，如数据的压缩和解压缩，加密和解密等工作都由表示层负责。
- **应用层：** 为网络用户和应用程序提供各种服务，也是用户应用程序访问网络服务的地方。

二、TCP/IP 参考模型

TCP/IP 参考模型是 Internet 使用的参考模型。它将计算机网络划分为 4 个层次，从低到高分别为网络接口层、网际互联层、传输层和应用层，如图 6-34 所示。

- **网络接口层：** TCP/IP 模型的最底层，面向硬件。
- **网际互联层：** 处理来自传输层的分组，将分组装入数据包（IP 数据包），并为该数据包进行路径选择，最终将数据包从源主机发送到目的主机。在网际互联层中，最常用的协议是网际协议 IP，因此也被称为 IP 层。
- **传输层：** 也被称为主机至主机层，与 OSI 的传输层类似，它主要负责主机到主机之间的通信。该层定义了两个主要的协议：传输控制协议（TCP）和用户数据报协议（UDP）。

OSI/RM参考模型

OSI/RM参考模型
应用层
表示层
会话层
传输层
网络层
数据链路层
物理层

TCP/IP参考模型和协议集

应用层	HTTP，Telnet，FTP，DNS等协议
传输层	TCP，UDP
网际互联层	IP
网络接口层	网络接口协议（802.3，X.25等）物理网络

图 6-34　TCP/IP 参考模型

- **应用层：** 在 TCP/IP 模型中，应用层是最高层。它与 OSI 模型中的高 3 层的任务相同，都是用于提供网络服务，如 Web 服务（HTTP）、远程登录（Telnet）、文件传输（FTP）和域名服务（DNS）等。

提　示

在 Internet 所使用的各种协议中，最重要的协议有网际协议（IP）、传输控制协议（TCP）和用户数据报协议（UDP）。

IP 是 TCP/IP 协议族中最核心的协议，用于提供无连接（通信双方事先不建立会话）、不可靠（不负责数据包的完整，可靠性由上层协议 TCP 负责）的数据包传输服务。

TCP 是面向连接的、可靠的传输协议。在传送数据之前必须先建立连接，数据传送结束后释放连接。它能把报文分解成段，在目的端再重新装配这些段，重新发送没有被收到的段。

UDP 是一种无连接的协议，提供高效但低可靠性的服务。

【项目实施】

讨论 OSI/RM 参考模型和 TCP/IP 参考模型的区别。

项目三　掌握 Internet 基础知识

【情景描述】

因特网上的资源非常丰富，不仅有各种各样的文字信息，还有图片、视频、软件和文档等。小吴在工作时经常需要通过浏览网页查找需要的资料或下载文件。此外，他还总结了许多实用的上网技巧。

无论在工作还是生活中，小吴都经常需要利用电子邮件与客户、同事、朋友或家人联系，有时还需要利用电子邮件发送或接收文件。因此，小吴决定申请一个电子邮箱，并使用它发送和接收电子邮件。下面我们与小吴一起完成这些任务。

【项目要求】

- 了解 IP 地址、域名解析和域名等。
- 了解 Internet 网提供的服务。
- 掌握收发电子邮件的操作。

【相关知识】

一、认识 IP 地址

1. IP 地址

当网络中的两台主机进行通信时，必须知道通信双方各自的地址，这就是 Internet 地址，即 IP 地址。IP 地址实际上是一种标识符，是 Internet 上主机的唯一标识。

根据 TCP/IP 协议规定，IP 地址由 32 位二进制数表示，如 IP 地址为 11000001 00100000 11011000 00001001。为了方便记忆，可以将 IP 地址的 32 位二进制数进行分段，每段 8 位，共 4 段，然后将每段 8 位二进制数转换为相应的十进制数，中间用“．”间隔，这种表达方式称为“点分十进制”。也就是说，上述 IP 地址可以表示成 193.32.216.9。

IP 地址由网络地址和主机地址构成，用于表示该地址所属的网络及主机在本网络中所处的位置。因网络规模有所不同，为了方便网络的管理，IP 地址被分为 A，B，C，D，E 五类，如图 6-35 所示。

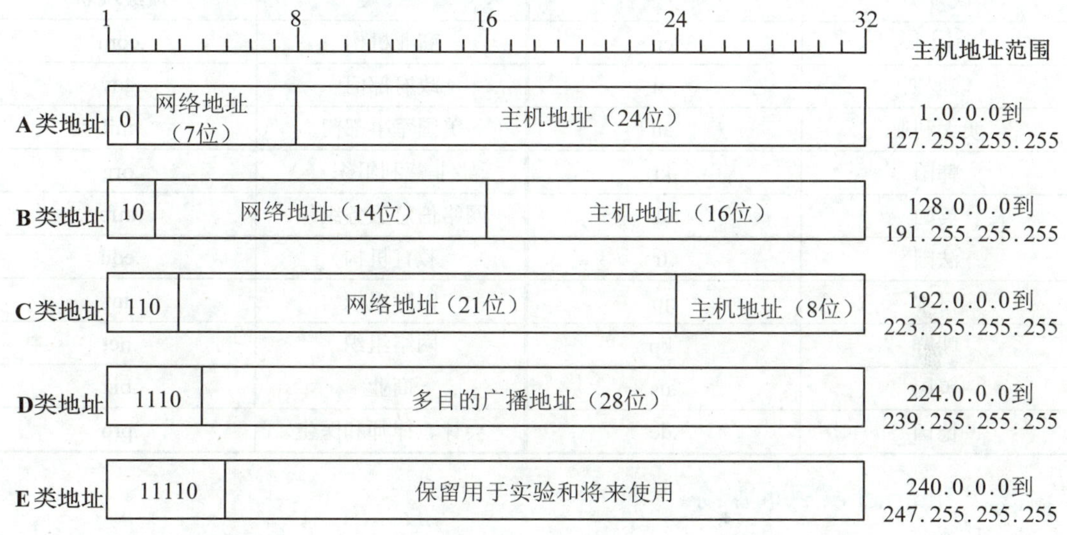

图 6-35　IP 地址的分类

2. 子网掩码

子网掩码又称网络掩码、地址掩码，用来指明一个 IP 地址的哪些位标识的是主机所在的子网地址，哪些位标识的是主机地址。子网掩码不能单独存在，必须结合 IP 地址一起使用。

子网掩码与 IP 地址相同，也是一个 32 位的二进制数。对于子网掩码的取值，通常是将对应于 IP 地址中网络地址的所有位设置为 1，主机地址的所有位设置为 0。

二、域名

由于 IP 地址在使用过程中难于记忆，因此人们又发明了一种与 IP 地址对应的字符来表示计算机在网络上的地址，这就是域名。Internet 上每一个网站都有自己的域名，并且域名是独一无二的。域名信息存放于域名服务器（DNS）中，由 DNS 提供 IP 地址与域名的转换，这个转换过程被称为域名解析。当用户在浏览器中输入域名后，该域名被传送给 DNS 服务器，由 DNS 服务器负责将域名转换为对应的 IP 地址，然后找到相应的服务器，打开相应的网页。

DNS 系统是分层次的，一般由主机名、机构名、机构类别和高层域名组成。即域名从左到右构造，表示的区域范围从小到大，也就是后面的名字所表示的区域包含前面的名字所表示的区域。例如，“software.fudan.edu.cn”域名中的每个单词依次表示软件学院、复旦大学、教育机构和中国，完整表示就是中国复旦大学软件学院的主机。

互联网上的顶级域分为两大类：一类是国家类，另一类是基本类。常见的国家类及基本类域名如表 6-1 所示。

表 6-1　常见互联网顶级域名

国家类		基本类	
域　类	顶级域名	域　类	顶级域名
中国	.cn	商业机构	.com
俄罗斯	.ru	政府部门	.gov
澳大利亚	.au	美国军事部门	.mil
韩国	.kr	非营利组织	.org
英国	.uk	网络信息服务组织	.info
法国	.fr	教育机构	.edu
日本	.jp	国际组织	.int
朝鲜	.kp	网络组织	.net
美国	.us	商业	.biz
德国	.de	会计、律师和医生	.pro

三、Internet 提供的服务

Internet 提供的主要服务包括 WWW 信息服务、文件传输服务、远程登录服务及电子邮件服务等。

1. WWW 信息服务

WWW（World Wide Web）称为“万维网”，又称全球信息网。它将世界各地信息资源以超文本或超媒体的形式组织成一个巨大的信息网络，是一个全球性的分布式信息系统，用户只要使用 Web 浏览器，就可以随心所欲地在万维网中漫游，获取感兴趣的信息。WWW 信息服务是目前使用最普遍、最受欢迎的服务形式。

2. 文件传输服务

文件传输是指在两台主机之间以文件为单位传输信息，从而实现资源共享的服务方式。最常用的文件传输协议是 FTP（File Transfer Protocol），所以文件传输常常被直接称为 FTP。

目前，常见的 FTP 下载工具有 CuteFTP，LeapFTP，AceFTP 等。这些下载工具既可用于文件的下载，也可用于文件的上传。许多 FTP 下载工具具有断点续传功能，即当网络连接意外中断时，正在传输的文件的中断点会被保留起来，再次连接后可从文件的断点处继续传输。许多 FTP 下载工具还可以同时建立多个数据连接，同时传输多个文件，或把一个文件分成几部分同时传输，从而提高传输效率。

3．远程登录服务

远程登录服务又称为 Telnet 服务，是指用户使用 Telnet 命令，使自己的计算机暂时成为远程计算机的一个仿真终端，一旦成功登录，用户便可以像操作本地计算机一样操作远程计算机了。

4．电子邮件服务

电子邮件也称为 E-mail，是指通过 Internet 传递的邮件。与传统邮件相比，电子邮件具有速度快、成本低、使用方便等优点，利用它可以发送文本信件、图片和动画等。

电子邮箱就像现实生活中的邮箱一样，用于收发电子邮件。目前，提供免费电子邮箱的网站有很多，如新浪、搜狐、网易、腾讯等。

电子邮件地址的格式是“用户名@域名”，其中“用户名”是收件人的账号，“域名”是电子邮件服务器名，@是一个功能分隔符号，用于连接前后两部分。例如，“li_93@163.com”就是一个电子邮件地址。

四、IPv6

为了即将到来的物联网和 5G 建设，我国已经开始加快 IPv6 的部署，并于《“十三五”国家信息化规划》中将 IPv6 与 5G 技术一起，作为“新一代信息网络技术超前部署行动”。2017 年 11 月 26 日，中共中央办公厅、国务院办公厅印发《推进互联网协议第六版（IPv6）规模部署行动计划》，力争用 5 到 10 年，形成下一代互联网自主技术体系和产业生态，建成全球最大规模的 IPv6 商业应用网络，实现下一代互联网在经济社会各领域深度融合应用，成为全球下一代互联网发展的重要主导力量。

IPv6 地址共有 128 位，通常用冒号十六进制数表示。即将地址分为 8 组，每组为 4 个十六进制数的形式，每 4 个数字之间用冒号隔开。当表示一个网络地址时，地址后通常跟随一个掩码长度，如 fe80:0000:0000:0102:0000:0000:0000:0000/64。

为了便于读写，通常使用缩写的方式，缩写的规则为：每组中前面的零可以省略，相邻组中全为零的集合可以缩写成两个冒号（::），但是两个冒号的缩写只能在每个地址中出现一次。例如，“0102”可以缩写成“102”，而“0000”可以缩写成“0”，即上述地址可以缩写为 fe80:0:0:102::/64。

与 IPv4 相比，IPv6 最大的特点是具有巨大的地址空间。理论上，128 位地址意味着共有 2^{128} 个地址，这一数字几乎可以“为全世界的每一粒沙子编上一个网址”。

【项目实施】

任务一　使用 IE 浏览器

1．浏览网页

要使用浏览器浏览网页，可执行以下操作。

步骤 1▶ 使用下面的方法之一启动 Microsoft Edge 浏览器。

➢ 单击“开始”按钮，选择“Microsoft Edge”选项。

➢ 单击任务栏左侧的“Microsoft Edge”快速启动图标■。

步骤 2▶ 在 Microsoft Edge 浏览器的地址栏中输入网站或网页的网址。例如，输入搜狐网站的网址“www.sohu.com”，然后按“Enter”键，便可打开搜狐网站主页，如图 6-36 所示。

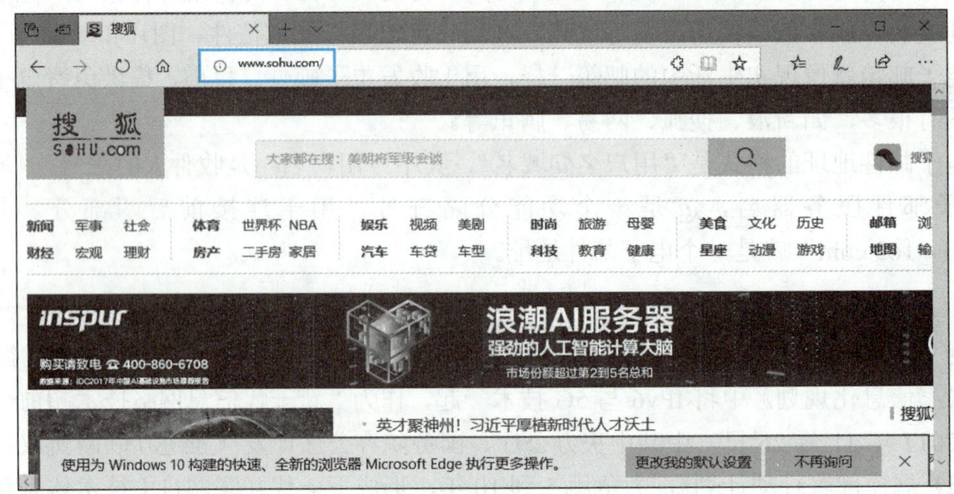

图 6-36　浏览网页

步骤 3▶ 网页的页面一般都比较长，浏览器在一屏内不能完全显示。要查看隐藏的网页内容，可向下拖动浏览器右侧的滚动条或滚动鼠标滚轮。找到感兴趣的内容标题或栏目后单击该超链接，再在新窗口中单击希望浏览的文章标题超链接，即可在打开的页面中阅读具体的文章内容。

提　示

> 浏览网页实质上就是通过单击感兴趣的超链接，访问超链接指向的页面的过程。网页中的超链接可以是文本、图片或动画等，将鼠标指针放置在网页中的对象上后，若鼠标指针变为手形“☝”，说明该对象是超链接，单击可打开相关页面。

2．保存网页中的信息

要保存网页中的文本内容和图片，可执行以下操作。

步骤 1▶ 保存文本。利用与在 Word 中选择文本相同的方法，选择需要保存的网页文本，然后右击所选文本，从弹出的快捷菜单中选择“复制”选项（或直接按“Ctrl+C”组合键）。

步骤 2▶ 打开记事本或 Word 程序，按“Ctrl+V”组合键，将文本粘贴到记事本或 Word 文档中。

步骤 3▶ 按“Ctrl+S”组合键，在打开的对话框中设置保存选项保存文件即可（与 Word 中一样）。

步骤 4▶ 保存图片。在要保存的图片上右击鼠标，在弹出的快捷菜单中选择“将图片另存为”选项，如图 6-37 所示。

图 6-37　选择“将图片另存为”选项

步骤 5▶ 打开“另存为”对话框，选择图片的保存位置，输入图片名称，单击“保存”按钮保存图片。

3. 收藏网页

收藏夹是在上网时收藏自己喜欢的或常用的网站网址的工具。要把喜欢的网页添加到收藏夹，可执行以下操作。

步骤 1▶ 打开要收藏的网页，然后单击“添加到收藏夹或阅读列表”按钮☆，如图 6-38 所示。

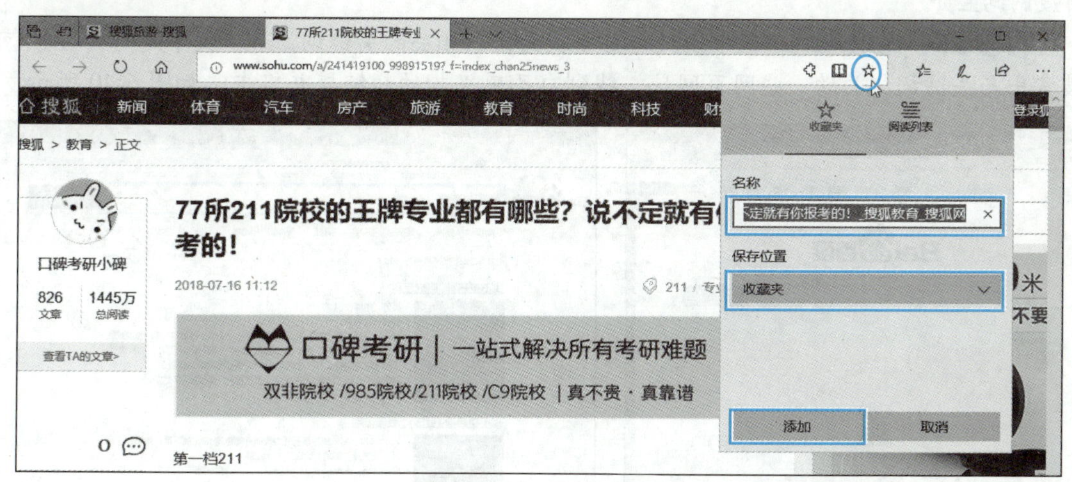

图 6-38　“收藏夹”列表

步骤 2▶ 在展开的下拉列表的“名称”编辑框中输入网页名称（也可保持默认），此时若单击“添加”按钮，可将网页保存到收藏夹的根目录下。

步骤 3▶ 如果要将网页收藏到其他位置，可单击“收藏夹”按钮，在展开的下拉列表中单击“创建新的文件夹”按钮，输入新文件夹名后单击“添加”按钮，将网页放置在新创建的文件夹中，方便查看。

若要打开收藏的网页，可单击“中心”按钮 ，在展开的下拉列表中单击“收藏夹”列表中收藏的网页链接即可，如图 6-39 所示。

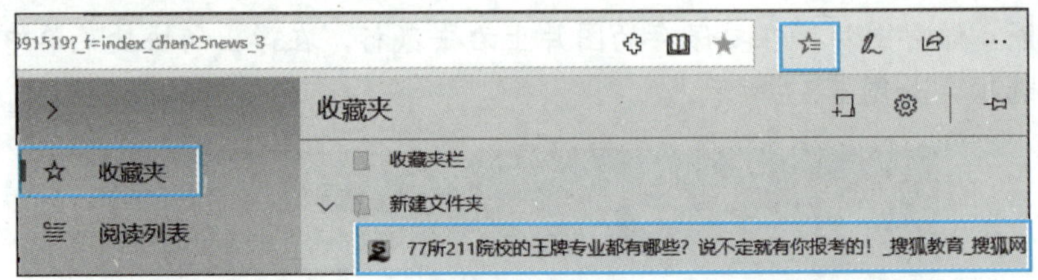

图 6-39　打开收藏的网页

4. 查找需要的信息

Internet 可以说是一个信息的海洋、资源的宝库，其中有各种各样的信息和资源。要从如此众多的信息中快速找到自己需要的信息，可采用如下两种方法。

（1）使用搜索引擎。

在 Internet 上有一类专门用来帮助用户查找信息的网站，称为搜索引擎。它可以帮助用户在浩瀚的 Internet 信息海洋中找到所需要的信息。

目前国内比较好的搜索引擎有百度（www.baidu.com）和 360 搜索（www.so.com）。它们都是专业的搜索引擎，其中使用百度的用户最多。另外，很多门户网站也都有自己的搜索引擎，如搜狐的搜狗（www.sogou.com）和网易的有道（www.youdao.com）。

下面以使用百度搜索引擎在网上查找信息为例，介绍搜索引擎的使用方法。

步骤 1▶ 在 Microsoft Edge 浏览器的地址栏中输入“www.baidu.com”，按“Enter”键打开百度网站主页。

步骤 2▶ 在搜索编辑框中输入与要查找的信息相关的关键词，如“我不是药神”，即可搜索出与关键词相关的一些网页网址，找到自己感兴趣的超链接并单击，如图 6-40 所示。

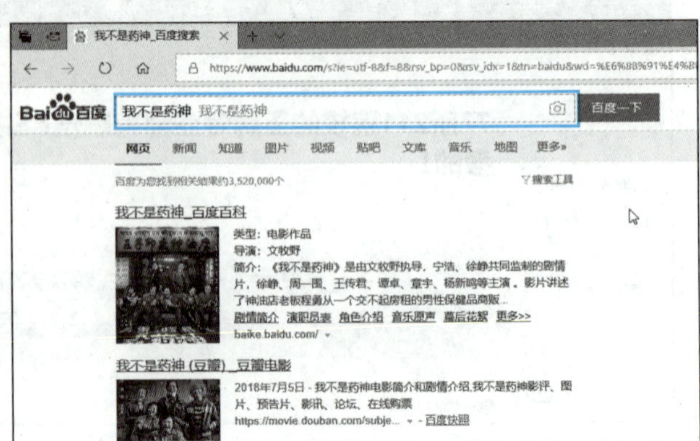

图 6-40　搜索与关键词有关的网页网址

用户还可在百度网站主页中单击“地图”和“视频”等搜索分类超链接，然后输入关键词，专门查找地图和视频等资源；或将鼠标指针移到“更多产品”文字链接上，在展开的列表中选择“音乐”“图片”等搜索分类超链接，然后输入关键词，可专门查找音乐和图片等资源。

（2）使用网址导航。

从搜索引擎搜索出来的网页鱼龙混杂，在为用户带来方便的同时，也隐藏着一定的风险。例如，某些网页带有恶意代码，当用户访问它时，病毒会不知不觉入侵用户的计算机。那么，用户该如何根据自己的需要找到并访问那些可靠性高，在相关领域比较知名的站点呢？答案是使用网址导航，即只检索在各领域比较著名的站点。

提供网址导航的网站很多，如“hao123”（www.hao123.com）、“搜狗网址导航”（123.sogou.com）等。它们会及时收录各类优秀网站，以及提供各类实用的服务。图 6-41 为“hao123”网站的主页，在该页面中单击要访问的网站，即可打开该网站主页。

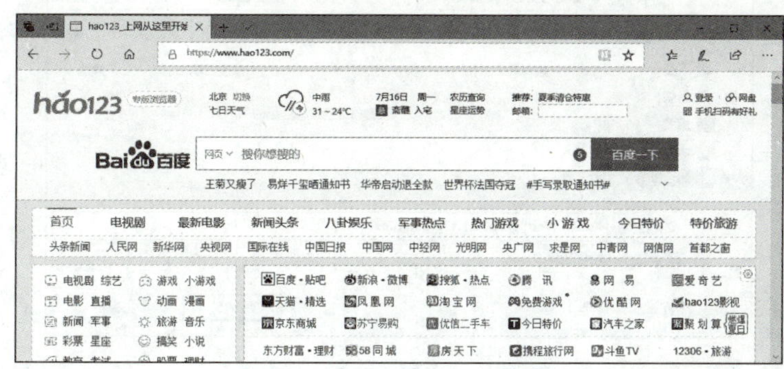

图 6-41　使用网址导航检索网页

5. 从网上下载资源

要利用 IE 浏览器的下载功能从网上下载资源，可执行以下操作。

步骤 1▶　从网上下载文件时，首先要打开该文件的链接所在的网页。例如，要下载迅雷软件，可打开 Microsoft Edge 浏览器，然后在百度网站主页输入关键字“迅雷”，按“Enter”键，即可在显示的网页中搜索到想要下载的软件，如图 6-42 所示。单击软件的某一下载链接，然后单击“立即下载”按钮，弹出软件下载页面。

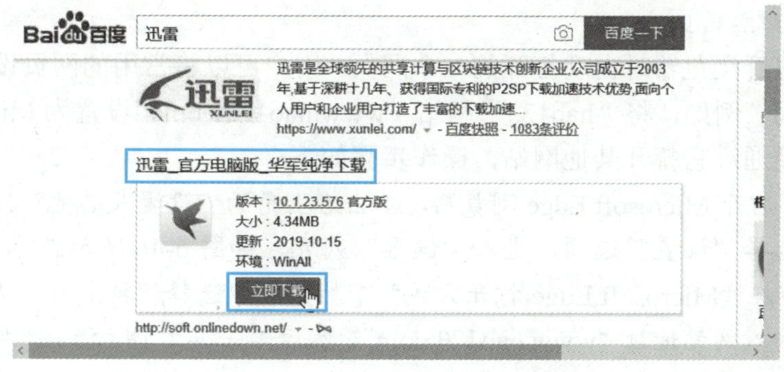

图 6-42　单击“立即下载”按钮

步骤 2▶ 在软件下载页面的底部显示下载界面，单击“保存”按钮右侧的下拉按钮，在展开的列表中选择“另存为”选项，如图 6-43 所示。如果直接单击“保存”按钮，下载的文件将保存在资源管理器的“下载”文件夹中。

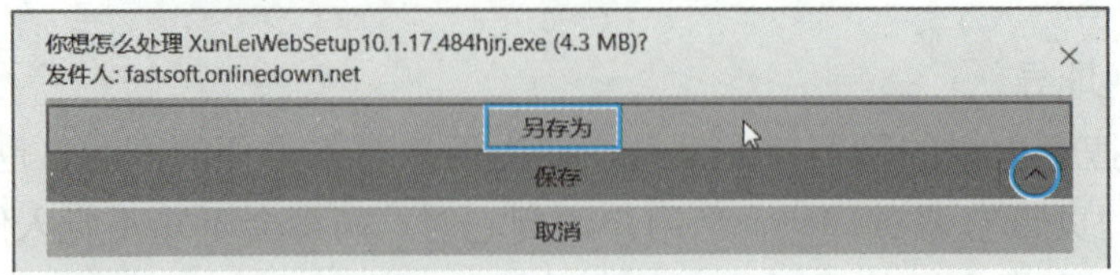

图 6-43 选择“另存为”选项

步骤 3▶ 打开“另存为”对话框，选择下载的文件在硬盘中的保存位置，单击“保存”按钮，如图 6-44 所示。

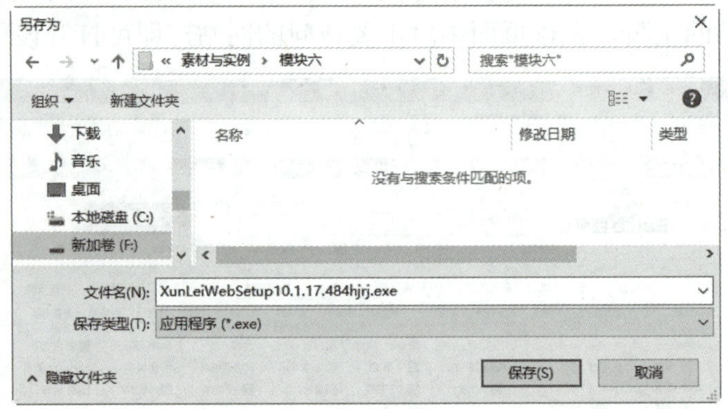

图 6-44 “另存为”对话框

步骤 4▶ 在网页的底部显示下载进度百分比(下载时间根据文件大小和网速不同而不同)。下载完毕，在网页底部显示如图 6-45 所示的界面。此时单击“运行”按钮，可运行下载的文件；单击“打开文件夹”按钮，可打开保存文件的文件夹。最后关闭下载页面。

图 6-45 下载完毕界面

6. 设置浏览器首页

首页就是打开浏览器时自动打开的一个网页。用户可以将常用的网页设置为浏览器首页，以方便使用。例如，将“hao123”网站（www.hao123.com）设置为 Microsoft Edge 浏览器首页，以便通过它打开其他网站，操作步骤如下：

步骤 1▶ 打开 Microsoft Edge 浏览器，单击右上角的“设置及其他”按钮···，在展开的下拉列表中选择“设置”选项，进入“设置”列表，如图 6-46 所示。

步骤 2▶ 在“Microsoft Edge 打开方式”下拉列表中选择“特定页”选项，并在其下方的编辑框中输入网站地址“www.hao123.com”，然后单击其右侧“保存”按钮，如图 6-47 所示。关闭浏览器再重新打开，就会看到首页变为“hao123”网站。

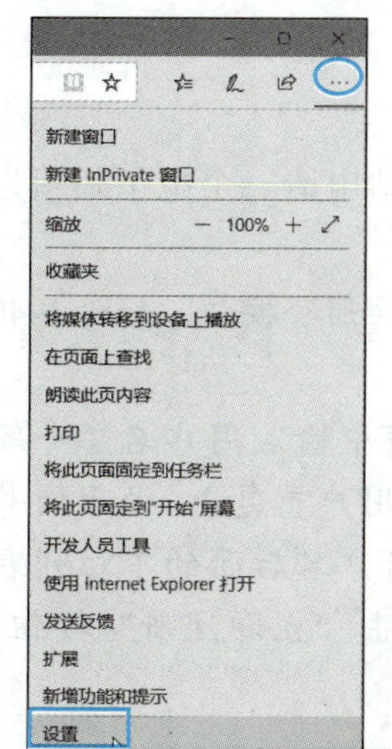

图 6-46 打开“设置”列表

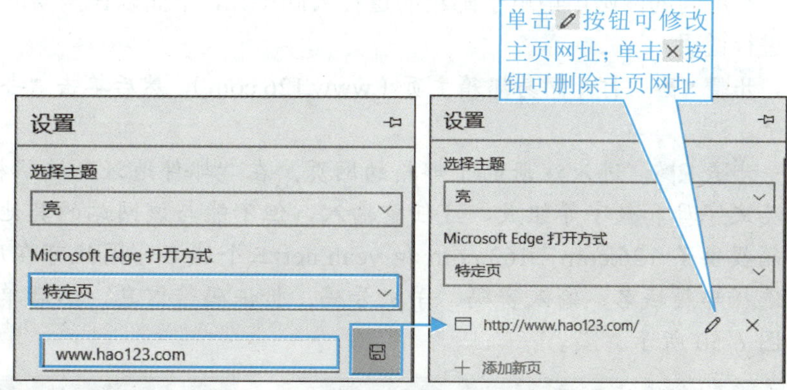

图 6-47 设置主页

7．清除网页浏览历史记录和临时文件

在浏览网页时，IE 浏览器会自动记录用户的操作，例如，曾经浏览过的网址、在某网站输入的用户名和密码等信息，为了避免泄露个人隐私，可以将其清除。此外，浏览器还会将浏览过的网页、网页中的文件等作为临时文件保存在计算机中，一般这些文件都没有太大用处，可以定期对其进行清理，以释放磁盘空间。清除网页浏览历史记录和临时文件的操作步骤如下。

步骤 1▶ 打开 Microsoft Edge 浏览器，单击右上角的“设置及其他”按钮…，在展开的下拉列表中选择“设置”选项，进入“设置”列表。

步骤 2▶ 在“清除浏览数据”设置区中单击“选择要清除的内容”按钮，打开“清除浏览数据”列表，选择要清除浏览的记录类型，单击“清除”按钮，即可删除这些记录，如图 6-48 所示。

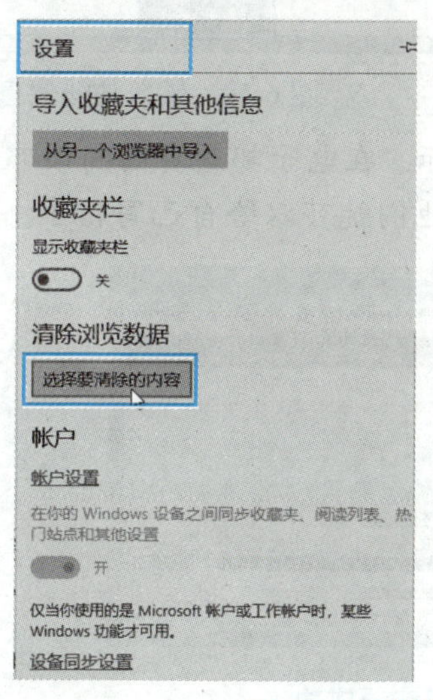

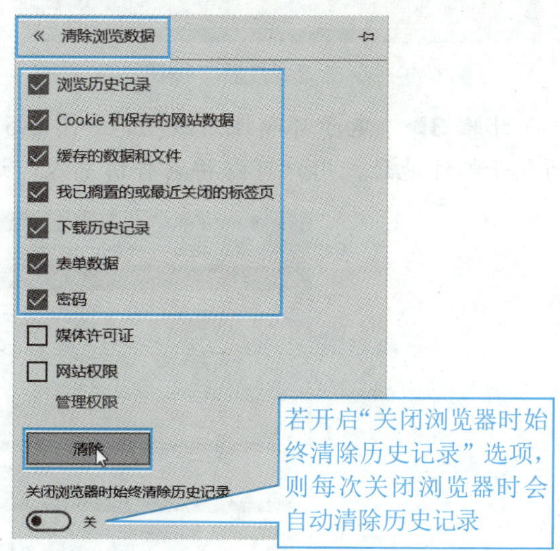

图 6-48 删除临时文件和历史记录等

任务二 收发电子邮件

1. 申请电子邮箱并登录

在不同的网站申请电子邮箱的过程大同小异，下面以在网易网站申请一个电子邮箱为例进行说明。

步骤 1▶ 打开网易邮箱主页（www.126.com），然后单击“去注册”按钮，如图 6-49 所示。

步骤 2▶ 进入注册电子邮箱的网页。在“邮件地址”编辑框中输入用户名（一般由英文字母和数字等组成，可任意输入，但不能与该网站的其他用户重复）；由于网易邮箱提供了 126.com、163.com 和 yeah.net 三个域名，因此可在用户名后面的下拉列表中选择邮箱域名，输入密码、手机号码、验证码等信息，然后单击“立即注册”按钮，如图 6-50 所示。

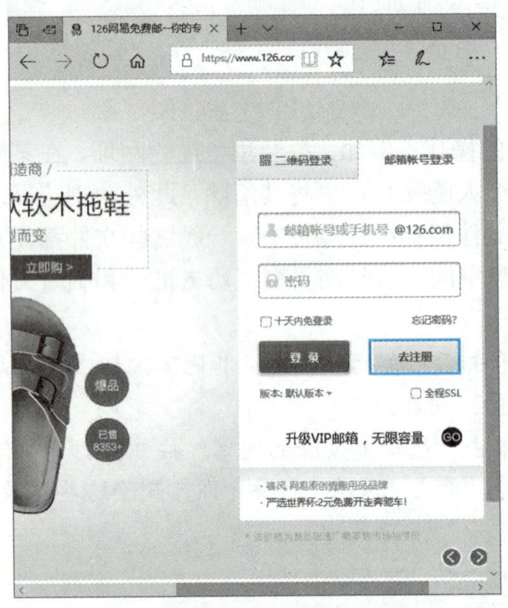

图 6-49 单击“去注册”按钮

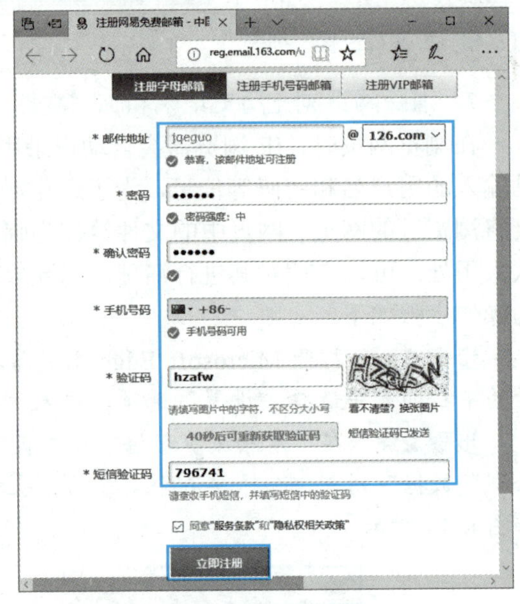

图 6-50 输入注册信息

步骤 3▶ 电子邮箱注册成功，如图 6-51 所示。在电子邮箱页面的顶部显示登录用户的电子邮件地址，用户可以将它告诉别人，这样他们就可以给自己写信了。

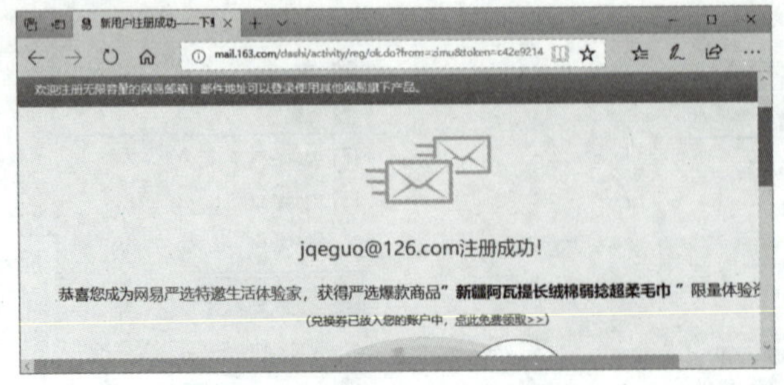

图 6-51 电子邮箱注册成功

2．发送并阅读电子邮件

要通过网页方式收发电子邮件，首先需要在申请电子邮箱的网站登录电子邮箱。用户可以在连接到 Internet 的任何一台计算机上登录已申请到的电子邮箱。写信和发送电子邮件的操作步骤如下。

步骤 1▶ 打开网易网站的电子邮箱网页，输入电子邮件地址和密码，单击“登录”按钮，登录电子邮箱。

步骤 2▶ 在电子邮箱页面中单击左侧的“写信”超链接，打开写信页面，分别在“收件人”“主题”和“正文”编辑框中输入收件人的电子邮件地址、主题和具体内容，然后单击“发送”按钮，如图 6-52 所示。

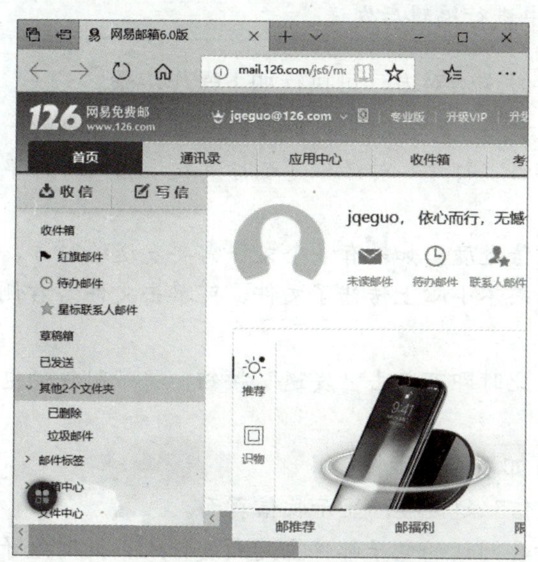

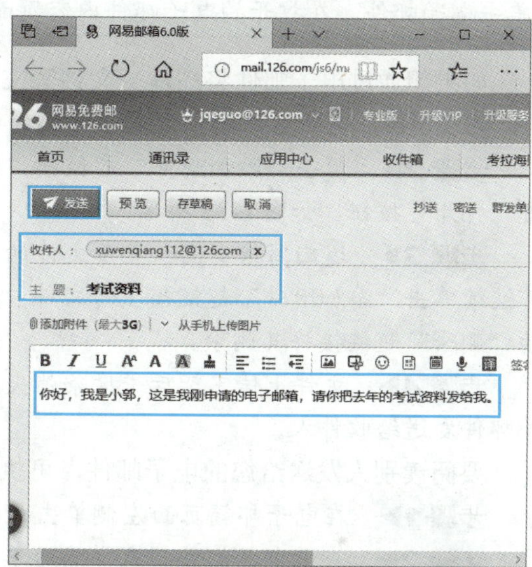

图 6-52　写信并发送电子邮件

大多数网站的电子邮箱页面左侧为功能导航区，包括“写信”“收信”超链接，以及“收件箱”“草稿箱”“已发送”“已删除”“垃圾邮件”等文件夹超链接，单击某个超链接，即可在电子邮箱页面右侧进行相关操作。电子邮箱首页中几个重要文件夹的含义如下：

- **收件箱：**保存接收到的电子邮件。
- **草稿箱：**保存还未写完或写完后没有发送的电子邮件。
- **已发送：**已发送的电子邮件默认会被保存在该文件夹中。
- **已删除：**保存从收件箱、草稿箱等文件夹中删除的电子邮件。
- **垃圾邮件：**保存被邮箱认定为垃圾信息的电子邮件。

写信页面中的一些选项的含义如下：

- **收件人：**一般是指收件人的电子邮件地址。如果需要将一封信同时发送给多人，可输入多个收件人的电子邮件地址，中间用英文逗号“,”隔开。
- **主题：**是对电子邮件内容的概括和提炼，合适的主题能让收信方一看便知电子邮件的作用和主要内容，从而能区分轻重缓急，并方便对电子邮件进行分类和管理。

➢ 正文：电子邮件的正文一般不像现实中的信件那样正式，甚至可以是一两句简单的话。用户可以通过单击“正文”编辑框上方的相应工具按钮设置正文格式，或在邮件中插入一个表情、一幅图片，还可以使用漂亮的信纸。

提　示

当编写的电子邮件正文内容较多时，为避免丢失内容，应及时单击“草稿箱”按钮，将电子邮件保存在草稿箱中。对于已写好但又不想马上发送的电子邮件，也应将其保存到草稿箱中。

要编辑和发送草稿箱中的电子邮件，可单击窗口左侧的“草稿箱”超链接，然后单击电子邮件，在打开的电子邮件内容页面中进行编辑后发送。

如果想通过电子邮件将图片、文档等文件发送给对方，可执行如下操作步骤。

步骤 1▶ 在写信页面中输入收件人的电子邮件地址、主题和具体内容。

步骤 2▶ 单击“添加附件”超链接，弹出“打开”对话框，选择要发送的文件，单击“打开”按钮，如图 6-53 所示。

步骤 3▶ 返回写信页面，显示文件的上传进度。如果有多个文件需要发送给对方，可继续单击“添加附件”超链接上传文件；如果不小心上传错了文件，可单击文件名右侧的“删除”超链接将其删除。

步骤 4▶ 文件上传完毕后进度条消失，此时即可单击“发送”按钮，将带附件的电子邮件发送给收件人。

要阅读别人发送给您的电子邮件，可执行如下操作步骤。

步骤 1▶ 在电子邮箱页面左侧单击“收信”超链接，显示收信页面。

步骤 2▶ 查看电子邮件列表，然后单击要阅读的电子邮件主题或发件人，此时电子邮件正文内容或附件就会显示出来，如图 6-54 所示。

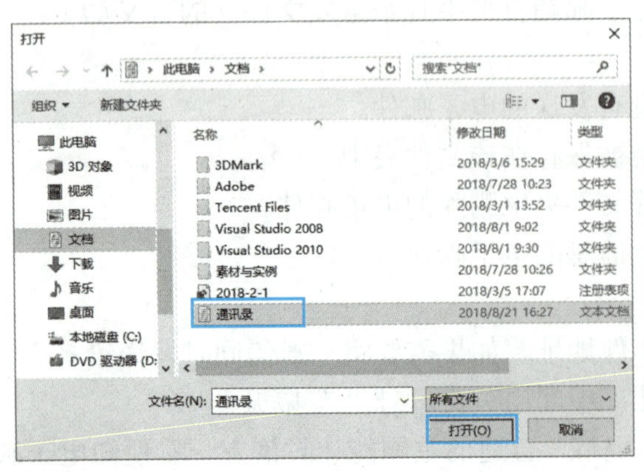

图 6-53　选择要发送给对方的文件

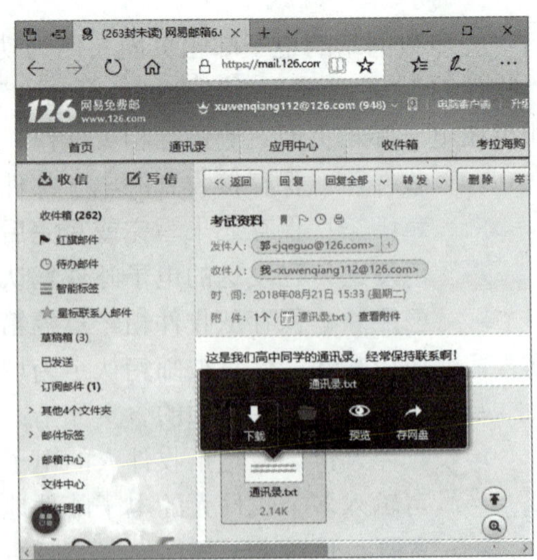

图 6-54　阅读电子邮件内容

步骤 3▶ 如果电子邮件包含附件，在电子邮件中将显示附件的名称、大小，将鼠标指针移至附件上方会显示下载、打开、预览、存网盘等操作按钮，用户可单击“下载”按钮将附件下载到计算机中，其方法与下载普通文件相同。

阅读电子邮件时，可单击电子邮件上方的“回复”按钮，给发件人回信；单击“转发”按钮，将电子邮件转发给别人；单击“删除”按钮，将电子邮件删除。

拓展阅读

通过一张航拍照片，他“偶遇”了《沁园春·雪》

EyeOpener 是一名优秀的科普视频创作者，他非常善于利用各种检索工具搜索信息，被粉丝们亲切地称为“搜索之王”。不久前，EyeOpener 接受了一项网络挑战，他需要根据网友给出的航拍照片（见图 6-55），判断出拍摄画面的准确位置。

图 6-55　挑战赛线索——一张航拍照片

很多人对这一挑战的难度感到吃惊，但 EyeOpener 却通过他敏锐的观察力和优秀的信息检索能力，不仅找到了拍摄画面的准确位置——陕西省榆林市清涧县高杰村镇高家洼村，甚至还发现毛主席正是游览此地之后，写下了著名诗篇《沁园春·雪》。通过一次神奇的搜索之旅，EyeOpener 不仅带领网友们一起领略了黄土高坡的壮丽风景，游览了气势磅礴的黄河，还偶然捕捉到了毛主席在艰苦岁月中面对祖国大好河山时抒发诗人本性的珍贵历史瞬间。

在寻求答案的过程中，EyeOpener 并没有比其他人拥有更多的原始信息，他之所以能够准确地找到答案，甚至挖掘出地理位置背后的历史故事，一是有赖于他卓越的信息素养，能够敏锐地发现有用的信息、不断鉴别信息，从而缩小检索范围；二是有赖于各类信息检索工具的帮助，如利用高清卫星地图和搜索引擎网站获取包罗万象的信息。

小　结

本模块主要学习了计算机网络基础的相关知识。学完本模块内容后，读者应重点掌握以下知识：

（1）掌握组建无线/有线混合局域网的方法，并能设置和访问共享资源。

（2）掌握浏览网页，使用搜索引擎检索网上信息的方法。

（3）掌握从网上下载资源等的方法。

（4）掌握申请电子邮箱及收发电子邮件的方法，在发送邮件时，可以发送图片、文档等。

课后练习

1. 选择题

（1）要查看曾经浏览过的网页，可通过（　　）（多选题）。

A．收藏夹　　B．地址栏

C．历史记录　　D．“前进”和“后退”按钮

（2）在网上最常用的一类查询工具叫作（　　）。

A．ISP　　B．搜索引擎

C．网络加速器　　D．离线浏览器

（3）下面电子邮件地址中格式正确的是（　　）。

A．kaoshi@sina.com　　B．kaoshi,@sina.com

C．kaoshi@,sina.com　　D．kaoshisina.com

（4）某主机的电子邮件地址为 cat@public.mba.net.cn，其中 cat 代表（　　）。

A．用户名　　B．网络地址　　C．域名　　D．主机名

（5）在浏览网页的过程中，当鼠标指针移动到已设置了超链接的区域时，鼠标指针形状一般变为（　　）。

A．小手形状　　B．双向箭头　　C．禁止图案　　D．下拉箭头

（6）使用浏览器浏览网站时，“收藏夹”的作用是（　　）。

A．记住某些网站地址，方便下次访问

B．复制网页中的内容

C．打印网页中的内容

D．隐藏网页中的内容

（7）（　　）不是组建局域网的设备。

A．网卡　　B．交换机　　C．声卡　　D．网线

（8）计算机网络按地理范围可分为（　　）。

A．广域网、城域网和局域网　　B．广域网、因特网和局域网

C．因特网、城域网和局域网　　D．因特网、广域网和对等网

（9）Internet 实现了分布在世界各地的各类网络的互联，其最基础和核心的协议是（　　）。

A．TCP/IP　　B．FTP　　C．HTML　　D．HTTP

（10）下列各项中，非法的 IP 地址是（　　）。

A．33.112.78.6　　B．45.98.12.145

C．79.45.9.234　　D．166.277.13.98

（11）下列域名书写正确的是（　　）。

A．_catch.gov.cn　　B．catch.gov.cn

C．catch,edu,cn　　D．catch..gov.cn1

（12）中国的域名是（　　）。

A．com　　B．uk　　C．cn　　D．jp

2．操作题

（1）将百度（www.baidu.com）网站设置为 Microsoft Edge 浏览器的首页；将学校网站主页添加到收藏夹中。

（2）在网上搜索关于泰山的介绍，将文字复制到记事本中，以“泰山风景区简介”命名，保存在“泰山风景区”文件夹中（可新建该文件夹）；搜索泰山风景区图片并保存到“泰山风景区”文件夹中。

（3）在网易网站（www.163.com）申请一个含自己名字全拼的电子邮箱，向指定邮箱发送一封带照片的电子邮件，将下载的资源发送给朋友。

模块七　计算机维护与安全

【模块导读】

计算机使用一段时间后，系统运行速度会逐渐变慢，这主要是由于安装的应用程序、积累的垃圾文件或自启动程序过多等造成的，因此需要对计算机进行优化。在 Windows 10 中，通过对系统组件进行管理，可以提高计算机性能，延长硬件的使用寿命。

另外，计算机在为用户的工作、学习和生活带来便利的同时，也面临许多安全威胁，用户稍不留意，计算机就会感染病毒，或被黑客攻击，造成计算机不能正常使用，或损失重要的数据。为此，用户有必要启用 Windows 的防火墙，在计算机中安装一款安全上网软件，同时还需要在计算机中安装一款防病毒软件。本模块就来学习这些知识。

【素质目标】

了解计算机病毒及其防治方法，熟悉我国政府为共筑网络安全屏障，采取的诸多措施及取得的显著成效，增强网络安全意识，心系国家建设。

项目一　维护磁盘与计算机系统

【情景描述】

小谭的朋友小邓在使用计算机时，发现计算机的运行速度变得越来越慢，有时还出现内存不足的提示。小谭告诉小邓，可能是一些应用程序、插件、服务等随系统一起启动并在后台运行，也可能是系统垃圾文件过多，它们都会占用系统资源，使系统的运行速度变慢。此时可以利用 Windows 10 提供的硬盘维护工具，对计算机的硬盘进行管理和维护，重新设置一下虚拟内存等。

另外，小邓还发现计算机的硬盘有一块区域没有被分配，需要小谭教他对该区域进行分区和格式化操作，以存放相关资料。下面我们和小谭、小邓一起来完成这些任务。

【项目要求】

- 了解维护磁盘的相关知识，掌握对磁盘进行维护的方法。
- 了解维护系统的相关知识，掌握对系统进行维护的方法。

【相关知识】

一、磁盘维护基础知识

- 硬盘分区与盘符：硬盘分区是指将硬盘的整体存储空间划分成相互独立的多个区域，以用来安装不同的操作系统、存储文件和安装应用程序等。为了便于区分不同的磁盘驱动器，每个磁盘驱动器都被分配一个代号，如磁盘 C（通常为操作系统所在磁盘分区）、磁盘 D、磁盘 E 和磁盘 F 等，这就是盘符。
- “磁盘清理”工具：可以帮助用户找出并清理硬盘中的垃圾文件，从而提高计算机的运行速度，以及增加硬盘的可用空间。
- “磁盘碎片整理”工具：可以整理磁盘碎片，提高系统运行速度。
- “磁盘扫描”工具：用于检查硬盘健康状态及数据储存情况。一般情况下，磁盘扫描能检测出硬盘上的坏道、文件交叉链接和文件分配表错误等故障。

二、系统维护基础知识

- 管理自启动程序：启动 Windows 时，若自动运行的程序太多，会占用计算机系统资源，此时可以关闭一些不需要自启动的程序。
- 优化内存：内存用于存放经常使用的数据，以便与 CPU 高速交换数据。如果虚拟内存不足，会造成系统运行错误。优化内存，可以提高系统的工作效率。

【项目实施】

任务一　硬盘分区与格式化

安装操作系统和软件之前，首先需要对硬盘进行分区和格式化，然后才能使用它保存各种信息。下面利用 Windows 10 自带的磁盘管理工具在已安装操作系统的磁盘中创建磁盘分区并格式化磁盘。

1．创建磁盘分区

步骤 1▶ 进入 Windows 10 系统后，右击桌面上的“此电脑”图标，在弹出的快捷菜单中选择“管理”选项，在打开的“计算机管理”窗口中选择“磁盘管理”选项，在右侧窗格中可以看到硬盘的分区状态，如图 7-1 所示。

步骤 2▶ 在“未分配”图示上单击鼠标右键，在弹出的快捷菜单中选择“新建简单卷”选项，如图 7-1 所示。

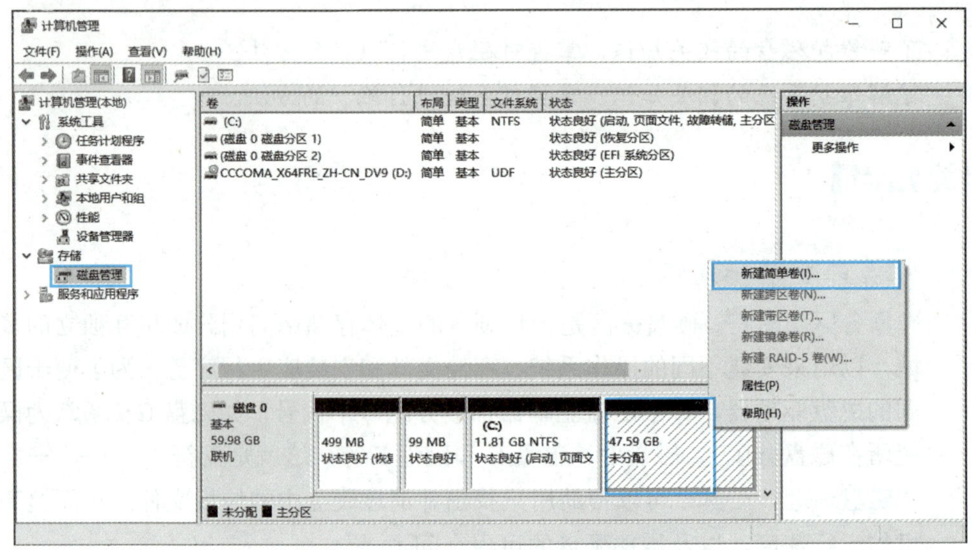

图 7-1 “磁盘管理”界面

步骤 3▶ 打开“新建简单卷向导”对话框，单击“下一步”按钮，如图 7-2 所示。

步骤 4▶ 在打开的“指定卷大小”界面的“简单卷大小”编辑框中输入新建分区的大小，然后单击“下一步”按钮，如图 7-3 所示。

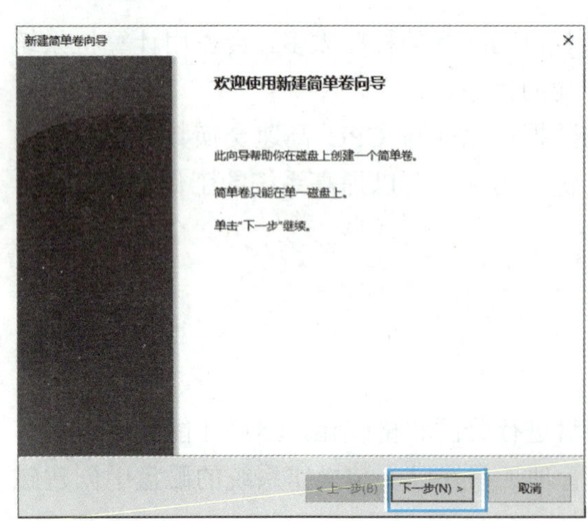

图 7-2 新建磁盘分区向导

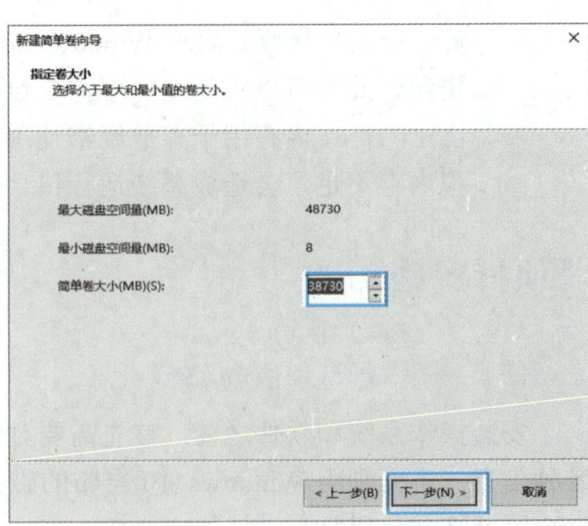

图 7-3 指定磁盘分区大小

步骤 5▶ 在打开的“分配驱动器号和路径”界面中单击“下一步”按钮，如图 7-4 所示。

步骤 6▶ 在打开的“格式化分区”界面中选择“按下列设置格式化这个卷”单选钮，选中“执行快速格式化”复选框，单击“下一步”按钮，如图 7-5 所示。如果不想格式化新建的分区，则选中“不要格式化这个卷”单选钮。

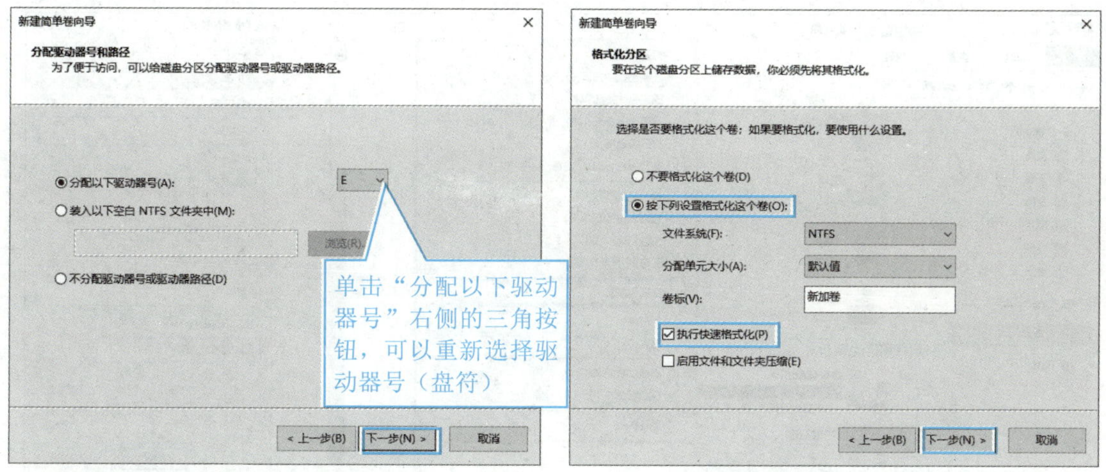

图 7-4　选择驱动器号　　　　图 7-5　格式化磁盘分区

步骤 7▶ 在打开的图 7-6 所示界面中单击“完成”按钮，完成分区的创建。用户可根据需要在硬盘的未分配空间中继续创建分区，直到将未分配空间创建完。

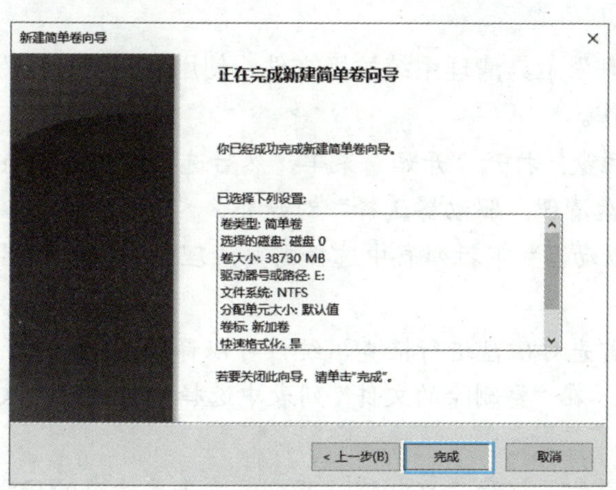

图 7-6　完成分区的创建

2. 格式化磁盘分区

如果在创建分区时没有对创建的分区进行格式化，或在使用计算机的过程中需要将某个磁盘上的文件全部清除，可以使用 Windows 系统中的“格式化”命令格式化磁盘分区，为此，可执行以下操作。

步骤 1▶ 打开“此电脑”窗口，在要格式化的磁盘分区上单击鼠标右键，在弹出的快捷菜单中选择“格式化”选项，如图 7-7 所示。

步骤 2▶ 打开“格式化 新加卷”对话框，在该对话框中的“文件系统”下拉列表中选择分区的文件系统（如 NTFS），然后选中“快速格式化”复选框，最后单击“开始”按钮，开始格式化磁盘分区，如图 7-8 所示。

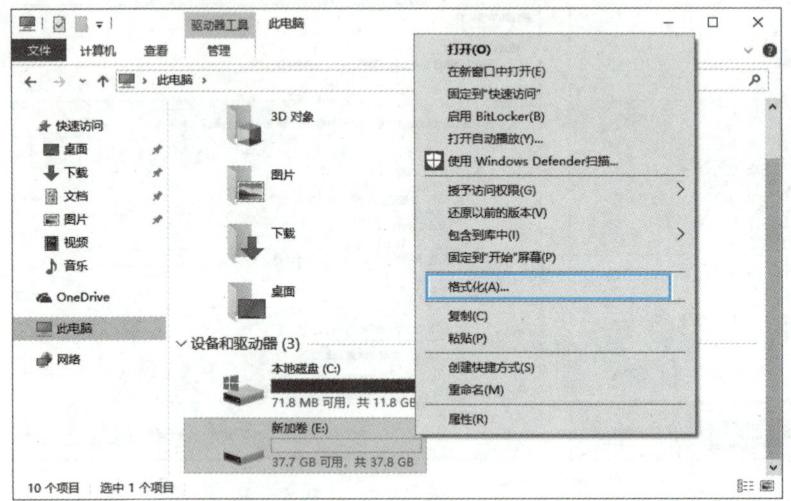

图 7-7 选择“格式化”选项

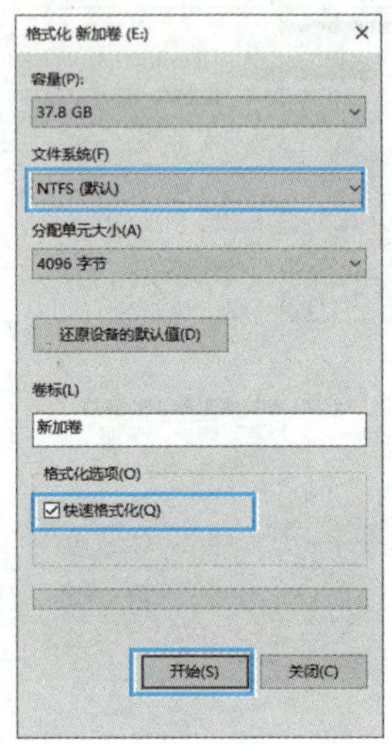

图 7-8 选中“快速格式化”复选框

任务二 清理与检查磁盘

要使用“磁盘清理”工具清理系统垃圾文件，使用“磁盘扫描”工具检测和修复磁盘错误，可执行以下操作。

步骤 1▶ 清理磁盘。打开“开始”菜单，然后选择“Windows 管理工具”/“磁盘清理”选项，打开“磁盘清理：驱动器选择”对话框。

步骤 2▶ 在“驱动器”下拉列表中选择需要清理的磁盘驱动器，单击“确定”按钮，如图 7-9 所示。

步骤 3▶ 系统首先对磁盘进行检查，统计可以释放多少空间。统计结束后，弹出如图 7-10 所示的对话框。在“要删除的文件”列表中选择需要清理的文件，然后单击“确定”按钮开始清理。

步骤 4▶ 检查磁盘。打开“此电脑”窗口，右击要检查的磁盘，在弹出的快捷菜单中选择“属性”选项，打开磁盘属性对话框，在“工具”选项卡中单击“检查”按钮，如图 7-11 所示。

步骤 5▶ 打开检查磁盘对话框，选择“扫描驱动器”选项，如图 7-12 所示。开始进行磁盘扫描，并显示进度。稍等一会儿，Windows 会显示成功扫描驱动器的对话框，告知发现或未发现错误。如发现有错误，根据提示操作即可。

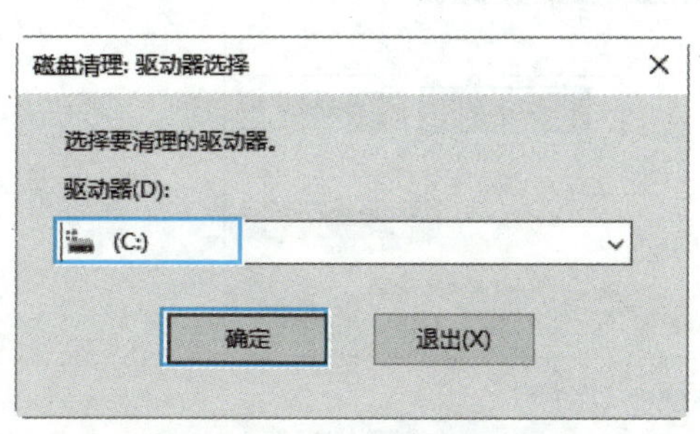

图 7-9　选择要清理的磁盘

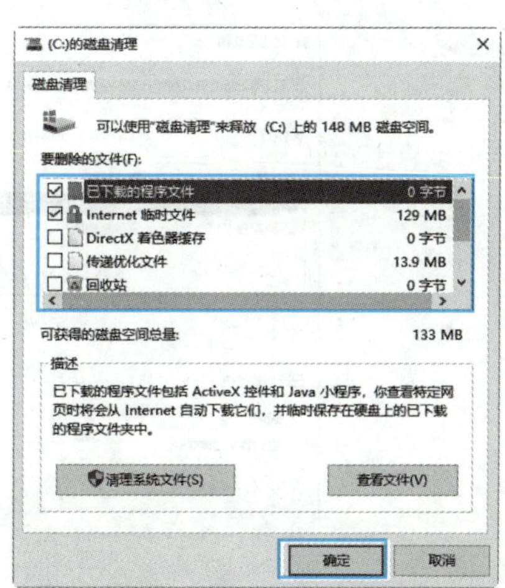

图 7-10　选择需要清理的文件

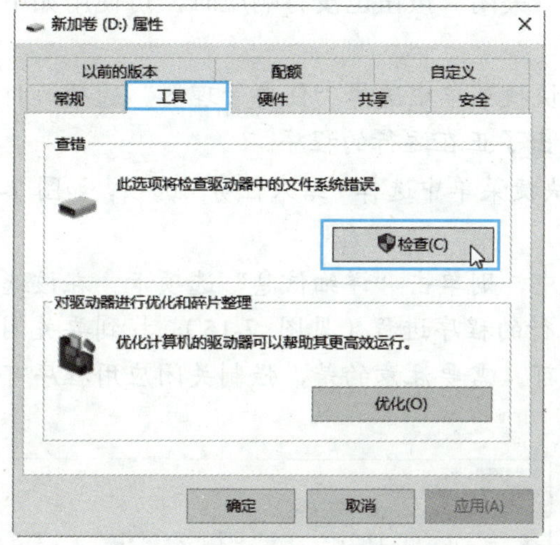

图 7-11　单击“检查”按钮

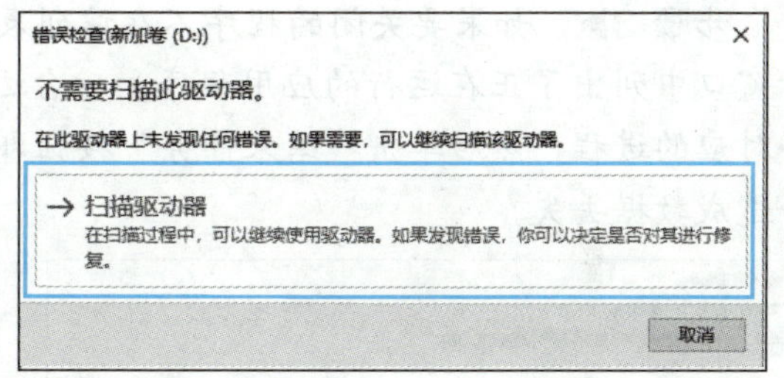

图 7-12　选择“扫描驱动器”选项

任务三　整理磁盘碎片

要使用“磁盘碎片整理”工具整理磁盘碎片，可执行以下操作。

步骤 1▶　打开“开始”菜单，然后选择“Windows 管理工具”/“碎片整理和优化驱动器”选项。

步骤 2▶　打开“优化驱动器”对话框，选择要整理碎片的磁盘驱动器，单击“分析”按钮，分析磁盘是否需要进行碎片整理，如图 7-13 所示。若要优化磁盘驱动器，可选中磁盘驱动器后单击“优化”按钮。

步骤 3▶　分析完成后，根据提示进行操作即可。磁盘碎片整理会花很长的时间。整理完后，单击“关闭”按钮，完成指定磁盘的碎片整理工作。

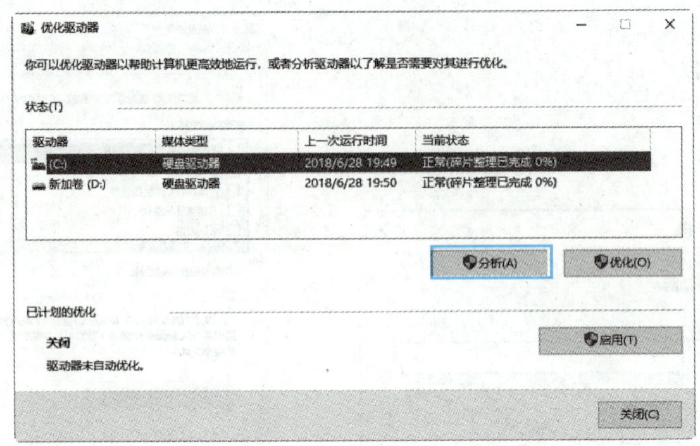

图 7-13　整理磁盘碎片

任务四　关闭无响应的程序

在 Windows10 中，若遇到应用程序单击“关闭”按钮也没有响应时，可使用如下方法将其关闭。

步骤 1▶　右击任务栏空白处，在弹出的快捷菜单中选择“任务管理器”选项，打开“任务管理器”对话框。在“进程”选项卡列出了正在运行的程序。

步骤 2▶　右击要关闭的程序，在弹出的快捷菜单中选择“结束任务”选项，如图 7-14 所示。

步骤 3▶　如果要关闭的程序不在该列表中，则单击“详细信息”选项卡。在该选项卡窗口中列出了正在运行的应用程序和后台运行的程序进程（见图 7-15），找到要关闭程序对应的进程，然后单击“结束任务”按钮即可。需要注意的是，强制关闭应用程序可能会造成数据丢失。

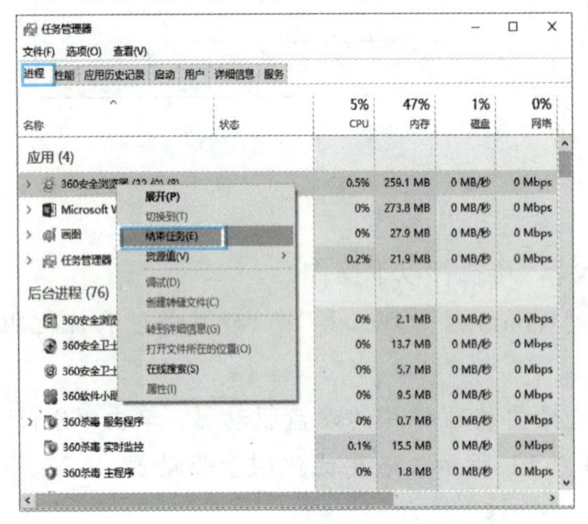

图 7-14　“进程”选项卡

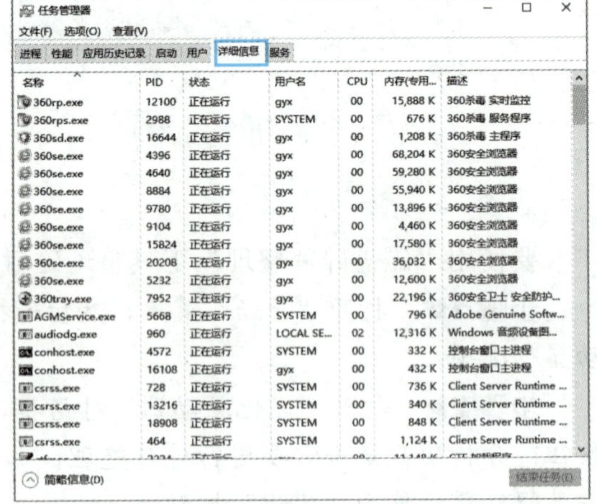

图 7-15　“详细信息”选项卡

任务五　设置虚拟内存

虚拟内存是将硬盘的部分空间虚拟出来做内存。如果计算机在运行大程序时显示内存不足，则可以通过虚拟内存来弥补，为此，可执行以下操作。

步骤 1▶ 右击桌面上的“此电脑”图标，在弹出的快捷菜单中选择“属性”选项，打开“系统”窗口，选择左侧的“高级系统设置”选项，打开“系统属性”对话框，切换到“高级”选项卡，单击“性能”设置区中的“设置”按钮，如图 7-16 所示。

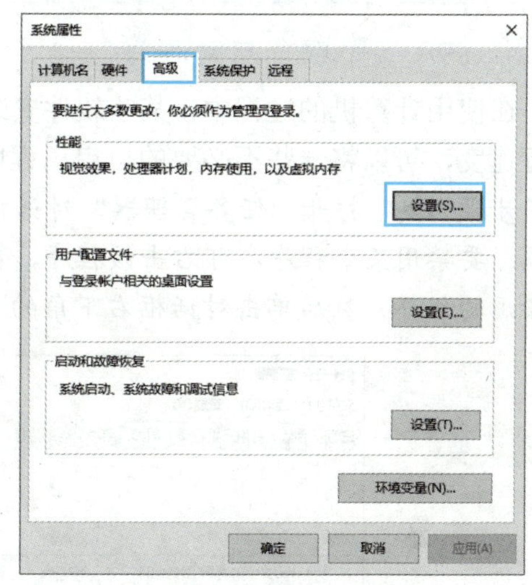

图 7-16　打开“系统属性”对话框

步骤 2▶ 打开“性能选项”对话框，切换到“高级”选项卡，单击“虚拟内存”设置区中的“更改”按钮，如图 7-17 所示。

步骤 3▶ 打开“虚拟内存”对话框，取消“自动管理所有驱动器的分页文件大小”复选框，在“驱动器”列表中选择分配虚拟内存的磁盘分区（可选择剩余空间大的磁盘），选中“自定义大小”单选钮，再分别在“初始大小”和“最大值”编辑框中输入设置值，单击“设置”按钮，最后单击“确定”按钮完成设置，如图 7-18 所示。

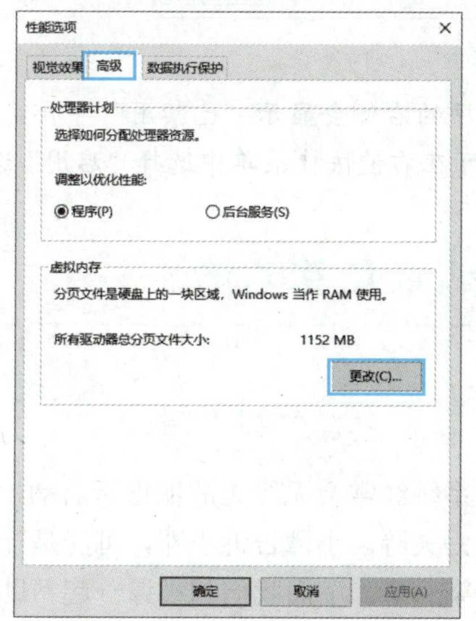

图 7-17　单击“更改”按钮

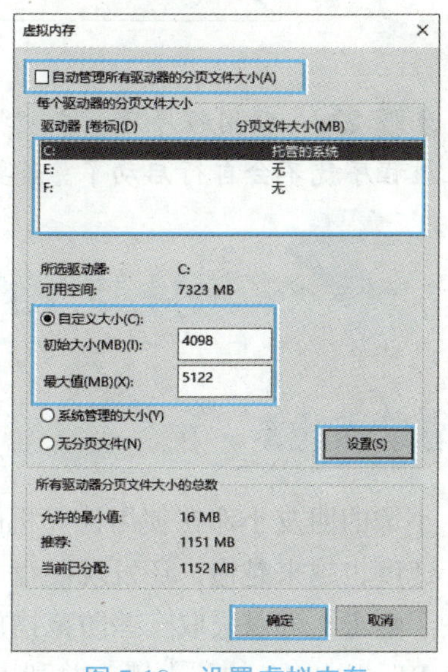

图 7-18　设置虚拟内存

可将虚拟内存的初始大小和最大值设置为物理内存的1～2倍。例如，2 G的物理内存设置为 3 072～4 096 MB，4 G 的内存设置为 6 144～8 192 MB。

任务六　管理自启动程序

在使用计算机的过程中，某些软件安装好后都会默认为自启动，有时为了提高系统的运行速度，可以将一些不必要的自启动程序关闭，为此，可执行以下操作。

步骤 1▶ 打开“任务管理器”对话框，用户可在“启动”选项卡禁用或启用某个启动项。要禁用某个程序，可右击该程序，在弹出的快捷菜单中选择“禁用”选项，或选择要禁用的程序，然后单击对话框右下角的“禁用”按钮，如图 7-19 所示。

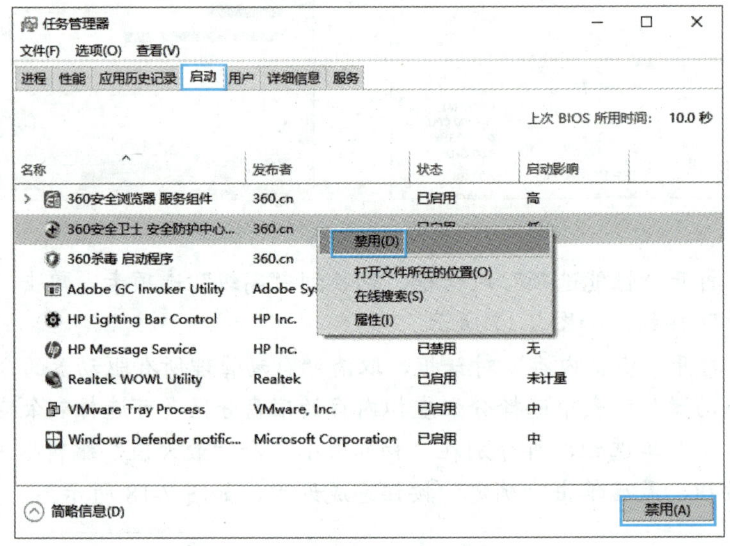

图 7-19　禁用程序

步骤 2▶ 禁用程序后，在“状态”列相应程序的右侧会显示“已禁用”字样，下次开机该程序就不会自行启动了。若要启用该程序，可在右键快捷菜单中选择“启用”选项。

项目二　了解计算机病毒及其防治

【情景描述】

小谭的朋友小邓在使用计算机的过程中，发现系统经常会无缘无故地重新启动，并且运行速度也越来越慢，还发现硬盘中的文件也不时丢失等。小谭告诉小邓，可能是计算机感染了病毒，可以采取一些防范措施避免计算机感染病毒。下面我们和小谭一起帮助小邓开启 Windows 10 的防火墙，并利用安装的 360 杀毒软件对计算机进行病毒查杀。

【项目要求】

- 了解计算机病毒的相关知识。
- 掌握开启 Windows 防火墙的方法。
- 掌握 306 杀毒软件的操作方法。

【相关知识】

一、计算机病毒的概念、特点和分类

1．计算机病毒的概念

计算机病毒是一种人为编制的特殊程序，或普通程序中的一段特殊代码。它的功能是影响计算机的正常运行、毁坏计算机中的数据或窃取用户的账号、密码等。

在大多数情况下，计算机病毒不是独立存在的，而是依附（寄生）在其他计算机文件中。由于它像生物病毒一样，具有传染性、破坏性并能够进行自我复制，因此被称为病毒。

提　示

我们经常听说的木马属于远程控制软件，木马传播者利用各种渠道（例如，邮件附件、恶意网页等）将木马种植在用户计算机中，这样他们便可以从远程控制用户的计算机，盗取用户的账号、密码，以及删除用户计算机中的文件等。

2．计算机病毒的特点

计算机病毒具有以下几个明显的特点：

- 破坏性：计算机病毒发作时，轻则占用系统资源，影响计算机运行速度；严重的甚至会删除、破坏和盗取用户计算机中的重要数据，或损坏计算机硬件等。
- 传染性：这是计算机病毒的基本特征。计算机病毒会进行自我繁殖、自我复制，并通过各种渠道，如移动 U 盘、网络等传染计算机。
- 隐蔽性：计算机病毒具有很强的隐蔽性，它通常寄生在正常的程序之中，或使用正常的文件图标来伪装自己，如伪装成图片、文档或注册表文件等，从而使用户不易发觉。但当用户执行病毒寄生的程序，或打开病毒伪装成的文件等时，病毒就会运行，对用户的计算机造成破坏。
- 潜伏性：病毒入侵计算机后，一般不会马上发作，而是潜伏在计算机中，继续进行传播而不被发现。当外界条件满足病毒发生的条件时，病毒才开始破坏活动。例如，“愚人节”病毒的发作条件是愚人节，即每年的 4 月 1 日。

3. 计算机病毒的分类

按破坏程度分类，可分为以下几种：

- 良性病毒：只对系统的正常工作进行干扰，但不破坏磁盘数据和文件。
- 恶性病毒：删除和破坏磁盘数据和文件内容，使系统处于瘫痪状态。

按病毒所依附的媒体类型分类，可分为以下几种：

- 网络病毒：通过计算机网络传播感染网络中的可执行文件。
- 文件病毒：感染计算机中的文件（如COM、EXE、DOC等）。
- 引导型病毒：感染启动扇区（Boot）和硬盘的系统引导扇区（MBR）。

按病毒特有的算法分类，可分为以下几种：

- 伴随型病毒：这类病毒并不改变文件本身，它们根据算法产生 EXE 文件的伴随体，具有同样的名字和不同的扩展名（COM）。
- 蠕虫型病毒：通过计算机网络传播，不改变文件和资料信息，利用网络从一台机器的内存传播到其他机器的内存，通过计算网络地址，将自身的病毒通过网络发送。
- 寄生型病毒：除了伴随和蠕虫型外，其他病毒均可称为寄生型病毒，它们依附在系统的引导扇区或文件中，通过系统的功能进行传播。

二、计算机感染病毒的表现

计算机感染了病毒后，以下表现最为常见：

（1）计算机系统的运行速度明显变慢。

（2）计算机经常无缘无故地死机或重新启动。

（3）硬盘中的文件丢失或被损坏。

（4）文件无法正确读取、复制或打开。

（5）之前能正常运行的软件经常发生内存不足的错误，甚至死机。

（6）打开某网页后弹出大量的对话框。

（7）出现异常对话框，要求用户输入密码。

（8）显示器屏幕出现花屏、奇怪的信息或图像。

（9）浏览器自动链接到一些陌生的网站。

三、计算机病毒的传播和预防

计算机病毒主要通过移动存储设备（如移动硬盘、U 盘和光盘）、局域网和 Internet（如网页、邮件附件、从网上下载的文件）等途径传播。因此，要预防计算机病毒，除了要加强计算机自身的防护功能外，还应养成良好的使用计算机和上网习惯。

- 慎用移动存储设备或光盘：对外来的移动存储设备或光盘等要进行病毒检测，确认无毒后再使用。对执行重要工作的计算机最好专机专用，不用外来的存储设备。
- 文件来源要可靠：慎用从 Internet 上下载的文件，因为这些文件可能感染病毒。
- 安装操作系统补丁程序：许多病毒都是利用操作系统的漏洞入侵的，因此，应及时下载相关补丁来修复漏洞。目前，许多安全软件都带有系统漏洞修复功能。

- **安装杀毒软件：**利用杀毒软件的病毒防火墙可以防范病毒入侵。当计算机感染病毒后，还可以使用杀毒软件查杀病毒。
- **安装网络防火墙：**网络防火墙能防范木马窃取计算机中的数据，以及防范黑客攻击。
- **养成良好的上网习惯：**不要打开来历不明的电子邮件附件，不要浏览来历不明的网页，不要从不知名的站点下载软件。使用 QQ 等聊天工具聊天时，不要轻易接收别人发来的文件，不要轻易打开聊天窗口中的网址等。

【项目实施】

任务一　启用 Windows 10 的防火墙

Windows 防火墙的作用是管理计算机内部程序联网时，防止外部网络攻击用户的计算机。要开启 Windows 10 的防火墙，可执行以下操作。

步骤 1▶ 打开“控制面板”窗口，选择“Windows Defender 防火墙”选项，如图 7-20 所示。

步骤 2▶ 进入“Windows Defender 防火墙”界面，从中可以看到防火墙的启用或关闭状态，如图 7-21 所示。

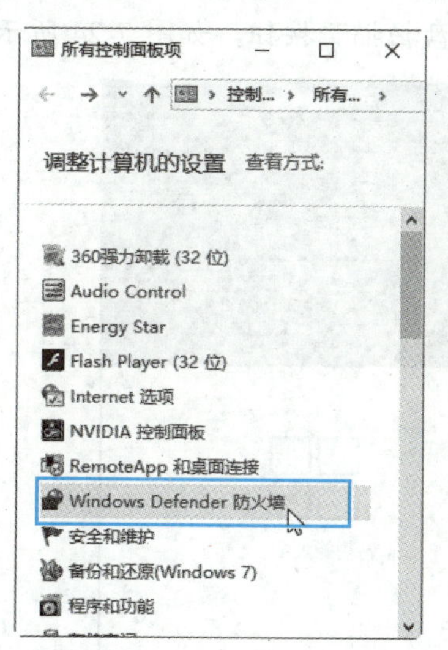

图 7-20　选择“Windows Defender 防火墙”

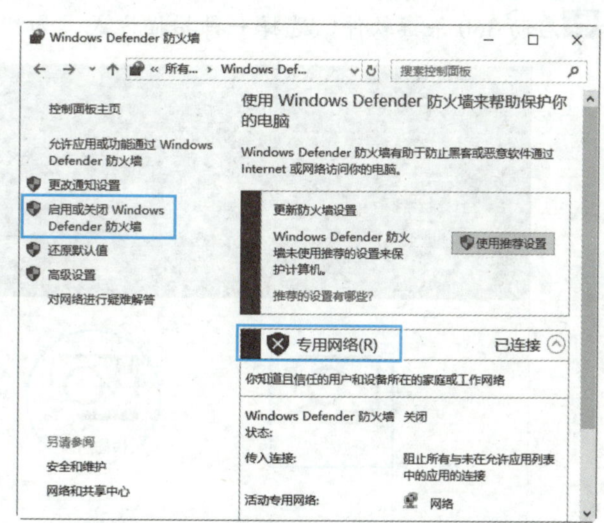

图 7-21　“Windows Defender 防火墙”界面

步骤 3▶ 选择界面左侧的“启用或关闭 Windows Defender 防火墙”选项，进入“自定义设置”界面，选中“启用 Windows Defender 防火墙”单选钮，如图 7-22 所示。

步骤 4▶ 单击“确定”按钮，即在防火墙主界面中看到已经启用的防火墙，如图 7-23 所示。

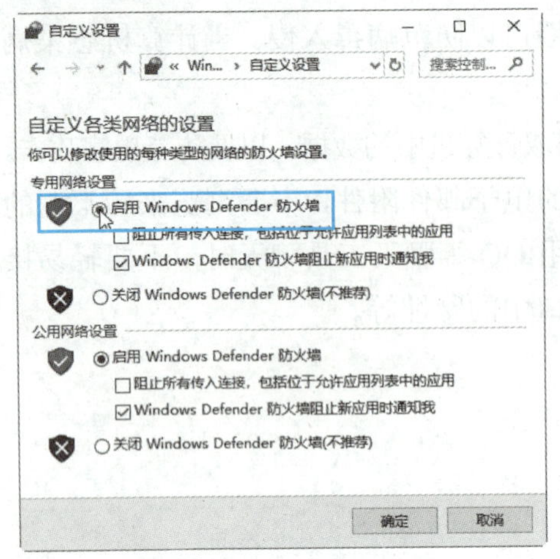

图 7-22　选中启用防火墙选项

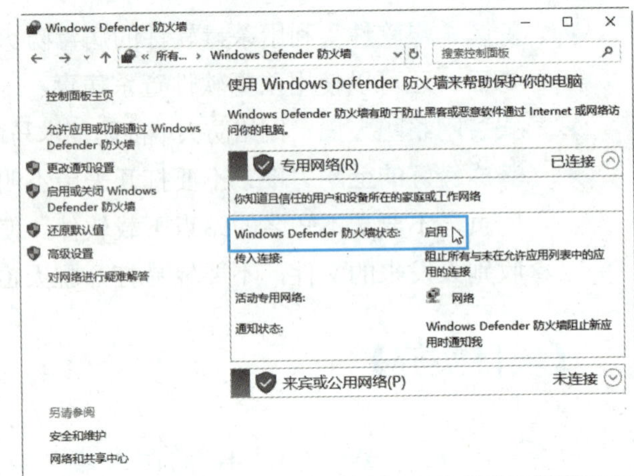

图 7-23　显示已启用的防火墙

任务二　使用 360 杀毒软件

360 杀毒软件是奇虎 360 公司出品的一款免费安全软件，利用它可以有效地防范病毒入侵计算机，以及查杀计算机中的病毒等。

步骤 1▶　确认计算机中安装了 360 杀毒软件，然后单击任务栏通知区中的“360 杀毒”图标启动 360 杀毒软件，选择一种扫描方式，如“全盘扫描”按钮，如图 7-24 所示。

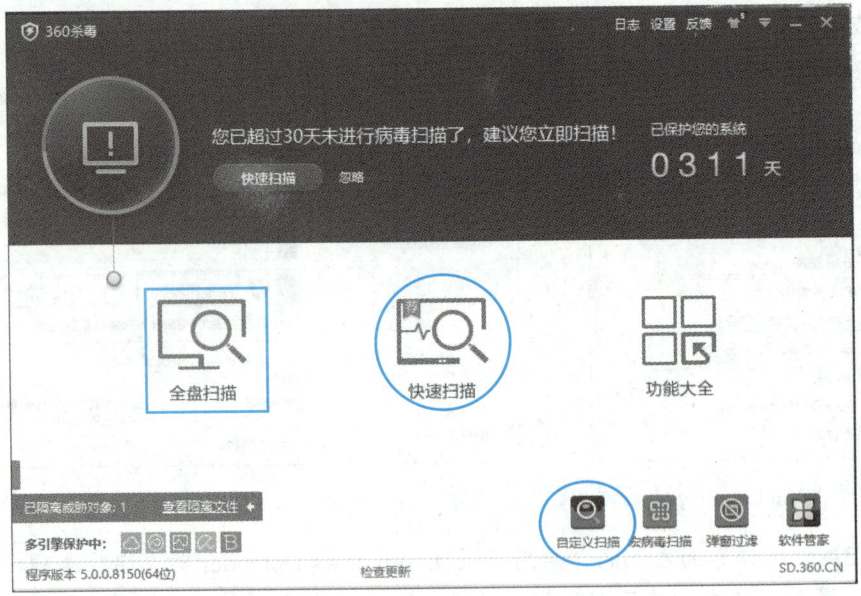

图 7-24　360 杀毒软件主界面

- 全盘扫描：扫描整个系统，包括系统设置、常用软件、系统内存、启动时加载的程序，以及保存在硬盘中的所有文件等。
- 快速扫描：扫描操作系统启动时加载的所有对象。

➢ 自定义扫描：由用户自行选择要扫描的对象。

步骤 2▶ 360 杀毒软件开始对系统进行全盘扫描，并在扫描过程中自动清除有威胁的病毒。扫描完毕，会显示扫描结果。用户可根据提示进行相应的操作，清除一些在扫描过程中没有被自动清除的病毒。

拓展阅读

网络安全为人民，网络安全靠人民

2020 年 9 月 14 日至 20 日，以“网络安全为人民，网络安全靠人民”为主题的 2020 年国家网络安全宣传周在全国范围内开展。

今年网络安全宣传周的数字化展会，首次通过虚拟展馆在线上举行，综合运用 3D 建模、H5、直播等技术，向全国受众展示网络安全领域的重大成就、前沿技术和最新产品。

国家网络安全宣传周自 2014 年起每年举办一次，通过开展网络安全进社区、进校园、进军营等活动，有效提升了全民网络安全意识和防护技能，“网络安全为人民，网络安全靠人民”的理念深入人心。

为共筑网络安全屏障，我国多措并举、多管齐下，成效显著。

2014 年，中央网络安全和信息化领导小组成立，集中统一领导全国互联网工作。

2016 年 12 月，《国家网络空间安全战略》发布，确立了网络安全的战略目标、战略原则、战略任务。

2017 年 6 月 1 日，我国网络安全领域首部基础性、框架性、综合性法律《中华人民共和国网络安全法》正式施行……

组织开展移动互联网应用（App）违法违规收集使用个人信息专项治理，对存在严重问题的 App 采取约谈、公开曝光、下架等处罚措施……近年来，国家主管部门协同发力，对当前社交媒体及网络视频平台上存在的违法违规行为打出一系列“组合重拳”；相关部门持续开展“净网”“剑网”“清源”“护苗”等系列专项治理行动，网络谣言、网络色情等乱象得到有效整治。

众志成城齐战“疫”，守望相助暖人心。越来越多的正能量通过网络传播，网络空间日益成为亿万民众共同的精神家园。

小　结

本模块主要学习了计算机维护与安全的相关知识。学完本模块内容后，读者应重点掌握以下知识：

（1）掌握对硬盘未分配区域进行分区和格式化的方法。

（2）掌握使用磁盘清理工具清理计算机垃圾文件的方法。

（3）掌握使用磁盘碎片整理工具整理磁盘碎片，提高系统运行速度的方法。

（4）掌握使用磁盘扫描工具扫描磁盘，以随时发现错误的方法。

（5）掌握利用“任务管理器”对话框关闭无响应程序及禁用或启用程序的方法。

（6）掌握根据需要调整系统虚拟内存的方法。

（7）掌握开启 Windows 防火墙，以防止外部网络攻击用户计算机的方法。

（8）掌握使用 360 杀毒软件对计算机进行病毒查杀的方法。

课后练习

1. 选择题

（1）下列不属于计算机病毒特征的是（　　）。

A．传染性，隐蔽性　　B．寄生性，破坏性

C．潜伏性，自灭性　　D．破坏性，传染性

（2）下列关于计算机病毒的叙述中，正确的是（　　）。

A．计算机病毒只感染.exe 或.com 文件

B．计算机病毒可通过读写移动存储设备或通过 Internet 网络进行传播

C．计算机病毒是通过电网进行传播的

D．计算机病毒是由于程序中的逻辑错误造成的

（3）随着 Internet 的发展，越来越多的计算机感染病毒的可能途径之一是（　　）。

A．从键盘上输入数据

B．所使用的光盘表面不清洁

C．通过电源线

D．通过 Internet 的 E-mail，附着在电子邮件的信息中

（4）当计算机病毒发作时，主要造成的破坏是（　　）。

A．对磁盘片的物理损坏

B．对磁盘驱动器的损坏

C．对 CPU 的损坏

D. 对存储在硬盘上的程序、数据甚至系统的破坏

(5) 下列关于计算机病毒的说法中，正确的是（　　）。

A. 计算机病毒是对计算机操作人员身体有害的生物病毒

B. 计算机病毒将造成计算机的永久性物理损害

C. 计算机病毒是一种通过自我复制进行传染的，破坏计算机程序和数据的小程序

D. 计算机病毒是一种感染在 CPU 中的微生物病毒

(6) 如果要使用 360 杀毒软件查杀 U 盘中的病毒，需要选择（　　）扫描方式。

A. 快速扫描　　B. 全盘扫描　　C. 宏病毒扫描　　D. 自定义扫描

(7) 下列预防计算机病毒的方法中，无效的是（　　）。

A. 尽量减少使用计算机

B. 不非法复制及使用软件

C. 定期用杀毒软件对计算机进行病毒检测

D. 禁止使用没有进行病毒检测的光盘

2. 操作题

(1) 将自己计算机中某些不必要自启动的程序禁用。

(2) 定期使用系统自带的磁盘清理工具、磁盘碎片整理工具和磁盘扫描工具，对自己的计算机进行维护。

(3) 利用 360 杀毒软件对自己计算机的整个硬盘进行杀毒。

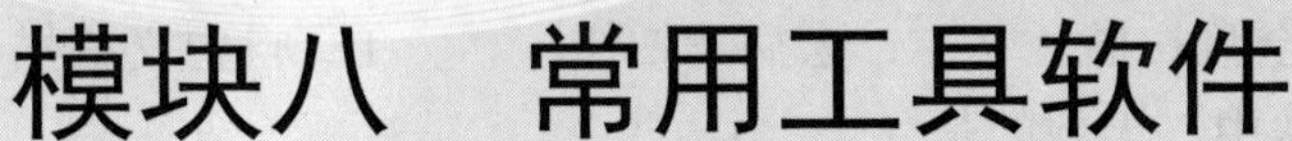

模块八　常用工具软件

【模块导读】

要让计算机更好地为人们服务，经常需要在计算机中安装一些常用工具软件，如压缩/解压缩工具、翻译工具和屏幕捕捉工具等。本模块主要介绍几款常用工具软件的使用方法。

【素质目标】

了解我国软件行业未来技术的发展方向，以及在此行业取得的巨大成就，感受国家的发展、民族的强大，培养勇于探索、敢为人先的创新精神。

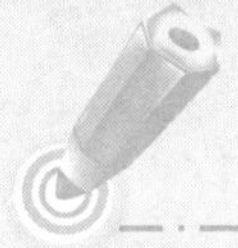

项目一　使用压缩/解压缩工具

【情景描述】

小谭的朋友小张在处理日常工作时，经常需要将一些电子版文件和图像资料发给客户，但有些图像资料文件很大，用 QQ 传输很慢。小谭告诉小张，可以先用 WinRAR 软件将文件压缩后再传。下面我们和小谭、小张一起来学习使用压缩/解压缩软件 WinRAR。

【项目要求】

- 掌握 WinRAR 软件的使用方法。

【相关知识】

压缩是指将一个或多个文件转换成压缩格式的文件，以减少文件大小，从而方便存储或在网络上传输。解压缩是指将具有压缩格式的文件还原为压缩之前的文件。WinRAR 是目前最流行的压缩/解压缩工具，具有压缩率高、支持的压缩文件格式多等特点。

【项目实施】——使用 WinRAR 压缩/解压缩图片文件夹

将 WinRAR 安装在计算机中后，可执行以下操作来压缩文件或文件夹。

步骤 1▶ 选中要压缩的文件或文件夹（可同时选中多个），右击所选文件或文件夹，在弹出的快捷菜单中选择“添加到‘×××.rar’”选项，如图 8-1 所示。

步骤 2▶ 稍微等待一会儿，WinRAR 会按默认设置，将所选文件或文件夹压缩成一个压缩格式的文件，如图 8-2 所示。

图 8-1　快速压缩文件

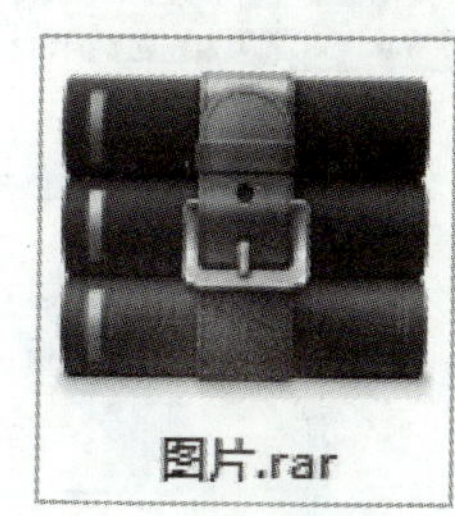

图 8-2　压缩格式的文件夹

若在右击文件或文件夹后弹出的快捷菜单中选择“添加到压缩文件…”选项，将打开“压缩文件名和参数”对话框。在该对话框的“常规”选项卡中，用户可设置压缩文件名及路径，选择压缩文件格式、压缩方式，为压缩文件设置解压缩密码。当压缩文件较大时，还可设置是否将压缩文件分卷，以及每个卷的大小，如图 8-3 所示。

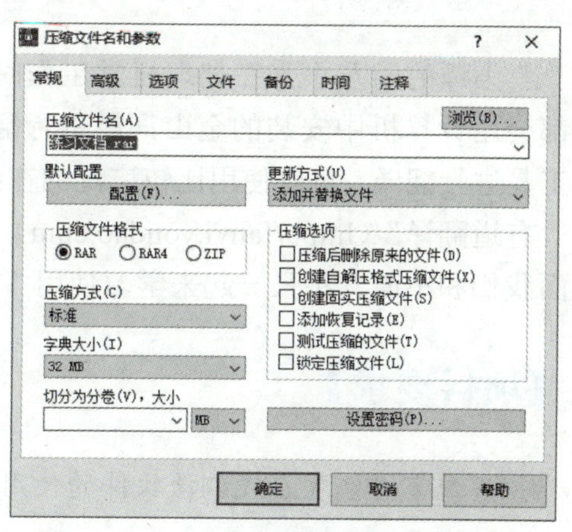

图 8-3　“压缩文件名和参数”对话框

要将压缩格式的文件快速还原为压缩前的文件，可右击该文件，在弹出的快捷菜单中选择“解压到当前文件夹”或“解压到×××”选项，WinRAR 会自动将该文件解压到当前文件夹或指定的文件夹中，如图 8-4 所示。

若双击压缩文件，将打开 WinRAR 软件的操作界面，如图 8-5 所示。在该界面中可以进行的常用操作如下。

- 查看文件：在界面下方的列表中可查看压缩文件中的文件。
- 添加文件：单击界面上方的“添加”按钮，可将其他文件添加到此压缩文件中。
- 解压文件：在界面下方选择需要解压的文件，单击“解压到”按钮，可将所选文件单独解压出来。
- 测试文件：选择要测试的文件，单击“测试”按钮，可测试文件是否损坏。
- 删除文件：选择要删除的文件，单击“删除”按钮，可删除所选文件。

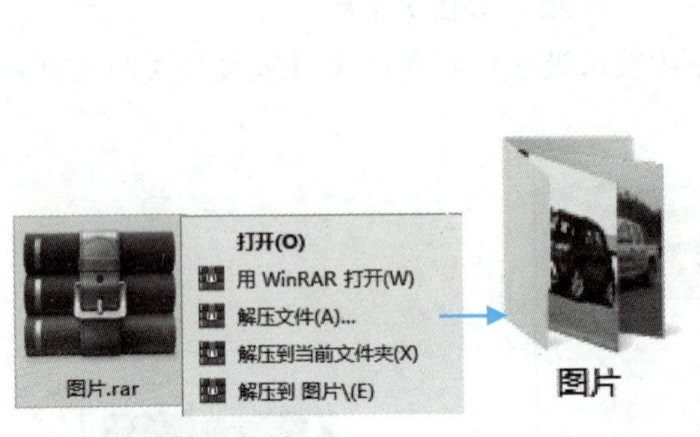

图 8-4　解压缩文件

图 8-5　解压缩文件中的指定文件

项目二　使用翻译工具

【情景描述】

小谭的朋友小张在处理日常工作时，有时还会遇到一些陌生的外文单词，此时，他都会用计算机中安装的金山词霸进行翻译。小谭告诉小张，也可以使用免费的在线翻译工具进行翻译。目前使用比较广泛的在线翻译工具有“百度翻译”（https://fanyi.baidu.com）“有道翻译”（http://fanyi.youdao.com）和“谷歌翻译”（https://translate.google.cn）等。下面我们和小谭、小张一起来学习使用“有道词典”翻译多国语言。

【项目要求】

- 掌握免费在线翻译软件的使用方法。

【相关知识】

有道词典是由网易有道出品的全球首款基于搜索引擎技术的全能免费语言翻译软件。它词库大而全，查词快且准，并集成中、英、日、韩、法多语种专业词典，可快速翻译所需内容，网页版有道词典翻译还支持中、英、日、韩、法、西、俄 7 种语言互译。

【项目实施】——使用有道词典翻译多国语言

步骤 1▶ 安装并启动“有道词典”，在打开的有道词典主界面的“查词翻译”分类的编辑框中输入要翻译的文本，例如，输入英文单词“scientific”，在窗口中会显示该单词的解释，如图 8-6 所示。

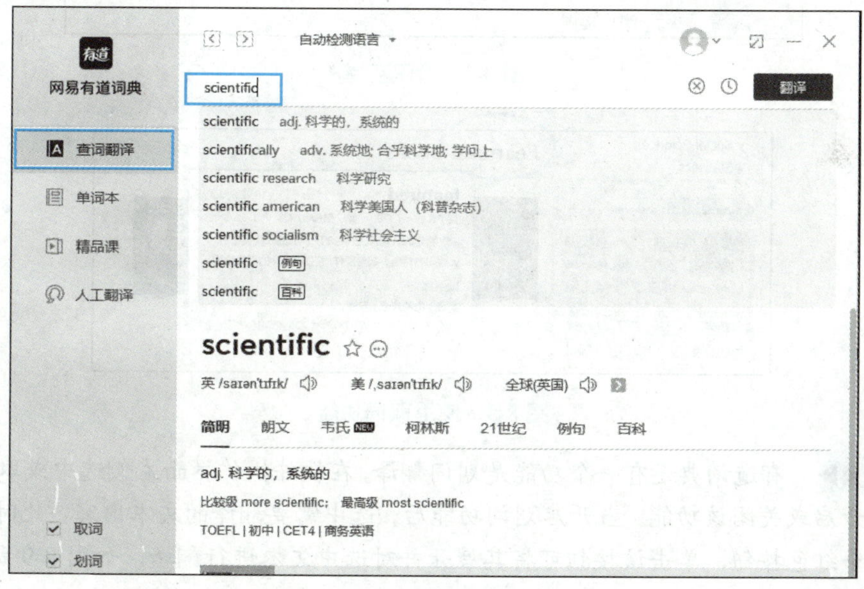

图 8-6 翻译英文单词

步骤 2▶ 在互译语言选择下拉列表中选择互译的语言，例如，选择“俄汉互译”，然后输入要翻译的文本，例如，输入“胜利”，即可显示对应的译文，如图 8-7 所示。

步骤 3▶ 有道词典有一个非常实用的功能就是取词，在软件操作界面左侧选中或取消“取词”复选框可开启或关闭该功能。当开启取词功能后，将鼠标指针移到需要翻译的单词上，有道词典会弹出一个浮动窗口显示对该词的解释信息，如图 8-8 所示。

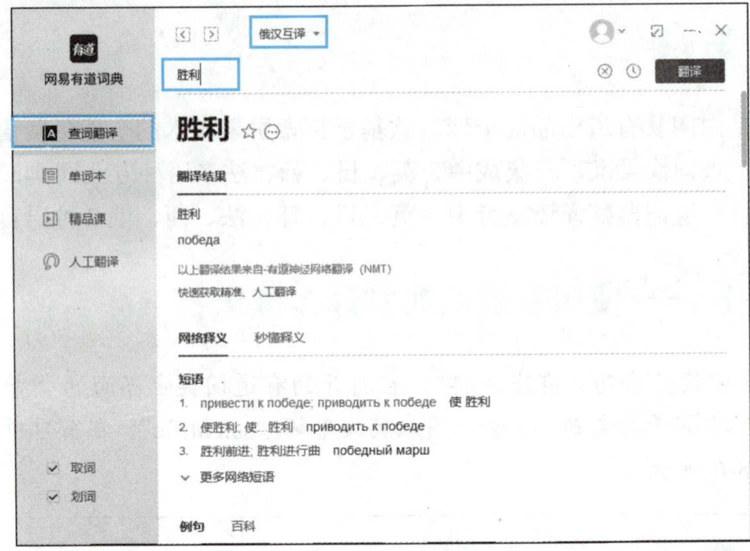

图 8-7　俄汉互译

图 8-8　使用取词功能

步骤 4▶ 有道词典还有一个功能是划词翻译，在软件操作界面左侧选中或取消“划词”复选框可开启或关闭该功能。当开启划词功能后，选中需要翻译的文本内容，此时在其旁边会出现一个红色按钮，单击该按钮可将其展开并对选中文本进行翻译，如图 8-9 所示。

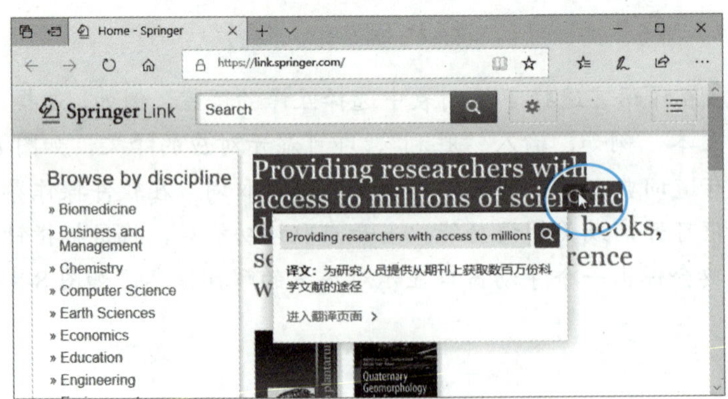

图 8-9　使用划词功能

项目三 使用屏幕捕捉工具

【情景描述】

小谭的朋友小张新买了一本关于使用 Photoshop 处理图像的书，里面的操作步骤很详细，图示清楚，参数明了，不像有的书中图的参数和效果图都模糊不清。操作步骤中有不明白的，通过扫描书中的二维码观看里面的小视频。他很想知道，书中每一步处理操作的图片是怎么截取的，小视频是怎么录制的。小谭告诉小张，使用屏幕捕捉工具就可以做到。下面，我们和小谭、小张一起来学习两款屏幕捕捉工具的使用方法。

【项目要求】

- 掌握屏幕捕捉工具的使用方法。

【相关知识】

- HyperSnap 是一款著名的屏幕截图工具，支持标准桌面程序、DirectX、3Dfx Glide 游戏、视频或 DVD 屏幕图片抓取，还支持以 20 多种图像格式保存并阅读图片，并可以对截取的图片进行编辑处理。
- BB FlashBack 是一款屏幕捕捉和记录软件，支持将抓屏结果存为 flash 动画或 avi 文件。

【项目实施】

任务一 使用屏幕截图工具

使用计算机时，用户可用截图工具将所需的窗口、桌面等界面以图像格式保存到计算机中。目前，常用的截图工具有“QQ 截图工具”“Snagit”“Snipaste”“FSCapture”和“HyperSnap”等。下面介绍使用 HyperSnap 8 截取屏幕图像的方法。

步骤 1▶ 安装并启动 HyperSnap 8，在打开的 HyperSnap 8 窗口中切换到“捕捉”选项卡，如图 8-10 所示。

步骤 2▶ 单击“热键”按钮，打开“屏幕捕捉热键”对话框，如图 8-11 所示。

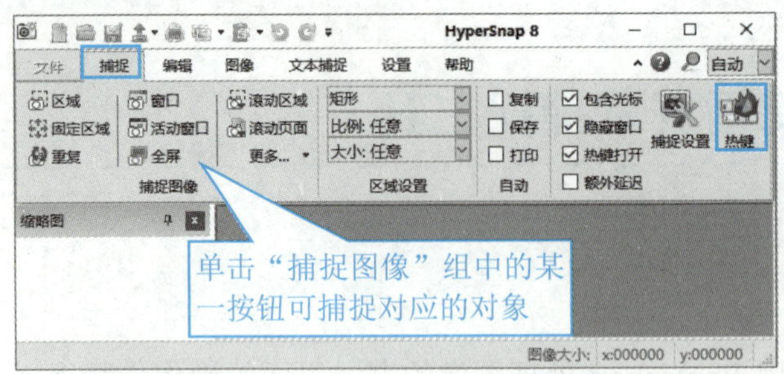

图 8-10　HyperSnap 8“捕捉”选项卡

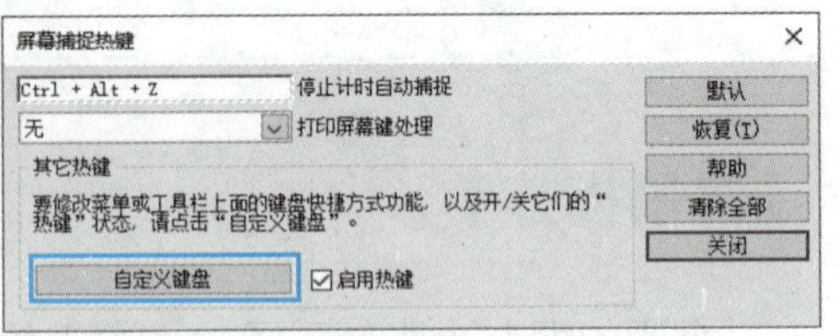

图 8-11　“屏幕捕捉热键”对话框

步骤 3▶　单击“自定义键盘”按钮，打开“自定义”对话框，在“分类和命令”下拉列表中选择“捕获”选项，在其下方的列表中选择“区域”选项，单击“按新快捷键”编辑框，然后按一下“F4”键，再单击“分配”按钮，即可将“F4”键设置为截取屏幕区域的快捷键，接着选中“启用该热键，即使主窗口最小化”复选框，最后单击“关闭”按钮关闭对话框，如图 8-12 所示。

步骤 4▶　按一下“F4”键，然后按住鼠标左键并拖动鼠标，将要抓取的屏幕内容选中，再释放鼠标左键，即可抓取选中的屏幕画面，如图 8-13 所示。

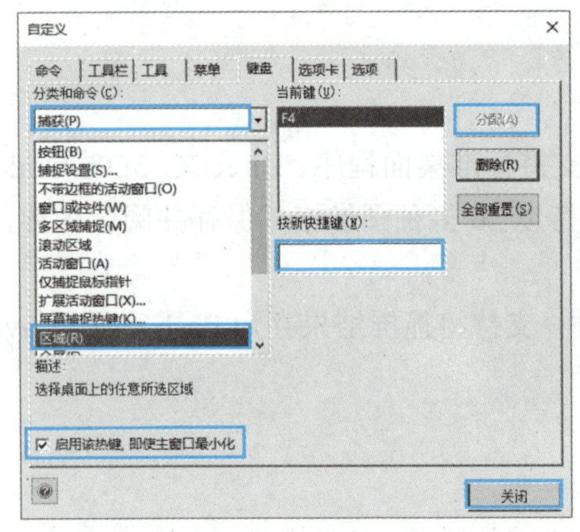

图 8-12　设置屏幕区域捕捉热键

图 8-13　抓取的图像

步骤 5▶　按“Ctrl+S”组合键，或单击“保存”按钮，打开“另存为”对话框，选择文件的保存位置，在“文件名”编辑框中输入文件名“截图 1”，在“保存类型”下拉列表中选择文件的保存类型（见图 8-14），单击“保存”按钮，即可保存文件抓取的截图。

任务二　使用屏幕录制工具

利用屏幕录制工具可轻松录制视频短片，并能对录制的内容进行编辑，生成可播放的多媒体文件。目前常用的屏幕录制工具有“Camtasia Studio”“Icecream Screen Recorder”“BB FlashBack”和“Win Capture Editor”等。下面介绍使用 BB FlashBack 录制屏幕的方法。

步骤 1▶　安装并启动 BB FlashBack，在打开的对话框中单击“录制您的屏幕”按钮，如图 8-15 所示。

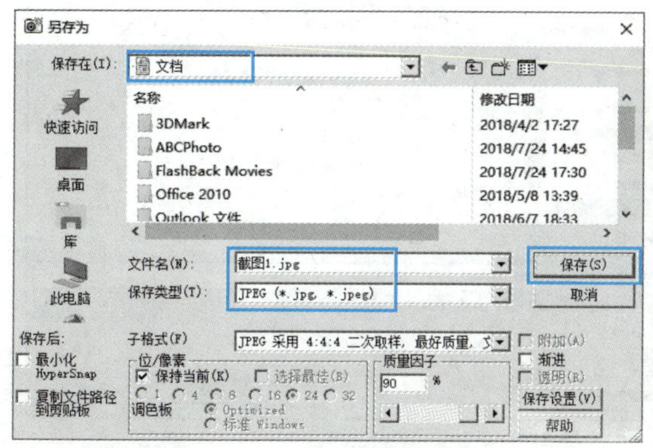

图 8-14　保存抓取的图像文件

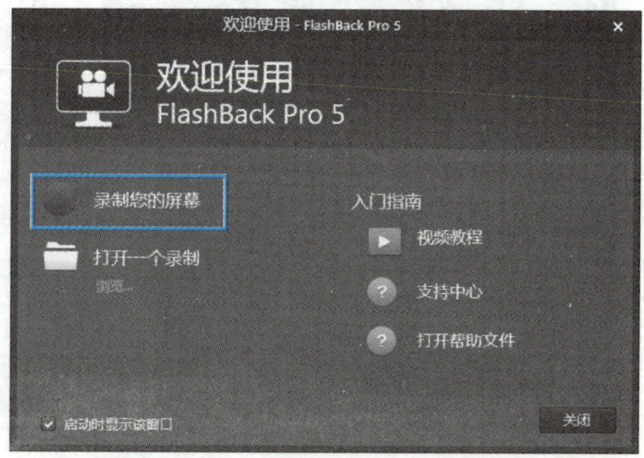

图 8-15　FlashBack Pro 5 初始界面

步骤 2▶　打开“FlashBack Pro 5 录像机”对话框，在“录制”下拉列表中选择录制对象（全屏幕、区域和窗口），本例选择“区域”选项，然后单击“录制”按钮，如图 8-16 所示。

步骤 3▶　按住鼠标左键并拖动，在屏幕上绘制要录制的大概区域后释放鼠标左键。如果需要的话，还可通过拖动录制区域左上角的■按钮来调整录制区域的位置，通过在“宽度”“高度”“左侧”“顶部”编辑框中输入具体数值精确调整录制区域的大小和位置。最后单击“录制”按钮，开始录制屏幕，如图 8-17 所示。

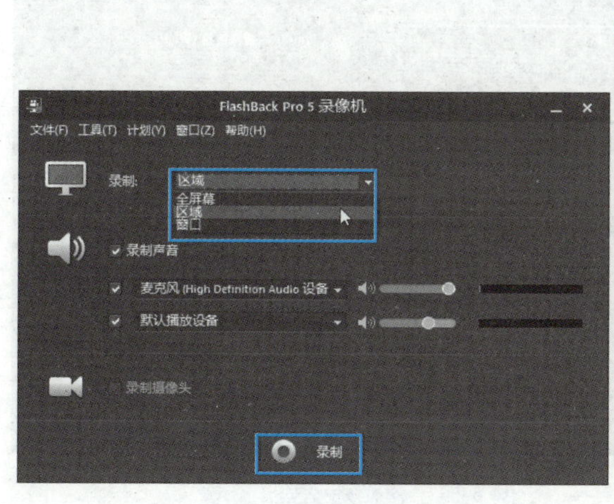

图 8-16　选择录制对象类型

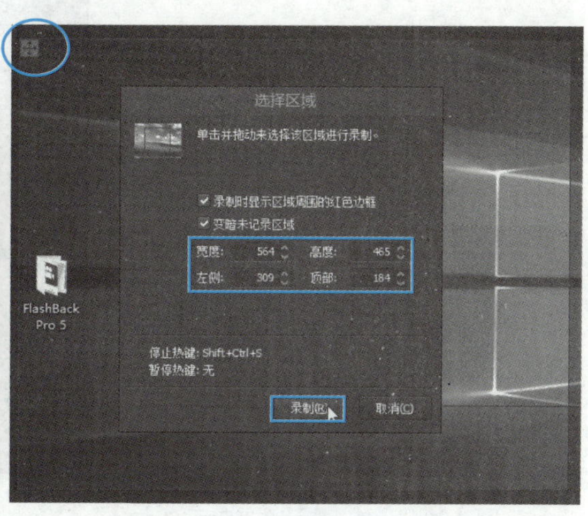

图 8-17　设置录制区域

步骤 4▶　当屏幕录制完成时，单击“停止”按钮■（单击“暂停”按钮▌▌可暂停录制，再次单击该按钮可继续录制），在弹出的对话框中单击“保存”按钮，如图 8-18 所示。

步骤 5▶　打开“另存为”对话框，选择文件的保存位置，在“文件名”编辑框中输入文件名“录制的视频”，然后单击“保存”按钮保存录制的视频，如图 8-19 所示。

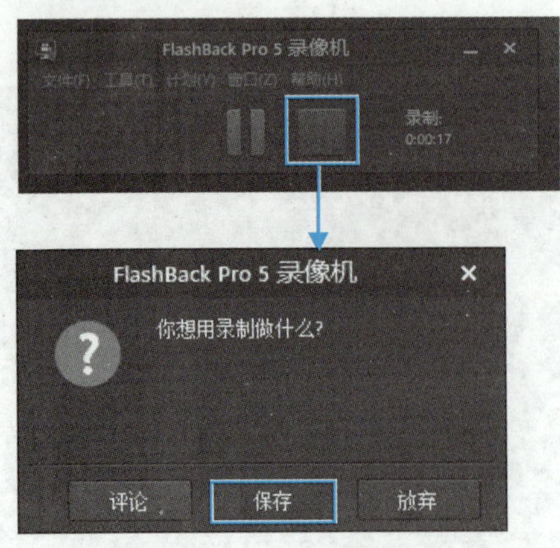

图 8-18 结束屏幕的录制

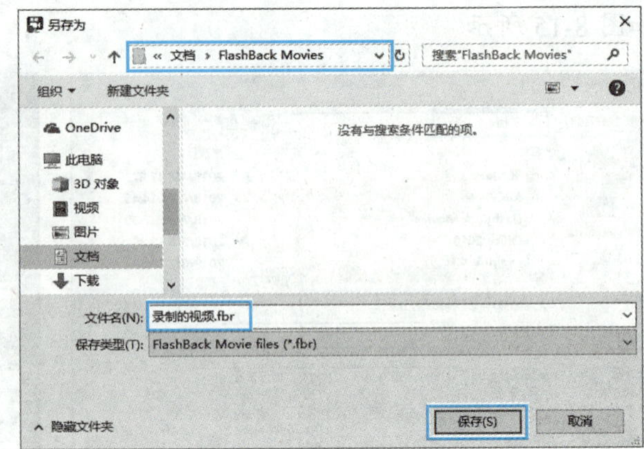

图 8-19 保存录制的视频

步骤 6▶ 保存视频后，会弹出“录制完成”对话框（见图 8-20），单击“打开”按钮可打开视频文件，单击“分享”按钮可在线分享视频，本例单击“导出”按钮，将视频导出为其他格式，如“MP4”格式。

步骤 7▶ 打开“选择导出格式”对话框，选择“MPEG4”单选按钮，然后单击“确定”按钮，如图 8-21 所示。

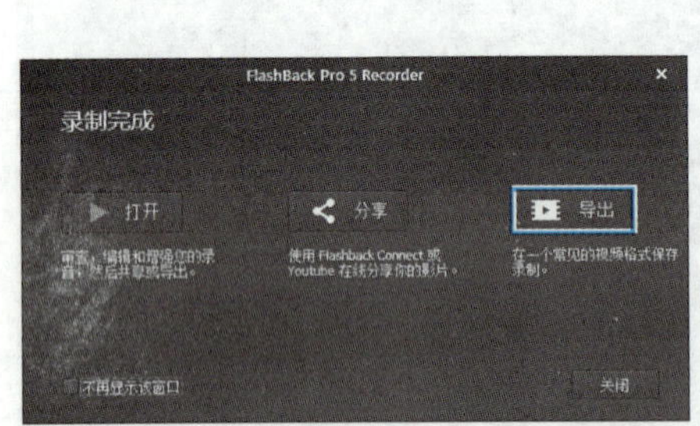

图 8-20 单击“导出”按钮

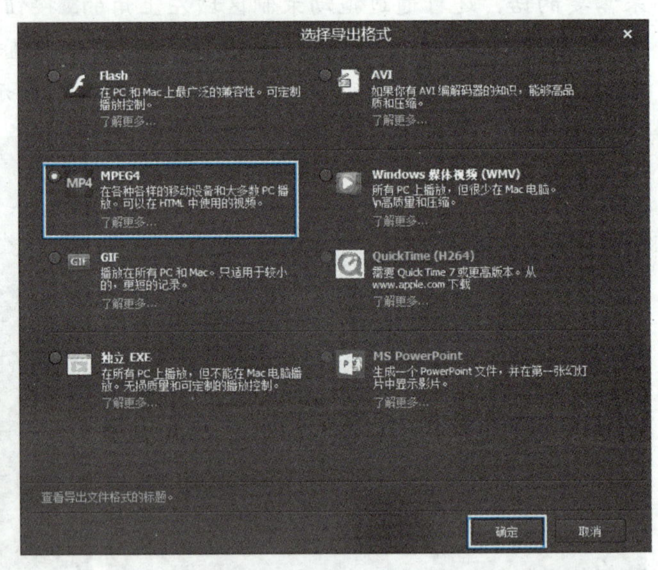

图 8-21 选择视频导出格式

步骤 8▶ 打开“导出到 MPEG4”对话框，在该对话框中可设置 MPEG4 视频的分辨率、视频和声音质量等参数，本例保持默认设置，单击“导出”按钮，如图 8-22 所示。

步骤 9▶ 打开“另存为”对话框，选择文件的保存位置，然后输入文件名“录制的视频”，最后单击“保存”按钮保存文件，如图 8-23 所示。

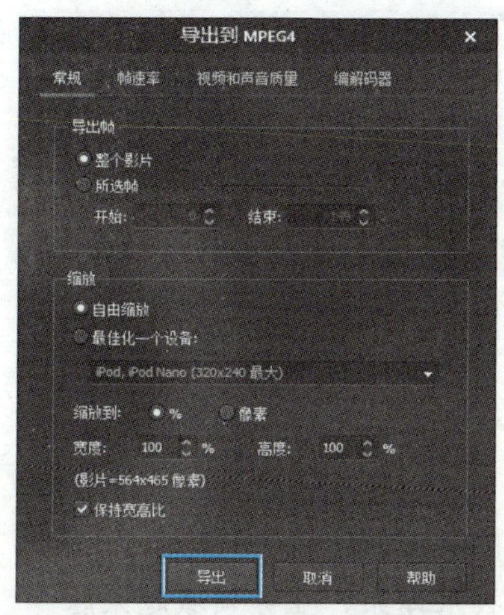

图 8-22 设置 MPEG4 视频参数

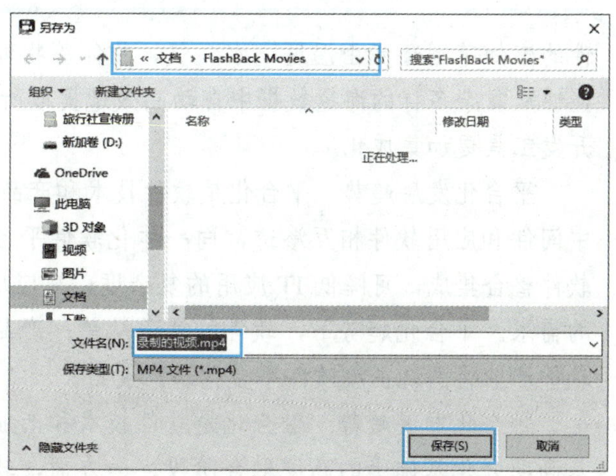

图 8-23 保存视频

拓展阅读

中国软件行业未来技术将朝“五化”方向发展

自改革开放起，我国孕育了无数软件企业、诞生了许多软件英雄，而中国软件产业也在经历了萌芽与低谷、摸索与转型之后，开始走向世界。2019 年我国软件行业实现收入 71 768 亿元，截止至 2020 年进一步增长，软件业务收入突破 80 000 亿元，软件行业正处在起飞的前夜。

近些年来，中国政府对软件行业的扶持力度不断加大，随着技术的不断进步与创新，未来软件行业技术将呈现网络化、服务化、智能化、平台化及融合化的发展趋势，具体表现如下：

网络化发展趋势：网络化成为软件技术发展的基本方向。计算机技术的重心正在从计算机转向互联网，互联网成为软件开发、部署与运行的平台，将推动整个产业全面转型。软件即服务、平台即服务、基础设施即服务等不断涌现，无论是泛在网、物联网还是移动计算、云计算，都是软件网络化趋势的具体体现。

服务化发展趋势：服务化成为软件产业转型的本质特征。软件构造技术和应用模式正在向以用户为中心转变。云计算是软件服务化的一种主流模式，它可以按照用户需要动态地提供计算资源、软件应用等资源，具有可动态伸缩、使用成本低、可管理性好、节约能耗、安全便捷等优点。在服务化趋势下，向用户提供软件服务所带来的体验成为竞争的决定因素。

智能化发展趋势：智能化是软件技术发展的永恒主题。智能化是在海量信息基础上实现知识的自动识别、赋予信息系统自适应能力，大幅提高资源配置效率。软件的感知范围逐步由温度、水、气、物体等物理形态向意识思维领域拓展，软件将能够从复杂多样的海量数据中自动高效地提取所需知识，软件开发语言更加高级化，开发工具更加集成化。

平台化发展趋势：平台化是软件技术和产品发展的新引擎。操作系统、数据库、中间件和应用软件相互渗透，向一体化软件平台的新体系演变。硬件与操作系统等软件整合集成，可降低IT应用的复杂度，适应用户灵活部署、协同工作和个性应用的需求。平台化趋势下，软件的竞争从单一产品的竞争发展为平台间的竞争，未来软件产业将围绕主流软件平台构造产业链。

融合化发展趋势：融合化是软件技术和产业发展的新空间。软件技术和产业步入高度分化基础上的高度融合阶段。一方面，软件的技术体系、业务领域越来越专业化，另一方面，软件与硬件、软件与网络、产品与业务、软件产业与其他产业之间相互融合不断深化。融合化趋势催生了大量新技术、新模式、新业态，创造了巨大的市场需求。

小　结

本模块主要学习了常用工具软件的使用方法。学完本模块内容后，读者应重点掌握以下知识：

（1）掌握使用 WinRAR 软件压缩/解压缩文件和文件夹的操作方法。

（2）掌握使用有道词典翻译多国语言的操作方法。

（3）掌握使用 HyperSnap 8 截取屏幕图像的操作方法，如自定义捕捉热键，选择捕捉范围，以及保存抓取的图像。

（4）掌握使用 BB FlashBack 录制屏幕的操作方法，如自定义录制范围、保存录制的视频，以及将录制的视频导出为其他格式等。

课后练习

（1）使用 WinRAR 压缩一个文件并设置解压缩密码。

（2）从网上找一段英文，然后使用有道词典对其进行多国语言翻译。

（3）用 BB FlashBack 录制一段计算机操作视频。

参 考 文 献

[1] 聂爱林，符啸威，林忠会．计算机应用基础项目教程［M］．北京：航空工业出版社，2017．

[2] 薛涛．现代计算机应用基础导论［M］．上海：上海交通大学出版社，2017．

[3] 程星晶，胡文生．大学计算机应用基础［M］．上海：上海交通大学出版社，2015．

[4] 谢昌兵，戴成秋，曾勤超．计算机应用基础［M］．上海：上海交通大学出版社，2015．

[5] 柴欣，史巧硕．大学计算机基础教程［M］．6 版．北京：中国铁道出版社，2014．

[6] 李刚．计算机应用基础［M］．北京：中国人民大学出版社，2014．